Physik 7/8

Berlin
Brandenburg

Cornelsen

Physik

Autorinnen und Autoren:	Dr. Jessie Best Jan Genscher Elke Göbel Ralf Greiner-Well Tom Höpfner Matthias Roßner Maik Viehrig
Redaktion:	Henry Dölitzsch
Designberatung:	Ellen Meister
Illustration und Grafik:	Rainer Götze
Umschlaggestaltung:	Studio Syberg, Berlin
Layoutkonzept:	EYES-OPEN, Berlin
Layout und technische Umsetzung:	Wladimir Perlin (MeGA 14), Berlin

www.cornelsen.de

1. Auflage, 7. Druck 2023

Alle Drucke dieser Auflage sind inhaltlich unverändert und können im Unterricht nebeneinander verwendet werden.

Druck und Bindung: Livonia Print, Riga

ISBN 978-3-06-010151-1 (Schülerbuch)
ISBN 978-3-06-010243-3 (E-Book)

PEFC™
PEFC/12-31-006

PEFC zertifiziert
Dieses Produkt stammt aus nachhaltig bewirtschafteten Wäldern und kontrollierten Quellen.

www.pefc.de

Inhalt

THERMISCHES VERHALTEN VON KÖRPERN 9

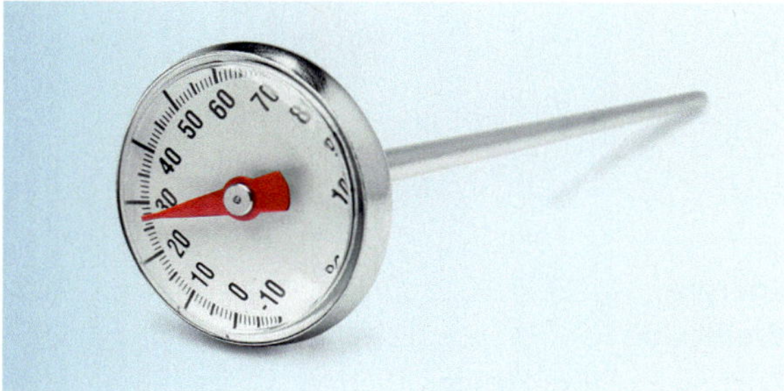

WECHSELWIRKUNG UND KRAFT 71

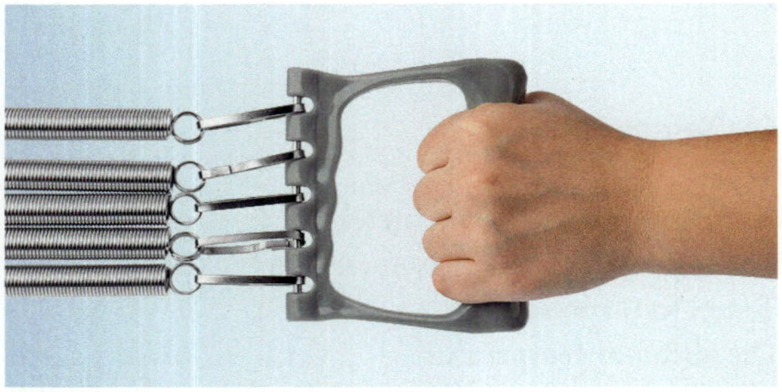

MECHANISCHE ENERGIE UND ARBEIT 101

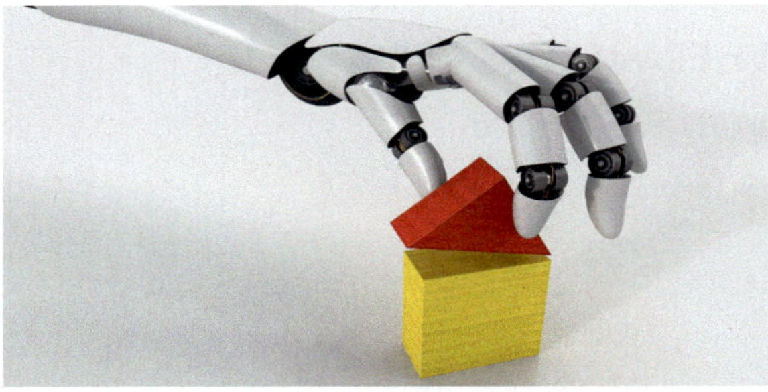

ELEKTRISCHER STROM UND ELEKTRISCHE LADUNG 187

STROMSTÄRKE, SPANNUNG, WIDERSTAND UND LEISTUNG 217

ANHANG 264

Thermisches Verhalten von Körpern

Wasser ist schon eigenartig, mal ist es flüssig, dann wieder fest oder gasförmig. Du kennst es als Wasser im See, als Schnee oder Eis im Winter. Und bestimmt hast du beim Kochen den Wasserdampf aufsteigen gesehen. Unter welchen Bedingungen das passiert, untersuchst du in der Wärmelehre. Du lernst Messgeräte kennen und wirst mit Erstaunen hören, dass man zum Beispiel in den USA bei der Temperaturangabe 32 Grad alles andere als schwitzt.

Das Durchführen von Experimenten wird dir Spaß machen, denn einige Versuche kannst du auch zu Hause ausprobieren.

Die Physik – eine Naturwissenschaft

Wir leben und erleben täglich unsere Welt. Unsere Welt ist die Natur. Mit unseren Eltern, Geschwistern, Freunden und allen anderen Menschen leben wir auf der Erde. ▸ 1 Wir haben Tiere und auch viele Pflanzen um uns herum.
Unsere Erde wird durch Vulkane, Erdbeben, Regen und Wind ständig verändert. Manchmal treten fantastische Erscheinungen wie Regenbogen, Blitze oder Donner auf.
Das Wachsen und die Entwicklung der Pflanzen und Tiere interessierten den Menschen schon sehr früh. Er begann, seine Umgebung genauer zu untersuchen. Aus Beobachtungen und Experimenten gewann er neue Erkenntnisse. Er konnte sich Hilfsmittel bauen, die ihm das Leben erleichterten. Fahrrad, Auto, Flugzeuge oder Raketen sollen nur stellvertretend genannt sein. ▸ 2
Mit der Zeit wurden die Forschungsgebiete so vielfältig, dass man sich nicht mehr mit allen Themen beschäftigen konnte. Man konzentrierte sich auf einen Bereich der Natur.

Für das Verständnis der Vorgänge in unserer Welt brauchen wir alle Naturwissenschaften. Viele lebensnotwendige Dinge wie Luft und Wasser gilt es zu schützen.

Die älteste Naturwissenschaft ist die **Astronomie.** ▸ 3, 4 Durch die Beobachtung der regelmäßigen Vorgänge am Sternenhimmel konnten z. B. die günstigsten Termine für die Aussaat festgelegt werden. Die ersten Kalender entstanden. Spektakuläre Ereignisse wie Sonnen- oder Mondfinsternisse galt es zu erkunden.

Die Entstehung und Entwicklung aller Lebewesen wurde zum Untersuchungsgegenstand der **Biologie.** ▸ 5, 7 Die Menschen begannen Pflanzen und Tiere zu züchten. Sie probierten aus, welche Pflanzen dem Menschen guttaten und ihn vor Krankheiten bewahrten.

Den Blick ins Innere der Stoffe und die Frage, was passiert mit den kleinsten Bauteilen, beschäftigt die **Chemie.** ▸ 6 Sie beantwortet Fragen nach den Eigenschaften und dem Aufbau der Stoffe und untersucht, wie neue Stoffe mit neuen Eigenschaften hergestellt werden können. ▸ 8

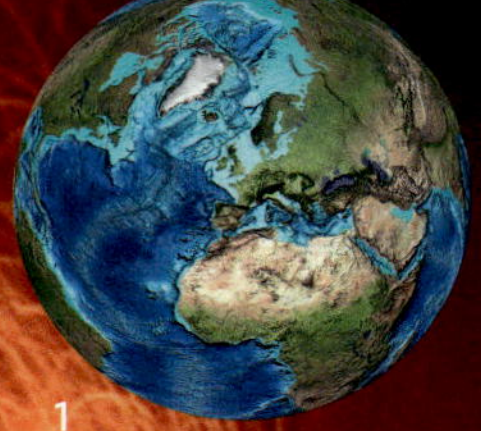
1

2

3

4

5

6

7

8

Der Bau von Tempeln, Pyramiden und Bewässerungssystemen erforderte viel Menschenkraft. Es wurde nach Wegen gesucht, um sich diese Arbeiten zu erleichtern. Hebel, Rollen und geneigte Ebenen wurden gebaut und ihre Gesetzmäßigkeiten entdeckt. Auch die natürlichen Erscheinungen wie z. B. der Regenbogen oder der Blitz während eines Gewitters konnte man später erklären. ▸ 14–16

Die **Physik** untersucht Vorgänge und Erscheinungen in der unbelebten Natur. Der Physiker beobachtet die Natur. Er misst und führt Experimente durch, um die Naturgesetze zu erkennen und noch besser zu verstehen. Viele dieser Kenntnisse werden in der Technik angewandt.

Teilgebiete der Physik

Die **Mechanik** untersucht Bewegungen und Kräfte sowie Eigenschaften der Körper. ▸ 13

Die **Wärmelehre** beschäftigt sich mit der Temperatur und den Auswirkungen von Temperaturänderungen. ▸ 9

Die **Optik** behandelt das Licht und seine Eigenschaften. ▸ 12

Die **Elektrizitätslehre** untersucht die Wirkungen des elektrischen Stroms. ▸ 10

Die **Atom- und Kernphysik** beschäftigt sich mit den kleinsten Teilchen der Körper. ▸ 11

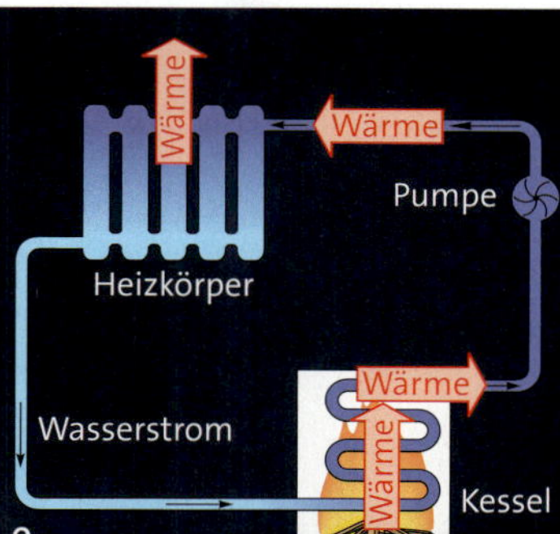

9

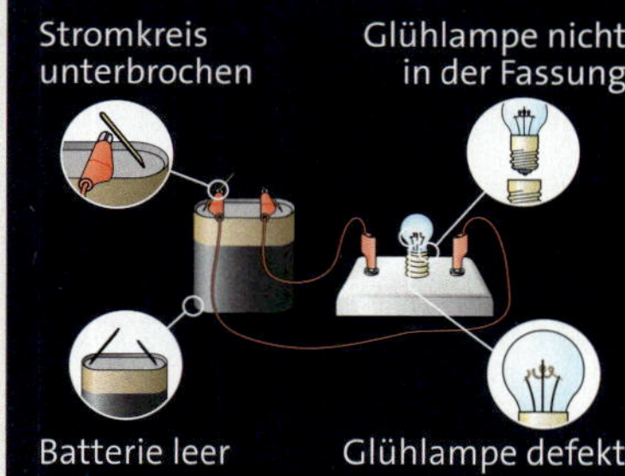

10

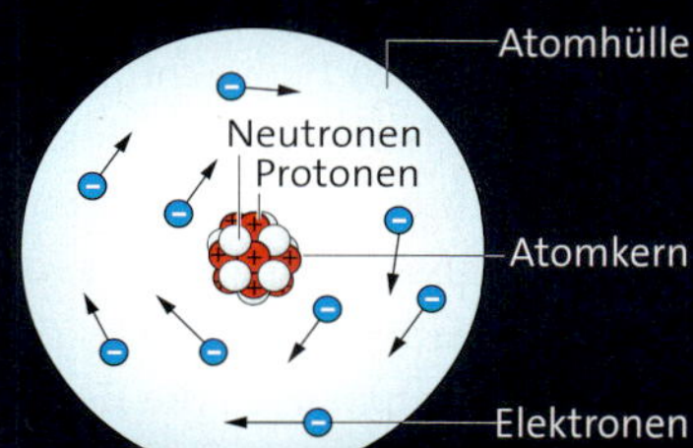

11

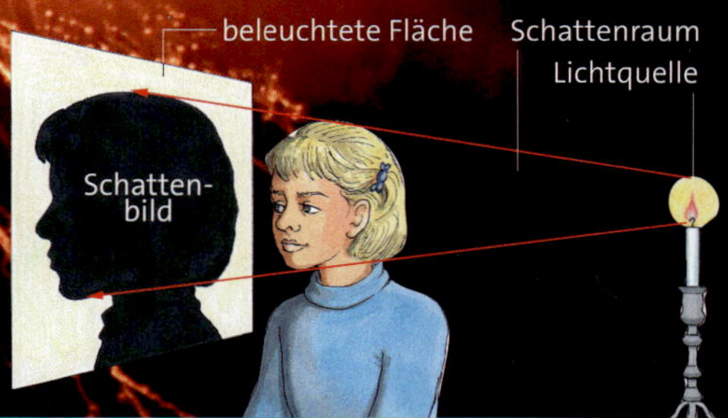

12

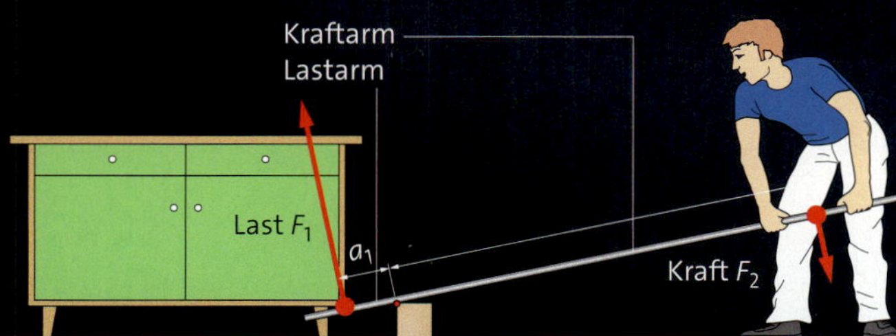

13

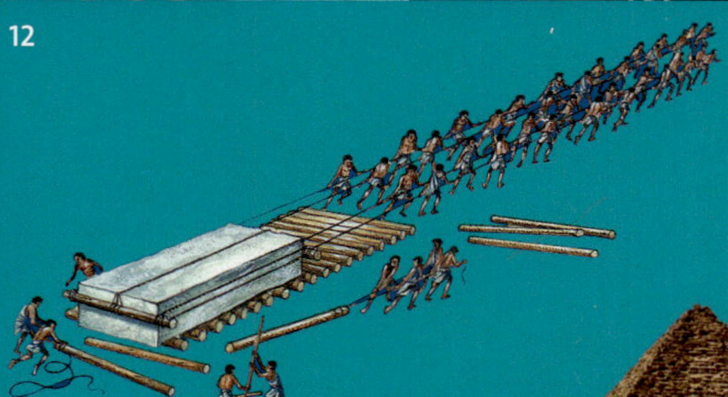
14

15

16

Urlaub im Land Liliput – da kann man sich schon mal gegenseitig auf den Arm nehmen …

Vom Beobachten zum Messen

Einen großen Teil unseres täglichen Lebens bringen wir mit dem Beobachten von Personen, Gegenständen oder Vorgängen zu. Alle von den Augen aufgenommenen Bildinformationen werden vom Gehirn verarbeitet und dabei mit anderen Beobachtungen und Erfahrungen verglichen. So wissen wir z. B.: Erscheint uns ein bekannter Gegenstand klein, so ist er weiter vom Beobachter entfernt, als wenn er uns groß erscheinen würde.
Auf dem größten Salzsee der Erde, dem Salar de Uyuni in Bolivien, Südamerika, ist ein Vergleich aber nicht möglich. Mit einem geschickten Arrangement kann man so die Beobachter täuschen. ▸ 2
Wir beobachten aber nicht nur mit den Augen, sondern auch mit unseren anderen Sinnesorganen.

2

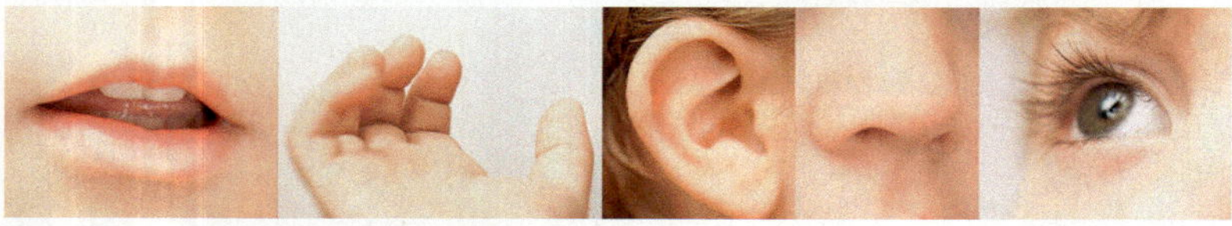

3

Wenn du die Augen schließt und aufmerksam zuhörst, wirst du immer mehr Geräusche wahrnehmen. Auch solche, auf die du sonst nie geachtet hast: das Zwitschern der Vögel, das Hupen eines Autos, das Zerknüllen von Papier, die Schritte einer sich nähernden Person oder sogar deinen Atem.
Neben dem Hören und dem Sehen gibt es weitere Möglichkeiten, die Umwelt wahrzunehmen. Wollen wir uns z. B. im Dunkeln orientieren, benutzen wir auch die Hände. Sie können Gegenstände oder Hindernisse ertasten. Mit ihnen können wir auch untersuchen, wie sich die Wärme einer brennenden Kerze ausbreitet.
Das Beobachten ist nur eine von den naturwissenschaftlichen Arbeitsweisen. Du wirst weitere kennenlernen.

Weißt du's?

Löse die folgenden Aufgaben. Von den angegebenen Antworten ist immer nur eine richtig. Du kannst deine Lösung selbst überprüfen, indem du die hinter den Lösungsvorschlägen stehenden Buchstaben zu einem Wort zusammenfügst. Das Lösungswort ist ein wichtiger Begriff aus den Naturwissenschaften.

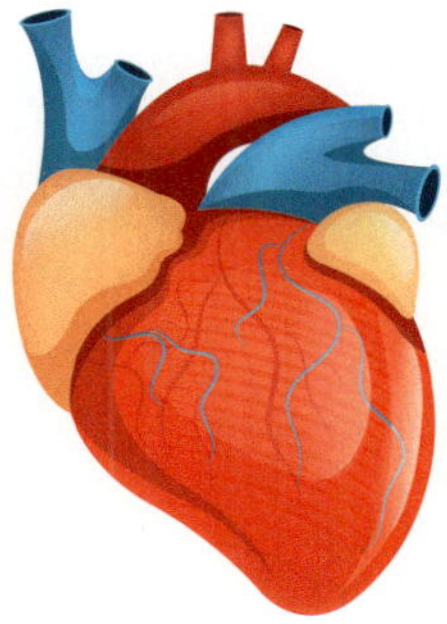

1 Eine Naturwissenschaft ist …
- A Geschichte S
- B Biologie T
- C Mathematik U

2 Ein Teilgebiet der Physik ist die …
- A Mechatronik D
- B Mechanik E
- C Materie F

3 Naturwissenschaftler gewinnen ihre Erkenntnisse durch …
- A Basteln G
- B Begutachten H
- C Beobachten I

4 Zu den menschlichen Sinnen gehört der …
- A Computersinn J
- B Tastensinn K
- C Tastsinn L

5 Eine Länge kann man angeben in …
- A Kopf A
- B Hand B
- C Fuß C

6 Die Zeit kann man messen mit einer …
- A Sanduhr H
- B Kiesuhr P
- C Steinuhr Q

7 Ein physikalisches Modell ...
- A ist immer größer als das Original B
- B ist immer kleiner als das Original R
- C hat einige Eigenschaften des Originals E

8 Eine Vermutung bezeichnet man auch als …
- A Hypotenuse M
- B Hypothese N
- C Hypnose O

Beobachten und Beschreiben

1

Was ist denn da zu entdecken? Martha und Jörn betrachten ein …

Experiment

1 Beobachten mit allen Sinnen

a Halte deine Ohren fest zu. Nimm dir Zeit und beobachte, was um dich herum geschieht.

b Setz dich bequem hin und schließe deine Augen. Lass dir Zeit und höre einfach zu.

c Nähere eine Hand langsam und vorsichtig aus verschiedenen Richtungen einer Kerzenflamme.

Einfache Versuche zeigen, dass du mit deinen Sinnesorganen – Auge, Ohr, Nase, Mund und Hand – die Umwelt wahrnehmen kannst. Willst du jedoch mehr über eine Erscheinung oder einen Vorgang herausfinden, dann musst du genau beobachten. Du musst die Merkmale und die Eigenschaften mithilfe der Sinnesorgane erfassen.

> **Unter Beobachten versteht man das Wahrnehmen von naturwissenschaftlichen Erscheinungen mithilfe unserer Sinne.**
> **In der Physik wird immer zielgerichtet und mit einer konkreten Fragestellung beobachtet.**

Beispiele für Beobachtungen sind: das Hören von Geräuschen, das Empfinden von warm und kalt, das Riechen von Düften, das Sehen von Farben und Ereignissen.

3

Aufgaben

1 Betrachte mit einer Lupe verschiedene Münzen. Nenne besondere Merkmale, die du siehst. Finde Gemeinsamkeiten und Unterschiede der europäischen 1-Euro-Münzen.

2 Betrachte das Bild ▸ 3:

a Welcher Vorgang ist hier dargestellt?

b Nenne Vorgänge, bei denen du diese Erscheinungen auch schon beobachtest hast.

Experiment

2 Beobachten und Beschreiben
Zünde das Teelicht unter einer Duftlampe an und beobachte. Beschreibe, welche Beobachtungen du mit deinen Sinnesorganen wahrnehmen konntest.

Es ist in den Naturwissenschaften besonders wichtig, anderen seine Beobachtungen mitzuteilen. Deshalb ist es notwendig, die Beobachtungsergebnisse zu beschreiben. Das kann schriftlich oder mündlich erfolgen. Du kannst auch ein Bild oder eine Skizze zu deinen Beobachtungsergebnissen anfertigen.
Nach dem Anzünden des Teelichts schmilzt das Wachs und das Wasser in der Verdampfungsschale erwärmt sich. Wenn es eine bestimmte Temperatur erreicht hat, steigt Dampf über dem Wasser auf und in der Nähe ist der Duft des Öls zu riechen. Der Duft breitet sich immer weiter im Raum aus. Nach einiger Zeit ist von der Flüssigkeit nur noch wenig vorhanden.

Beim Beschreiben wird mit sprachlichen Mitteln zusammenhängend und geordnet dargestellt, wie ein Gegenstand beschaffen ist oder wie ein Vorgang abläuft. Die Beschreibung erfolgt nach geeigneten Kriterien. Es werden Merkmale, Eigenschaften, Vorgänge und Zusammenhänge dargestellt. Die Beschreibung von Vorgängen enthält auch die zeitliche Reihenfolge.

Verschiedene Beobachter können ein und dasselbe Ereignis sehr unterschiedlich wahrnehmen und beschreiben. Deshalb ist es wichtig, die Beobachtung mit einer genauen Fragestellung zu verbinden.

Beim Beschreiben konzentriert man sich auf das Wesentliche. Merkmale, die die physikalische Erscheinung nicht beeinflussen, werden außer Acht gelassen.

Wissenswertes: Der vergessene Sinn

Bei naturwissenschaftlichen Untersuchungen wird mit einem Sinn nicht gearbeitet – es ist der Geschmackssinn. Es versteht sich von selbst, dass man chemische Stoffe weder kostet noch seine Zunge für Experimente einsetzt. Die Vergiftungsgefahr ist viel zu groß. Manche Leute testen gern mit der Zunge, ob eine Batterie noch genügend Energie liefern kann, aber das Ergebnis ist nicht aussagekräftig. Ein Batterietester arbeitet da zuverlässiger.

Aufgabe

1 Überlege dir konkrete Fragestellungen, unter denen man folgende Vorgänge beobachten kann:

a Ein Pferd wird gefüttert.
b Ein Smartphone wird aufgeladen.
c Eier werden gekocht.

Physikalische Größen

1

Für dein Zimmer hast du einen neuen, größeren Schreibtisch bekommen. Aber wo passt er hin? Zum Ausprobieren kannst du ihn an verschiedene Stellen des Zimmers schieben. Dann wirst du aber bald ins Schwitzen kommen. Einfacher ist es, den Platz und den Schreibtisch auszumessen. Was macht man eigentlich beim Messen?

Experiment

1 Innenarchitektur
Miss dein Zimmer aus und fertige eine maßstabsgerechte Skizze an. Bestimme die Grundflächen der Möbel. Zeichne sie in einem geeigneten Maßstab und schneide sie aus. Probiere aus, wo alle Gegenstände im Zimmer stehen könnten.

Bei der genauen Untersuchung physikalischer Zusammenhänge müssen oft physikalische Größen gemessen werden, z. B. die Länge, das Volumen, die Masse, die Zeit oder die Temperatur.

Physikalische Größen gibt man mit Zahlenwert und Einheit an. Für sie wird ein Formelzeichen festgelegt. Viele Größen können durch ein Messgerät genau bestimmt werden. Andere Größen ermittelt man durch Berechnung.

Längenmessung Längen werden gemessen, indem man sie mit einer vorgegebenen Längeneinheit vergleicht. Verwendet man ein Lineal oder ein Bandmaß, sind darauf festgelegte Einheiten abgetragen (z. B. Zentimeter oder Meter). Kannst du beim Ausmessen des Schreibtischs die Einheit 1 m zweimal aneinanderreihen, so beträgt die Länge des Schreibtischs 2 m. ▸ 3

3

Aufgabe

1 Du kennst schon physikalische Größen, trage sie in einer Übersicht zusammen.

Name	Formelzeichen	Einheit	Messgerät
Länge ?	*l* ?	1 m ?	Lineal ?

Übrigens

Die Buchstaben unseres Alphabets reichen nicht für alle Formelzeichen und Einheiten aus. Es werden auch griechische Buchstaben (α, β, δ ...) verwendet. Viele Buchstaben benutzt man auch mehrfach: Nach der Zahl stellen sie eine Einheit dar. Buchstaben vor der Zahl sind das Formelzeichen.
Beispiele: $m = 10\,\text{kg}$
$s = 15\,\text{m}$
$t = 1\,\text{s}$

Experiment

2 Zeitmessung

Arbeite zusammen mit einem Partner. Schätze ohne Hilfsmittel verschiedene Zeitspannen (30 Sekunden, 1 Minute, 2 Minuten) ab. Dein Partner kontrolliert dich dabei mit einer Uhr. Schätze vor dem Experiment auch ab, wie genau du Zeiten angeben kannst.

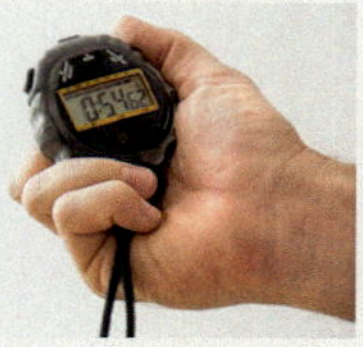

Zeitmessung Wir sind es gewohnt, uns auf Messgeräte zu verlassen. Deshalb ist es auch nicht einfach, solche Zeitspannen abzuschätzen. Aber schon unser Herzschlag kann uns dabei helfen.
Zur Messung der Zeit kannst du jeden sich wiederholenden und immer gleich lang dauernden Vorgang nutzen. Die Dauer eines solchen periodischen Vorgangs wird dann als Einheit festgelegt.
Die Messvorschrift besteht darin, die unbekannte Zeit mit dieser Einheit zu vergleichen. Den Zählvorgang übernehmen heute die Uhren. Sie sind die Messgeräte der Zeit. Auch Uhren besitzen unterschiedliche Messbereiche und Messgenauigkeiten. ▸ 5

5

Messen heißt vergleichen. Beim Messen ermittelt man, wievielmal die Einheit einer physikalischen Größe in einer Eigenschaft eines Körpers oder eines Vorgangs enthalten ist. Das erfolgt mit einem Messgerät.

Wissenswertes: Längenmaße – vorgestern

Im Altertum und im Mittelalter wurden die Längeneinheiten auf den menschlichen Körper bezogen. Darauf weisen heute noch die Bezeichnungen Fuß (Foot) oder Elle (Yard) hin. Schwierigkeiten traten dadurch auf, dass Einheiten mit gleichem Namen in verschiedenen Ländern unterschiedlich lang waren. Diese unterschiedlichen Maße behinderten den Handel bis hinein ins 19. Jahrhundert sehr stark. Denn wenn ein Kunde 10 Ellen Tuch verlangte, so entsprach das nicht immer der Tuchlänge des Händlers, wenn dieser aus einem anderen Land kam. Deshalb waren in den Mauern der Rathäuser oft Tafeln eingelassen, aus denen die Händler die Größe der jeweiligen Länge entnehmen mussten.

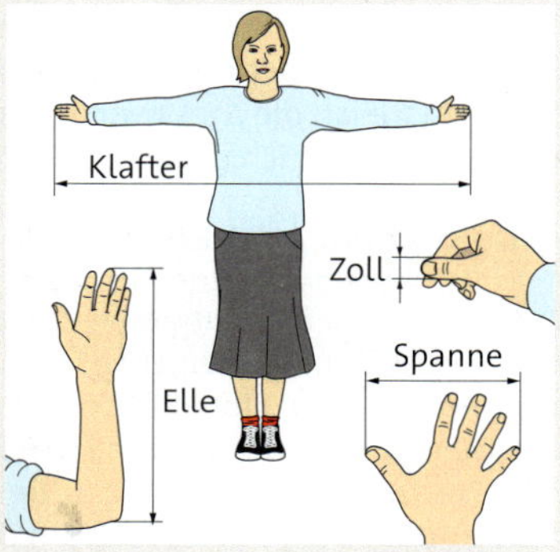

6

Aufgaben

1 Die Abmessungen vieler Objekte werden heute noch in Zoll oder Inch angegeben. Nenne Beispiele dafür.

2 Welche Längen hätten Klafter, Elle, Spanne, Zoll und Griffhöhe, wenn du König eines Reichs wärst?

Experimentieren

1

Deine Cola ist viel zu warm. Im Gefrierfach findest du aber noch Eiswürfel. Damit kannst du sie abkühlen. Genügt ein Eiswürfel oder solltest du besser zwei nehmen? Bringen zwei Eiswürfel aber auch die doppelte Abkühlung? Um dieses Problem zu klären, führen Naturwissenschaftler Experimente durch.

1. Ein Problem	
Das Problem, das experimentell untersucht werden soll, ergibt sich meist aus einer Beobachtung im Alltag. Physiker versuchen, das Problem in einer oder mehreren Fragen zusammenzufassen.	*Beispiel* Kühlen 2 Eiswürfel die Cola besser als 1 Eiswürfel?
2. Eine Vermutung	
Die Fragestellung führt zu einer Vermutung (Hypothese), die man mit einem Experiment überprüfen kann.	*Beispiel* Die doppelte Menge Eis kühlt die Cola auch doppelt so stark ab.
3. Die Versuchsplanung	
Welche physikalischen Größen muss ich messen? Wie kann ich dabei vorgehen? Welche Geräte und Materialien benötigt man? Wie sieht die Experimentieranordnung aus? Wie erfasse ich die Messwerte und mit welchen Methoden kann ich diese auswerten?	*Beispiel* Im Experiment bleibt die Menge der Cola unverändert. Die Anzahl der Eiswürfel wird erhöht. Es müssen die Anfangs- und die Endtemperatur der Cola nach einer bestimmten Zeit oder nach dem vollständigen Schmelzen des Eises gemessen werden.
4. Durchführung des Experiments	
Alle geplanten Messungen werden durchgeführt. Die Messwerte werden aufgenommen und in einer geeigneten Form (Tabelle) erfasst. Die Messwerte werden durch geeignete mathematische Verfahren analysiert (z. B. Berechnung einer Temperaturdifferenz, Darstellung im Diagramm ...).	*Beispiel* Masse Wasser $m_W = 100$ g 1 Eiswürfel Anfangstemperatur $\vartheta_A = 18\,°C$ Endtemperatur $\vartheta_E = 13\,°C$ 2 Eiswürfel Anfangstemperatur $\vartheta_A = 18\,°C$ Endtemperatur $\vartheta_E = 11\,°C$
5. Die Auswertung	
Das Ergebnis wird in einer Aussage formuliert und mit der Ausgangsfrage/Hypothese verglichen.	*Beispiel* Je mehr Eis verwendet wird, desto größer ist die Abkühlung. Die doppelte Menge an Eis kühlt das Wasser aber nicht doppelt so stark ab.

Im **Protokoll** werden alle Informationen, Messwerte und Hinweise, die zum Experiment gehören, aufgezeichnet. ► S. 271

Protokoll

Name: Klasse: Datum:

Abkühlen mit Eiswürfeln

Aufgabe: Erkunde, ob zwei Eiswürfel die doppelte Abkühlung bringen wie ein Eiswürfel.

Vorbetrachtungen

1. Welche physikalische Größe wird gemessen?
2. Welche Größe wird verändert?
3. Welche physikalischen Größen bleiben unverändert?

Geräte und Hilfsmittel:

2 gleich große Bechergläser
Eiswürfel
Wasser mit Zimmertemperatur
Thermometer

Experimentieraufbau:

Durchführung:

1. Miss zwei Gläser mit der gleichen Menge Wasser ab. Das Wasser soll auch dieselbe Temperatur ϑ_1 haben.
2. Gib in ein Glas einen Eiswürfel und in das andere Glas zwei Eiswürfel. Lass sie schmelzen, rühre um und miss erneut die Temperatur ϑ_2.

Messwerte:

Wasser mit 1 Eiswürfel		Wasser mit 2 Eiswürfeln	
$\vartheta_1 =$	$\vartheta_2 =$	$\vartheta_1 =$	$\vartheta_2 =$

Auswertung:

Ein Eiswürfel senkt die Temperatur um … °C.
Zwei Eiswürfel senken die Temperatur um … °C.
Es gilt: Je mehr Eiswürfel man in das Getränk gibt, desto …

Bei einem Experiment werden Vorgänge in der Natur unter vereinfachten und genau festgelegten Bedingungen nachvollzogen. Mit dem Protokoll werden die Beobachtungen, Messungen und Ergebnisse festgehalten und anschließend ausgewertet.

Übrigens

Bringt das Experiment keine Bestätigung der Hypothese, dann müssen weitere Experimente geplant und durchgeführt werden. Es kann auch sein, dass eine neue Vermutung formuliert werden muss.

Aufgaben

1 Plane ein Experiment für folgende Problemstellungen:

a Wie lange dauert es, bis sich ein Glas Tee (150 ml) auf 30 °C abgekühlt hat?

b Untersuche, ob die Abkühlung des Tees gleichmäßig verläuft.

2 Lege im Freien ein Blatt Zeitungspapier für einige Stunden in die Sonne. Einen Teil des Blattes deckst du mit einem Gegenstand ab, z. B. einem Buch oder einer Schablone aus Pappe.
Beschreibe, wie sich das Papier nach einigen Stunden verändert hat.

Physikalische Modelle

1

Annas kleiner Bruder Tom ist stolzer Besitzer eines Rennautos. Es ist zwar kleiner als das Original, hat aber die gleiche Farbe. Der Antrieb erfolgt auch nicht mit einem Verbrennungsmotor. Toms Auto ist ein Modell.

Experiment

1 Modelle

In der Physiksammlung gibt es unter anderem Modelle von Verbrennungsmotoren und hydraulischen Anlagen.
Betrachte diese Modelle und probiere ihre Funktionsfähigkeiten aus. In welchen Merkmalen stimmen die Modelle mit den Originalen überein?

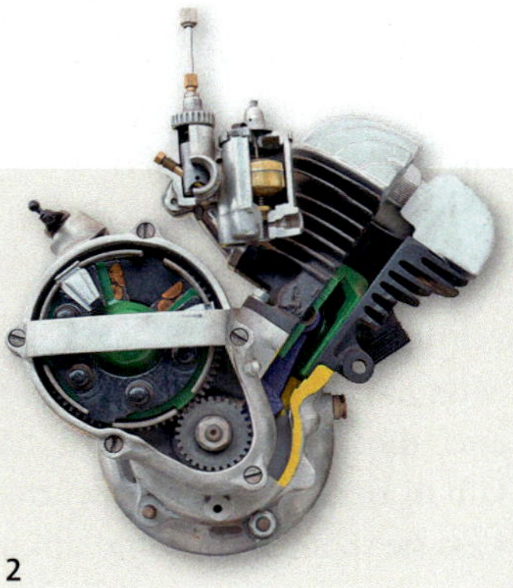

2

Die Modelle aus der Physikgerätesammlung helfen dabei, den Aufbau und die Funktion des Originals zu verstehen. Es sind *Funktionsmodelle.* ▸ 2
Zu Hause hast du bestimmt auch einige Modelle. Spielzeugauto, Puppenhaus oder Teddy veranschaulichen Gegenstände oder Lebewesen aus unserer Umwelt. Bei einem Spielzeug ist es wichtig, dass es vom Aussehen her der Wirklichkeit ähnelt. Tiermodelle sollen dem lebendigen Tier gleichen. Sie sind die Modelle eines realen Objekts. Es sind *Anschauungsmodelle.* ▸ 3

3

Zu jedem Modell gehört dann auch ein Originalgegenstand. Beim Modell- und beim Originalauto haben beide die gleiche Farbe oder Form. Das Modellauto ist viel kleiner und leichter als das Original. Auch im Antrieb unterscheiden sie sich stark: Ein Original-Pkw wird von einem Benzin-, Diesel- oder Elektromotor angetrieben, das Modell hat oft gar keinen Motor.

Aufgaben

1 Erkunde, welche Modelle ihr zu Hause habt. Welchem Zweck dienen sie?

2 Vergleiche an einem selbst gewählten Beispiel die Gemeinsamkeiten und Unterschiede von Modell und Original.

Experiment

2 Duft im Raum

Gib einige Tropfen Parfüm in eine flache Schale und beobachte die Verteilung des Duftes im Raum.

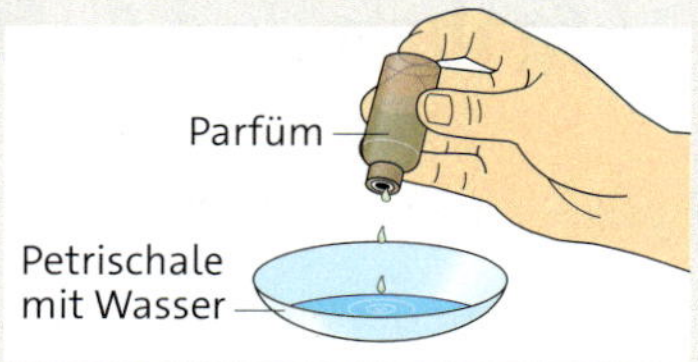

Nach einiger Zeit breitet sich der Duft von selbst im ganzen Raum aus. Für das Erkennen und Erklären der Ursache bedienen wir uns eines *Denkmodells*. In diesem Fall ist das *Teilchenmodell* gut geeignet.
Alle Stoffe bestehen aus kleinen Bausteinen, die Teilchen genannt werden. In festen Körpern liegen die Teilchen ganz dicht aneinandergepackt. Sie können sich ein wenig an ihrem Platz bewegen. Teilchen in einer Flüssigkeit sind nicht so dicht gepackt wie in festen Stoffen. Sie bewegen sich schon relativ frei an ihrem Platz. In einem Gas können sie sich frei in alle Richtungen bewegen. Die Teilchen in einem Gas haben relativ große Abstände zueinander.

Bei Experimenten mit Pollen hat der schottische Botaniker Robert Brown 1827 entdeckt, dass Teilchen sich unregelmäßig und ruckartig in Flüssigkeiten und Gasen bewegen. Dabei stoßen sie gegeneinander und ändern ihre Richtung. Die Bewegung der Teilchen wird nach ihrem Entdecker brownsche Bewegung genannt. ▸ 5

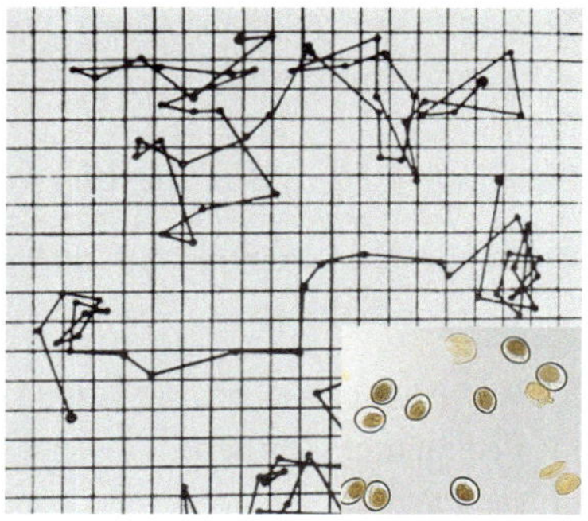

5

Ein Modell ist immer eine Vereinfachung. Es besitzt nur bestimmte, wesentliche Eigenschaften des Originals. Ein Modell wird stets für einen bestimmten Zweck erstellt.
Es gibt Anschauungs-, Funktions- und Denkmodelle.

Wissenswertes: Riesen und Zwerge

Es gibt Modelle, die viel größer sind als ihr Original, z. B. ein Modell eines HI-Virus. Das HIV-Modell ist ein Anschauungsmodell.
Auch unser Sonnensystem hat noch niemand komplett im Original sehen können. Es ist viel zu groß. Aber fast jeder Mensch kennt Modelle davon. Das Tellurium im Bild zeigt die Stellung von Sonne, Erde und Mond zueinander. Man kann damit z. B. die Entstehung von Sonnen- oder Mondfinsternissen erklären. Modelle müssen nicht die wahren Größenverhältnisse wiedergeben.

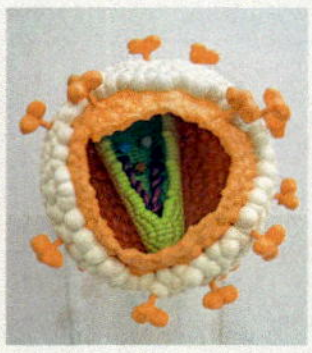

6

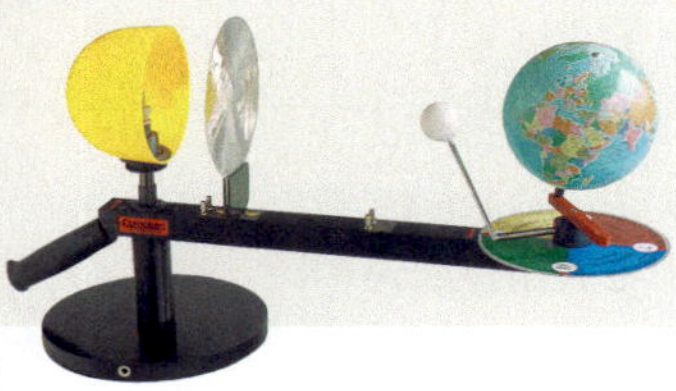

7

Aufgaben

1 Vergleiche eine Babypuppe mit einem Kleinkind. Beschreibe die Gemeinsamkeiten und Unterschiede.

2 Vergleiche eine Modelleisenbahn mit ihrem Original. Beschreibe die Gemeinsamkeiten und Unterschiede.

Aufgaben und Aufträge

Physik – eine Naturwissenschaft

1 Nenne mindestens drei Naturwissenschaften.

2 Mit welchem Teil der Natur beschäftigt sich die Physik?

3 Nenne die Teilgebiete der Physik und notiere zu jedem ein Beispiel.

Beobachten und Beschreiben

4 Nenne zwei wichtige Arbeitsweisen eines Naturwissenschaftlers.

5 Beschreibe, wie wir mit unseren Sinnen die Natur beobachten können.

6 Beobachte und beschreibe:
a ein Gewitter
b eine brennende Kerze
c die Zubereitung eines Tees
d das Anfahren eines Fahrzeugs

7 Nimm einen Löffel voll Salz und gib ihn in ein Glas mit warmem Wasser. Beobachte und beschreibe deine Beobachtungen.

Physikalische Größen

8 Übertrage die Tabelle in dein Heft und ergänze die fehlenden Angaben.

Physikalische Größe	Formelzeichen	Einheiten	Messgerät
Flächeninhalt	?	?	?
?	V	?	?
?	?	°C	?
?	?	?	Uhr

9 Rechne um:
a 60 cm = … m
b 0,84 km = … m
c 805 cm = … m
d 180 mm = … cm
e 1 h = … s
f 1 min = … s
g 1,5 h = … min

10 Messen heißt vergleichen. Erläutere diese Aussage an einem Beispiel.

Experimentieren

11 Du sollst die Masse eines Briefs, einer Schraube, eines Apfels, einer Tüte Mehl, eines Beutels Kartoffeln und eines Mitschülers bestimmen. Schätze die Massen der Körper. Welche Waage würdest du jeweils benutzen? ▸ 1

1

12 Tauche eine leere Sprudelflasche mit der Öffnung knapp unter Wasser. Umschließe die Flasche mit beiden Händen und warte einige Zeit ab. Was kannst du beobachten? ▸ 2

2

Physikalische Modelle

13 Beschreibe das Teilchenmodell.

14 Erläutere, wozu Wissenschaftler Modelle nutzen.

15 Stelle Gemeinsamkeiten und Unterschiede von Modell und Original an einem selbst gewählten Beispiel gegenüber.

16 Vergleiche eine Modelleisenbahn mit einem ICE der DB. Nenne Gemeinsamkeiten und Unterschiede.

17 In einem blickdichten Beutel sind verschiedene Gegenstände oder Spielzeuge verpackt. Finde durch Fühlen heraus, um welche Gegenstände es sich handelt.

Überblick

Physik Diese Naturwissenschaft untersucht Vorgänge und Erscheinungen in der unbelebten Natur. Der Physiker beobachtet die Natur. Er misst und führt Experimente durch, um die Naturgesetze zu erkennen und besser zu verstehen. Viele seiner Erkenntnisse werden in der Technik angewandt.

Teilgebiete der Physik
Die *Mechanik* untersucht Bewegungen und Kräfte sowie die Eigenschaften der Körper.
Die *Wärmelehre* beschäftigt sich mit der Temperatur und den Auswirkungen von Temperaturänderungen.
Die *Optik* behandelt das Licht und seine Eigenschaften.
Die *Elektrizitätslehre* untersucht die Wirkungen des elektrischen Stroms.
Die *Atom- und Kernphysik* beschäftigt sich mit den kleinsten Teilchen der Körper.

Beobachten und Beschreiben Unter *Beobachten* versteht man das Wahrnehmen von naturwissenschaftlichen Erscheinungen mithilfe aller Sinnesorgane. Beobachtungen werden zielgerichtet und mit einer Fragestellung durchgeführt.
Beim *Beschreiben* werden Gegenstände sprachlich so dargestellt, dass erkennbar ist, wie sie beschaffen sind. Vorgänge werden in ihrer richtigen zeitlichen Reihenfolge beschrieben.
Beim Beschreiben konzentriert man sich auf das Wesentliche. Eigenschaften, die die physikalische Erscheinung nicht beeinflussen, werden außer Acht gelassen.

Experimentieren Eine wichtige Methode, um Erkenntnisse zu gewinnen, ist das Experiment. Dabei werden Vorgänge in der Natur unter vereinfachten und genau vorher festgelegten Bedingungen nachvollzogen.
Im *Protokoll* werden die Beobachtungen und Ergebnisse festgehalten.

Physikalische Größen Mit ihrer Hilfe kann man besondere Eigenschaften von Körpern und Vorgängen beschreiben, messen und vergleichen. Man gibt sie immer als Produkt aus Zahlenwert und Einheit an.

Messen Beim Messen erfasst man physikalische Eigenschaften eines Vorgangs oder Gegenstands. Dabei vergleicht man diese Eigenschaft mit einem vorher festgelegten Maßstab. Das erfolgt mit einem geeigneten Messgerät.

Modelle Ein Modell ist immer eine Vereinfachung. Es besitzt nur bestimmte, wesentliche Eigenschaften des Originals. Ein Modell ist immer das Abbild eines Originals. Ein Modell wird stets für einen bestimmten Zweck erstellt.

Einige der abgebildeten Gegenstände findest du vielleicht auch auf deinem Schreibtisch. Diese Körper haben alle unterschiedliche Eigenschaften. Es kommt darauf an, für welchen Verwendungszweck sie gedacht sind.

Eigenschaften von Körpern

Schau dir aufmerksam die Dinge in deiner Umgebung an. Du entdeckst Körper in allen Farben, Formen und Größen. Viele dieser Gegenstände wurden von Menschen hergestellt, um sie sinnvoll zu nutzen.

Ein Bohrer muss besonders gehärtet sein, wenn er in Beton eindringen soll. Hochwertige Fahrradrahmen bestehen aus Aluminium oder sogar aus Carbon. Dadurch sind sie leicht und stabil. ▸ 2, 4
Zur Herstellung elektronischer Geräte werden seltene Erden gebraucht.

Viele dieser Stoffe sind dann später im Abfall verteilt und miteinander verbunden. Um sie trennen zu können, muss man deren Eigenschaften kennen. Mit dem Recycling erhalten wir wertvolle Stoffe zurück und die Umwelt wird geschont. ▸ 3, 5

2

3

4

5

Weißt du's?

Bei der Beantwortung der Fragen erhältst du Lösungsbuchstaben. In der richtigen Reihenfolge (Zahlen in Klammern) ergibt sich ein Lösungswort. Es nennt dir die Bestandteile, aus denen alle Körper bestehen.

1 Eine Schneeflocke besteht aus …
- A Kunststoff N (1)
- B Wasser O (3)
- C weißer Kreide P (6)

2 Die Masse eines Körpers wird gemessen mit …
- A einem Lineal D (2)
- B einer Stoppuhr E (1)
- C einer Waage F (4)

3 Fällt ein Stein in ein Wasserglas, so …
- A verdrängt der Stein das Wasser E (6)
- B verdrängt das Wasser den Stein F (3)
- C bleibt der Wasserspiegel unverändert G (4)

4 Physiker verstehen unter einem Modell eine …
- A neu eingekleidete Dame S (5)
- B vereinfachte Darstellung der Wirklichkeit T (2)
- C Herberge zur Übernachtung U (6)

5 Ein Liter ist genauso groß wie ein …
- A Meter Q (3)
- B Kilogramm R (5)
- C Kubikdezimeter S (1)

6 Karat ist eine Einheit …
- A der Masse F (5)
- B der Kraft G (2)
- C des Volumens H (4)

Körper und Stoff

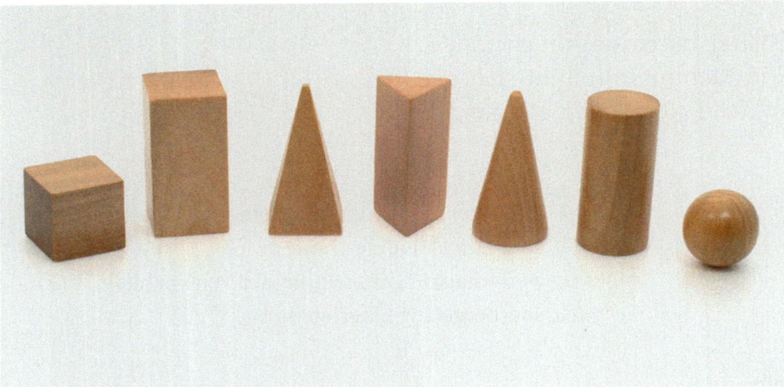

1

Durch den Mathematikunterricht sind dir solche Körper wie Kugel, Quader oder auch Zylinder bekannt.
In der Biologie geht es häufig um Körper von Lebewesen.

Experiment

1 Stoffe trennen
Rühre einen Teelöffel gemahlenen Kaffee in ein Becherglas mit Wasser. Gieße dann das Gemisch durch einen Teefilter in ein zweites leeres Glas. Was kannst du beobachten?

Körper Der Filter wirkt wie ein Sieb. Die Kaffeeteilchen bleiben im Filter. Das Wasser wird zwar vom gerösteten Kaffee etwas gefärbt, es läuft aber durch den Filter. Kaffeesatz und Wasser werden getrennt. Die beim Experiment benutzten Dinge sind Körper. Sie bestehen aus einem, zwei oder vielen unterschiedlichen Stoffen.

Die Physiker bezeichnen alle Dinge und Gegenstände, die uns umgeben als Körper.

Dies trifft nicht nur auf feste Gegenstände zu, die man anfassen kann. Auch das Wasser in der Wanne oder die Luft im Fahrradreifen sind Körper.

Körper bestehen aus einem oder mehreren Stoffen.

In der Tabelle findest du einige Beispiele für Körper und die Stoffe, aus denen sie bestehen können.

Körper	Stoffe
Nadel	Stahl
Linse	Glas
Ball	Luft, Gummi
Bleistift	Grafit, Holz, Farbe
Flüssigkeit im Tank	Benzin
Gas im Ballon	Helium

Aufgaben

1 Was versteht man in der Physik unter einem Körper?

2 Nenne weitere Körper und die Stoffe, aus denen sie bestehen. Fasse deine Antworten in einer Tabelle zusammen.

3 Ordne folgenden Körpern den Stoff zu, aus dem sie bestehen:
Körper: Fensterscheibe, Zange, Trinkbecher, Regentropfen, Gas in der Stahlflasche
Stoffe: Plaste, Sauerstoff, Glas, Wasser, Stahl

Experiment

2 Eisen und Magnet

In einem flachen Gefäß befindet sich ein Gemisch aus Holz- und Eisenfeilspänen. Versuche die beiden Stoffe zu trennen.
Lege dazu eine durchsichtige Folie über das Gemisch. Nimm einen Magneten und bewege ihn vorsichtig über der Folie hin und her. Achte darauf, dass der Magnet nicht direkt mit den Eisenfeilspänen in Berührung kommt.

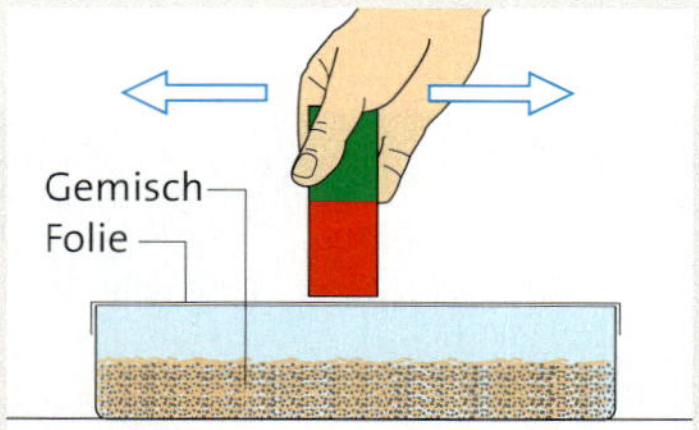

Stoffeigenschaften Nur die Eisenfeilspäne werden vom Magneten angezogen. Die Holzspäne bleiben liegen. Man kann Stoffe trennen, indem man ihre unterschiedlichen Eigenschaften nutzt. Das betrifft z. B. ihr magnetisches Verhalten, die unterschiedliche Körnchengröße oder die Wasserlöslichkeit.
Auch bei der Herstellung von Produkten ist es notwendig, die Eigenschaften der Stoffe zu kennen, aus denen die Körper bestehen.

Wissenswertes: Weißes Gold

Der Naturforscher und Alchemist JOHANN FRIEDRICH BÖTTGER prahlte Anfang des 18. Jahrhunderts damit, dass er in der Lage wäre, aus unedlen Metallen Gold herzustellen. August der Starke nahm ihn daraufhin gefangen, um seine leeren Kassen mit diesem Edelmetall füllen zu können. Damals war niemandem bekannt, dass man Gold nicht aus anderen Stoffen herstellen kann.
Nach jahrelangem Experimentieren war BÖTTGER jedoch die Herstellung von Porzellan geglückt. So wurde 1710 die erste europäische Porzellanmanufaktur gegründet. Die Produktion des „weißen Goldes" begann auf der Albrechtsburg bei Meißen.
Auch Porzellan ist ein Stoffgemisch. Die wesentlichen Bestandteile sind Feldspat, Kaolin und Quarz. Diese Stoffe müssen im richtigen Verhältnis gemischt und bei Temperaturen von 1400 °C gebrannt werden.

4

5

Aufgaben

1 Erkläre, wie man eisenhaltige Stoffe beim Recycling vom Restmüll trennen kann.

2 Salz und Eisenfeilspäne lassen sich mithilfe von Wasser trennen. Beschreibe, wie man vorgehen könnte.

3 Die Trennung von Stoffen ist besonders im Bergbau und bei der Abfallbeseitigung wichtig. Begründe.

Volumen

1

Im Sportunterricht verwendet man verschiedene Bälle. Für die Auswahl kommt es immer darauf an, welche Sportart man betreiben will. Ein Medizinball z. B. wäre für das Tischtennisspielen völlig ungeeignet.
In der Physik beschäftigt man sich mit Fragen, wie groß bzw. wie klein oder wie schwer bzw. wie leicht die Körper sind.

Experiment

1 Verdrängung
Fülle ein Glas halb voll mit Wasser. Tauche einen festen Gegenstand vorsichtig in die Flüssigkeit ein.
Beobachte den Wasserstand. Was kannst du feststellen?

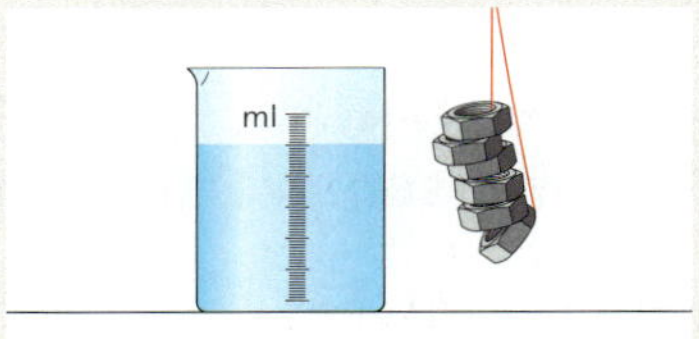

Volumen Der Wasserspiegel steigt. Das Wasser wird verdrängt. Der eingetauchte Körper benötigt den Raum, den vorher das Wasser eingenommen hat.

Die physikalische Größe Volumen gibt an, wie groß der Raum ist, den ein Körper einnimmt. Das Formelzeichen ist V.

Zur Angabe des Volumens gehört auch eine Einheit. Auf vielen Flüssigkeitsbehältnissen findet man die Aufschrift Liter (ℓ) oder Milliliter (mℓ). Im Baumarkt ist ein Raummeter oder ein Kubikmeter Holz erhältlich. Das Volumen von einem Würfel mit der Kantenlänge von einem Meter ($a = 1$ m) beträgt ein Kubikmeter ($V = 1\ \text{m}^3$). ▸ 3

Umrechnungen:
$1\ \text{m}^3 = 1000\ \text{dm}^3$; $1\ \text{dm}^3 = 1000\ \text{cm}^3$; $1\ \text{cm}^3 = 1000\ \text{mm}^3$

Ein Liter ist genauso groß wie ein Kubikdezimeter: $1\ \ell = 1\ \text{dm}^3$.
$1\ \text{m}^3 = 1000\ \ell$; $1\ \ell = 1000\ \text{m}\ell$; $1\ \text{m}\ell = 1\ \text{cm}^3$
In der Industrie benutzt man auch die Einheit Hektoliter (hℓ): $1\ \text{h}\ell = 100\ \ell$.

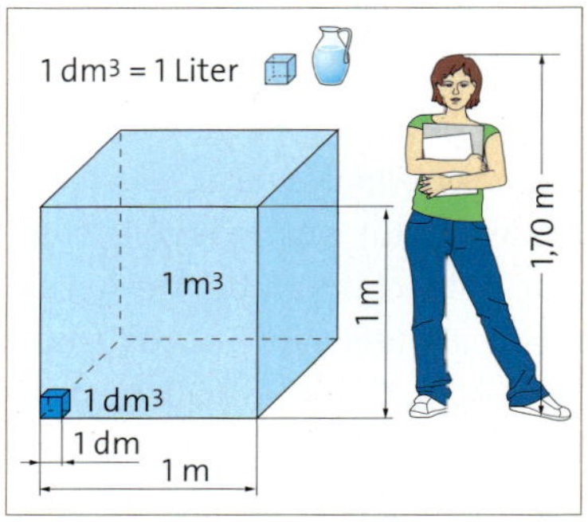

3

Aufgaben

1 Ordne die Bälle nach der Größe ihres Volumens: Basketball, Handball, Tennisball, Tischtennisball, Medizinball.

2 Notiere die Volumenangaben von fünf verschiedenen Flüssigkeitsbehältnissen aus Küche und Bad. Ordne sie der Größe nach.

Experiment

2 Volumenmessung

Überprüfe die Volumenangabe eines kleinen Flüssigkeitsbehältnisses (Fläschchen, Dose, Glas).

1. Fülle das leere Behältnis mit Wasser.
2. Stelle einen geeigneten Messbecher oder Messzylinder auf eine ebene Fläche. Gieße das Wasser nun in das Messgefäß. Lies das Volumen auf der Skala ab. Vergleiche dein Ergebnis mit der Angabe auf der Originalverpackung.

Volumenbestimmung bei Flüssigkeiten Beim Backen und Kochen ist es oft notwendig, das Volumen von flüssigen Zutaten zu messen. Dazu kann man das Fassungsvermögen von einem Teelöffel, einem Esslöffel oder von einem Messbecher nutzen.
In der Schule verwenden wir häufig Messzylinder. ▸ 5

Körper	Volumen
Wassermenge im Bodensee	48 km^3
Cheopspyramide	2 400 000 m^3
Wohnzimmer	60 m^3
Tankwagen (Lkw)	20 000 ℓ
Ölfass (Standardgröße)	159 ℓ (ein Barrel)
Schuhkarton	7 dm^3
Bleistift	7 cm^3
Zecke	1 mm^3

5

Wissenswertes: Klein und groß

Das kleinste Vogelei der Welt ist das der Bienenelfe, eines Kolibris. Sein Volumen ist kleiner als ein halber Milliliter. Das Volumen von einem durchschnittlich großen Hühnerei beträgt mehr als das 200-Fache. Im Vergleich zum größten Vogelei, dem Straußenei, sind Hühnereier wiederum klein. Der Rauminhalt des Straußeneies entspricht fast dem 30-Fachen des Volumens eines gewöhnlichen Hühnereies.

Aufgaben

1 Lies jeweils das Volumen der eingefüllten Flüssigkeit ab. ▸ 7

2 Prüfe die folgende Aussage auf ihre Richtigkeit: „Mit einem Schuhkarton kann man 7 Liter Wasser transportieren.“ Nutze die Angabe in der Tabelle.

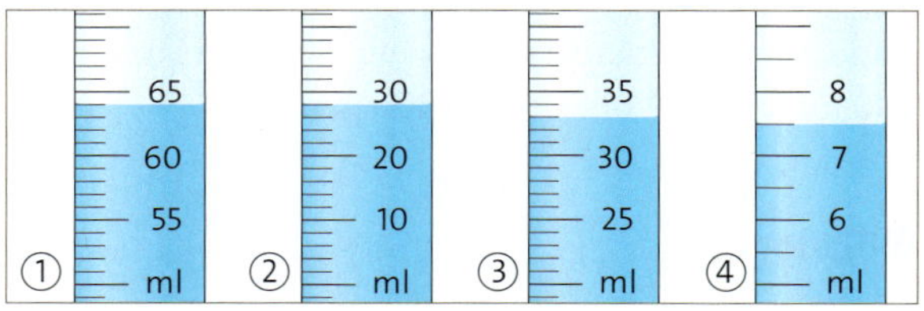

7

Volumenbestimmung fester Körper

1

Dein Vater möchte genau einen Raummeter Kaminholz kaufen. Beim Händler findet er verschiedene Packungen von Kaminholz. Wie kann er einfach bestimmen, ob es sich um einen Raummeter handelt?

Experiment

1 Volumenbestimmung
Bestimme das Volumen:
a eines Quaders
b eines Würfels
c einer Metallschraube

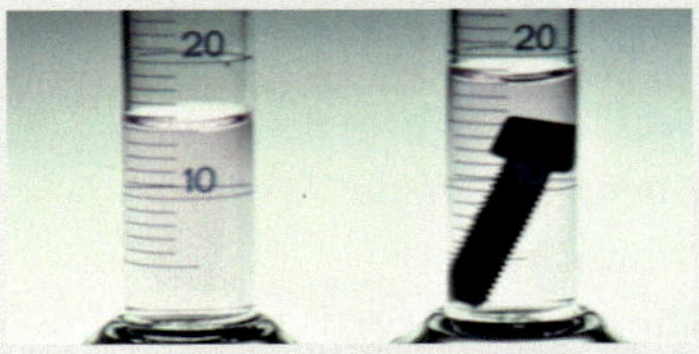

Regelmäßige feste Körper Das Volumen von festen Körpern, die eine regelmäßige Form haben, kann mithilfe ihrer Abmessungen berechnet werden. Bei einem Quader müssen die drei Kantenlängen bestimmt werden.

Volumen eines Quaders: $V_{\text{Quader}} = a \cdot b \cdot c$.

Da die Kantenlängen eines Würfels alle gleich lang sind, gilt:

Volumen eines Würfels: $V_{\text{Würfel}} = a \cdot a \cdot a$.

Unregelmäßige feste Körper Zur Volumenbestimmung eines unregelmäßig geformten festen Körpers kann man die Verdrängung einer Flüssigkeit nutzen. Taucht man z. B. einen Stein ins Wasser ein, wird die entsprechende Wassermenge verdrängt.

Differenzverfahren Ein unregelmäßig geformter, nicht schwimmfähiger Körper wird in Wasser getaucht, das sich in einem Messzylinder befindet. Taucht er vollständig ein, wird genauso viel Wasser verdrängt, wie es dem Volumen des Körpers entspricht. Bildet man die Differenz vom Wasserstand mit eingetauchtem Körper und dem ursprünglichen Wasserstand, erhält man das Volumen des Körpers. ▸ 3

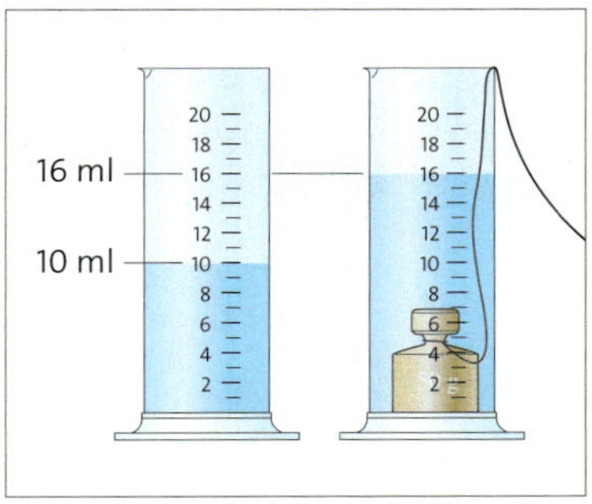

3

Aufgaben

1 Ein Kleiderschrank ist 1,80 m hoch, 1,50 m breit und 0,60 m tief. Berechne sein Volumen.

2 Wie groß ist das Volumen von dem Massenstück? ▸ 3

Experiment

2 Differenzverfahren

Bestimme das Volumen eines Steins mit dem Differenzverfahren.

1. Fülle einen geeigneten Messzylinder etwa bis zur Hälfte mit Wasser und lies das Volumen (V_1) ab.
2. Binde den Stein an einen dünnen Faden und tauche ihn vollständig ins Wasser ein.
3. Lies jetzt das Volumen (V_2) ab.
4. Bilde die Differenz der beiden Volumen ($V_2 - V_1$).
5. Gib das Volumen des Steins in Kubikzentimetern an.

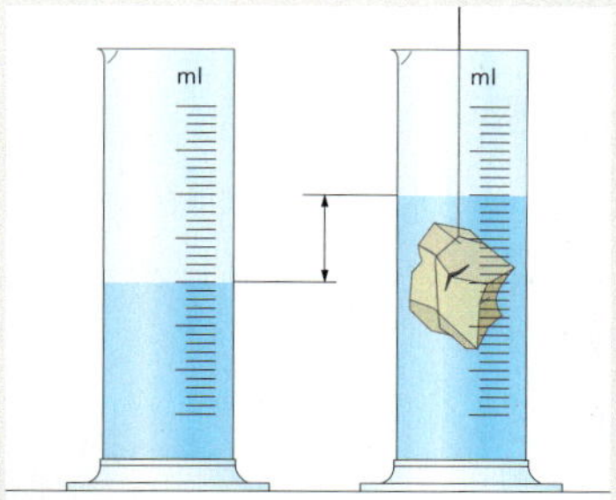

Überlaufverfahren Körper verdrängen sich gegenseitig. Dies kann man ausnutzen, um das Volumen von Körpern zu bestimmen: Ein Gefäß mit Auslauf wird bis zu diesem mit Wasser gefüllt. Jetzt kann man den unregelmäßig geformten Gegenstand so eintauchen, dass dieser vollständig mit Flüssigkeit bedeckt ist. Das überlaufende Wasser wird mit einem Messbecher oder Messzylinder aufgefangen. Es läuft so viel Wasser aus dem Gefäß, wie es dem Volumen des Gegenstands entspricht.

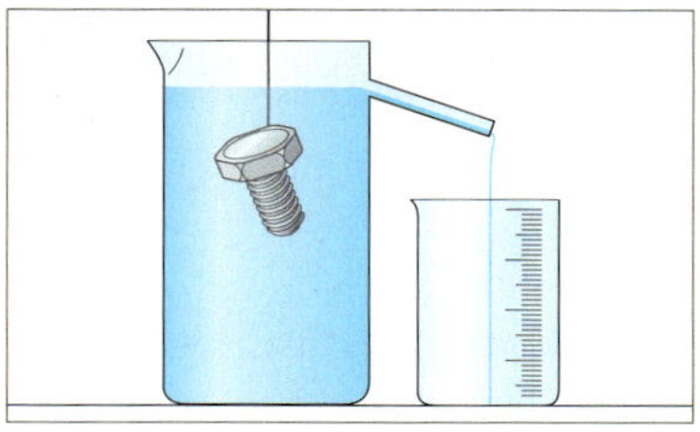

5

Wissenswertes: Heureka

Der Naturforscher ARCHIMEDES VON SYRAKUS (285–212 v. Chr.) erhielt von seinem König Hieron den Auftrag, eine Krone auf deren Goldgehalt zu überprüfen. Hieron misstraute dem Goldschmied, der behauptet hatte, sie aus purem Gold angefertigt zu haben. Um die Aufgabe lösen zu können, musste ARCHIMEDES das Volumen der Krone genau bestimmen. Ein Verfahren hierfür war zu dieser Zeit jedoch noch nicht bekannt. Der Wissenschaftler grübelte lange nach, bis er in eine übervolle Wanne stieg. Das überlaufende Wasser brachte ihn auf die entscheidende Idee. Laut Überlieferung soll ARCHIMEDES sehr laut und freudig „Heureka!" („Ich hab's gefunden!") gerufen haben. Die entdeckte Methode, das sogenannte Überlaufverfahren, wird auch heute noch genutzt.

Aufgaben

1 Begründe, warum man das Differenzverfahren oder das Überlaufverfahren nicht zur Volumenbestimmung einer Holzkugel anwenden kann.

2 Das Spielzeugmodell einer Kuh verdrängt 105 mℓ Wasser. Gib das Volumen in Kubikzentimetern an. ▸ 7

7

Masse

1

Um einen schweren Einkauf nach Hause zu tragen, sollte man diesen besser auf beide Arme verteilen. Gelenke und Wirbelsäule dürfen nicht einseitig belastet werden.

Experiment

1 Massen bestimmen

a Versuche durch Abwägen mit den Händen, jeweils zwei gleich schwere Gegenstände zu finden.

b Bestimme die Massen der Gegenstände aus dem Experiment a mit einer Waage. Vergleiche deine Schätzungen mit den Messungen.

Masse Es ist gar nicht so einfach, Körper mit den Händen abzuwiegen. Vor allem dann nicht, wenn die Gegenstände aus unterschiedlichen Material sind oder verschiedene Formen haben.
Für die Eigenschaft der Körper, schwer zu sein, benutzt man den Begriff Masse.

> **Die Masse gibt an, wie schwer ein Körper ist.**
> **Das Formelzeichen ist *m*.**
> **Die Waage ist das Messgerät für die Masse.**

Auf verschiedenen Produkten, Gegenständen und Maschinen findet man eine Angabe der Masse.
Die Einheit, von der alle Massenangaben ausgehen, ist ein Kilogramm (1 kg). Weltweit richtet man sich heute noch nach dem Urkilogramm. Es ist ein Zylinder, der vorwiegend aus Platin besteht und seit 1889 in Paris aufbewahrt wird. Die dreifache Abschirmung durch luftdichte Glasglocken dient dem Schutz vor Verunreinigung, damit sich die Masse möglichst nicht verändert. ▸ 3
Für sehr schwere Körper benutzt man die Einheit Tonne (t). Für leichte Gegenstände Gramm (g) oder Milligramm (mg).

Umrechnungen: 1 t = 1000 kg
1 kg = 1000 g
1 g = 1000 mg

3

Aufgaben

1 Rechne in Gramm um: 4,5 kg, 0,3 kg; 2500 mg; 75 mg; 1 t.

2 Notiere die Massenangaben von fünf verschiedenen Produkten aus dem Haushalt. Ordne sie der Größe nach.

Experiment

2 Massenbestimmung von Flüssigkeiten

Bestimme die Masse von 200 mℓ Wasser.

1. Bestimme zunächst die Masse von einem leeren Gefäß, in das mindestens 200 mℓ Flüssigkeit passen.
2. Fülle 200 mℓ Wasser ein und bestimme erneut die Masse.
3. Bilde die Differenz der beiden Messwerte. Welche Masse haben 200 mℓ Wasser?

Waagen Eines der ältesten Messgeräte überhaupt ist die Balkenwaage. Mit ihr konnten die Händler die Massen ihrer Waren miteinander vergleichen. Will man jedoch die Massen von Körpern damit bestimmen, wird ein Wägesatz benötigt. ▸ 6, 8

In der Schule können wir eine Briefwaage mit zwei verschiedenen Messbereichen (100 g / 500 g) verwenden. Ihren Namen erhielt sie durch die Massenbestimmung der entsprechenden Postsendungen. ▸ 9

Die Waagen im Supermarkt zeigen nicht nur die Massen der Waren an, sondern auch deren Preise.
In der Tabelle findest du die Massen von einigen Körpern der Größe nach geordnet.

Die Einheiten Zentner (50 kg) und Pfund (500 g) sind veraltet, aber gelegentlich noch im Gebrauch. Die Unze wird vorwiegend für Edelmetalle verwendet, Karat (0,2 g) für Edelsteine (Diamanten).

Körper	Masse
Wasser im Bodensee	48 Milliarden t
Elefantenbulle	6 t
Pkw	1,5 t
Mehlsack	50 kg
Päckchen Kaffee	500 g
Feinunze Gold	31,1 g
Samen vom Johannisbrotbaum	0,2 g
Zecke	2 mg

5

6

7

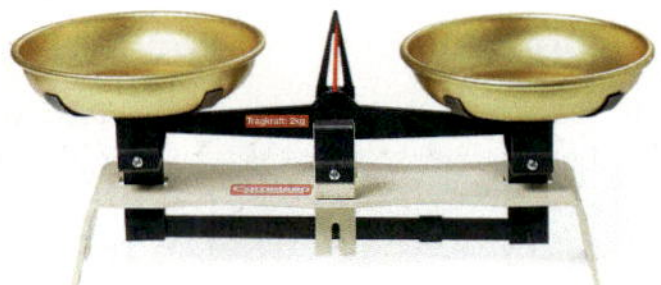

8

9

Wissenswertes: Das Urkilogramm

Das Urkilogramm in Paris hat trotz besonderen Schutzes inzwischen etwa 0,05 mg seiner Masse verloren. Deshalb möchte man diesen Kilogrammprototyp durch einen anderen Körper ersetzen. Die Wissenschaftler versuchen dies seit einigen Jahren mit einer entsprechenden Kugel aus Silizium.

Aufgaben

1 Welche Waagen nutzt ihr zu Hause?

2 Gib die Masse eines Kaffeepäckchens in Kilogramm an.

3 Wie viele Mehlsäcke haben eine Gesamtmasse von einer Tonne? Nutze die ▸ Tabelle.

4 Rechne ein Karat in Milligramm um.

Dichte

1

Neben einem 10-Liter-Eimer befindet sich eine Packung Kleintierstreu mit der Aufschrift 56 ℓ. Da stimmt doch etwas nicht. Ist diese Angabe fehlerhaft oder hat der Hersteller sogar geschummelt?

Experiment

1 Masse und Volumen
Miss die Kantenlängen und die Massen von verschiedenen Quadern aus dem gleichen Material. Berechne die Volumen. Bilde für jeden Körper jeweils den Quotienten aus Masse und Volumen.
Stelle deine Messwerte und Berechnungen in einer Tabelle zusammen. Vergleiche die Werte. Fällt dir etwas auf?

Dichte Für das Volumen und die Masse von Körpern aus dem gleichen Stoff gilt: Je größer das Volumen, desto größer ist auch die Masse. Doppeltes, dreifaches … Volumen bedeutet auch doppelte, dreifache … Masse.

Bildet man jeweils den Quotienten aus Masse und Volumen, ergibt sich immer der gleiche Wert. Er kennzeichnet den Stoff, aus dem der Körper besteht. Man bezeichnet diese Kenngröße als *Dichte*. Für verschiedene Stoffe ergeben sich unterschiedliche Dichten. ▸ Tabelle S. 69

Der Quotient aus Masse und Volumen eines Körpers ist die Dichte.
Formelzeichen ist der griechische Buchstabe ρ (Rho).
Formel: $\rho = \frac{m}{V}$

Aus den Einheiten von Masse und Volumen ergibt sich die Einheit der Dichte: Kilogramm je Kubikmeter $\frac{\text{kg}}{\text{m}^3}$. Am gebräuchlichsten ist die Einheit Gramm je Kubikzentimeter $\frac{\text{g}}{\text{cm}^3}$.
Die Dichte gibt also an, wie viel Gramm ein Kubikzentimeter eines Stoffes wiegt. Aluminium hat z. B. eine Dichte von $2{,}7\,\frac{\text{g}}{\text{cm}^3}$. Das bedeutet: Jeder Kubikzentimeter dieses Leichtmetalls hat eine Masse von 2,7 g.

Umrechnungen:
$1\,\frac{\text{g}}{\text{cm}^3} = 1000\,\frac{\text{kg}}{\text{m}^3}$; $1\,\frac{\text{g}}{\text{cm}^3} = 1\,\frac{\text{kg}}{\text{dm}^3}$

Aufgaben

1 Die Dichte von Wasser beträgt $1\,\frac{\text{g}}{\text{cm}^3}$.
a Was bedeutet diese Angabe?
b Berechne die Masse von $314\,\text{cm}^3$; 1 mℓ; 1 ℓ; $1\,\text{m}^3$ Wasser.

2 Berechne die Masse von Körpern aus Aluminium, deren Volumen $2\,\text{cm}^3$; $10\,\text{cm}^3$; $35\,\text{cm}^3$; $1\,\text{dm}^3$ betragen.

Experiment

2 Dichtebestimmung

Bestimme die Dichte von einem Quader, einem Metallwürfel und einer Metallschraube.

1. Bestimme die Massen der Körper mit einer Waage.
2. Bestimme die Volumen der Körper. Das Volumen der Schraube kannst du mit der Differenzmethode bestimmen.
3. Berechne die Dichte, indem du den Quotienten aus Masse und Volumen bildest.
4. Vergleiche deine Ergebnisse mit den Werten in der Tabelle. Aus welchem Stoff könnten die Körper bestehen?

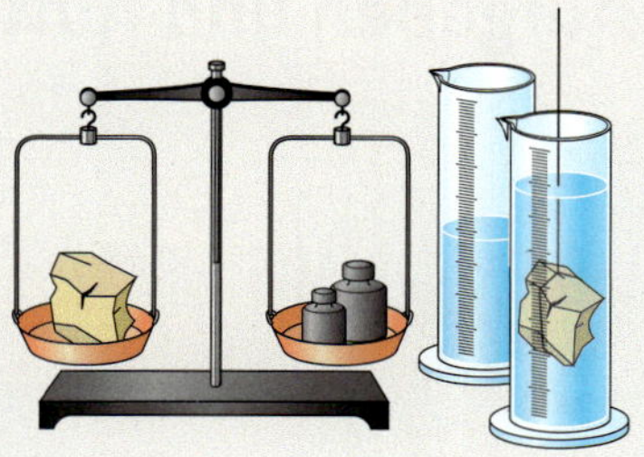

Volumen – Masse – Dichte Die abgebildeten Würfel haben ein Volumen von 1 cm^3. Bei gleichem Volumen gilt: Je größer die Dichte des Stoffes ist, desto größer ist auch die Masse des Körpers. ▸ 4
Alle abgebildeten Körper haben die gleiche Masse. Bei gleicher Masse gilt: Je kleiner die Dichte des Stoffes, desto größer ist das Volumen des Körpers. ▸ 5

Würfel gleicher Größe aus verschiedenen Materialien

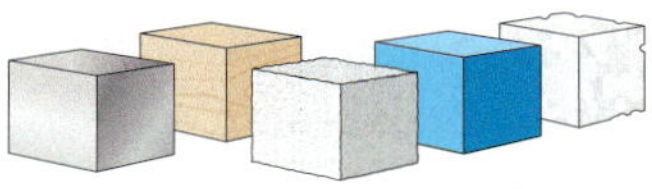

4

Kugeln z.B. aus Styropor, Kunststoff, Stahl, Holz, Granit mit gleicher Masse

5

Was hat es nun mit der Volumenangabe der Kleintierstreu auf sich? Zwecks Verpackung und Transport wird die Streu zusammengepresst, sie wird verdichtet. Das Volumen wird kleiner, die Masse ändert sich nicht. Beim Öffnen der Verpackung vergrößert sich das Volumen wieder auf den angegebenen Wert.

Stoff	Dichte in $\frac{g}{cm^3}$
Stahl	7,8
Kupfer	8,9
Silber	10,5
Gold	19,3
Platin	21,4
Holz	0,3–1,3
Glas	2,4–2,6
Gummi	0,9–1,2
Quecksilber	13,6
Wasser	1
Öl	0,9
Spiritus	0,8
Helium	0,000 18
Luft	0,001 29

6 Dichte einiger Stoffe in $\frac{g}{cm^3}$

Wissenswertes: Leicht- und Schwergewichte

Das sogenannte Leichtgewicht unter den Feststoffen ist ein Aerogel mit der Dichte von 0,0019 $\frac{g}{cm^3}$. Im Gegensatz dazu sind die Edelmetalle Gold und Platin richtige Schwergewichte. Rekordhalter ist jedoch Osmium mit einer Dichte von 22,6 $\frac{g}{cm^3}$.

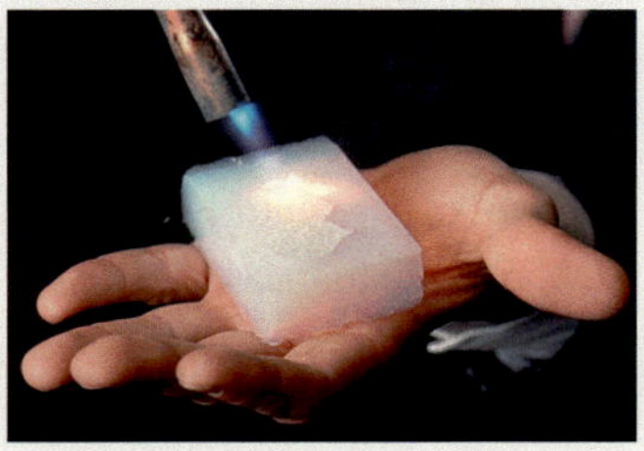

Aufgaben

1 Warum hat die Dichteangabe von Holz so eine große Spanne?

2 Das Urkilogramm ist 3,9 cm hoch. Dieser Zylinder hat auch nur einen Durchmesser von 3,9 cm. Begründe diese geringen Abmessungen.

Aufgaben und Aufträge

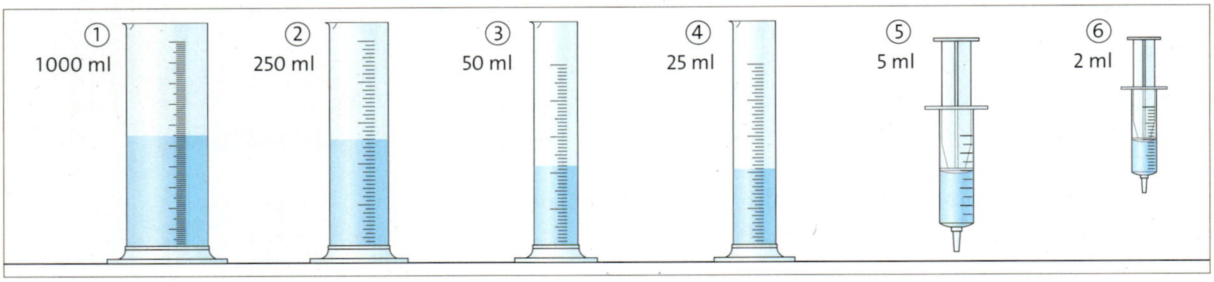

1

Volumen

1 Lies jeweils das Volumen der Flüssigkeit ab. ▸ 1

2 Rechne um.

a $23\,cm^3 = \ldots\,m\ell$

b $4{,}5\,dm^3 = \ldots\,\ell$

c $1{,}2\,dm^3 = \ldots\,cm^3$

d $3500\,m\ell = \ldots\,\ell$

e $250\,m\ell = \ldots\,\ell$

f $1{,}5\,m^3 = \ldots\,dm^3$

g $0{,}8\,m^3 = \ldots\,\ell$

h $6500\,cm^3 = \ldots\,\ell$

i $2\,cm^3 = \ldots\,mm^3$

k $0{,}04\,\ell = \ldots\,m\ell$

3 Ein Postpaket (Größe L) hat folgende Kantenlängen: 45 cm, 35 cm, 20 cm. Berechne das Volumen in cm^3, dm^3 und in ℓ.

4 Die Wassertiefe in einem 50 m langen und 25 m breiten Schwimmbecken beträgt 1,80 m. Wie viele Kubikmeter Wasser befinden sich darin?

5 Bestimme das Volumen von einem quaderförmigen Raum in deiner Schule.

6 Bestimme das Volumen von …

a deinem Zimmer zu Hause

b einer Milchpackung

c eines Verpackungskartons

7 Berechne das Volumen eines Würfels, dessen Kantenlängen 5,3 cm betragen.

8 Beschreibe die dargestellte Methode zur Volumenbestimmung. Gib das Volumen des Körpers an. ▸ 2

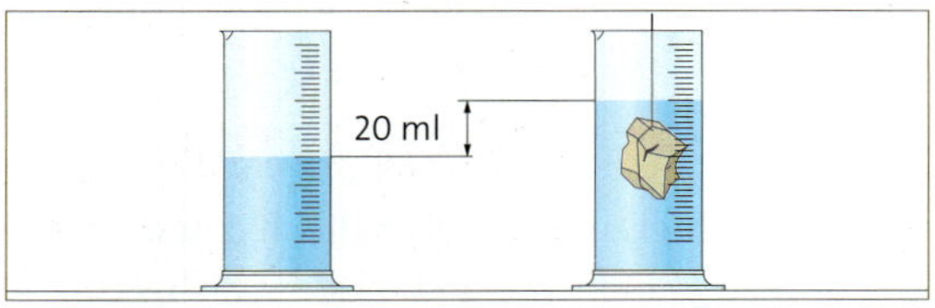

2

9 Beschreibe, wie du das Volumen der folgenden Gegenstände bestimmen kannst:

a eine Buchseite (Physikbuch)

b ein Wassertropfen

c ein 2-ct-Stück

Bestimme jeweils das Volumen.

Dichte

10 Ordne die Körper Aluminiumlöffel, Glasschüssel, Holzbalken ($\rho = 0{,}5\,g/cm^3$), Stahlbrücke, Wassertropfen …

a nach ihrer Masse

b nach der Dichte der Stoffe, aus denen sie bestehen

11 Vier gleiche Messzylinder sind mit vier verschiedenen Flüssigkeiten gefüllt. Alle Flüssigkeiten haben die gleiche Masse. Es handelt sich um Wasser, Spiritus, Öl und Quecksilber. Vergleiche die Flüssigkeitsstände. Begründe die unterschiedlichen Höhen. ▸ 3

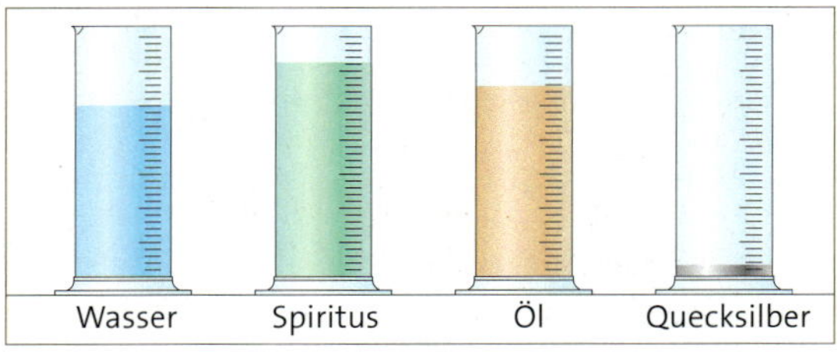

3

12 Münzen

a In Deutschland werden seit einigen Jahren Gedenkmünzen aus einer halben Feinunze reinem Gold geprägt. Die Masse der Münze beträgt 15,55 g. Ist das

4

Volumen dieser Münze größer oder kleiner als $1\,cm^3$? Begründe deine Antwort.

b Weltweit werden Münzen geprägt, die aus einer Feinunze reinem Silber bestehen. Wie groß ist etwa das Volumen einer solchen Münze?

13 Taucher benutzen zum Abtauchen Bleigewichte. Berechne das Volumen eines Bleistücks mit einer Masse von 5,7 kg (Dichte von Blei $\rho = 11{,}4 \frac{g}{cm^3}$).

14 Der größte bisher auf der Erde gefundene „Himmelskörper" ist der Hoba-Meteorit in Namibia (Afrika). Sein Volumen soll etwa $7\,m^3$ betragen. Da er vorwiegend aus Eisen und Nickel besteht, wird die Dichte auf $8\,g/cm^3$ geschätzt. Berechne seine Masse. ▸ 5

5

15 Dieselkraftstoff hat eine Dichte von $0{,}83\,g/cm^3$. Berechne die Masse des Kraftstoffs in einem vollen 60-ℓ-Tank.

16 Aus dem größten Edelstein der Welt, einem Jaspis, wurde eine Kugel geschliffen. Sie ist 224 kg schwer und hat ein Volumen von $82{,}5\,dm^3$. Berechne die Dichte von Jaspis. ▸ 6

6

17 Gemahlener und verpackter Kaffee hat häufig die Form eines Quaders. Berechne das Volumen (Kantenlängen messen) und die Dichte des Kaffeepäckchens.

18 Diese kleine Figur eines Geologen ist 95 g schwer und hat ein Volumen von $13\,cm^3$. Aus welchem Material könnte sie gegossen sein? ▸ 7

7

Überblick

Alle Körper bestehen aus Stoffen, haben ein Volumen und eine Masse.

Das Volumen gibt an, wie groß der Raum ist, den ein Körper einnimmt.
Formelzeichen: V
Einheit: Kubikmeter (m^3)
Volumenbestimmung: (1) Messgefäße für Flüssigkeiten und Gase
(2) Berechnung bei regelmäßigen Körpern
(3) Verdrängungsverfahren bei unregelmäßig geformten Körpern

Die Masse gibt an, wie schwer ein Körper ist.
Formelzeichen: m
Einheit: Kilogramm (kg)
Massenbestimmung: Waage

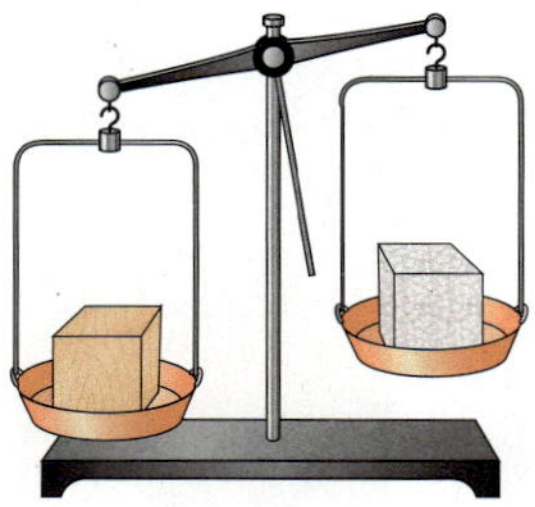

8

Die Dichte kennzeichnet den Stoff, aus dem ein Körper besteht.
Formelzeichen: ρ Einheit: $\frac{g}{cm^3}$
Dichtebestimmung: Die Dichte kann als Quotient aus Masse und Volumen berechnet werden: $\rho = \frac{m}{V}$.

Dir ist sicher aufgefallen, dass frische Früchte nach wenigen Tagen verderben. Im Müsli oder in Cornflakes halten Fruchtstücke aber viele Monate. Dazu werden sie durch ein spezielles Verfahren haltbar gemacht: dem Gefriertrocknen. Dabei werden die Früchte auf eine sehr tiefe Temperatur abgekühlt. Man benutzt dazu flüssigen Stickstoff, weil dieser eine Temperatur von −196 °C hat.

Die Temperatur

Auch bei dir zu Hause sind tiefe Temperaturen sehr wichtig, um Lebensmittel vor dem Verderben zu schützen.
Wenn man die Temperaturen im Kühlschrank nicht regelt und kontrolliert, können viele Nahrungsmittel sehr schnell verderben. ▸ 2
In Krankenhäusern müssen bestimmte Medikamente bei konstanter Temperatur gelagert werden. Eine zu hohe oder zu niedrige Temperatur kann die Medikamente unbrauchbar machen. ▸ 4

Aber nicht nur tiefe Temperaturen helfen beim Konservieren. Man kann auch Früchte oder Obst durch Einkochen für mehrere Monate haltbar machen. Du hast das sicher schon einmal beim Marmeladekochen gesehen. Im Gegensatz zum Kühlschrank wird keine elektrische Energie zur Lagerung gebraucht. ▸ 3

Auch hier ist es sehr wichtig, die Temperatur genau einzuhalten.
Bei einer zu hohen Temperatur zerkocht das Obst. Bei zu niedriger Temperatur wird es bald schimmeln.
Wie man Temperaturen richtig misst und wie ein Thermometer funktioniert, wirst du in diesem Kapitel erfahren.

2

3

4

Weißt du's?

So kannst du deine Lösung kontrollieren: Hinter jeder Antwort steht ein Tabellenfeld. Dort kannst du überprüfen, ob die Antwort richtig oder falsch ist. Im Feld y3 kannst du nachsehen, ob du das verstanden hast.

1 Für ein Projekt soll Tim ein genaues Thermometer selbst bauen. Welcher Bauvorschlag ist der beste?

A y4 

B z5 

C x3 

2 Wenn du in Amerika die Klimaanlage auf 25 Grad einstellst, dann wirst du …

A es genauso warm haben wie bei uns y1
B furchtbar schwitzen z2
C furchtbar frieren x4

3 Anders Celsius nutzte für seine Skala …

A Eiswasser und seine Körpertemperatur z2
B die tiefste Temperatur im Winter und seine Körpertemperatur x3
C Eiswasser und siedendes Wasser y5

4 Welche Temperatur zeigt dieses Thermometer an?

A 8 °C x3
B 3 °C y1
C –8 °C y2

5 Welche Temperatur zeigt dieses Thermometer an?

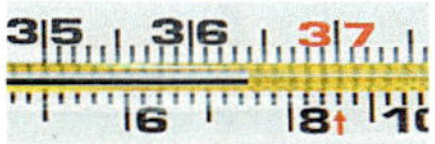

A 36,4 °C z4
B 39 °C z1
C 37,4 °C x5

6 Mark soll seine Körpertemperatur messen. Welches Thermometer muss er benutzen?

A x1

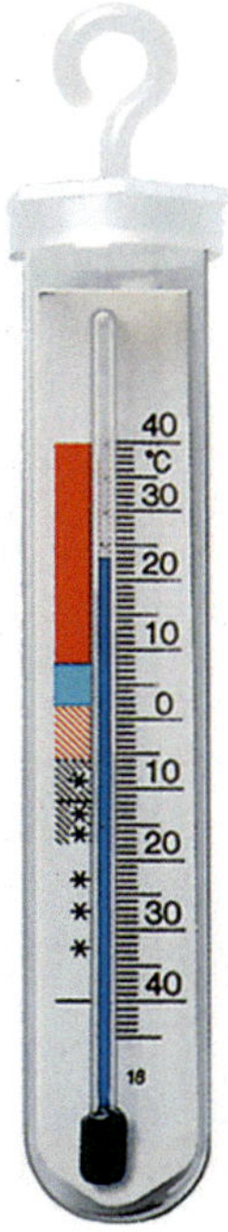
B y4

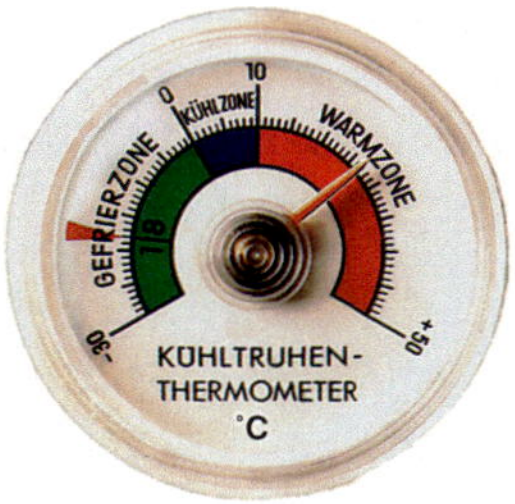

C z2

	x	y	z
1	richtig	falsch	falsch
2	richtig	richtig	falsch
3	falsch	verstanden	falsch
4	richtig	falsch	richtig
5	falsch	richtig	richtig

Temperatur und Thermometer

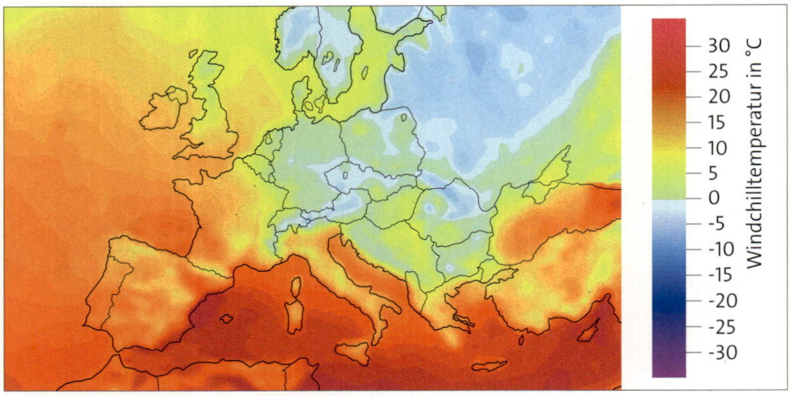

1

Morgen habt ihr Wandertag. Du freust dich schon lange auf diesen Ausflug. „Was ziehe ich an? Brauche ich einen dicken Pullover oder reicht ein T-Shirt?“ Ein Blick auf die Wetterkarte oder die Wetter-App hilft. Aber da steht etwas von Windchill-Temperatur. Gibt es denn da noch andere Temperaturen?

Experiment

1 Temperaturen erfühlen

In drei Schalen befindet sich Wasser mit unterschiedlichen Temperaturen – außen kalt und heiß (*Vorsicht!* Du darfst dich nicht verbrühen!) und in der Mitte eine mittlere Temperatur. Du hältst je eine Hand für mindestens eine Minute in die äußeren Schalen (heiß und kalt). Dann werden beide Hände gleichzeitig in die mittlere Schale eingetaucht. Was fühlst du?

Temperaturen Mit unserem Körper können wir fühlen, ob ein Gegenstand wärmer oder kälter ist. Eine verlässliche Temperaturangabe ist aber nicht möglich. Im Sommer empfinden wir 10 °C Lufttemperatur als kalt. Im Frühling nach dem kalten Winter erfreuen wir uns dagegen über 10 °C.

Die Temperatur gibt an, wie warm oder kalt ein Körper ist.
Die Einheit ist °C (Grad Celsius).
Das Formelzeichen der Temperatur ist der griechische Buchstaben ϑ (sprich: Theta).

Wir brauchen ein zuverlässiges Messgerät für die Temperatur.

Das Messgerät für die Temperatur ist das Thermometer.

Heute gibt es verschiedene Arten von Thermometern, z. B. Flüssigkeitsthermometer, elektrische Thermometer, Bimetallthermometer oder Infrarotthermometer. ▸ 3

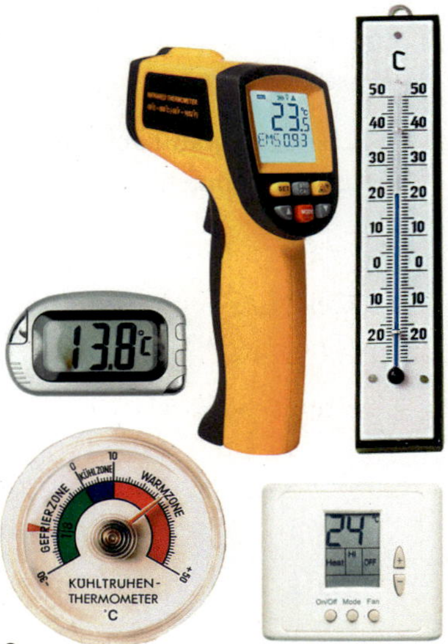

3

Aufgaben

1 Erkundige dich, wo sich in eurer Wohnung Thermometer befinden. Welche Arten von Thermometern erkennst du? Lege eine Tabelle an und trage die Thermometer ein (Zimmer/Thermometerart).

Das Flüssigkeitsthermometer Es besteht aus einem Thermometergefäß mit dem Anzeigeröhrchen, in dem eine Flüssigkeit eingeschlossen ist. Eine geeignete Skala vervollständigt das Messgerät. ▸ 4

In Deutschland benutzen wir am häufigsten die Celsius-Skala. Sie ist nach dem schwedischen Astronomen ANDERS CELSIUS (1701–1744) benannt. Für seine Skala nutzte er die Tatsache, dass Flüssigkeiten sich ausdehnen, wenn sie erwärmt werden. Im Anzeigeröhrchen steigt sie dann nach oben. Beim Abkühlen verkleinert sich ihr Volumen und die Flüssigkeit sinkt im Anzeigeröhrchen.

ANDERS CELSIUS legte für sein Messgerät zwei Punkte fest: die Schmelztemperatur des Eises als 0 Grad und die Siedetemperatur des Wassers als 100 Grad. Den Abstand zwischen diesen beiden *Festpunkten* teilte er in 100 gleiche Abschnitte ein. Diese Skala konnte sowohl nach oben als auch nach unten fortgesetzt werden.

Im Gegensatz zu anderen Temperaturskalen sind diese Festpunkte sowohl in Griechenland als auch in Finnland gleich. Erst später kam der Zusatz Celsius (°C) hinzu.

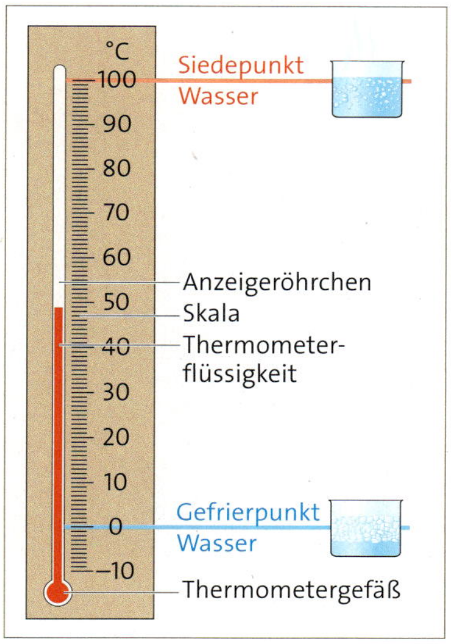

4

Wissenswertes: Temperaturskalen

Die Celsius-Skala ist nicht die einzige Temperaturskala. In den USA und einigen wenigen englisch sprachigen Ländern werden Temperaturen in Fahrenheit (°F) angegeben.

DANIEL FAHRENHEIT (1686–1736) wählte für seine Skala drei Festpunkte: als 0 Grad die tiefste Temperatur des Winters 1709 in Danzig, den Gefrierpunkt von reinem Wasser und als oberen Festpunkt (100 Grad) die Körpertemperatur eines gesunden Menschen. Den Abstand unterteilte er auch in 100 Abschnitte. So liegt der Siedepunkt das Wassers auf dieser Skala bei 212 °F und der Schmelzpunkt des Eises bei 32 °F.

Aufgaben

1 Wie hoch ist die Körpertemperatur des Menschen in °F?

2 Wo liegt der Siedepunkt des Wassers in °F ?

3 Bei welcher Temperatur schwitzt man mehr, bei 50 °C oder 50 °F?

4 Übertrage die Tabelle in dein Heft und rechne um:

ϑ in °C	20	–18			
ϑ in °F			100	23	86

5 Gib die tiefste Temperatur im Winter 1709 in Danzig in °C an.

6 Lies auf dem Thermometer im Bild ▸ 5 die Temperatur in °C und in °F ab.

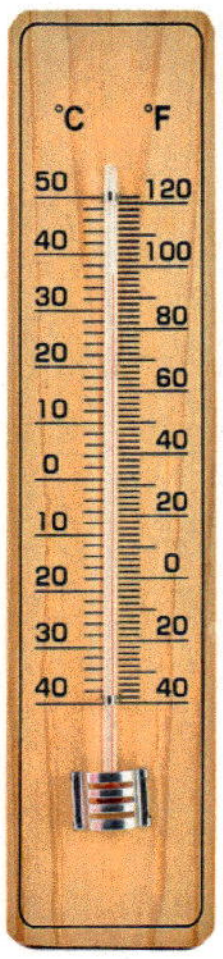

5

Temperatur in °C	Temperatur in °F
100	212
50	122
40	104
37	99
30	86
20	68
15	59
10	50
5	41
0	32
–5	23
–10	14
–18	0

Temperaturmessung

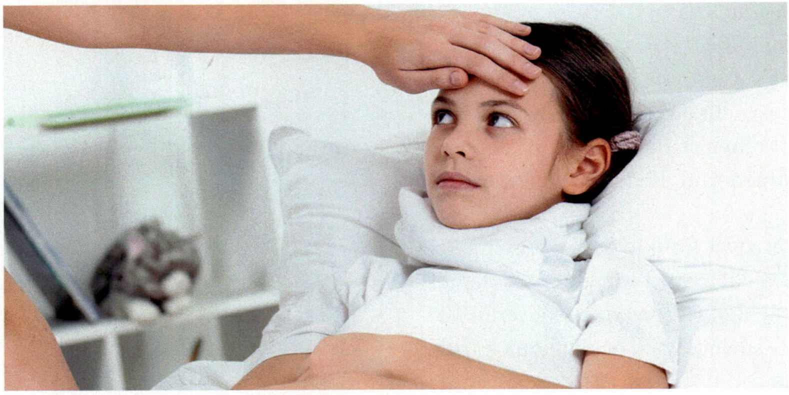

1

Nun hat dich doch die Grippe erwischt. Du liegst im Bett und fühlst dich schlapp. Deine Mutter misst die Körpertemperatur. Hast du Fieber?

Experiment

1 Thermometerarten

Für die Messung der Körpertemperatur stehen dir verschiedene Thermometer zur Verfügung. Welches ist das geeignete Thermometer? Begründe deine Entscheidung. ▸ 2

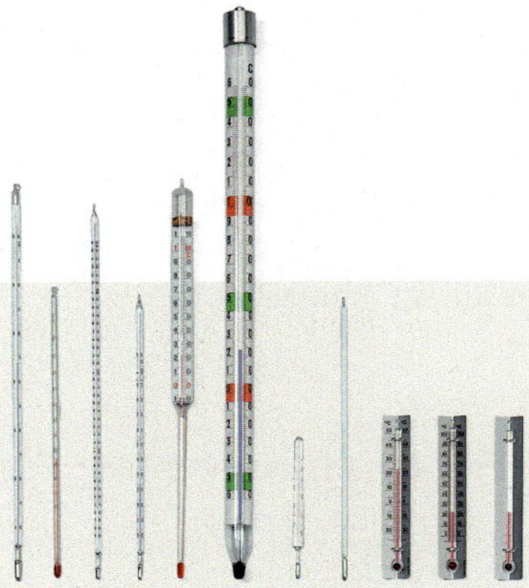

Wie messe ich richtig? – Regeln für die Temperaturmessung

- Rühre Flüssigkeiten vor dem Messen um.
- Wähle ein geeignetes Thermometer aus.
- Tauche das Thermometergefäß vollständig ein.
- Stelle es beim Messen nicht auf den Boden des Gefäßes.
- Lies die Temperatur erst ab, wenn sich die Anzeige nicht mehr ändert.
- Nimm das Thermometer nicht aus der Flüssigkeit.
- Schaue senkrecht auf die Skala.

Aufgaben

1 Vier Schüler lesen am Thermometer ab. Wer erhält den richtigen Wert? Welche Fehler werden gemacht? ▸ 3

2 Miss deine Körpertemperatur morgens und abends. Stellst du einen Unterschied fest?

3 Miss in eurer Wohnung in allen Räumen die Lufttemperatur. Notiere sie in einer Tabelle. In welchem Raum misst du die höchste, in welchem Raum die niedrigste Temperatur? Recherchiere im Internet nach der optimalen Raumtemperatur. Vergleiche deine Messwerte mit diesen Angaben.

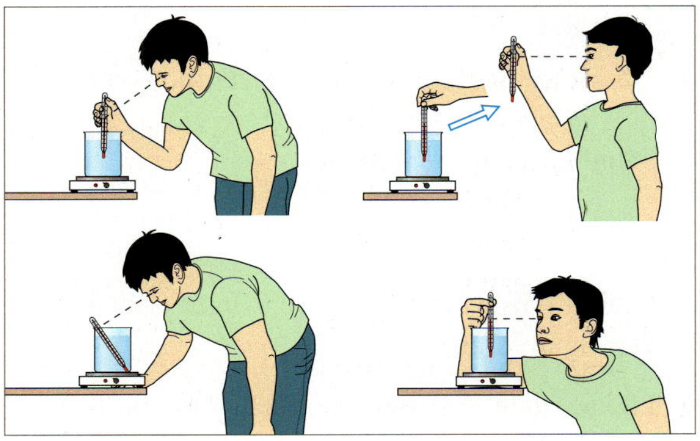

3

Experiment

2 Wasser erwärmen

Untersuche, wie sich Wasser in einem Topf erwärmt. Miss dazu alle 30 Sekunden die Temperatur des Wassers. Zeichne mit deinen Messwerten ein Temperatur-Zeit-Diagramm.

Geräte und Hilfsmittel
- elektrische Heizplatte, Topf, Uhr
- 150 mℓ Leitungswasser
- Thermometer (Messbereich –10 °C bis 100 °C)

Durchführung
1. Schließe die Heizplatte an die Stromversorgung an.
2. Miss 150 mℓ Wasser ab und gieße es in den Topf.
3. Bestimme die Anfangstemperatur ϑ_0 mit dem Thermometer.
4. Stelle den Topf auf die Heizplatte und beginne mit der Zeitmessung.
5. Lies nach jeweils 30 Sekunden die Temperatur des Wassers ab. Beachte die Regeln zum richtigen Messen.
6. Übernimm die Tabelle in dein Heft. Trage die Temperaturen dann in die 3. Spalte ein.
7. Beende die Messung, wenn das Wasser zirka 80 °C erreicht hat.
8. Schalte die Heizplatte aus, stelle den Topf daneben, lege das Thermometer sicher ab.

Messwerttabelle

Nr.	Zeit *t* in min	Temperatur ϑ in °C
1	0	?
2	0,5	?

Auswertung
1. Zeichne auf Millimeterpapier ein Diagramm. Dabei soll auf der waagerechten Achse die Zeit in Minuten und auf der senkrechten Achse die gemessenen Temperatur in °C stehen. ▸ 4
2. Trage die Messwerte sorgfältig ein: Gehe von der Zeit aus senkrecht nach oben und von der Temperatur waagerecht nach rechts. Setze das Kreuz an die Stelle, an der sich beide Linien treffen.
3. Verbinde alle Kreuze (Messwerte) miteinander.
4. Schreibe die folgenden Sätze ab und ergänze sie:
   a) Die Linie verläuft …
   b) Je länger das Wasser erwärmt wird, desto …
5. Entscheide, welcher Satz auf die Messkurve zutrifft. Schreibe ihn ab.
   a) Zuerst steigt die Temperatur schnell an, später langsamer.
   b) Die Temperatur steigt immer gleichmäßig an.
   c) Zuerst steigt die Temperatur langsam, später sehr schnell an.

Tipp
Hier lernst du, wie man in der Physik ein Experiment durchführt. Du wirst ein Protokoll anfertigen und dabei auch ein Diagramm zeichnen.

Tipp
Deine Kurve wird nicht durch den Nullpunkt des Diagramms verlaufen. Sie beginnt auf der Temperaturachse bei der Anfangstemperatur ϑ_0.

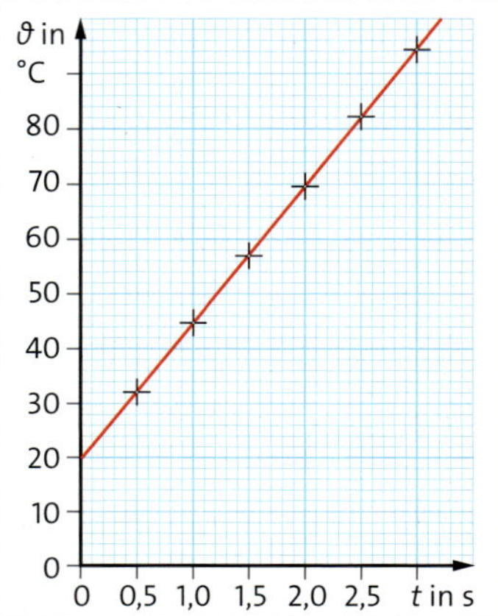

Die absolute Temperatur

1

Es ist ein sehr kalter Winter. Täglich kommen neue Meldungen über noch nie da gewesene Tiefsttemperaturen. Wie tief können die Temperaturen noch fallen?

Experiment

1 Kalt – warm

Fülle in ein Becherglas kaltes Wasser und in ein weiteres Becherglas heißes Wasser. Gibt in beide Gläser etwas Lebensmittelfarbe.
Rühre nicht um und bewege die Gläser nicht.
Beobachte und beschreibe die Verteilung der Färbung.

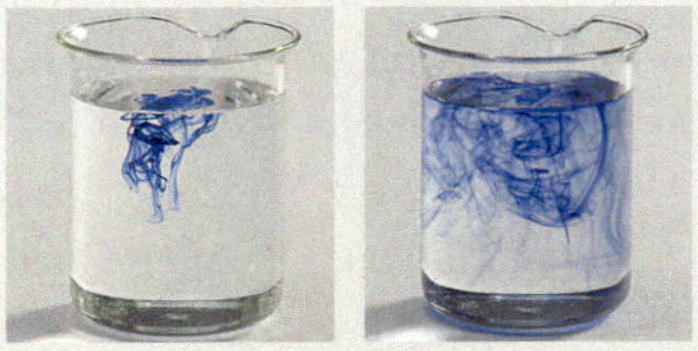

1983 wurde an der Antarktis mit –89,2 °C die tiefste Temperatur auf der Erde gemessen. Im Labor werden aber noch niedrigere Temperaturen erreicht. Alkohol erstarrt bei –114 °C und Sauerstoff wird bei –183 °C flüssig. Die tiefstmögliche Temperatur wurde mit –273,15°C errechnet.

Erklären kann man diese Temperatur mit dem Teilchenmodell: Je größer die Temperatur eines Körpers ist, desto schneller bewegen sich seine Teilchen. Sie haben eine große kinetische Energie. Kühlt sich der Körper ab, dann nimmt auch diese Energie ab. Die Teilchen bewegen sich langsamer. Die tiefste mögliche Temperatur ist erreicht, wenn die Teilchen keine Bewegungsenergie mehr besitzen.

Der absolute Nullpunkt ist die tiefste mögliche Temperatur. Sie beträgt –273,15 °C.

Der britische Physiker William Thomson (Lord Kelvin) schlug 1848 vor, diesen Punkt als Nullpunkt einer Thermometerskala zu verwenden. Auf der Kelvinskala werden absolute Temperaturen angegeben. ▸ 3
Formelzeichen: *T*
Einheit: K (Kelvin)

Betrachtet man Celsius- und Kelvinskala, dann kann man sehen, dass die Angaben in Kelvin immer um 273 Grad größer sind.
Wasser gefriert bei 0 °C oder 273 K.
Wasser siedet bei 100 °C oder 373 K.

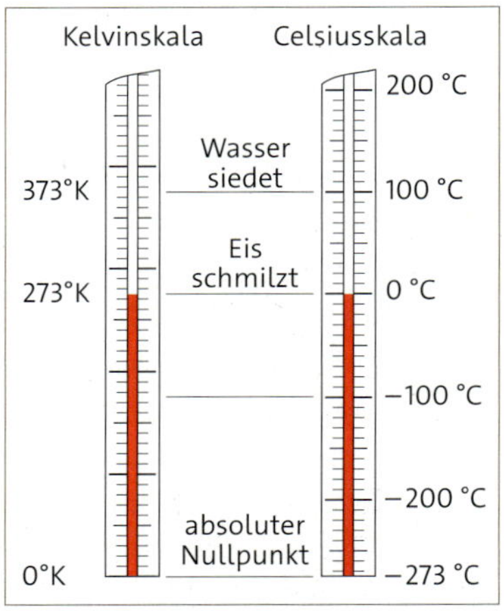

3 Kelvinskala

Aufgaben

1 Beschreibe den Aufbau der Celsiusskala.

2 Erkunde, wo du tiefe Temperaturen in deinem Alltag findest. Miss sie.

Experiment

2 Kältemischung

Mische in einer Schüssel zerstoßenes Eis und grobes Speisesalz. Bestimme die Temperatur. Probiere aus, mit welchem Mischungsverhältnis du die tiefste Temperatur erreichst.

Wenn man Körper erwärmt oder abkühlt, ändern sich viele Eigenschaften. Die Temperatur ist dabei eine wichtige Messgröße. Temperaturänderungen gibt man daher nicht in Grad Celsius (°C), sondern in Kelvin (K) an. Man bezeichnet die Temperaturänderungen mit ΔT (sprich: Delta T).

Beispiel: Beträgt die Temperatur zu Beginn eines Vorgangs 20 °C (ϑ_{Anf}) und am Ende der Untersuchung 45 °C (ϑ_{End}), so beträgt die Temperaturdifferenz $\Delta T = \vartheta_{End} - \vartheta_{Anf} = 25\,K$.

Temperaturdifferenzen werden in Kelvin angegeben.
$\Delta T = \vartheta_{End} - \vartheta_{Anf}$
Temperaturdifferenzen werden nicht mit negativen Zahlen angegeben.

Wissenswertes: Galileo-Thermometer

In einem mit Öl gefüllten, schmalen Glaszylinder schweben kleine Kugeln. Sie unterscheiden sich geringfügig in ihrer Masse und sind aus dekorativen Gründen mit farbigen Flüssigkeiten gefüllt. Jede Glaskugel schwebt bei einer bestimmten Temperatur. Diese steht auf dem Anhänger.
Dann sind ihre Gewichtskraft und die Auftriebskraft gleich groß. Steigt die Lufttemperatur, so erwärmt sich die Flüssigkeit im Glaszylinder. Sie vergrößert dabei ihr Volumen. Durch die geringere Dichte verringert sich auch die Auftriebskraft in ihr. Dadurch sinken jetzt einige Kugeln. Vergrößert sich die Auftriebskraft des Öls, können viele Kugeln aufsteigen und schweben. Die Kugel, die frei schwebt, zeigt die Zimmertemperatur an.

5

Aufgaben

1 Rechne in die andere Einheit um:

K	10	100	250	1000	23	5
°C	?	?	?	?	?	?

K	?	?	?	?	?	?
°C	−20	35	160	0	−190	1000

2 Berechne die Temperaturdifferenzen:

ϑ_{Anf}	10 °C	−15 °C	95 °C	60 K	−10 °C
ϑ_{End}	75 °C	20 °C	18 °C	120 K	−35 °C
ΔT	?	?	?	?	?

3 In der Medizin wird Kältespray zum Vereisen benutzt. Recherchiere, welche Temperaturen damit erreicht werden.

Aufgaben und Aufträge

Thermometer

1 Flüssigkeitsthermometer

a Zeichne ein Flüssigkeitsthermometer. Beschrifte die folgende Teile: Flüssigkeitsbehälter, Steigrohr, Thermometerflüssigkeit, Skala, Festpunkte der Celsius-Skala.

b Zeichne folgende Temperaturen ein: 24 °C, –6 °C.

2 Erkunde, welche Thermometer ihr in eurer Wohnung habt.
Miss die Temperaturen im Wohnzimmer, im Kühlschrank, im Keller, im Bad, im Kinderzimmer, in der Kühltruhe, des Badewassers.

3 Wie ändert sich die Füllhöhe im Steigrohr, wenn der Kolben in das Eiswasser gestellt wird? ▸ 1

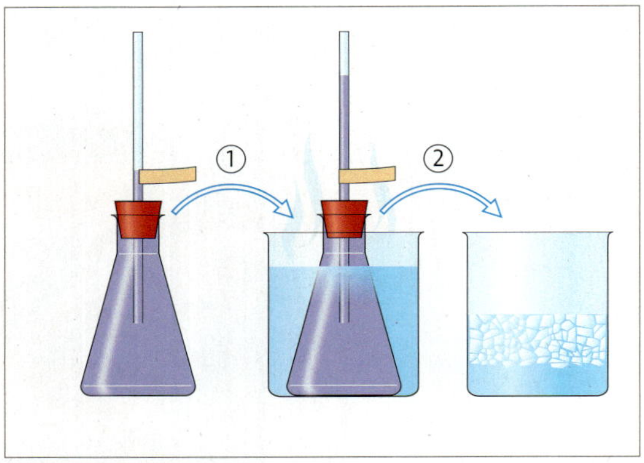

1

4 Gib die Temperatur in der jeweils anderen Einheit an, verwende die Tabelle ▸ S. 41.

10 °C	–10 °C	?	?	100 °C	
?	?	122 °F	68 °F		0 °F

5 Recherchiere über das Leben von DANIEL FAHRENHEIT. Präsentiere deine Ergebnisse.

6 Gibt es außer der Celsius-Skala noch andere Temperaturskalen auf der Welt? Stelle eine Skala vor.

7 Du hast zwei Thermometer, eines hat ein sehr dünnes Steigrohr, das andere ist viel dicker. Beide haben den gleichen Messbereich. Mit welchem Thermometer kannst du genauer messen?

Temperaturmessung

8 Lies die folgenden Temperaturen ab. Notiere die Werte in deinem Heft.

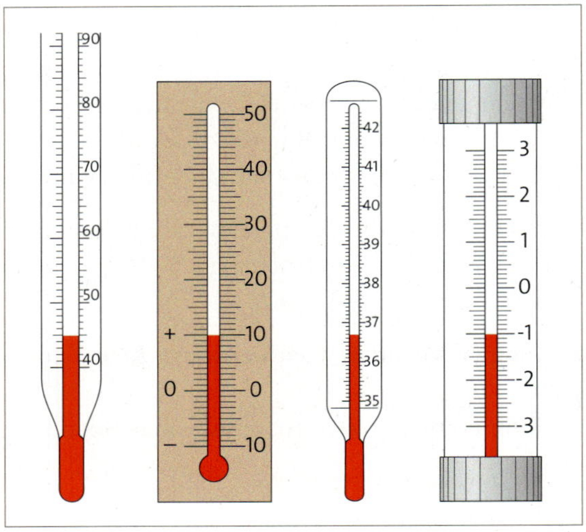

2

9 Übertrage die Tabelle in dein Heft und lies die fehlenden Werte aus dem ϑ-t-Diagramm ab.

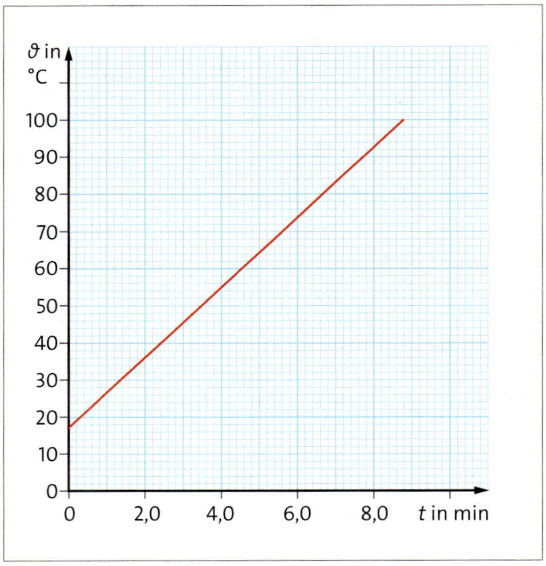

3

t **in min**	2	4	?	?
ϑ **in °C**	?	?	52	75

10 Beim Erwärmen einer Flüssigkeit wurden folgende Messwerte aufgenommen:

t in s	0	60	120	180	240
ϑ in °C	18	31	44	57	70

a Zeichne das ϑ-t-Diagramm.
b Entscheide, ob die Kurve gleichmäßig ansteigt.

11 Welche Endtemperatur zeigt das Thermometer an?
a Die Temperatur steigt von 5 °C um 6 Grad.
b Die Temperatur fällt von −2 °C um 10 Grad.
c Die Temperatur steigt von −3 °C um 12 Grad.

12 Wie groß ist der Temperaturunterschied?
a von 12 °C auf 18 °C
b von −9 °C auf −15 °C
c von 4 °C auf −6 °C

13 Mit welchen Flüssigkeiten sind Flüssigkeitsthermometer gefüllt?
Warum kann man kein Wasser als Thermometerflüssigkeit nehmen?

14 Es wurden folgende Messwerte aufgenommen:

t in s	0	60	120	180	240
ϑ in °C	78	55	42	35	28

a Zeichne dazu das ϑ-t-Diagramm.
b Beschreibe den Temperaturverlauf.
c Entscheide, ob der Körper erwärmt oder abgekühlt wurde. Begründe.

Die absolute Temperatur

15 Rechne in die andere Temperaturangabe um:

ϑ in °C	−10	15	−75	120	350	700
T in K	?	?	?	?	?	?

ϑ in °C	?	?	?	?	?	?	?
T in K	10	15	75	120	350	700	1065

16 Berechne die Temperaturdifferenzen:

ϑ_{Anf}	17 °C	−15 °C	2 °C	90 °C	−60 °C
ϑ_{End}	45 °C	−25 °C	−14 °C	105 °C	40 °C

17 Fülle einen Topf mit kaltem Wasser und erwärme es. Gib Lebensmittelfarbe oder Teeblätter hinein. Beobachte die Bewegung der Farb- oder Pflanzenteilchen. Finde dafür eine Erklärung.

Überblick

Temperatur Die Temperatur gibt an, wie warm oder kalt ein Körper ist.
Formelzeichen: ϑ (Theta)
Einheit: °C (Grad Celsius)
Messgerät: Thermometer

Celsius-Skala Die Schmelztemperatur von Eis und die Siedetemperatur von Wasser sind die Festpunkte der Celsius-Skala. Der Abstand zwischen diesen beiden Punkten wird in 100 gleiche Teile unterteilt.

Kelvinskala Der absolute Nullpunkt ist die tiefste mögliche Temperatur. Sie beträgt −273,15 °C.
Formelzeichen: T Einheit: K (Kelvin)
Auf der Kelvinskala werden absolute Temperaturen angegeben.
Temperaturdifferenzen werden in Kelvin angegeben. $\Delta T = \vartheta_{End} - \vartheta_{Anf}$.
Temperaturdifferenzen werden nicht mit negativen Zahlen angegeben.

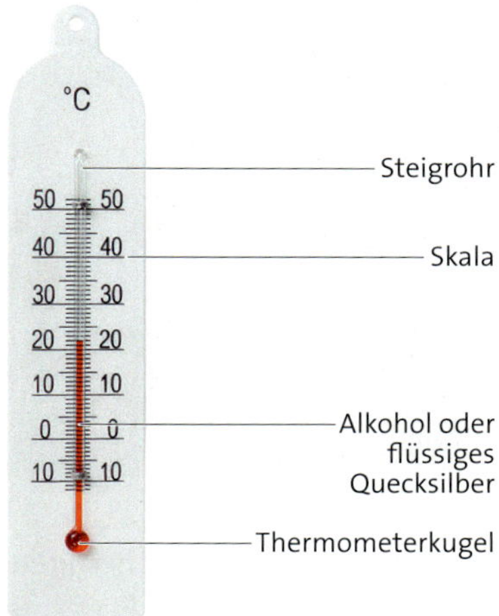

4

Hannah hat ihren Wasserball im Garten vergessen. Am Morgen ist der Ball schlapp, es fehlt Luft. Doch ohne ihn aufzublasen, wird der Ball in der Mittagssonne wieder prall. Wie kommt das?

Temperatur und Volumen

Wenn Körper ihre Temperatur verändern, passieren die merkwürdigsten Dinge. Stahltore klemmen, wenn es warm wird. ▸ 2 Flaschen gehen kaputt, wenn das Wasser in ihnen gefriert. ▸ 3
Diese merkwürdigen Erscheinungen sollen auch für Unglücke verantwortlich sein, so wie es in der Zeitungsmeldung unten steht.
Die Überschrift behauptet die Gluthitze wäre für die Schäden verantwortlich. Aber im Text werden auch Unwetter beschrieben.
Was ist nun die Ursache?

Blow-ups: Lebensgefahr auf deutschen Autobahnen

ADAC 02.08.2013

Wenn in den kommenden Tagen die Temperaturen in Deutschland wieder über die 30-Grad-Marke steigen, müssen Auto- und Motorradfahrer mit Blow-ups auf Autobahnen rechnen. Bei diesen Straßenschäden handelt es sich um Aufwölbungen oder Aufbrüche der Fahrbahndecke, die plötzlich und an nicht vorhersehbaren Stellen auftreten können und so eine große Gefahr für alle Verkehrsteilnehmer darstellen. Besonders betroffen von diesen Fahrbahnschäden waren zuletzt vor allem Autobahnen in Südbayern.

Du weißt schon wie ein Thermometer funktioniert. Die Thermometerflüssigkeit dehnt sich beim Erwärmen aus. Verhalten sich alle Flüssigkeiten so? Verändern auch feste oder gasförmige Stoffe ihr Volumen?

2

3

Weißt du's?

Hinter jeder Antwort steht ein Monat und eine Temperatur. Wenn diese mit dem Diagramm übereinstimmen, ist die Antwort richtig.

1 Warum hängen Freileitungen im Sommer tiefer durch als im Winter?
A Das ist nur eine optische Täuschung. Januar 1 °C
B Die Leitungen haben sich ausgedehnt. Februar 3 °C
C Sie sind im Regen schwerer geworden. März 6 °C

2 Warum sind Fahrbahnen auf Brücken auf Rollen gelagert?
A Diese Brücken sind nach dem Baukastenprinzip gebaut und können auch anderswo eingesetzt werden. April 16,5 °C
B Das war früher so üblich und man hat es beibehalten. Mai 18 °C
C Damit sich die Fahrbahn bei Erwärmung ungehindert ausdehnen kann. Juni 20 °C

3 In welcher Jahreszeit ist es am Grund eines Sees wärmer als an der Oberfläche?
A im Winter Juli 22 °C
B im Sommer August 24 °C
C im Herbst September 20 °C

4 Welche Füllung ist für ein Flüssigkeitsthermometer geeignet?
A Silber Oktober 10 °C
B Wasser November 5,5 °C
C Alkohol Dezember 3,5 °C

5 Wasser mit $\vartheta = 0\,°C$ wird erwärmt. Wie ändert sich sein Volumen?
A Es vergrößert sich. Januar −2 °C
B Es verkleinert sich. Februar 6,5 °C
C Bis 4 °C verkleinert es sich. Dann vergrößert es sich. März 6,5 °C

6 Warum steigt ein Heißluftballon in die Höhe?
A Die heiße Luft dehnt sich aus und die Dichte wird kleiner. April 11 °C
B Die einströmende Luft drückt ihn nach oben. Mai 15,5 °C
C Erst einmal oben, fliegt alles von allein. Juni 19 °C

7 Die Längenänderung eines festen Körpers bei Erwärmung ist umso größer …
A je runder der Körper ist Juli 24,5 °C
B je flacher der Körper ist August 25,5 °C
C je länger der Körper ist September 19 °C

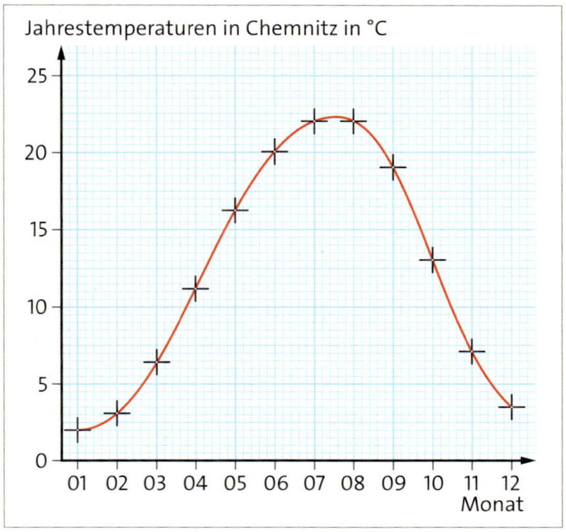

Fest, flüssig und gasförmig im Teilchenmodell

1

Wie ist es möglich, dass Wasser in so unterschiedlichen Zuständen auftreten kann: mal als Schneeflocke, dann ein Wassertropfen oder unsichtbar als Dampf?

Experiment

1 Stoffmischung
Fülle in einen Messzylinder 100 mℓ Wasser und in einen anderen Messzylinder 100 mℓ Spiritus. Gieße Wasser und Spiritus zusammen. Lies das Gesamtvolumen ab. Überrascht?
Wiederhole das Experiment mit Erbsen und Hirse.

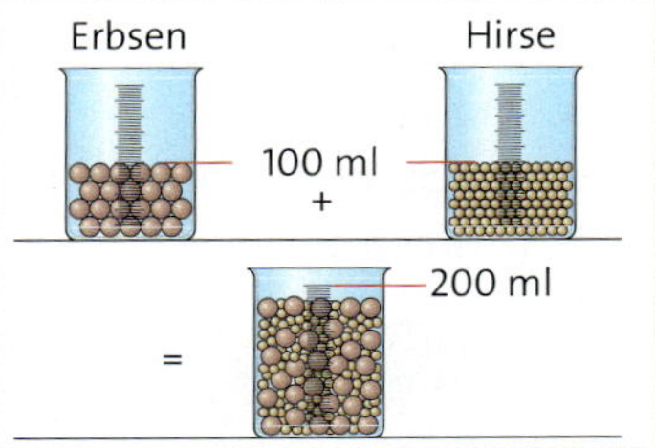

Teilchen Es ist schon verblüffend: 100 mℓ Wasser und 100 mℓ Spiritus ergeben zusammen nicht 200 mℓ Wasser-Spiritus-Gemisch. Eine mögliche Erklärung zeigt das zweite Experiment. Die kleinen Hirsekörner rutschen in die Hohlräume zwischen den Erbsen. Dadurch ist das Gesamtvolumen kleiner als die Summe der Teilvolumen.
Auch Flüssigkeiten bestehen aus unterschiedlich großen Teilchen. Die Wasserteilchen sind kleiner als die Spiritusteilchen. Beim Mischen rutschen die Wasserteilchen zwischen die Spiritusteilchen.
Die Vorstellung, dass alle Körper aus kleinen Bausteinen, den Teilchen, bestehen, nennt man *Teilchenmodell*. Ein Modell hilft, bestimmte Erscheinungen in der Natur zu erklären.

Alle Körper bestehen aus Teilchen. Die Teilchen stellt man sich oft als Kugeln vor.

Betrachten wir **Wasser:** Wir kennen es im gefrorenen Zustand als Eis, als Flüssigkeit kommt es aus der Wasserleitung und wenn das Wasser im Teewasser sprudelt, steigt heißer Dampf auf. Diese verschieden Formen, in denen ein Körper auftreten kann, nennt man *Aggregatzustände*.

Es gibt drei verschiedene Aggregatzustände: fest, flüssig und gasförmig.

Aufgaben

1 Aggregatzustände
a Lege eine Tabelle an und ordne die Körper nach ihrem Aggregatzustand ein: Milch, Kopfkissen, Tee, Tisch, Saft, Brot, Duschbad, Pommes, Limonade, Apfel, Luft, Wasserdampf, Speiseeis, Helium im Luftballon.
b Finde selbst für jede Spalte noch drei weitere Körper.

Aggregatzustand		
fest	flüssig	gasförmig

2 Bei welchen Temperaturen ist das Wasser fest, flüssig oder gasförmig? Nenne je eine Temperatur.

Experiment

2 Teilchenbewegung

Fülle ein Glas mit Wasser. Gib einen Teebeutel hinein. Rühre nicht um und schüttle auch nicht das Glas. Beobachte, was passiert. Wiederhole das Experiment mit warmen Wasser. Was stellst du fest?

Die Inhaltsstoffe des Teebeutels färben das Wasser. Allmählich vermischt sich alles. Das zeigt uns: Die Teilchen bewegen sich ständig.
Füllen wir Wasser in eine Flasche oder eine Schüssel, dann nimmt das Wasser auch immer die Form an, die das Gefäß hat.

Im flüssigen Aggregatzustand haben die Teilchen keinen bestimmten Platz. Sie können gegeneinander verschoben werden. ▸ 4

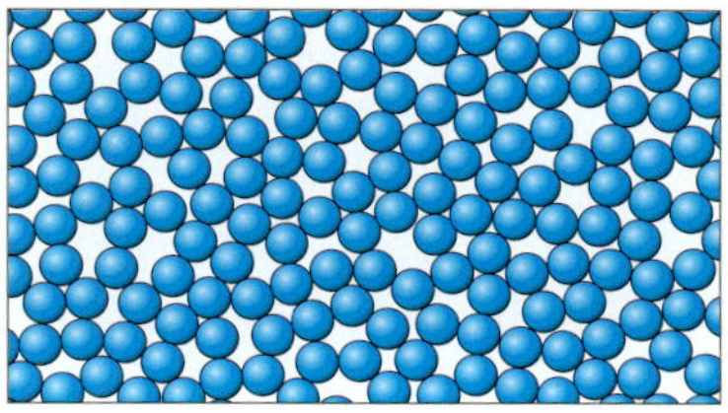

4

In einen festen Körper wie Holz oder Stein können wir eine Hand nicht einfach hineinstecken. Die Teilchen liegen so dicht, dass sie ohne Kraftanstrengung nicht voneinander getrennt werden können. Betrachtet man feste Körper wie Zucker oder Salz unter einer Lupe, sind kleine Kristalle mit glatten Seiten zu erkennen. Erst das Elektronenmikroskop zeigt die wirkliche Struktur: Die Teilchen sind regelmäßig angeordnet.

Im festen Aggregatzustand sind die Teilchen dicht und regelmäßig angeordnet. Sie halten fest zusammen. ▸ 5

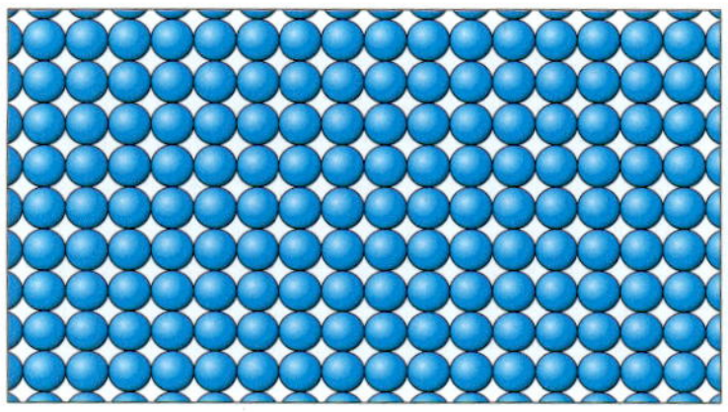

5

Gibt man ein paar Tropfen Parfüm auf ein Schälchen, so bemerkt man den Geruch bald im ganzen Raum. Das Parfüm verdunstet – es geht in den gasförmigen Zustand über. Die leichten Parfümteilchen bewegen sich ungehindert im ganzen Raum umher und nehmen den Duft mit.

Im gasförmigen Zustand bewegen sich die Teilchen schnell und ungehindert. Zwischen den Teilchen gibt es keine Bindung mehr. ▸ 6

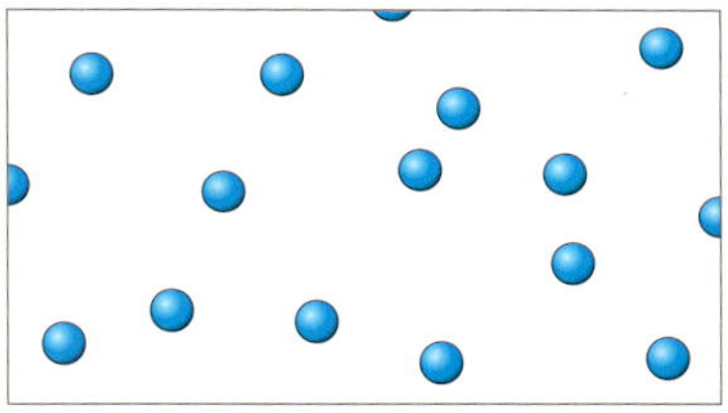

6

Wissenswertes: Atome und Moleküle

Man nennt die kleinen Teilchen Atome. Die Atome unterschiedlicher Stoffe wie z. B. Gold, Eisen oder Sauerstoff unterscheiden sich in ihrem Aufbau und in ihrer Größe. Einige Atome treten immer gemeinsam mit anderen Atomen als Gruppe auf. Diese größeren Objekte nennt man Moleküle. In einem Wassertropfen sind sehr viele Moleküle enthalten. Diese Teilchen eines Stoffes werden durch Kräfte zusammengehalten.

Aufgaben

1 Nenne mindestens zwei Eigenschaften, die nur auf gasförmige Stoffe zutreffen, z. B. Teilchen haben keine Bindung.

2 Einen Eisenstab kann man schwer biegen oder brechen. Wasser lässt sich sehr einfach teilen. Begründe mithilfe des Teilchenmodells.

Längenänderung fester Stoffe

1

Mit dem Bau der Autobahnbrücke über die „Wilde Gera“ an der A 71 entstand die größte Betonbogenbrücke Deutschlands. Auf 552 m Länge überspannt sie das Tal des kleinen Gebirgsbachs in einer Höhe von 110 m. Fährt man mit dem Auto darüber, fallen dem aufmerksamen Beobachter an den Enden Metallgitter über die gesamte Fahrbahn auf. Welchen Zweck haben sie?

Experiment

1 Kugel und Ring
Eine kleine Metallkugel passt genau durch einen Ring.
Die Kugel wird in der Flamme eines Brenners erwärmt und erneut auf den Ring gesetzt. Was kannst du beobachten? Beschreibe.

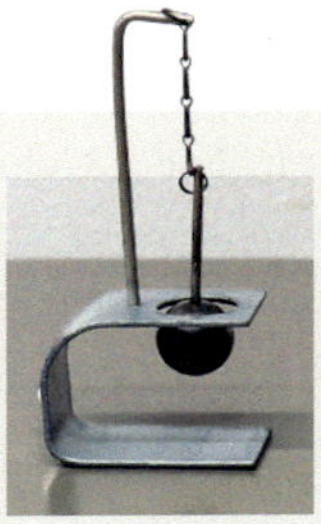

Volumenänderung Die heiße Kugel passt nicht mehr durch den Ring. Mit bloßem Auge ist keine Veränderung zu sehen. Nachdem sich die Kugel wieder abgekühlt hat, passt sie erneut durch den Ring. Was ist passiert?

In festen Körpern sind alle Teilchen dicht und regelmäßig angeordnet. Sie können sich nur wenig an ihrem Platz bewegen – sie schwingen hin und her. Bei Erwärmung bewegen sich die Teilchen stärker. Da alle Teilchen stärker hin- und herschwingen, benötigen sie auch mehr Raum. Der gesamte Körper nimmt ein größeres Volumen ein. Er hat sich ausgedehnt.
Beim Abkühlen bewegen sich die Teilchen weniger stark. Sie brauchen nicht mehr so viel Raum. Das Volumen des gesamten Körpers verkleinert sich wieder.

Bei Erwärmen dehnen sich fast alle festen Körper aus, sie vergrößern ihr Volumen. Beim Abkühlen verringert sich ihr Volumen wieder.

Genau wie bei anderen festen Körpern vergrößert sich das Volumen der Brücke im Sommer – sie wird länger. Im Winter verkleinert sich dagegen das Volumen und die Brücke wird kürzer. Dieser Unterschied kann bei langen Bauwerken schon einige Zentimeter betragen. Damit keine Hügel oder Spalten entstehen, haben sich die Ingenieure kleine Tricks ausgedacht: Es ist nur die Mitte der Brücke fest mit der Stütze verbunden. Die Enden der Brücke liegen auf Rollen und können sich dadurch bewegen. Dabei schieben sich die Ränder wie Zähne ineinander. ▸ 3

3

Aufgaben

1 Warum steht auf metallischen Messbändern außer der Längenskala häufig auch die Angabe „bei +20 °C“?

2 Kurze Brücken sind auf einer Seite fest mit der Straße verbunden. Nur eine Seite liegt auf Rollen. Warum wurde das bei der Autobahnbrücke nicht so gemacht?

Experiment

2 Wovon hängt die Längenänderung ab?

Drei Rohre aus verschiedenen Metallen werden von heißem Wasserdampf durchströmt. Auf einer Seite sind die Rohre fest mit dem Dampfzufluss verbunden. Die anderen Seiten liegen auf kleinen Zylindern. An jedem Zylinder ist ein langer Zeiger befestigt.

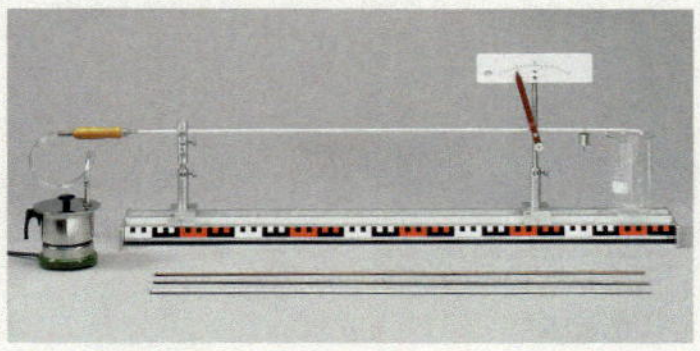

Längenänderung Strömt heißer Dampf durch die Rohre, erwärmen sie sich. Die Rohre vergrößern ihr Volumen. Sie werden dicker und länger. Im Experiment sind die Rohre alle gleich lang, aber der Zeigeraussschlag ist trotz gleicher Erwärmung unterschiedlich groß. Ursache sind die verschiedenen Stoffe, aus denen die Rohre bestehen. Aluminium dehnt sich z. B. stärker aus als Kupfer. Eisen dehnt sich noch weniger aus. ▸ Tabelle 5
Sind die Rohre doppelt so lang, wird bei gleicher Temperaturerhöhung auch die doppelte Längenänderung gemessen, bei dreifacher Länge die dreifache Verlängerung usw. Im Experiment kann man auch erkennen: Je wärmer die Rohre werden, desto stärker dehnen sie sich aus.
Bei Abkühlung ziehen sie sich wieder zusammen und die Zeiger gehen zurück.

Die Volumenänderung fester Körper ist:
- **umso größer, je größer das ursprüngliche Volumen ist**
- **umso größer, je höher die Temperaturerhöhung ist**
- **abhängig vom Stoff**

Stoff	Längenänderung eines Körpers von 10 m Länge bei einer Temperaturänderung von 10 Grad
Aluminium	2,4 mm
Beton	1,2 mm
Blei	2,9 mm
Eisen	1,2 mm
Glas	1,0 mm
Kupfer	1,6 mm
Stahl	1,2 mm
Ziegelstein	0,5 mm
Zinn	2,7 mm

5 Längenänderungen

Wissenswertes: Bimetallstreifen

Ein Bimetall besteht aus zwei unterschiedlichen Metallen. Sie sind ganz fest miteinander verbunden (z. B. durch Nieten). Man wählt solche Metalle aus, die sich bei gleicher Temperaturerhöhung unterschiedlich stark ausdehnen. Wird das Bimetall erwärmt, dehnen sich beide Metalle aus. Eines dehnt sich weiter aus, ist aber fest an das andere gebunden. Es kann daher nur mehr Raum gewinnen, wenn es einen Bogen um das andere Metall macht. Das Bimetall krümmt sich. Dadurch kann dieser Metallstreifen z. B. einen Kontakt herstellen. Bimetallstreifen können so den elektrischen Strom ein- oder ausschalten. Befestigt man am Ende einen Zeiger, erhält man eine Anzeige, z. B. für ein Thermometer.

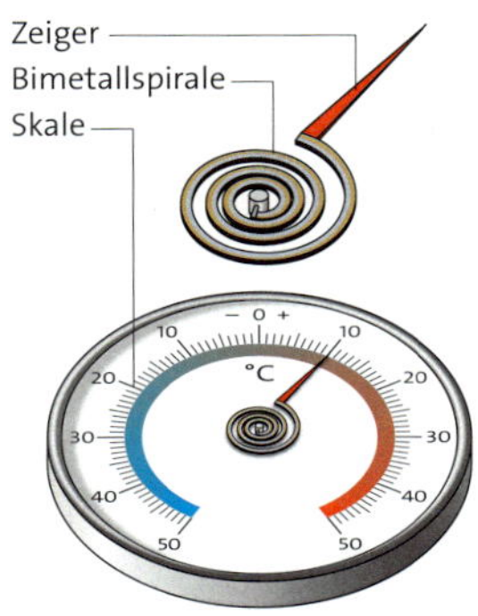

Aufgaben

1 Um wie viel Millimeter verlängert sich ein 10 m langes Kupferrohr, wenn seine Temperatur um 10 Grad ansteigt? Wie viele Millimeter sind es, wenn die Temperatur um 50 Grad ansteigt?

2 Um wie viel Millimeter vergrößert sich eine Stahlbrücke von 500 m Länge, wenn sie sich um 40 Grad erwärmt? Kann das für die Brücke ein Problem werden?

Volumenänderung von Flüssigkeiten

1

Warum sind eigentlich Getränkeflaschen nie ganz voll?
Auch Obst und Gemüse ist in den Konservengläsern nie bis zum Rand eingefüllt. Wurden sie schon in der Fabrik so hergestellt?

Experiment

1 Erwärmen von Wasser

Erwärme einen Kolben im Wasserbad und beobachte das Wasser im Röhrchen. Nimm den Kolben aus dem Wasser und beobachte das Wasser bei der Abkühlung.

Volumenänderung Erhöht sich die Wassertemperatur im Kolben, steigt das Wasser im Röhrchen an. Je wärmer das Wasser im Kolben wird, umso höher steigt auch die Wassersäule. Bei Abkühlung sinkt auch die Wassersäule wieder. Das Experiment zeigt, dass auch Flüssigkeiten sich ausdehnen, wenn sie erwärmt werden. Ihr Volumen vergrößert sich.

Auch das kann man mit dem Teilchenmodell erklären. In Flüssigkeiten sind die Teilchen nicht mehr so fest aneinandergebunden. Sie hängen aber noch zusammen und lassen sich leicht verschieben. Bei Erwärmung bewegen sich die Teilchen heftiger, schwingen weiter und brauchen so mehr Platz. Das bewirkt eine Vergrößerung des Volumens.
Kühlt sich die Flüssigkeit wieder ab, werden auch die Bewegungen langsamer, die Teilchen benötigen weniger Raum und das Volumen nimmt ab.

Bei Erwärmung einer Flüssigkeit nimmt ihr Volumen zu, bei Abkühlung nimmt es ab.

Flüssigkeiten ändern ihr Volumen bei Temperaturänderung viel stärker als feste Körper. Das Volumen des Wassers in den Konservengläsern verringert sich beim Abkühlen viel stärker als das des Glases.

Aufgaben

1 Auf Messzylindern steht neben der Volumenskala auch eine Temperaturangabe wie „In 20 °C“. ▸ 3
Finde dafür eine Begründung.

2 Gieße in ein Teeglas heißes Wasser und lass es abkühlen. Wie ändert sich die Füllhöhe?

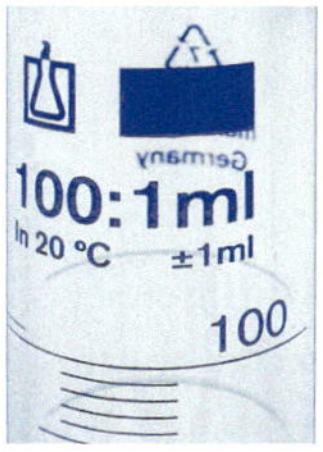

3

Experiment

2 Unterschiedliche Flüssigkeiten

Fülle drei Kolben vollständig mit Wasser, Spiritus und Öl. Verschließe sie mit durchbohrten Stopfen, in denen sich ein Glasrohr befindet. Stelle sie in ein gemeinsames Wasserbad und erwärme sie. Beobachte die Flüssigkeit in den Steigröhrchen.
Nimm die Kolben aus dem Wasserbad und lass sie wieder abkühlen. Was beobachtest du jetzt?

Durch das Wasserbad werden die Flüssigkeiten in den Kolben erwärmt. Sie dehnen sich aus. Aber sie dehnen sich nicht in gleicher Weise aus. Der Spiritus steigt höher als die anderen Flüssigkeiten. Das Wasser steigt am wenigsten an. Die Stärke der Ausdehnung hängt also auch von der Art der Flüssigkeit ab.
Bei Abkühlung geht die Ausdehnung zurück und die Flüssigkeit in den Röhrchen sinkt wieder auf den Ausgangswert.

Die Volumenänderung einer Flüssigkeit hängt von der Temperaturänderung und der Art der Flüssigkeit ab.

Füllt man ein Rohr bis 1 m Höhe und erwärmt alles um 10 °C, dann steigt die Füllhöhe bei
Wasser um 2 mm
Quecksilber um 2 mm
Öl um 7 mm
Petroleum um 10 mm
Alkohol um 11 mm

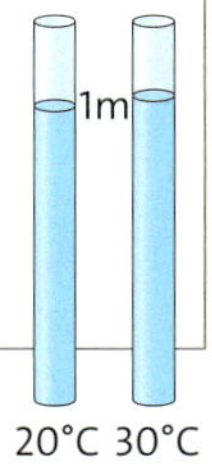

5 Volumenänderung

Wissenswertes: Marmelade einkochen

Lebensmittel kann man auch ohne Konservierungsstoffe haltbar machen. Wer schon einmal selbst Marmelade gekocht hat, weiß es: Zur Haltbarmachung muss die Marmelade heiß in die Gläser eingefüllt werden, und zwar randvoll. Dann wird sofort der Deckel aufgeschraubt und das Glas abgekühlt. Nach dem Abkühlen ist das Glas nicht mehr voll.

Beim Einkochen von Marmelade wird die Masse sehr stark erwärmt. Dadurch erreicht das Volumen seinen größten Rauminhalt. Beim allmählichen Abkühlen im Glas nimmt das Volumen natürlich wieder ab.
So entsteht der leere Raum oberhalb der Marmelade. Für die Haltbarmachung ist das gut, denn Fäulniserreger können sich dort nicht ausbreiten.

Aufgaben

1 Wie verhält sich eine Flüssigkeit beim Erwärmen und beim Abkühlen?

2 Erkläre, warum Getränkeflaschen nie bis zum Rand gefüllt sind.

3 Erkläre, wie eine Sprinkleranlage funktioniert.

4 Recherchiere, welche technische Vorrichtung in Wamwasserheizungen dafür sorgt, dass sich das warme Wasser ungehindert ausdehnen kann.

5 Begründe, warum Tankwagen im Sommer nicht bis zum Rand mit Benzin gefüllt werden.

6

7

8

Die Anomalie des Wassers

1

Das ist richtig ärgerlich. Weil du dich erfrischen wolltest, hast du die Wasserflasche ins Gefrierfach gelegt und sie vergessen. Jetzt ist nicht nur alles zu Eis geworden, sondern auch noch mit Glassplittern vermischt.
Passiert das eigentlich mit allen Flüssigkeiten in Glasflaschen? Oder liegt es an der Glasflasche?

Experiment

1 Volumenänderung beim Abkühlen

Fülle zwei Reagenzgläser gleich hoch mit Wasser. Markiere die Höhe. Stelle ein Reagenzglas ins Gefrierfach. Beschreibe deine Beobachtung nach einigen Stunden.

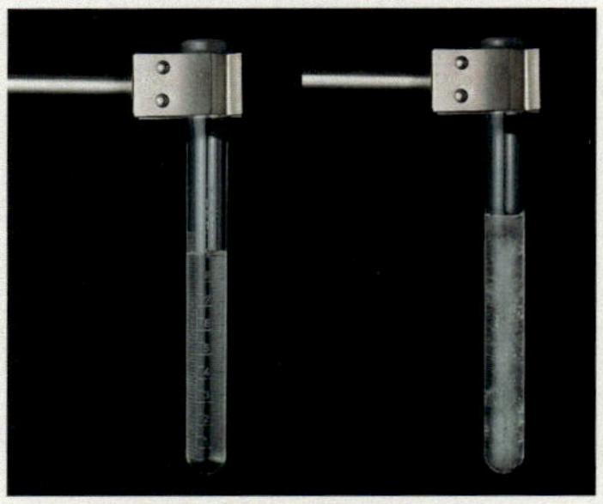

Volumenänderung Beim Abkühlen verhält sich das Wasser im Kolben zuerst wie erwartet: Das Volumen nimmt ab. Dann steigt die Wassersäule aber wieder an, obwohl die Temperatur des Wassers weiter sinkt. Auch beim Erstarren des Wassers steigt die Wassersäule im Röhrchen weiter an. Im Kolben bildet sich Eis und das benötigt ganz offensichtlich mehr Raum. ▸ 3

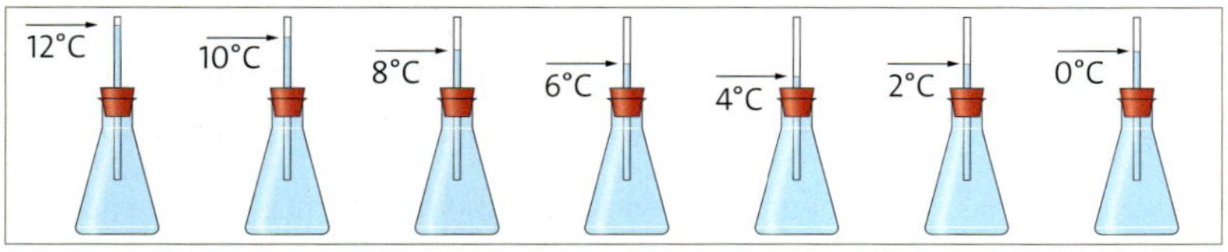

3

Wasser hat bei 4 °C das kleinstes Volumen. Bei Temperaturen unter 4 °C steigt das Volumen wieder an. Dieses Verhalten nennt man *Anomalie des Wassers.* Bei allen anderen Flüssigkeiten verkleinert sich das Volumen, wenn man sie abkühlt.

Bei 4 °C hat Wasser sein kleinstes Volumen. Bei Temperaturen oberhalb und unterhalb von 4 °C vergrößert sich das Volumen.

Aufgaben

1 Ein Liter Wasser von 0 °C wird zu Eis von 0 °C. Bleibt das Volumen dabei gleich groß?

2 Stelle ein Glas auf einen kleinen Teller und fülle es zur Hälfte mit Eis. Gieße dann vorsichtig bis zum Rand Wasser zu. Lass das Eis schmelzen. Schätze die Menge des überlaufenden Wassers.

3 Begründe, warum gefärbtes Wasser als Thermometerflüssigkeit ungeeignet ist.

Experiment

2 Schwimmfähigkeit

Schwimmen die festen Stücke oder versinken sie?

1. Gieße Wasser in ein großes Glas. Setze vorsichtig einige Eiswürfel darauf. Beschreibe deine Beobachtungen.
2. Lass Speiseöl bei −20 °C in der Tiefkühltruhe erstarren. Gieße in ein Glas flüssiges Speiseöl und setze ein Stück von dem erstarrten Öl darauf. Beschreibe deine Beobachtungen.

Schwimmen Die Eiswürfel schwimmen im Wasser. Bei den anderen untersuchten Stoffen schwimmt der feste Körper nicht auf dem flüssigen, sondern versinkt. Das Schwimmen des Wassereises auf dem Wasser ist auch eine Form der Anomalie. Es zeigt uns, dass die Dichte des festen Eises kleiner ist als die Dichte des Wassers.

Wasser hat im festen Aggregatzustand eine kleinere Dichte als im flüssigen Aggregatzustand.

Frostsprengung Erstarrt Wasser, so vergrößert sich sein Volumen. Steht ihm dabei nicht genügend Raum zur Verfügung, so können große Kräfte und Zerstörungen auftreten. Das sich ausdehnende Eis sprengt z. B. die Glasflasche, die man im Gefrierschrank vergessen hat.
Nach einem frostigen Winter kann man oft kaputte Straßen sehen. ▸ 5
Im Herbst ist Regenwasser durch Risse in den Boden eingedrungen. Bei Frost erstarrte es zu Eis und vergrößerte sein Volumen. Dabei wurde der Straßenbelag ähnlich wie die Glasflasche im Gefrierschrank zerstört. Das lockere Material wird dann schnell von den Fahrzeugen herausgelöst.

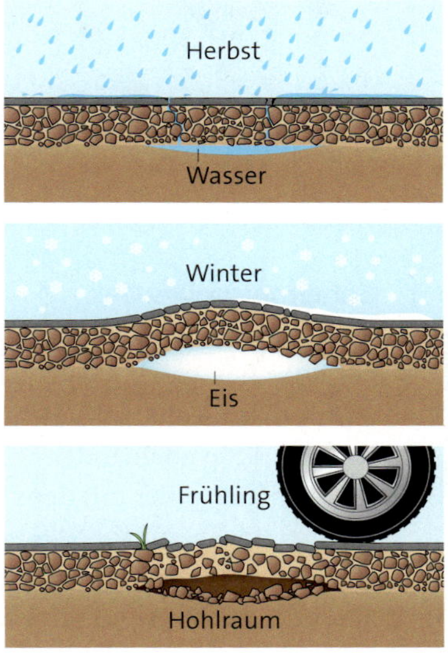

5

Wissenswertes: Überleben im Gewässer

Ohne die Anomalie des Wassers könnten in unserem Klima keine Lebewesen in einem See überleben. Da Wasser mit einer Temperatur von 4 °C die größte Dichte hat, sinkt es im Sommer nach unten, während oben das warme Wasser ist. Im Winter hat sich die Temperatur oben wieder abgekühlt. Vielleicht hat sich sogar eine Eisschicht gebildet. Über der Eisschicht können sehr tiefe Temperaturen herrschen. Unter der Eisschicht hat das flüssige Wasser Temperaturen von 1 °C, 2 °C, 3 °C und ganz unten 4 °C.
So bestehen für die Fische im See immer Überlebenschancen. Sie brauchen nur Sauerstoff. Kleine Gartenteiche müssen eine Mindesttiefe haben, damit sie auch im strengsten Winter nicht vollständig zufrieren.

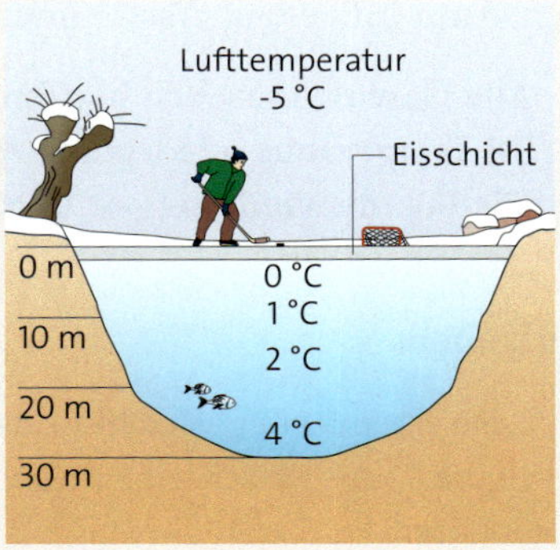

6

Aufgaben

1 Springbrunnen in Städten und Gärten werden im Herbst abgestellt. Was ist der Grund dafür?

2 Recherchiere, wie tief Gartenteiche, in denen Fische leben, mindestens sein sollten. Begründe.

Volumenänderung von Gasen

1

Sie sehen schön aus, die Ballons am Himmel. Sicherlich hast du das Fauchen schon gehört, wenn sie einen neuen Schwall heißer Luft erhalten und nach oben steigen. Ist die große Hülle wirklich unten offen und wird nur mit Luft gefüllt, kein geheimnisvolles Gas? Eigentlich unvorstellbar, dass Luft auch noch viele Menschen im Korb transportiert.

Experiment

1 Geheimnisvolles Gas
Verschließe einen kleinen Kolben mit Stopfen, aus dem nur ein dünnes Rohr herausragt. Tauche das Ende des Rohrs in Wasser ein und umfasse den Kolben mit deinen Händen. Reibe die Handflächen vorher kräftig aneinander. Kühle den Kolben mit kaltem Wasser ab, aber lass ihn weiter mit dem Rohr im Wasser. Beobachte.

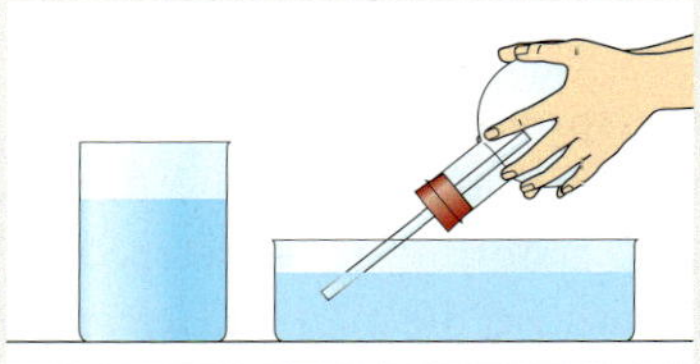

Im Experiment geht es um ein Gas – die Luft. Sie besteht aus Sauerstoff, Stickstoff und einigen anderen Gasen. Auch ein Gas hat ein Volumen. Es nimmt immer den Raum ein, den es zur Verfügung hat. Wird das Gas erwärmt, versucht es den Raum zu vergrößern. Deshalb blasen sich Ballons auf. Im ▸ Experiment 1 kann sich das Gas nur durch das Rohr ausdehnen, dann trifft es auf Wasser und Gasblasen steigen auf.

Alle Gase dehnen sich bei Temperaturerhöhung aus und ziehen sich bei Temperaturerniedrigung zusammen.
Die Volumenänderung ist unabhängig von der Art des Gases.

Aufgaben

1 Lege einen leeren, verschlossenen Benzinkanister in die Sonne. Beschreibe deine Beobachtung und erkläre.

2 Erkläre Hannah, weshalb ihr Wasserballon am Mittag wieder aufgeblasen ist. (▸ S. 48)

3 Lege auf eine leere Glasflasche eine angefeuchtete Münze. Umfasse die Flasche mit deinen warmen Händen. Beobachte und beschreibe. ▸ 3

3

Experiment

2 Zaubern mit Luft
Stelle ein feuchtes Brett etwas erhöht auf. Spüle ein Glas mit kaltem Wasser aus und setze es umgestülpt oben auf das Brett. Spüle ein zweites Glas mit heißem Wasser aus und setze es daneben. Beobachte und finde eine Erklärung.

Im ▸ Experiment 2 rutscht das mit heißem Wasser ausgespülte Glas auf dem Brett hinunter. Das andere Glas bleibt auf seiner Position. Im warmen Glas wird die Luft vom Gefäß erwärmt. Sie dehnt sich aus und bildet unter dem Glas ein Luftpolster. Auf diesem gleitet das Glas hinab.

Wissenswertes: Ballons

Man unterscheidet Gasballons und Heißluftballons.
Ein Heißluftballon besteht aus einer gasdichten Hülle, die unten offen ist. Er wird wirklich nur mit Luft gefüllt. Diese Luft wird erwärmt und dehnt sich stark aus. Wenn die Dichte des ganzen Ballons kleiner ist als die Dichte der Umgebungsluft, beginnt der Ballon aufzusteigen. Natürlich achtet man beim Bau darauf, sehr leichte Materialien für die Ballonhülle und den Korb zu verwenden. Ebenso können nicht unbegrenzt viele Menschen mitfahren. In Flaschen wird ein brennbares Gas mitgeführt, das auch während der Fahrt die Luft im Ballon erwärmen kann. Man sieht den Ballon nach so einem Nachheizen wieder nach oben steigen.
Die Fahrtrichtung gibt übrigens der Wind vor und kann von den Ballonfahrern nicht beeinflusst werden.
Den Gasballon erkennt man schon an seiner kugelförmigen Gestalt. Seine Hülle ist mit einem besonderen Gas (Helium) gefüllt und geschlossen. ▸ 5
Ein großer Ballon mit einem Volumen von 12 000 m^3 kann eine Last von 14 Tonnen tragen.

5

Aufgaben

1 Wie kann man einen verbeulten Tischtennisball reparieren? ▸ ? *Tipp:* Lege ihn in heißes Wasser. Erkläre deine Beobachtung. ▸ 6

6

2 Lege einen aufgepusteten und fest verschlossenen Luftballon für einige Stunden in das Gefrierfach. Was ist passiert? Erkläre es.

3 Verschließe eine leere Flasche mit einem Luftballon. Stelle diese Flasche in warmes Wasser und beobachte. Nimm die Flasche aus dem warmen Wasser und stelle sie in kaltes Wasser.

4 An einigen Tankstellen gibt es auch LPG. Was ist das? Wer braucht es? Recherchiere im Internet und präsentiere deine Ergebnisse.

Druck in Gasen und Luftdruck

1

Der Erfolg beim Radfahren hängt auch vom Zustand der Reifen ab. Äußerlich ist ein schlecht aufgepumpter Reifen nicht von einem gut aufgepumpten zu unterscheiden. Aber du kannst es erfühlen. Ein voll aufgepumpter Reifen lässt sich kaum verformen. Wodurch wird er so hart? Es ist doch nur Luft darin?

Experiment

1 Luftballon
Puste einen Luftballon auf und binde ihn fest zu. Drücke ihn an verschiedenen Stellen mit der Hand zusammen. Beschreibe, was du spürst und siehst.

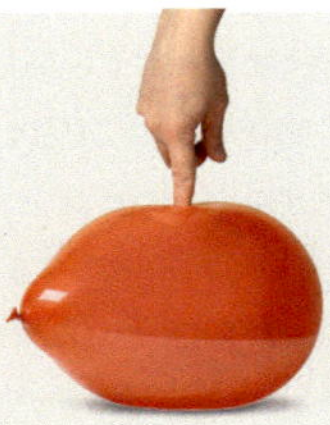

2

Egal wie stark man den Luftballon zusammenpresst, man spürt immer eine Kraft, die von innen heraus wirkt. Sie versucht, die ursprüngliche Form des Ballons wiederherzustellen. Diese Kraft wird durch die zusammengepresste Luft hervorgerufen. Auch in einen aufgepumpten Reifen kann man weiter Luft hineinpressen. Die Luft im Reifen wird zusammengepresst und ihr Druck steigt. Erklären kann man diesen Zustand mit einem Modell.

Teilchenmodell Die Luft besteht aus kleinen Teilchen. Diese sind in ständiger Bewegung. Dabei stoßen sie mit anderen Teilchen zusammen und prallen an die Gefäßwände. Diese Zusammenstöße führen zum Druck im Gas und zu Kräften auf die Gefäßwände. Je stärker das Gas zusammengedrückt wird, desto öfter und heftiger stoßen die Teilchen zusammen. Der Druck steigt. ▸ 3

Gase können zusammengepresst werden. Die physikalische Größe Druck beschreibt, wie stark ein Gas zusammengepresst ist.

Formelzeichen: p

Einheit: Pascal (Pa), Hektopascal (hPa), Kilopascal (kPa)
Bar (bar), Millibar (mbar)
1 hPa = 100 Pa
1 bar = 1000 mbar = 1000 hPa = 100 000 Pa

Messgerät: Manometer

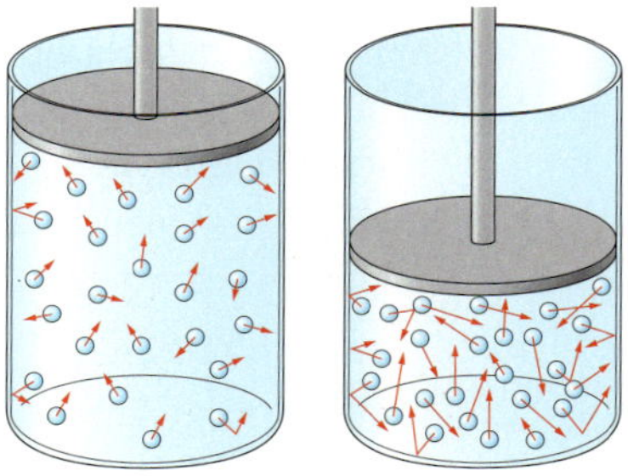

3

Aufgaben

1 Suche in deiner Umgebung nach Messgeräten für den Druck. Bestimme die Einheiten, in denen der Druck angegeben wird.

2 Gib in hPa an:
3 bar, 5 bar, 2000 Pa.

3 Gib in bar an:
2000 hPa, 750 hPa, 200 kPa.

Experiment

2 Auslaufsperre

Fülle ein Glas vollständig mit Wasser, drehe es im Wasser so um, dass die Öffnung noch im Wasser ist, und hebe es langsam an. Beschreibe deine Beobachtung und finde eine Erklärung.

Luftdruck Solange sich die Glasöffnung noch unter Wasser befindet, läuft das Wasser nicht aus dem Glas heraus. Im Glas bleibt eine Wassersäule stehen. Was oder wer verhindert das Auslaufen?
Auf die Oberfläche des Wassers in der Schüssel wirkt der Luftdruck.
Ein Gedankenexperiment erklärt uns die Entstehung des Luftdrucks: Stelle dir einen Luftwürfel vor, auf den du einen zweiten, gleich großen Luftwürfel stapelst. Staple auf diese Weise viele Würfel übereinander – so hoch wie unsere Erdatmosphäre dick ist (ca. 100 km). Weil auch Luft eine Masse und damit eine Gewichtskraft hat, presst der obere Würfel den darunterliegenden Luftwürfel etwas zusammen, diese beiden den darunterliegenden und so weiter. Die Luft ganz unten wird am stärksten zusammengepresst. Dort, wo der Druck am größten ist, leben wir. Im Durchschnitt beträgt der Luftdruck auf Meereshöhe 1013 hPa. In Richtung Weltall nimmt der Luftdruck ab. Er wird mit Barometern gemessen.

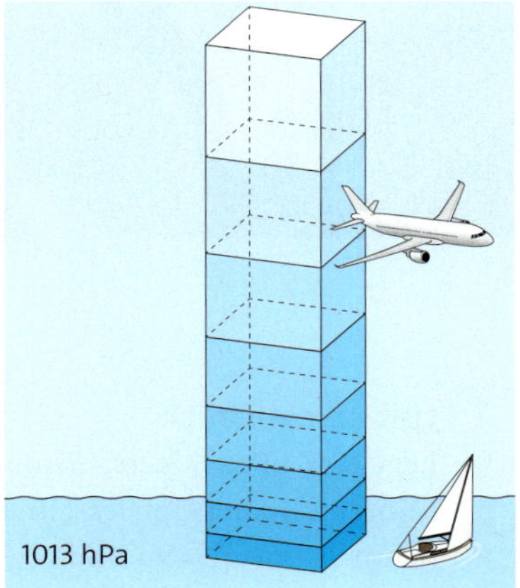

5

Der Luftdruck entsteht durch die Gewichtskraft der Luft unserer Erdatmosphäre. Auf Meereshöhe beträgt er 1 bar oder 1013 hPa.

Wissenswertes: Passagierflugzeug als Druckluftkabine

Fast jeder kennt das Druckgefühl in den Ohren beim Starten oder Landen eines Flugzeugs. Ist man erkältet, dann wird es richtig schmerzhaft.
Mit zunehmender Höhe sinkt der Luftdruck. In 5450 m Höhe beträgt er nur noch die Hälfte und in der Reiseflughöhe nur noch ¼ des Luftdrucks auf Meeresniveau. Mit dem niedrigeren Luftdruck fehlt auch der Sauerstoff.
In Flugzeugen wird der Luftdruck in der Kabine nach dem Starten künstlich auf den Druck in einer Höhe von 2438 m eingestellt. Das ist für alle Menschen gut verträglich und die Differenz zwischen Kabinendruck und äußerem Luftdruck beansprucht den Rumpf des Flugzeugs nicht zu stark.

6

Aufgaben

1 Bestimme mit einem geeigneten Messgerät den Luftdruck in der Schule oder in eurer Wohnung.

2 Welchen Zusammenhang kannst du am Barometer zwischen Luftdruck und Wetter ablesen?

3 Lege auf ein randvoll mit Wasser gefülltes Glas eine Karteikarte. Drehe anschließend das Glas um und halte die Postkarte noch fest. Nimm die Hand weg. Beschreibe, was du siehst, und finde eine Erklärung.

Temperatur und Druck

1

Auf Sprayflaschen steht immer die Warnung, sie nicht in der Sonne zu lagern und dabei Temperaturen über 50 °C auszusetzen. Auch soll man die Dose nicht gewaltsam öffnen.
Welche Gründe gibt es dafür?

Experiment

1 Luft macht Druck
Lege eine offene, leere, dünnwandige PET-Flasche für einige Minuten in den Gefrierschrank. Schraube die Flasche nach der Entnahme sofort fest zu und erwärme die Flasche in warmem Wasser. Erfühle mit der Hand den Druck in der Flasche.

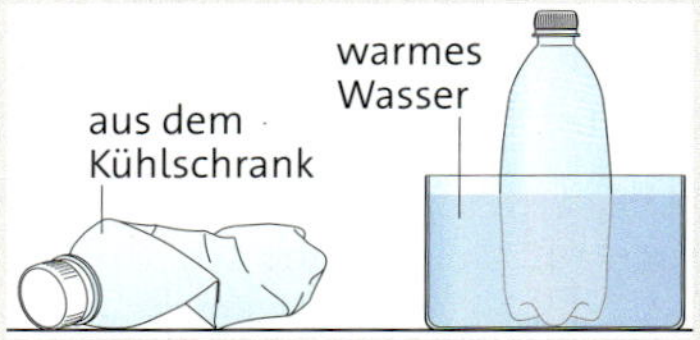

Beim Erwärmen dehnen sich Flasche und Luft aus. Allerdings dehnt sich das Gas viel stärker aus als die Hülle der Flasche. Das Volumen der Flasche begrenzt somit das Volumen des Gases. Da sich das Volumen der Luft bei weiterer Erwärmung nicht mehr ändern kann, steigt der Druck im Gas an. Die Luft übt dann eine Kraft auf die Flaschenhülle aus. Drückt man von außen auf die Flasche, kann man diese Druckerhöhung auch spüren.
Je stärker die Luft erwärmt wird, umso größer wird der Druck im Gas. Mit einem angeschlossenen Manometer kann man diese Druckerhöhung messen.

Steigt die Temperatur eines Gases bei gleichbleibenden Volumen, so vergrößert sich der Druck im Gas.

Mit dem Teilchenmodell kann man das Verhalten der Gase erklären. Die Teilchen bewegen sich ständig. Wird die Temperatur des Gases erhöht, so bewegen sich die Teilchen noch heftiger. Wird das Volumen konstant gehalten, werden die Zusammenstöße der Teilchen miteinander und mit der Wand stärker. Der Druck im Gas steigt.

Aufgaben

1 Verschließe einen leeren Erlenmeyerkolben mit einem Luftballon und erwärme ihn. Beschreibe und erkläre die Veränderung.

2 Begründe, warum Sprayflaschen nicht in der Sonne gelagert werden dürfen.

Experiment

2 Pneumatisches Feuerzeug

Lege kleine Löschpapierteile in ein pneumatisches Feuerzeug und schlage den Kolben kräftig hinein. Beobachte und beschreibe das Experiment.
Versuche deine Beobachtung zu erklären.

3

Durch den Kolben wird die Luft im Feuerzeug sehr schnell zusammengedrückt. Das Volumen der Luft wird also verkleinert. Dabei steigt der Druck enorm an und erwärmt die Luft. Die dabei erreichte Temperatur ist so hoch, dass man Papier entzünden kann. Campingfeuerzeuge oder Feuerpumpen funktionieren auch auf die gleiche Art und Weise.
Auch wenn man eine große Gasmenge in ein Gefäß hineinpresst, z. B. beim Befüllen eine Pressluftflasche oder beim Aufpumpen eines Reifens, dann steigen Druck und Temperatur des Gases an. Gefäße mit einem konstanten Volumen nennt man geschlossene Gefäße.

Wird in ein geschlossenes Gefäß immer mehr Gas hineingepresst, so steigt darin der Druck. Steigt der Druck, so erhöht sich auch die Temperatur des Gases.

Wissenswertes: Pressluftflaschen

Beim Befüllen wird so viel Luft hineingepresst, dass in ihrem Innern Drücke bis 300 bar entstehen können.
Werden z. B. 2400 Liter Luft unter normalem Luftdruck in eine 12-Liter-Flasche hineingepresst, dann hat die Luft darin einen Druck von 200 bar. In geringen Wassertiefen (3–5 m) kann man mit diesem Luftvorrat mehr als eine Stunde tauchen. Aus Sicherheitsgründen sollte aber immer ein Rest Luft in der Flasche verbleiben.

4

Aufgaben

1 Während des Füllens der Tauchflaschen stehen diese oft in einem Wasserbecken. Finde dafür eine Erklärung.

2 Das Druckmessgerät (Finimeter) an einer 12-Liter-Tauchflasche zeigt einen Druck von 100 bar an. Wie viel Luft ist in dieser Flasche bei normalem Luftdruck, also an der Wasseroberfläche? *Hinweis:* Das Messgerät zeigt 200 bar, wenn sich 2400 Liter Luft unter normalem Luftdruck in der Flasche befinden.

3 Übertrage die Tabelle in dein Heft und ergänze. Werden in eine 10-Liter-Flasche 100 Liter Luft hineingepresst, so herrscht in der Flasche ein Druck von 10 bar.

Flaschengröße	Hineingepresste Luft	Druck
10-Liter-Flasche	100 ℓ	10 bar
10-Liter-Flasche	1000 ℓ	?
10-Liter-Flasche	2000 ℓ	?
10-Liter-Flasche	?	50 bar
10-Liter-Flasche	?	160 bar

Aufgaben und Aufträge

Volumenänderung fester Stoffe

1 Du hast zwei gleich lange Stäbe. Einer ist aus Blei und der andere aus Kupfer. Sie werden beide um 25 Grad erwärmt. Welcher Stab wird länger?

2 Zünde ein Teelicht an und lass die obere Wachsschicht schmelzen. Lösche die Flamme und beobachte das Erstarren. Vergleiche die Höhen des flüssigen und des festen Wachses miteinander.

3 Was versteht man unter einem Bimetall? Erkunde, wo in deiner Umgebung Bimetalle vorkommen.

4 Schneide z. B. vom „Silberpapier“ eines Kaugummis einen langen, schmalen Streifen ab. Ziehe dann die Metallseite des Streifens über den Rücken einer Messerklinge. Der Streifen rollt sich zu einer Spirale auf. Halte die Spirale mit einer Pinzette über eine Streichholzflamme (Vorsicht: Brandgefahr!). Suche nach einer Erklärung für deine Beobachtung. ▸ 1

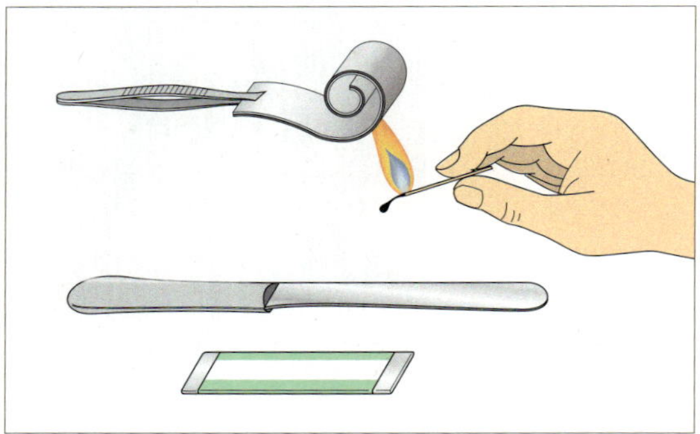

1

5 Um wie viel Millimeter verlängert sich ein 30 m langes Stahlrohr, wenn die Temperatur um 10 Grad steigt?

6 Um wie viel Zentimeter wird eine 10 km lange Freileitung aus Aluminium bei einer Temperaturerhöhung von 30 Grad länger?

7 Begründe, warum Fensterscheiben nicht eingeklebt, sondern mit Gummi im Rahmen befestigt werden.

8 Erkläre die Zerstörung der Autobahn im Zeitungsbericht auf ▸ Seite 48.

9 Übertrage die Tabelle in dein Heft und ergänze sie. Benutze die Tabelle auf ▸ Seite 53.

Stoff	Längenänderung eines Körpers von 100 m Länge bei einer Temperaturänderung um 10 Grad	Längenänderung eines 50 m langen Körpers bei 30 Grad Erwärmung
Kupfer		
Stahl		
Aluminium		
Blei		

10 Wohin biegt sich das Bimetall? Begründe deine Entscheidung.

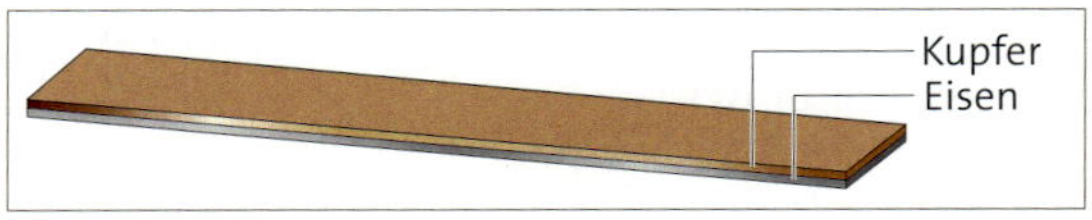

2

Volumenänderung von Flüssigkeiten

11 In zwei kleinen Kolben befinden sich Flüssigkeiten (Alkohol und Petroleum). Beide Flüssigkeiten werden um je 20 Grad erwärmt. Welche Flüssigkeit dehnt sich stärker aus?

12 Herr Müller hat Silvester eine Flasche Sekt zum Kühlen auf den Balkon gestellt. In der Nacht sank die Temperatur auf −12 °C. Was passierte mit der Flasche?

Volumenänderung von Gasen

13 Spüle eine kleine Plastikflasche mit heißem Wasser aus. (Vorsicht: Gefahr des Verbrühens!) Verschließe sie gut und beobachte. Du kannst das Experiment auch verändern, indem du die Flasche in kaltes Wasser hältst. Was verändert sich dabei?

14 Eine leere, kalte Mineralwasserflasche wird mit ihrer Öffnung nach unten in kaltes Wasser gesteckt. Danach wird das Wasser langsam erhitzt. Was wird passieren?

15 Vor über 2000 Jahren konstruierte der griechische Ingenieur PHILON einen Tempelaltar, dessen Feuer „automatisch“ gelöscht wurde. ▸ 3
Erkläre, wie diese Anlage funktionierte.

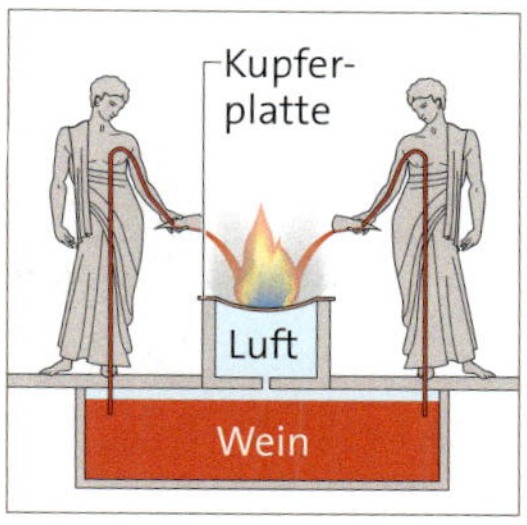

3

Druck in Gasen und Luftdruck

16 Erkläre, warum sich ein aufgepumpter Fahrradreifen kaum zusammendrücken lässt, obwohl nur Luft darin ist.

17 Luftdruck
a Nenne die Ursache für den Luftdruck.
b Beschreibe, wie sich der Luftdruck im Gebirge ändert. Erkläre diese Luftdruckänderung.

18 Kondensmilch gibt es auch in Dosen. Erläutere, warum ist es sinnvoll ist, 2 Löcher in den Deckel zu machen.

Temperatur und Druck

19 Beim Tauchen in einem See stellt Ben fest, dass der Druck in der gerade gefüllten Flasche (190 bar) im kalten Wasser schnell auf 170 bar fällt. Muss er den Tauchgang abbrechen oder gibt es eine andere Erklärung dafür?

20 Inka bringt im Winter leere PET-Flaschen zum Getränkemarkt. Plötzlich hört sie knackende Geräusche aus der Tasche. Erläutere, was dort passiert.

Überblick

Feste Körper Bei Erwärmen dehnen sich fast alle festen Körper aus, sie vergrößern ihr Volumen. Beim Abkühlen verkleinert sich das Volumen wieder. Die Volumenänderung ist bei verschiedenen Stoffen unterschiedlich groß. Die Volumenänderung ist umso größer, je größer das Anfangsvolumen und je größer die Temperaturänderung ist.

Flüssigkeiten Bei Erwärmung einer Flüssigkeit nimmt ihr Volumen zu, bei Abkühlung nimmt es ab. Die Volumenänderung einer Flüssigkeit hängt von der Temperaturänderung und der Art der Flüssigkeit ab.

Gase Alle Gase dehnen sich bei Temperaturerhöhung aus und ziehen sich bei Temperaturerniedrigung zusammen.

Druck in Gasen Die physikalische Größe Druck beschreibt, wie stark ein Gas zusammengepresst ist.
Formelzeichen: p
Einheit: Pa (Pascal)
Messgerät: Manometer

Steigt die Temperatur eines Gases bei gleichbleibendem Volumen, so vergrößert sich der Druck im Gefäß.

Der atmosphärische Luftdruck entsteht durch die Gewichtskraft der Luft in der Erdatmosphäre. Auf Meereshöhe beträgt er im Durchschnitt 1013 hPa. In Richtung Weltall nimmt der Luftdruck ab.

Physik erlebt

Gefühlte Temperaturen

Im Winterhalbjahr wird im Wetterbericht bei starken Ost- oder Nordwinden zusätzlich zur gemessenen Temperatur auch noch die gefühlte Temperatur angegeben. Diese ist dann viel niedriger. Als Begründung wird dann der **Windchill-Faktor** angegeben. ▸ 1–4

So hat man festgestellt, dass ein starker Winterwind die warme Luft, die den Körper umgibt, schnell wegtransportiert. Diese wird rasch durch kalte Umgebungsluft ersetzt.
Der menschliche Körper versucht nun, durch noch stärkere Wärmeabgabe diesen Verlust auszugleichen. Der Mensch friert. Besonders heftig spürt man das am Kopf. Mit dem Thermometer kann man diese „gefühlte Kälte“ nicht messen.

Je tiefer die gemessene Temperatur und je heftiger der Wind weht, desto eisiger fühlt sich die Luft auch an. Der Windchill-Faktor gilt übrigens nur für gemessene Temperaturen unter +10 °C.

Wissenschaftler haben die gefühlte Temperatur unter dem Einfluss des Windes mit einer komplizierten Formel berechnet. Beispiele findest du in der Tabelle: In den blau hinterlegten Bereichen kann es schon nach einem 30-Minuten-Aufenthalt zu Erfrierungen kommen!

1

2

3

Windgeschwindigkeit	Lufttemperatur							
	10 °C	5 °C	0 °C	−5 °C	−10 °C	−15 °C	−20 °C	−25 °C
10 km/h	8,6	2,7	−3,3	−9,3	−15,3	−21,2	−27,2	−33,2
30 km/h	6,64	0,1	−6,5	−13,0	−19,5	−26,0	−32,6	−39,1
50 km/h	5,5	−1,3	−8,1	−15,0	−21,8	−28,6	−35,4	−42,2

4

5

Das andere Extrem sind hohe Temperaturen, wie sie nicht selten in den letzten Sommern auftraten. Sie werden durch den **Hitzeindex** beschrieben. Dabei spielt neben der Temperatur auch die Luftfeuchtigkeit eine entscheidende Rolle.
Leicht zu ertragen sind hohe Temperaturen bei einer geringen Luftfeuchtigkeit. Man findet solche Bedingungen in Wüstengebieten. ▸ 5
Im tropischen Regenwald findet man hohe Temperaturen und eine hohe Luftfeuchtigkeit. ▸ 6 Auch hier kann man schnell gesundheitliche Probleme bekommen:

Vorsicht!	Bei längerer Dauer und/oder körperlichen Aktivitäten sind Erschöpfungszustände möglich.
Äußerste Vorsicht!	Bei längerer Dauer und/oder körperlichen Aktivitäten sind Sonnenstich, Muskelkrämpfe und Hitze-Entkräftung möglich.
Gefahr!	Bei längerer Dauer und/oder körperlichen Aktivitäten sind Sonnenstich, Muskelkrämpfe, Hitze-Entkräftung wahrscheinlich; ein Hitzschlag ist möglich.
Äußerste Gefahr!	Sonnenstich oder Hitzschlag sind wahrscheinlich.

Relative Luftfeuchtigkeit	Gemessene Temperatur				
	28 °C	30 °C	33 °C	35 °C	38 °C
40 %	28,0 °C	30,0 °C	33,8 °C	37,2 °C	43,5 °C
50 %	28,5 °C	31,1 °C	36,3 °C	40,7 °C	48,6 °C
60 %	29,5 °C	32,9 °C	39,5 °C	45,1 °C	55,0 °C
70 %	30,7 °C	35,1 °C	43,5 °C	50,1 °C	62,6 °C
80 %	32,1 °C	37,7 °C	48,2 °C	56,6 °C	71,3 °C

In Deutschland ist mit solch hohen Temperaturen nur selten zu rechnen. In tiefen Bergwerken (1000 m Tiefe) sind diese Temperaturen und eine hohe Luftfeuchtigkeit aber normal. Längere Pausen und kürzere Arbeitszeiten sind hier notwendig, um gesundheitliche Schäden der Bergarbeiter zu verhindern.

6

Speiseeis selbst herstellen – ohne Kühlschrank

Du kannst dir dein Eis am Stiel selbst machen, und du brauchst dazu keinen Gefrierschrank.

1

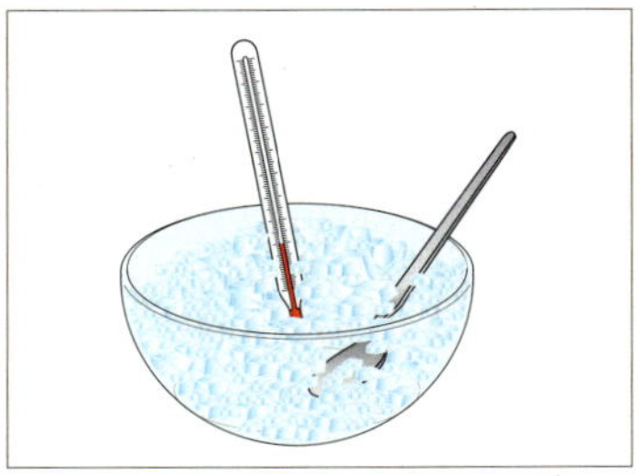

2

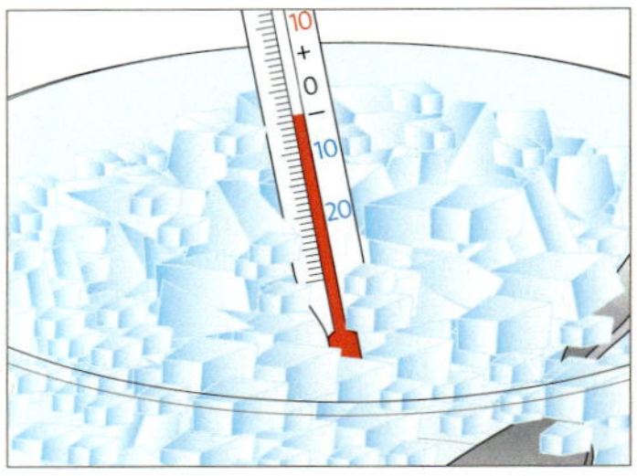

3

4

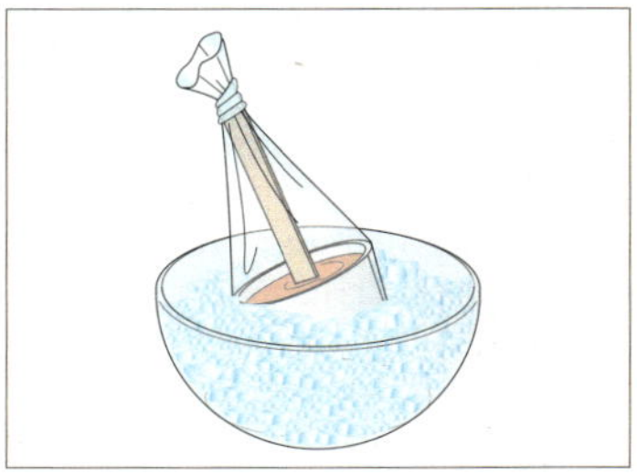

5

Aufträge

1 Vorbereitung

Um das Eis am Stiel zu gefrieren, braucht man Temperaturen unter –3 °C. Das geht auch ohne einen Gefrierschrank – mit einer Kältemischung. Dazu muss man nur Eis und Salz in einem bestimmten Verhältnis mischen. Zuerst musst du eine Kältemischung herstellen, die mindestens –4 °C erreicht.

Du brauchst:

- Eis, am besten Crushed Ice; es funktioniert aber auch mit normalen Eiswürfeln
- Salz, am besten grobkörniges Meersalz
- eine Haushaltswaage, eine Schüssel und einen Löffel
- ein Thermometer, das bis –20 °C anzeigt

Fülle etwas Salz in die Schüssel und gib etwa 3-mal so viel Eis dazu. Rühre mit dem Löffel die Mischung ständig um und miss die Temperatur. Wenn du noch keine –4 °C erreicht hast, verändere das Verhältnis von Eis und Salz oder zerkleinere das Eis mit einem Hammer. Schreibe auf, wie du die Mischung hergestellt hast.

Salz	Eis	Temperatur
30 g	100 g	?
?	?	?

2 Rezept für Erdbeereis

Du brauchst:

- ein kleines Glas zum Abmessen
- Milch, Erdbeeren (zerkleinert oder püriert) und Sahne

Mische 2 Gläser Milch mit 1 Glas Sahne und 1 Glas Erdbeeren. Gib etwa 3 Esslöffel von diesem Gemisch in eine Frühstückstüte oder einen kleinen Becher und stecke einen Stiel dazu. Zur Sicherheit packst du dein vorbereitetes Eis in eine Tüte und knotest diese fest zu.

3 Eis am Stiel herstellen

Bereite deine Kältemischung zu, lege die vorbereiteten Eisbeutel hinein und decke das Ganze zu. Rühre alle 10 min die Kältemischung um und überprüfe ob das Eis schon fest ist.

Testaufgaben zu „Thermisches Verhalten von Körpern“

1 Was versteht man unter dem physikalischen Begriff Temperatur? Notiere das Formelzeichen, die Einheit und ein Messgerät der Temperatur.

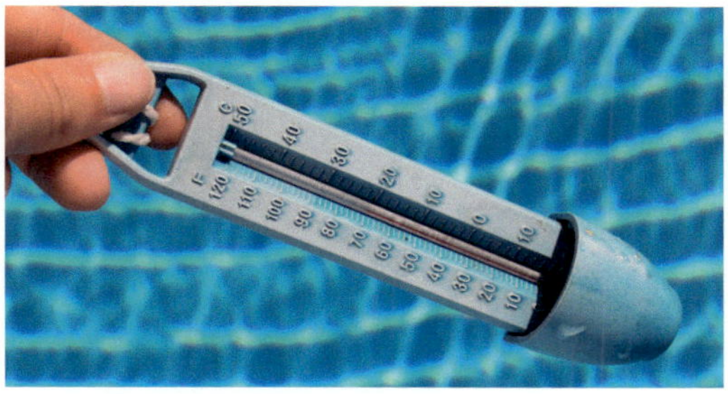

6

2 Skizziere ein Flüssigkeitsthermometer und bezeichne die wichtigsten Teile. Welche Festpunkte wählte CELSIUS für sein Thermometer?

3 Erläutere die physikalische Größe absolute Temperatur. Nenne Formelzeichen und Einheit.

4 Rechne um:

ϑ in °C	10	−30	100	?	?
T in K	?	?	?	15	200

5 Berechne die Temperaturdifferenzen:

ϑ_{Anf}	15 °C	50 K	−5 °C	150 K
ϑ_{End}	37 °C	180 K	25 °C	−90 °C
ΔT	?	?	?	?

6 Wie ändert sich das Volumen eines Körpers, wenn er erwärmt wird? Vergleiche die Volumenänderung von festen Körpern, Flüssigkeiten und Gasen.

7 Nenne ein Beispiel für Längenänderung fester Körper bei Erwärmung.

8 Bei welchem Vorgang in der Natur oder Technik muss man die Volumenänderung von Flüssigkeiten bei Erwärmung beachten?

9 Beschreibe ein Experiment, mit dem du die Volumenänderung von Luft beim Erwärmen nachweisen kannst.

10 Was versteht man unter Anomalie des Wassers? Skizziere die Temperaturverteilung in einem See im Sommer und im Winter.

11 Fahrdrähte der Bahn werden durch schwere Betonscheiben gespannt. Wie kommt es, dass die Scheiben mal höher, mal tiefer hängen?

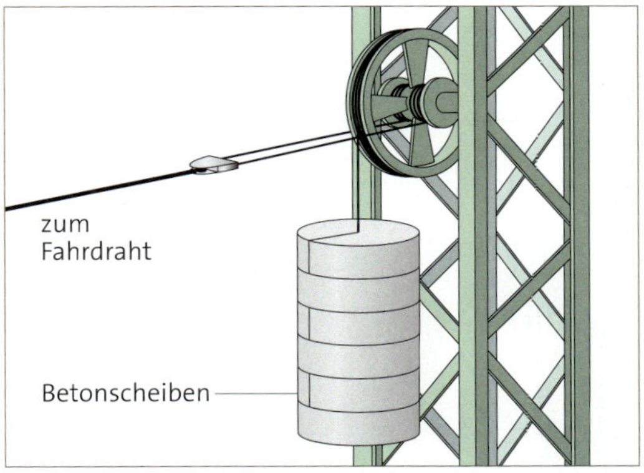

7

Aufgabe	Fähigkeit	Hilfe auf Seite ...
1, 3, 4, 5	Physikalische Größen beschreiben.	40 ff.
6, 7, 8, 11	Volumenänderungen verschiedener Stoffe bei Temperaturänderung beschreiben.	52 ff.
10	Die Anomalie des Wassers beschreiben.	56 f.
2, 9	Messgeräte und Experimente beschreiben.	40 f., 58 f.

▸ Die Lösungen findest du auf Seite 264.

Wechselwirkung und Kraft

Damit der Besuch im Kletterpark zum Erlebnis wird, muss das Wechselspiel von Geräten und Kletterern beachtet werden. Grundsätzlich versucht man sich beim Klettern so zu bewegen, dass Kräfte gut eingeteilt werden und die Rutschsicherheit gegeben ist. Sicherheitsseile verhindern einen Sturz in die Tiefe. Woran erkennt man Kräfte?
Es gibt gute Gründe, weshalb man am Seil nicht so schnell nach unten rutscht. Kannst du das erklären? Viele dieser Fragen wirst du bald selbst beantworten können.

Gewichtheben ist kein Kinderspiel, man benötigt Kraft und Technik um das Sportgerät zu stemmen. Umgangssprachlich verstehen wir unter Kraft sinngemäß Stärke.
Im Sport gibt es Regeln, um Kräfte zu vergleichen. Im Physikunterricht nutzen wir spezielle Messgeräte und können damit ganz genau ermitteln, welche Kraft die größere ist.

Kräfte

Überall bist du von Kräften umgeben, ohne dass du sie sofort sehen kannst. Ob zu Hause, in der Schule oder in deiner Freizeit, du findest Vorrichtungen, die Gegenstände festhalten bzw. tragen. Die Lampe würde auf den Boden fallen, wäre sie nicht fest in der Wand verankert. Die gleichen Kräfte halten die Hängematte an den Bäumen. Das Gewicht des Menschen sorgt für die Verformung. ▸ 2, 3
Im Sportunterricht kannst du mit dem Sprungbrett weit über Geräte springen. Im Tauziehen könnt ihr eure Kräfte messen. ▸ 4, 5

2

3

4

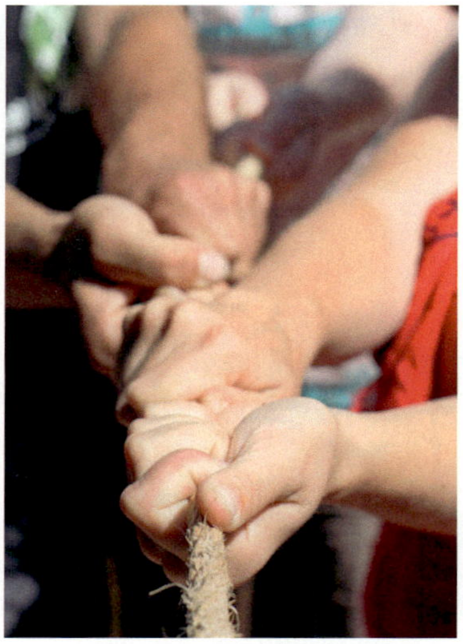

5

Im Physikunterricht lernst du, dass Kräfte stets zwischen mehreren Körpern auftreten und dass man sie messen kann. Auf den nächsten Seiten wirst du erfahren, wie Kräfte deinen Alltag bestimmen.

Weißt du's?

So kannst du deine Antworten überprüfen: Hinter jeder möglichen Lösung steht ein Buchstabe. Die richtigen Lösungsbuchstaben ergeben ein Wort. Zuvor musst du aber noch den Geheimcode knacken, um das Lösungswort zu finden.

1 Ein Klumpen Kuchenteig hat eine Masse von 1 kg. Wie kannst du mit einer Balkenwaage und ohne Wägestücke genau 500 g abwägen?

A Zwei Klumpen formen, auf die Waagschalen legen und so lange ausgleichen, bis eine Waagschale auf dem Boden aufliegt. F
B Den Teig in drei Klumpen teilen und einen von der Wägung ausschließen. G
C Zwei Klumpen formen und so lange die Massen der Klumpen ausgleichen, bis die Waage im Gleichgewicht ist. H

2 Das Formelzeichen für die Masse ist:
A v F
B m G
C M H

3 Die Masse eines Körpers ist auf dem Mond …

A größer als auf der Erde. X
B kleiner als auf der Erde. Y
C genauso groß wie auf der Erde. Z

4 Reise ins All: 1969 landeten die ersten Astronauten auf dem Mond und bemerkten, dass dort die Bewegungsabläufe viel langsamer abliefen, weil …
A sie stärker vom Mond angezogen wurden. H
B sie weniger vom Mond angezogen wurden. I
C sie gar nicht vom Mond angezogen wurden. J

5 Eine Kraft erkennt man an …
A der Formänderung eines Gymnastikballs. P
B der Farbänderung eines Gymnastikballs. Q
C der Temperaturänderung eines Gymnastikballs. R

Hinweis: Versuche nicht, das Lösungswort auszusprechen. Dafür ist es nicht geschaffen. Hier wurde das Alphabet umgedreht: Nicht ABCDEFGH..., sondern ZYXWVUTS... Nutze diesen Code und entschlüssle mit ihm das Lösungswort.

A	B	C	D	E	F	G	H	I	J	K	L	M	N	O	P	Q	R	S	T	U	V	W	X	Y	Z
Z	Y	X	W	V	U	T	S	R	Q	P	O	N	M	L	K	J	I	H	G	F	E	D	C	B	A

Kraft und ihre Wirkungen

1

Das Springen auf dem Trampolin unterscheidet sich vom Springen in eine Sandgrube dadurch, dass man hoch hinaushüpfen kann und wie von selbst abhebt.

Experiment

1 Woran erkennt man Kräfte?
Untersucht im Team die Wirkung von Kräften. Nutzt folgende Körper und Vorgänge: Dehnen eines Gymnastikbands, Aufstehen vom Bürostuhl, Zuspielen eines Balls, Annähern eines Magneten an eine Stahlkugel, Betätigen eines Nussknackers, Formen von Knete, Biegen eines langen Kunststofflineals.
Beschreibt mithilfe der Tabelle: Welche Körper wirken aufeinander ein und woran erkennt man diese Kraft?

Körper 1	Körper 2	Beobachtung
?	?	?

2

Wechselwirkungen Sprechen wir von einer Kraft, so benötigen wir mindestens zwei Körper, die aufeinander einwirken. Man erkennt Kräfte an ihren Wirkungen: Der Nussknacker zerbricht die Schale der Nuss. Der Magnet zieht die Stahlkugel an.

3 Wirkung: Bewegungsänderung

4 Wirkung: Verformung

Kräfte treten auf, wenn mindestens zwei Körper aufeinander einwirken. Durch Kräfte können Form und Bewegung von Körpern geändert werden.

Aufgabe

1 Mia behauptet: Kräfte gibt es doch gar nicht, man kann sie nicht sehen. Leon protestiert und kontert: Und wie erklärst du dir das Ergebnis bei folgenden Vorgängen?
- Schneiden von Papier mit einer Schere
- Benutzen von Hosenträgern
- Zusammendrücken eines aufgeblasenen Luftballons

Experiment

2 Lenkspiel
Zeichne auf ein Blatt Papier ein „Haus vom Nikolaus“.
Untersuche die Wirkung eines Magneten auf eine 1-ct-Münze indem du versuchst, mit der Münze das Haus nachzuzeichnen.
Finde heraus, was man unter einer Bewegungsänderung versteht.

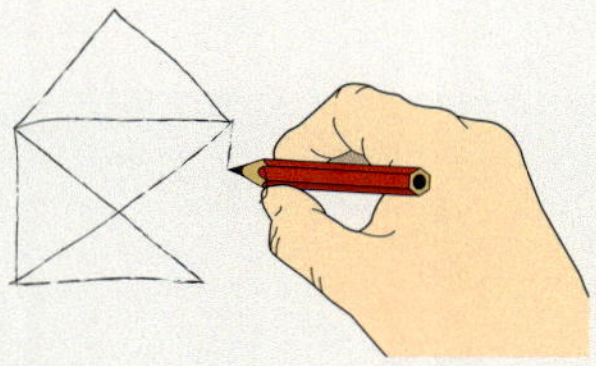

Bewegungsänderung Um die Münze geschickt durch das Haus zu bewegen, muss der Magnet stets gezielt auf die Münze einwirken. Dadurch kann man die Richtung oder auch die Geschwindigkeit der Münze ändern.

Durch Kräfte kann die Bewegung eines Körpers geändert werden. Dabei ändert sich die Richtung oder die Geschwindigkeit.

Verformung Rollt eine Stahlkugel über die Tischkante, fällt sie hinunter. Beim Auftreffen auf einen Schwamm oder in eine sandgefüllte Schale hinterlässt die Kugel einen Abdruck. Diese Formänderung kann beim Schwamm sofort zurückgehen, hinterlässt im Sand aber einen bleibenden Abdruck.

Durch Kräfte kann die Form eines Körpers geändert werden. Dauerhafte Formänderungen nennt man plastisch. Vorübergehende Formänderungen sind elastisch.

Wissenswertes: Sport und Kräfte

Bei vielen Sportarten sind Kenntnisse über Kräfte wichtig. Sinnvoll eingesetzt, kann das entscheidend für den Sieg sein. Beim Shorttrack werden spezielle Schlittschuhe verwendet. Gewusst wie, hält man leicht die Richtung und erzielt hohe Geschwindigkeiten. Kräfte zwischen den Läufern sorgen manchmal dafür, dass man schnell in der Bande landet.

Aufgaben

1 Leseratten finden in Buchläden besondere Sitzgelegenheiten: mit kleinen Kugeln gefüllte Kissen. Beschreibe die Art der Formänderung nach dem Sitzen. Wodurch wird diese Formveränderung hervorgerufen? ► 7

2 Erkläre, warum ein Sprinter darauf zu achten hat, dass bei jedem Start sein Startblock festgeschraubt ist.

3 Nenne je zwei Beispiele, in denen eine Kraft eine Bewegungs- oder Formänderung hervorruft.

7

Kraft

1

Zwei Schülerinnen ziehen in entgegengesetzte Richtungen am Seil. Wenn sie gleich stark sind, kann man keine Kraftwirkung erkennen. Setzt man eine Schraubenfeder in die Mitte, kann man das Vorhandensein der Kraft beobachten.

Experiment

1 Kraft und Gymnastikball
Unterschiedlich schwere Schüler setzen sich jeweils auf den gleichen Gymnastikball. Untersuche, woran du die Größe der Kraft auf den Ball erkennen kannst.

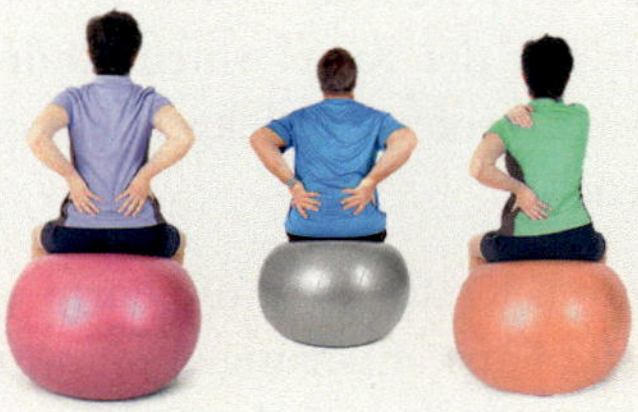

Kraft und Wirkung Kräfte können unterschiedlich groß sein. Man erkennt das an den unterschiedlichen Wirkungen. Die Schraubenfeder wird verschieden stark gedehnt, der Gymnastikball mal mehr, mal weniger zusammengedrückt.

Die Kraft gibt an, wie stark zwei Körper aufeinander einwirken.

Formelzeichen: F
Einheit: Newton (N)
Für sehr große Kräfte nutzt man die Einheiten Kilonewton (kN) und Meganewton (MN).
1 kN = 1000 N
1 MN = 1000 kN = 1 000 000 N

Darstellung von Kräften Pfeildarstellungen lassen sich mühelos lesen und geben genaue Auskunft über Kräfte:
Die Länge des Pfeils entspricht der Größe (Betrag) der Kraft.
Die Pfeilspitze veranschaulicht die Richtung der Kraft.
Der Anfangspunkt des Pfeils entspricht dem Angriffspunkt der Kraft.

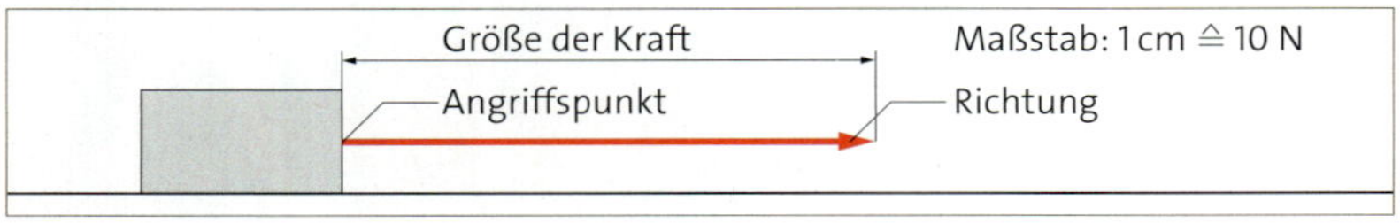

3

Aufgaben

1 Wandle die Einheiten um:
a 0,45 kN = … N
b 25 N = … kN
c 0,08 MN = … kN
d 1900 kN = … MN
e 6,5 MN = … N
f 13 000 N = … MN

2 Ein Junge spannt mit 80 N die Sehne eines Bogens. ▸ 4
a Stelle die Kraft dar. Gib den Maßstab an.
b Zeichne im gleichen Maßstab eine Kraft, die nur noch halb so groß ist.

4

Experiment

2 Richtung und Angriffspunkt

Untersuche an einem eingespannten Stahllineal die Stärke der Formänderung in Abhängigkeit von …

- **a** der Größe der Kraft.
- **b** dem Angriffspunkt der Kraft.
- **c** der Richtung der Kraft.

Ändere in deinen Experimenten immer nur eine Größe. Lass die anderen beiden unverändert.

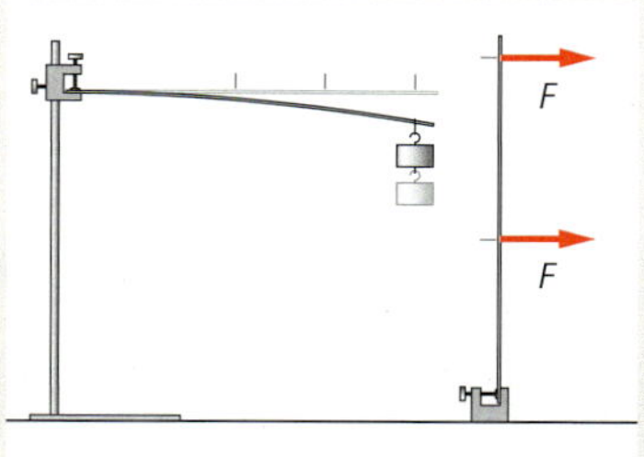

Abhängigkeit der Kraft Wird die Kraft an ein und demselben Angriffspunkt vergrößert, vergrößert sich auch die Formänderung.
Verändert man den Angriffspunkt an der Blattfeder und lässt die Größe (den Betrag) der Kraft gleich, beobachtet man ebenfalls unterschiedliche Formänderungen.

Die Wirkung einer Kraft hängt vom Angriffspunkt, von ihrer Richtung und von ihrem Betrag ab.

Wissenswertes: Mehrere Kräfte

Greifen zwei oder mehrere Kräfte an einem Körper an, ist es gut zu wissen, wie Angriffspunkt und Richtung die Größe der Kraft bestimmen. So kann z. B. das Tragen eines Getränkekastens leicht oder schwer sein.

Greifen die beiden Kräfte unter einem spitzen Winkel an, beobachtet man kleinere Kräfte und unter einem stumpfen Winkel größere.

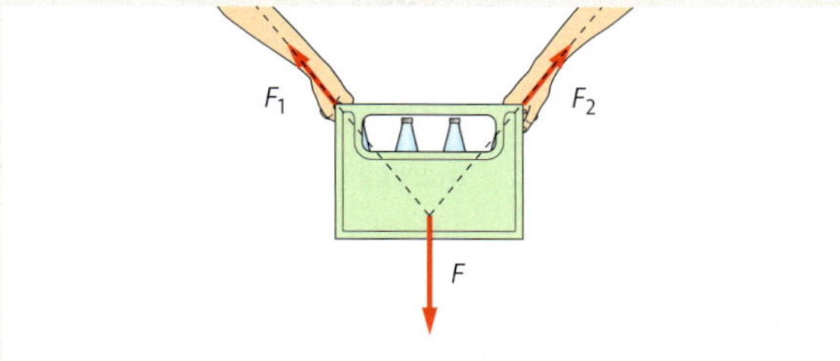

6

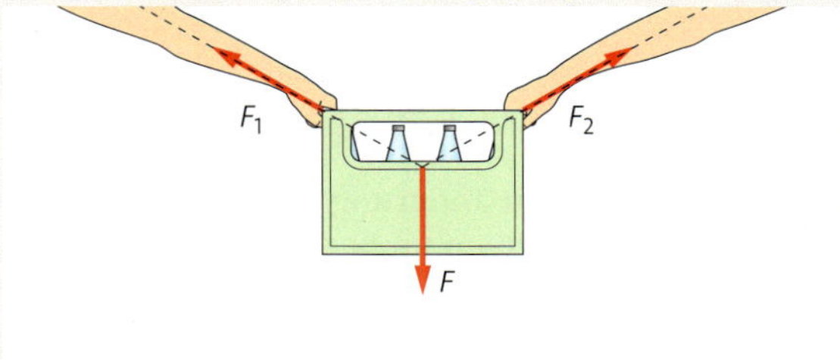

7

Aufgaben

1 Stelle eine Kraft von 16,5 N dar. Gib den Maßstab an.

2 Ermittle jeweils den Betrag der Kraft. ► 8

3 An einem Körper greift eine Kraft von 10 N nach unten und eine Kraft von 5 N nach oben an. Zeichne ein Bild der Kräfte. Verwende einen geeigneten Maßstab.

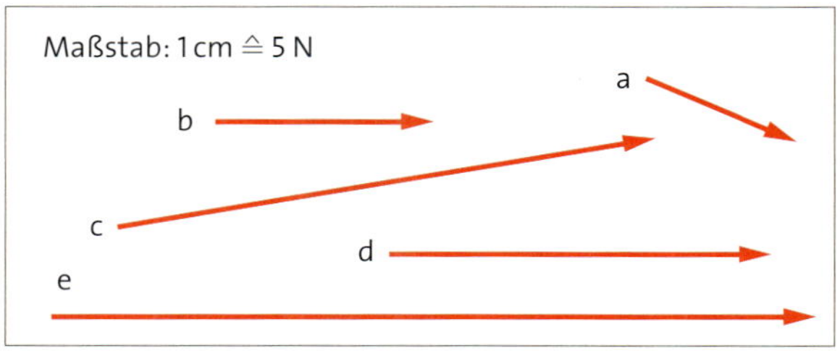

8

Messen von Kräften

1

Wie ermittelt man den stärksten Schüler? Beim Schulfest gibt es die Station „Jugend trainiert für Olympia". Der stärkste Schüler erhält den 1. Preis.

Experiment

1 Kräftevergleich
Ermittelt mithilfe eines Gymnastikbandes den stärksten Schüler in eurer Klasse. Überlegt gemeinsam, wie und wo ihr die Messungen durchführen könnt und wie die Ergebnisse dokumentiert werden.

Kraftmessung Vielfältig sind die Geräte zum Krafttraining. Sie alle könnten uns helfen, den stärksten Schüler zu ermitteln. Denn für die Formänderungen braucht man Kräfte.
Für eine exakte Messung von Kräften ist die elastische Formänderung einer Schraubenfeder am besten geeignet.

Die elastische Formänderung nutzt man, um Kräfte zu messen. Das Messgerät für die Kraft heißt Federkraftmesser.

Federkraftmesser Zur Messung von Kräften benötigt man eine Schraubenfeder. Für die genaue Angabe von Zahlenwerten ist eine Skala notwendig.

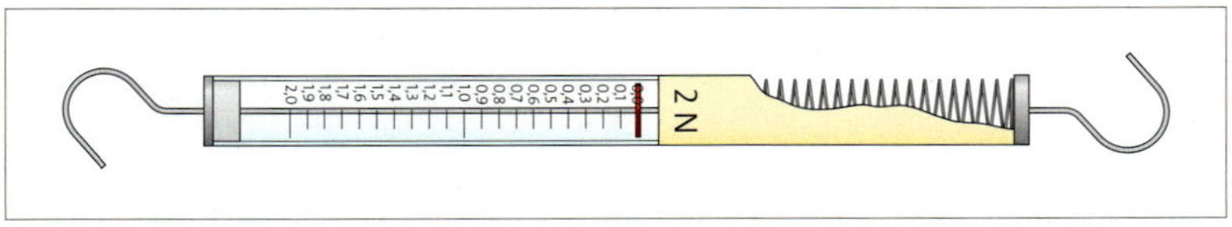

3

Anleitung zum Ablesen am Federkraftmesser
1. Federkraftmesser sollten immer senkrecht gehalten werden.
2. Vor jeder Messung ist die Skala auf null zu stellen.
3. Beachte beim Ablesen den Messbereich. Die angezeigten Skalenanteile müssen in die Einheit der Kraft umgerechnet werden.

Aufgaben

1 Hänge verschiedene Massenstücke an den Federkraftmesser und miss die Kraft, die an der Schraubenfeder zieht.

2 Lies die Messwerte für die Kräfte in Bild ▸ 4 ab. Beachte die Messbereiche. Jede Skala besteht hier aus 10 Ringen.

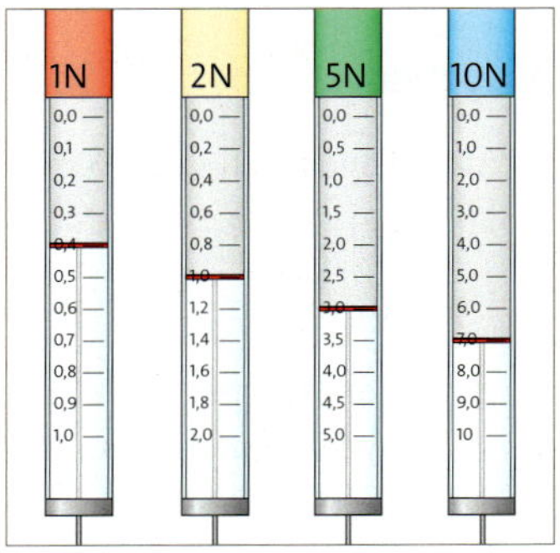

4

Experiment

2 Messen von Kräften

Untersuche den Zusammenhang zwischen Kraft und Längenänderung an einer Schraubenfeder.

Geräte und Hilfsmittel
- Stativmaterial
- Lineal, Markierungsklemmen (Büroklammern)
- Schraubenfeder
- Massenstücke

Durchführung
1. Übertrage die Messwerttabelle in dein Heft und baue die Versuchsanordnung auf.
2. Markiere am Lineal die Ausgangslänge der entspannten Feder mit einer Büroklammer.
3. Hänge nacheinander Massenstücke an die Schraubenfeder und markiere die dazugehörige Längenänderung.
4. Notiere die Werte für die Längenänderung in der Tabelle.
5. Stelle deine Messwerte in einem Diagramm dar.

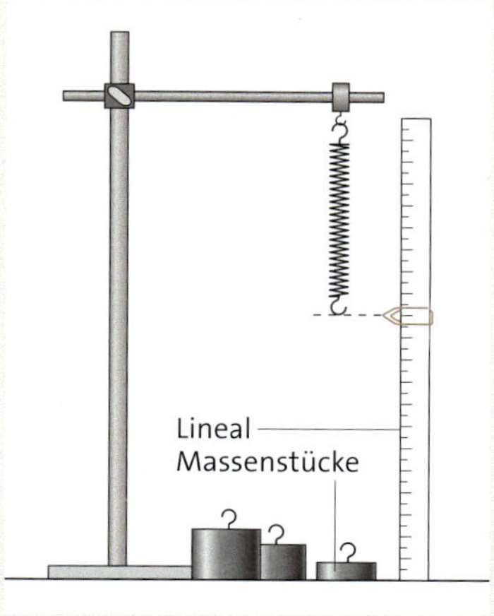

5

Messwerttabelle

Masse *m* in g	0	10	20	30	40	50
Längenänderung in cm	0	?	?	?	?	?

Auswertung
1. Zeichne auf Millimeterpapier ein Diagramm. Trage auf der waagerechten Achse die Werte für die Massen und auf der senkrechten Achse die Längenänderung der Schraubenfeder ab.
2. Trage die Messwerte sorgfältig ein. Gehe von der Masse aus senkrecht nach oben und von der Längenänderung waagerecht nach rechts. Setze ein Kreuz an die Stelle, an der sich beide Geraden treffen.
3. Verbinde alle Messwerte miteinander.
4. Vervollständige die folgenden Sätze in deinem Heft:
   a) Alle Punkte liegen auf …, die durch den Koordinatenursprung verläuft.
   b) Je größer die Masse / die Kraft ist, die an der Feder angreift, desto … ist auch die …
5. Entscheide, welche Aussagen auf deine Messungen zutreffen. Schreibe sie ab.
   a) Die Schraubenfeder wird plastisch verformt.
   b) Die Schraubenfeder wird elastisch verformt.
   c) Verdoppelt man die Masse / die Kraft an der Schraubenfeder, verdoppelt sich auch die Längenänderung.
   d) Verdoppelt man die Masse / die Kraft an der Schraubenfeder, halbiert sich die Längenänderung.

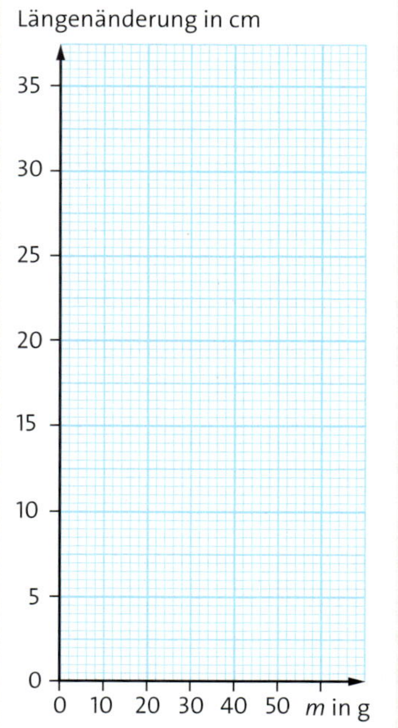

6

Zusammenhang von Masse und Kraft

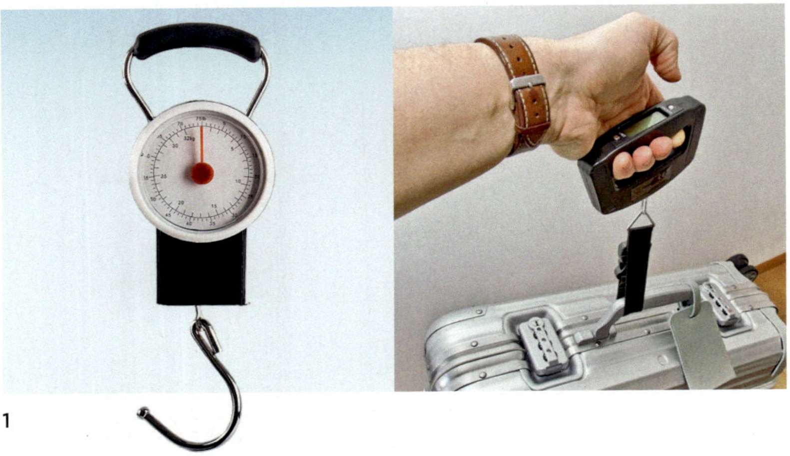

1

Fluggepäck sollte Höchstwerte für die zulässige Masse nicht übersteigen. Das kann teuer werden. Kofferwaagen bieten an, das Gewicht zu bestimmen. Da purzeln aber einige physikalische Größen durcheinander. Ein Blick auf die Skala zeigt den Messbereich von 35 kg an.

Experiment

1 Federkraftmesser überprüft die Masse einer Tafel Schokolade
Eine Tafel Schokolade hat eine Masse von 100 g. Ermittle experimentell mit dem Federkraftmesser die Kraft, mit der die Schokolade an der Feder zieht. Finde einen Zusammenhang zwischen der Masse und der angreifenden Kraft.

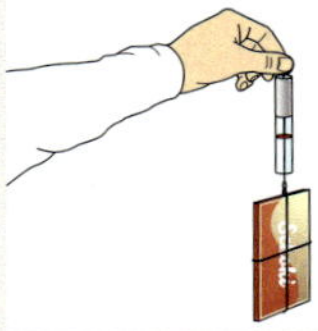

Masse Wird eine Tafel Schokolade auf eine Waage gelegt, zeigt das Messgerät die Masse an. Egal wo die Waage mit der Schokolade steht, es werden immer 100 g oder 0,1 kg sein.

Die Masse eines Körpers ist an allen Orten gleich groß. Sie ist ortsunabhängig.

Gewichtskraft Halten wir die Schokolade in der Hand, spüren wir eine Kraft, die auf die Handfläche gerichtet ist. Diese Kraft wirkt senkrecht nach unten. Lassen wir die Schokolade los, fällt sie zu Boden. Die Schokolade wird von der Erde angezogen. Deshalb bezeichnet man diese Kraft auch als Anziehungskraft oder als Gewichtskraft F_G.

Die Gewichtskraft ist die Kraft, mit der ein Körper auf seine Unterlage drückt oder an einer Aufhängung zieht.

Masse und Kraft Hängt man eine Tüte Zucker oder einen Keksriegel an den Federkraftmesser, liest man unterschiedliche Werte für die Kraft ab. Zwei Kräfte sind gleich groß, wenn sie eine Schraubenfeder gleich weit dehnen. Als Einheit für die Kraft ist die Gewichtskraft festgelegt, die ein 100-g-Wägestück auf der Erde erfährt.
Messungen zeigen, Körper mit einer Masse von 100 g ziehen an einem Federkraftmesser mit einer Kraft von 1 N. Körper mit der Masse 1 kg ziehen an der Feder mit einer Kraft von 10 N.

Tipp

100 g ≙ 1 N
500 g ≙ 5 N
1 kg ≙ 10 N
50 kg ≙ 500 N

Aufgaben

1 Ergänze die folgenden Angaben:
a 5 N ≙ … g
b 3 kg ≙ … N
c 280 N ≙ … kg

2 Vergleiche die Masse eines Körpers auf der Erde und auf dem Mond. Begründe deine Antwort.

Experiment

2 Gewichtskraft an verschiedenen Orten

Astronauten haben auf dem Mond weniger Probleme damit, schwere Ausrüstungsteile zu tragen. Dort scheint die Gewichtskraft kleiner zu sein als auf der Erde.
Arbeitet als Team. Bestimmt für ausgewählte Körper (Tafel Schokolade, 1-ℓ-Wasserflasche, Federmappe ...) die Gewichtskraft an unterschiedlichen Orten im Schulhaus. Benutzt den Federkraftmesser und messt die Gewichtskraft im Keller, im Erdgeschoss und auf dem Boden. Vergleicht eure Ergebnisse.

3

Genaue Messungen Die Messwerte für die Gewichtskräfte der untersuchten Körper werden sich für die unterschiedlichen Orte im Schulgebäude nicht oder kaum unterscheiden. Genaue Messungen mit empfindlicheren Messgeräten zeigen aber, je weiter sich Körper von der Erdoberfläche entfernen, desto kleinere Werte nimmt die Gewichtskraft an.
Bei uns in Mitteleuropa besitzt eine Masse von 1 kg eine Gewichtskraft von 9,81 N. Am Äquator misst man für die gleiche Masse nur 9,78 N und am Nord- bzw. Südpol 9,83 N.

Die Gewichtskraft eines Körpers ist veränderlich. Sie hängt vom Ort ab, an dem sich der Körper befindet.

Wissenswertes: Auf dem Mond

Auf dem Mond könntest du sogar ziemlich schwere Körper selbst tragen. Wenn auf der Erde die Gewichtskraft z. B. 600 N beträgt, wäre diese Kraft auf dem Mond nur noch ein Sechstel so groß. Ursache ist die geringere Masse des Mondes. Er hat im Vergleich zur Erde auch eine viel kleinere Masse.

Aufgaben

1 Astronauten bestimmen auf der Erde die Masse ihrer Ausrüstung mit ca. 90 kg. Schätze ab, welche Werte für die Masse und Gewichtskraft die jeweiligen Messgeräte an folgenden Orten anzeigen werden:
a auf der Erde
b auf dem Mond

2 Wir verreisen und untersuchen den Zusammenhang von Masse und Gewichtskraft.
Am Nordpol messen wir die Gewichtskraft einer großen Tüte Bonbons mit genau 10 N.
Am Äquator angekommen stellt sich die Frage: Musst du Bonbons dazugeben oder herausnehmen, um genau wieder 10 N zu erhalten? Begründe deine Antwort.

Kräftegleichgewicht

1

Indoor Skydiving – das Schweben im Vertikalwindtunnel ist eine neue Funsportart. Eine künstlich erzeugte Luftströmung lässt den Sportler nicht zu Boden fallen. Verschwindet hier die Gewichtskraft? Ist der Körper wirklich schwerelos oder wirken hier ganz andere Kräfte?

Experiment

1 Der Gewichtskraft entgegen

Untersuche das Verhalten eines Tischtennisballs in einer Luftströmung. Versuche den Tischtennisball so zu balancieren, dass er nicht nach unten fällt. Finde heraus, wie weit du den Föhn neigen kannst. Beschreibe, welche Körper hier wechselwirken. Was kannst du über die Kräfte aussagen, die auf den Ball wirken?

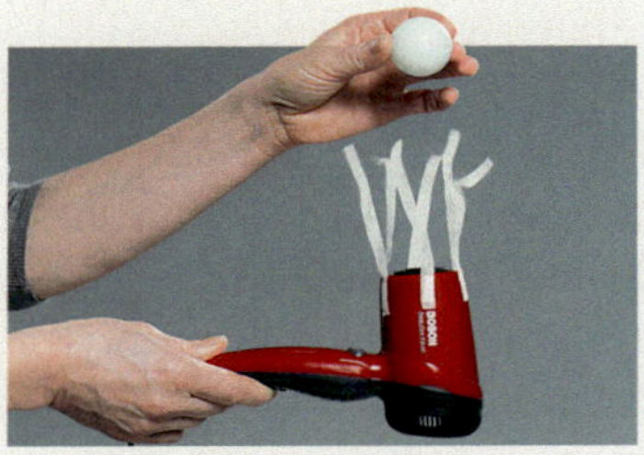

Auf den schwebenden Ball wirken zwei Kräfte:

- Nach unten wirkt die Gewichtskraft. Sie wird hervorgerufen durch die Wechselwirkung zwischen Erde und Ball. Sie allein würde dafür sorgen, dass der Ball nach unten fällt.
- Nach oben wirkt eine Auftriebskraft. Sie wird hervorgerufen durch die Wechselwirkung zwischen Ball und Luftstrom. Diese Kraft allein würde bewirken, dass der Ball sich nach oben bewegt.

Sind aber beide Kräfte gleich groß und entgegengesetzt gerichtet, schwebt der Ball. Er befindet sich dann in einem Kräftegleichgewicht. ▸ 3

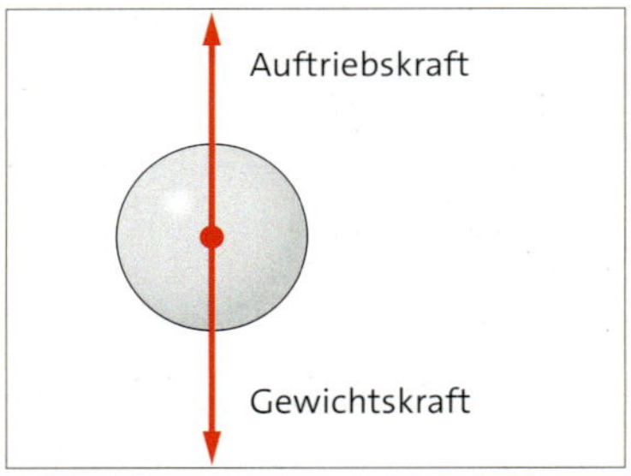

3

Körper können im Wasser schwimmen oder schweben. Auch dann herrscht ein Kräftegleichgewicht: Die nach oben gerichtete Auftriebskraft und die nach unten gerichtete Gewichtskraft sind gleich groß.

Ein Gegenstand auf dem Tisch fällt nicht zum Boden. Die Gewichtskraft, die ihn nach unten zieht, wird durch eine gleich große, aber nach oben gerichtete Kraft ausgeglichen. Sie entsteht durch die Wechselwirkung zwischen Gegenstand und Tisch.

Ein Kräftegleichgewicht liegt vor, wenn auf einen Köper zwei Kräfte ausgeübt werden. Unterscheiden sich die angreifenden Kräfte nur in der Richtung, aber nicht im Betrag, befindet sich der Körper in Ruhe oder in geradlinig gleichförmiger Bewegung.

Aufgabe

1 Finde heraus, bei welchem Beispiel es sich um ein Kräftegleichgewicht handelt, und begründe:

a Deckenlampe
b Schlitten bergab
c Federtasche auf dem Tisch
d Schiffswrack auf dem Meeresboden

Experiment

2 Wägestück und Feder

Eine Schraubenfeder hängt an einem Haken. An ihrem unteren Ende wird mit einem Faden ein Wägestück angebunden.

a Schneide den Faden durch. Beschreibe, was mit dem Wägestück und was mit der Feder geschieht.

b Welche Kräfte wirken, wenn das Wägestück an der Feder hängt? Wie sind diese Kräfte gerichtet?

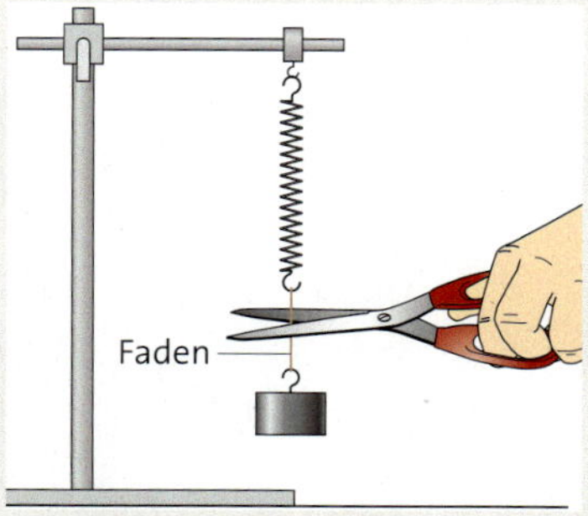

4

Ein Körper ist im Kräftegleichgewicht, wenn zwei gleich große, aber entgegengesetzt gerichtete Kräfte auf ihn wirken. Greifen die Kräfte an unterschiedlichen Punkten an, wird der Gegenstand im Kräftegleichgewicht nicht bewegt. Er wird aber durch die Kräfte mehr oder weniger stark verformt. Durch diese Verformung unterscheidet sich das Kräftegleichgewicht von dem Zustand, in dem keine Kräfte auf den Körper wirken. Sobald keine Kräfte mehr wirken, nehmen viele Körper ihre ursprüngliche Form wieder an. Solche Körper bezeichnet man als elastisch. Elastische Körper sind z. B. Schrauben- und Blattfedern, aber auch Sprungstäbe und Bäume. ▸ 5, 6

5

6

Kräftegleichgewicht an einer Feder Hängt man eine Kugel an eine Feder, setzt sich die Kugel in Bewegung. Die Feder wird gedehnt. Schließlich kommt die Kugel zum Stillstand. Es tritt ein Kräftegleichgewicht ein. Durch die Verformung des elastischen Körpers entsteht in seinem Innern eine Rückstellkraft, die der Verformung entgegenwirkt. Je stärker die Verformung ist, desto stärker wirkt sie auf einen anderen Körper ein. Auf das Wägestück wirken also die Gewichtskraft und die gleich große, aber entgegengesetzt gerichtete Rückstellkraft der Feder.

Wissenswertes: Kräftegleichgewicht an Regentropfen

Am Institut Physik der Atmosphäre werden physikalische Eigenschaften von Regentropfen untersucht. Dazu erzeugt man im Windkanal einen senkrechten Luftstrom und untersucht Form und Fallgeschwindigkeit der Tropfen. Je größer und schwerer sie sind, desto schneller fallen sie. Größere Tropfen ändern durch das Fallen ihre Form, werden von unten platt gedrückt. Sobald der Luftwiderstand der Gewichtskraft des Tropfens entspricht, schwebt er oder fällt mit konstanter Geschwindigkeit.

Aufgaben

1 Eine Feder wird gedehnt. Beschreibe an der gedehnten Schraubenfeder, wie Gewichtskraft und Federrückstellkraft wirken.

2 Skizziere mithilfe der Kraftpfeile:

a ein Kräftegleichgewicht

b ein Kräfteungleichgewicht

Hookesches Gesetz

1

Der Fahrkomfort von Fahrrädern wird auch durch Federn erhöht. Am Sattel, Rahmen und an der Gabel findet man Federn. Durch unterschiedliche Formen, Längen und Materialien passt man die Federn ihrer Funktion an.

Experiment

1 Längenänderung und Rückstellkraft

Untersuche an einer Schraubenfeder experimentell den Zusammenhang zwischen Längenänderung und wirkender Kraft. Ermittle dazu die Kraft, mit der du an der Feder ziehen musst, um eine festgelegte Längenänderung (Dehnung) der Feder zu erreichen. Achte darauf, dass die Feder nur elastisch verformt wird.

a Übernimm die Tabelle in dein Heft und ermittle die fehlenden Größen.

Längenänderung Δs in cm	0	?	?	?	?
Kraft F in N	0	?	?	?	?
$\frac{F}{\Delta s}$ in $\frac{\text{N}}{\text{cm}}$	–	?	?	?	?

b Stelle die Messwerte in einem Δs-F-Diagramm dar.

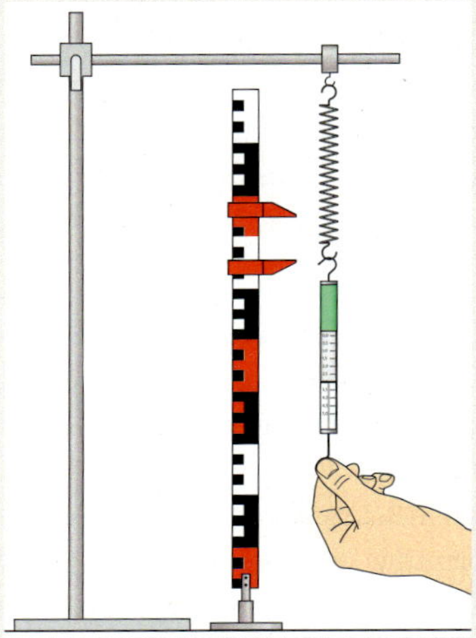

2

Im Diagramm liegen alle Messwerte ungefähr auf einer Geraden, die durch den Koordinatenursprung verläuft. Das bedeutet, dass die Längenänderung Δs proportional zur wirkenden Kraft F ist.

Sind Kraft und Verformung proportional zueinander, spricht man vom hookeschen Gesetz: $F \sim \Delta s$.

Dieses Gesetz wurd nach dem englischen Wissenschaftler ROBERT HOOKE (1635–1703) benannt. Die Proportionalität gilt nur, solange die Feder nicht bleibend verformt wird. Proportionalität von F und Δs bedeutet auch, dass der Quotient von F und Δs konstant ist.

Das hooksche Gesetz ist keine Selbstverständlichkeit. Es gilt nicht für alle verformbaren Körper. Untersucht man die Verformung eines Gummibands, stellt man fest, dass das hooksche Gesetz hier nicht gilt.

Aufgabe

1 Vervollständige die folgenden Sätze in deinem Heft:

a Im Kräftegleichgewicht sind Zugkraft und Rückstellkraft an einer Feder ▭ groß, aber ▭ gerichtet.

b An einer elastisch verformbaren Feder gilt: Bei dreifacher Längenänderung ist die wirkende Kraft auch ▭ so groß.

Experiment

2 Verschiedene Schraubenfedern
Untersuche, wie sich die gleiche Kraft auf die Längenänderung von unterschiedlichen Federn auswirkt.

a Hänge dazu das gleiche Wägestück an die Federn und bestimme die Längenänderung.

b Formuliere einen Zusammenhang zwischen Kraft, Längenänderung und Beschaffenheit der Federn. Versuche zu erklären, was man unter weichen bzw. harten Federn versteht.

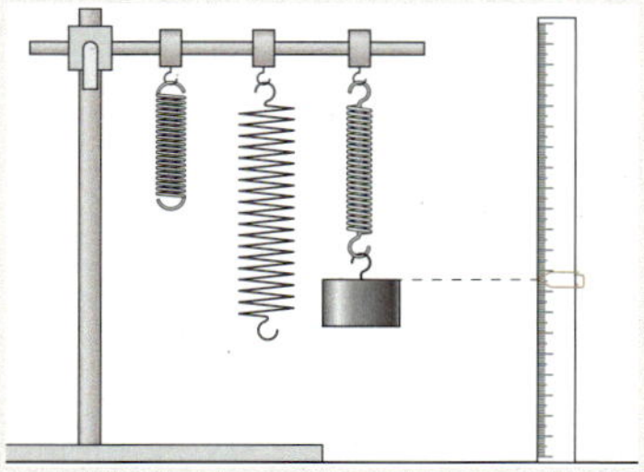
3

Zur Federung von schweren Güterwagen benötigt man andere Federn als zum Abfedern der Stöße beim Fahrradfahren oder zum Einbau in Kugelschreibern. Je größer die wirkenden Kräfte und je geringer die Längenänderung sein soll, desto härter muss die Feder sein. ▸ 4–6

4

5

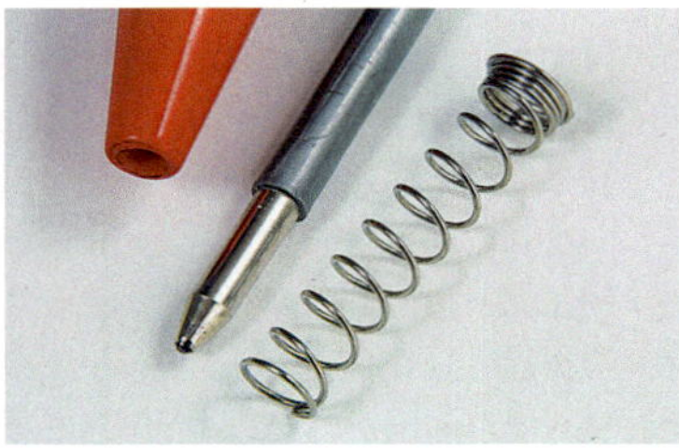
6

Wissenswertes: Progressive Federn

Bei der Federung eines Autos oder Motorrads macht ein linearer Zusammenhang zwischen Längenänderung (Stauchung) und wirkender Kraft wenig Sinn. Denn bei kleinen Stößen soll die Feder weich reagieren und bei richtigen Schlaglöchern hart. Deshalb werden Federn für Kraftfahrzeuge progressiv, d. h. mit einer nichtlinearen Kennlinie hergestellt. Dazu gibt es folgende Möglichkeiten:

- Schraubenfedern mit unterschiedlichen Drahtdurchmessern
- Schraubenfedern mit unterschiedlichem Wicklungsabstand und Drahtdurchmesser
- Schraubenfedern in Kegelform
- Schraubenfedern in Tonnenform

7

Aufgabe

1 Dadurch, dass sich Federkernmatratzen der Körperform anpassen, sorgen sie für einen gewissen Schlafkomfort. Dafür verwendet man eine Kombination aus Metallfedern und Polstermaterialien.

a Beschreibe das Formverhalten der Matratze in Abhängigkeit von der Gewichtskraft des Menschen.

b Erläutere am Beispiel der Metallfedern den Begriff Federrückstellkraft.

Aufgaben und Aufträge

Kraft und ihre Wirkungen

1 Nenne Unterschiede im Gebrauch des Begriffs Kraft im Alltag und in der Physik.

2 Betrachte die Bilder ▸ 1, 2 und erläutere, welche Körper aufeinander einwirken. Woran erkennst du die Kräfte?

1

2

3 Nenne die Körper, auf die in den folgenden Beispielen jeweils eine Kraft ausgeübt wird. Beschreibe die Wirkungen, an denen du erkennen kannst, dass Kräfte ausgeübt werden.

a Ein Medizinball wird aufgefangen.
b Ein Glas fällt auf den Fußboden.
c Das Regalbrett trägt viele Bücher.
d Du liegst in der Hängematte.
e Ein Magnet zieht ein Schlüsselbund an.

Kraft

4 Stelle die folgenden Kräfte durch Kraftpfeile dar. Wähle vorher immer einen geeigneten Maßstab: 0,5 N; 4,2 N; 12,4 N; 1 kN; 3 MN.

5 Zeige an einem Beispiel, dass sich bei der Änderung des Angriffspunkts einer Kraft auch die Wirkung ändert.

6 In welcher Stellung muss man die größte Kraft aufbringen, um das Stativ zu kippen? ▸ 3

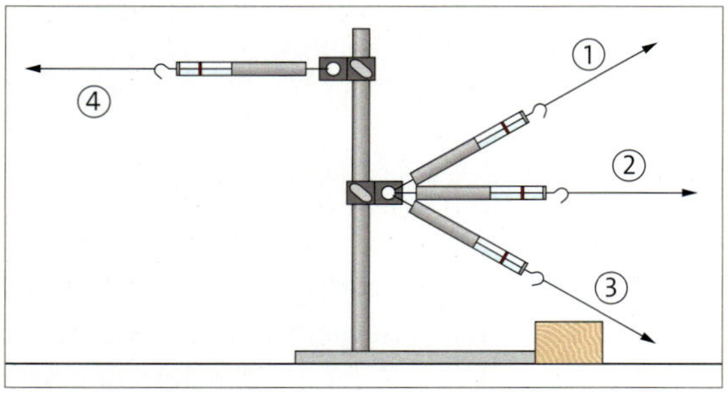

3

Messen von Kräften

7 Begründe, warum vor jeder Messung mit einem Federkraftmesser die Nullpunkteinstellung erfolgen muss.

8 Bestimme die Werte für die Kräfte, die die Federkraftmesser in Bild ▸ 4 anzeigen.

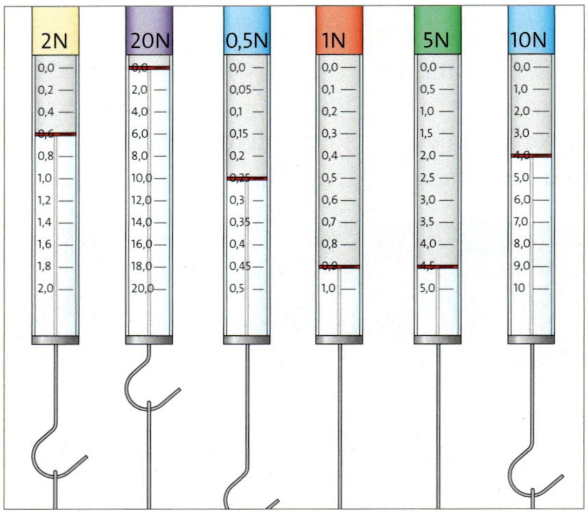

4

9 Die Längenänderungen einer Schraubenfeder und eines Gummibands wurden im Experiment gemessen:

Kraft in N	Längenänderung in cm	
	Feder	Gummiband
0	0	0
0,1	1,8	0,4
0,2	3,6	0,8
0,3	5,3	2,4
0,4	7,3	5,6

a Trage die Messwerte in ein Kraft-Längenänderung-Diagramm ein (waagerechte Achse: Kraft, senkrechte Achse: Längenänderung).
b Begründe, warum man zum Bau von Federkraftmessern kein Gummiband, sondern Schraubenfedern aus Stahl benutzt.

Zusammenhang Masse und Kraft

10 Was gibt die Gewichtskraft an? Erläutere an einem Beispiel, welche Körper dabei aufeinander einwirken und an welcher Wirkung man die Gewichtskraft erkennt.

11 Berechne die Gewichtskraft auf der Erde von Körpern, die folgende Massen besitzen:

a 100 g
b 10 g
c 1 kg
d 1 t

Überblick

Kräfte Wenn mindestens zwei Körper aufeinander einwirken, spricht man von einer Kraft.
Durch Kräfte kann die Bewegung eines Körpers geändert werden. Dabei ändert sich die Richtung oder die Geschwindigkeit.
Durch Kräfte kann die Form eines Körpers geändert werden. Dauerhafte Formänderungen nennt man plastisch. Vorübergehende Formänderungen sind elastisch.

Kraft Die Kraft gibt an, wie stark ein Körper auf einen anderen Körper einwirkt.
Formelzeichen: F
Einheit: Newton (N)
Messgerät: Federkraftmesser

Darstellung von Kräften mit Pfeilen Pfeildarstellungen lassen sich mühelos lesen und geben genauere Auskunft über die Richtung, die Größe (Betrag) und den Angriffspunkt einer Kraft.
Die Wirkung von Kräften hängt von der Kraftrichtung, vom Angriffspunkt und von der Größe (Betrag) der Kraft am Körper ab.

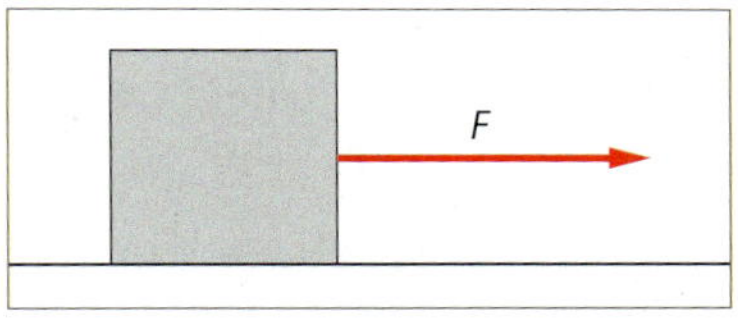

5

Masse und Gewichtskraft Die Gewichtskraft ist die Kraft, mit der ein Körper auf seine Unterlage drückt oder an seiner Aufhängung zieht.
Die Gewichtskraft eines Körpers hängt vom Ort ab, an dem sich der Körper befindet. Die Gewichtskraft ist veränderlich. Die Masse ist vom Ort unabhängig.
Auf eine Masse von 100 g wird auf der Erde eine Gewichtskraft von ungefähr 1 N ausgeübt.
Es gilt: $100\,\text{g} \mathrel{\hat{=}} 1\,\text{N}$ und $1\,\text{kg} \mathrel{\hat{=}} 10\,\text{N}$.

Kräftegleichgewicht Ein Kräftegleichgewicht liegt vor, wenn auf einen Köper zwei Kräfte ausgeübt werden. Unterscheiden sich die angreifenden Kräfte nur in der Richtung, aber nicht im Betrag, befindet sich der Körper in Ruhe oder in geradlinig gleichförmiger Bewegung.

Hookesches Gesetz Sind bei einer elastischen Verformung Kraft und Verformung proportional zueinander, spricht man vom hookeschen Gesetz: $F \sim \Delta s$.

Rutschen auf der Sommerrodelbahn ist ein abenteuerliches Erlebnis. Hier gilt es, möglichst schnell die Strecke zu durchfahren. Aber Vorsicht, wenn Laub oder Sand auf der Fahrbahn liegen!

Reibung

Reibung tritt an den Grenzflächen von Körpern auf, die sich berühren. Die Unebenheiten in den Oberflächen greifen ineinander, halten sich sozusagen fest und behindern eine Bewegung. Wovon hängt die Reibung ab? ▸ 2

In kalten Wintermonaten sinken die Temperaturen oft unter den Gefrierpunkt. Dann können sich über Nacht die Straßen in Eisbahnen verwandeln. In der Folge bewegen sich Fußgänger unsicher, finden kaum noch Halt. Es fehlt die Reibung zwischen den Schuhsohlen und dem Untergrund. Sandstreuen wird zur Rettung. ▸ 3

2

3

4

Aber auch im Sommer kann es zu Problemen kommen, wenn der Untergrund zu glatt ist, z. B. in Schwimmbädern, Sportstätten oder bei Nässe im Schulflur. Hier müssen geeignete Bodenbeläge verlegt werden. ▸ 4
Ist die Reibung stets erwünscht oder kann sie auch stören?
Wenn wir ein schweres Möbelstück über den Fußboden schieben wollen, so müssen wir dafür eine Kraft aufwenden. Beim Schieben über den Boden tritt auch Reibung auf. Diese wird durch das Unterlegen von Stofftüchern oder Möbelgleitern verändert. Warum? ▸ 5

5

Weißt du's?

Die Zahlen hinter den Antwortmöglichkeiten und die Rechenaufgaben helfen dir bei der Lösung der Aufgaben.

1 In öffentlichen Gebäuden sollten Fußbodenbeläge hauptsächlich …

Ⓐ spiegelblank und hell sein. 1
Ⓑ staubfrei sein. 2
Ⓒ rutschsicher sein. 3

2 Wanderstiefel haben spezielle Profilsohlen, …

Ⓐ um eine stattliche Körpergröße zu erzielen. 119
Ⓑ um die Temperatur in den Schuhen zu erhöhen. 120
Ⓒ um weder nach vorn noch nach hinten zu rutschen. 121

3 Kräfte werden gemessen in:

Ⓐ Newton (N) 9
Ⓑ Kilogramm (kg) 10
Ⓒ Sekunden (s) 11

1. $\left(\frac{1}{2}+\frac{1}{4}\right)\cdot 4=?$
2. $(8+3)\cdot(20-9)=?$
3. $(100:4)-4^2=?$
4. $21-\frac{15}{3}+5^2=?$
5. $(185+19+25)\cdot(4-4)=?$
6. $10\cdot\frac{1}{2}+15=?$

4 Man wachst Skier an der Unterseite, um …

Ⓐ die Gewichtskraft zu erhöhen. 40
Ⓑ das Gleiten zu erleichtern. 41
Ⓒ eine Farbspur zu hinterlassen. 42

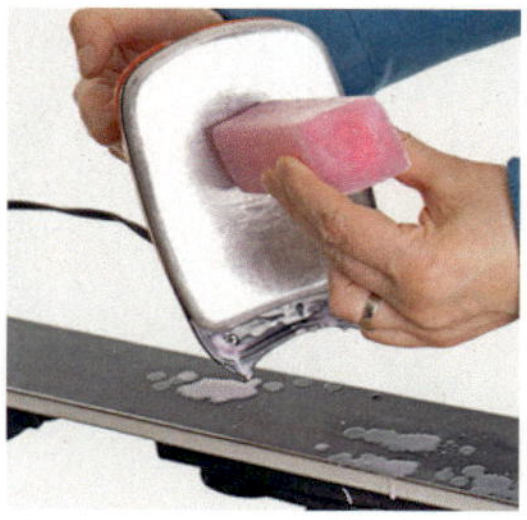

5 Langlaufskier müssen dem Sportler angepasst sein. Man sagt, eine Skilänge von 170 cm ist für Personen mit der Masse zwischen 38 und 53 kg geeignet. Diese Masse entspricht einer Gewichtskraft von:

Ⓐ 380 – 530 N 0
Ⓑ 3,80 – 5,30 N 1
Ⓒ 0,38 – 0,53 N 2

6 Viele Autos besitzen ein Anti-Blockier-System (ABS). Beim starken Bremsen bewirkt es …

Ⓐ ein schnelleres Fahren. 18
Ⓑ ein Blockieren der Räder. 19
Ⓒ kein Blockieren der Räder. 20

Arten der Reibung

1

Zunehmende Beliebtheit bei Jugendlichen findet der Tanz, egal ob klassisch oder modern. Wichtig ist es immer, sich sicher auf dem Parkett zu bewegen.
Besser haften, gleiten oder rollen?

Experiment

1 Reibungskraft
Miss die verschiedenen Reibungskräfte, die zwischen Schuh und Boden auftreten. Beschwere den Schuh mit einem geeigneten Körper. Übernimm die Tabelle in dein Heft und trage die Messwerte ein.

- **a** Untersuche den Zustand der Ruhe (der Schuh steht bzw. beginnt sich gerade zu bewegen).
- **b** Ziehe den Schuh gleichförmig über den Boden.
- **c** Lege runde Bleistifte unter den Schuh und bewege ihn gleichförmig.

Bewegung des Schuhs	Kraft F in N
Schuh beginnt sich zu bewegen.	?
?	?

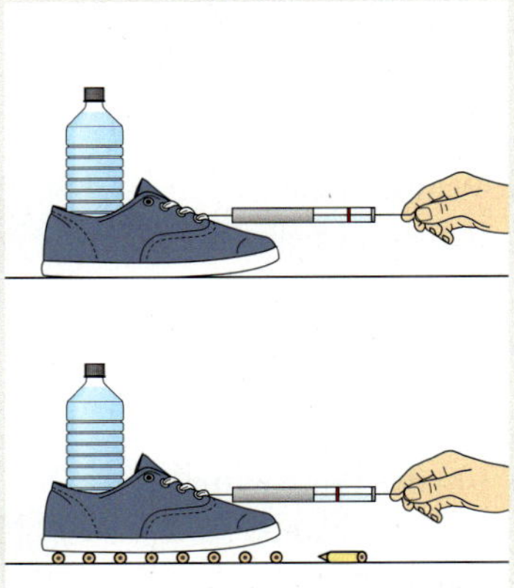

2

Reibungskräfte Zwischen Körpern, die sich berühren, tritt Reibung auf. Reibungskräfte können eine Bewegung hemmen oder verhindern. ▸ 3
Zieht man an einem ruhenden Körper, bleibt dieser zunächst noch in Ruhe. Er haftet an der Unterlage. Kurz bevor sich der Körper in Bewegung setzt, können wir die *Haftreibungskraft* messen. Gleitet der Körper auf dem Boden entlang, tritt eine andere Form der Reibung auf: die *Gleitreibung*.
Legt man Rollen unter einen Körper und wiederholt das In-Bewegung-Versetzen, tritt nur noch *Rollreibung* auf.
Bei gleichartigen Berührungsflächen gilt: Die Rollreibungskraft ist am kleinsten. Die Haftreibungskraft ist größer als die Gleitreibungskraft.

Reibungskräfte sind bewegungshemmende Kräfte. Man unterscheidet Haftreibungs-, Gleitreibungs- und Rollreibungskraft. Die Haftreibungskraft hemmt die Bewegung am stärksten, die Rollreibungskraft am wenigsten.

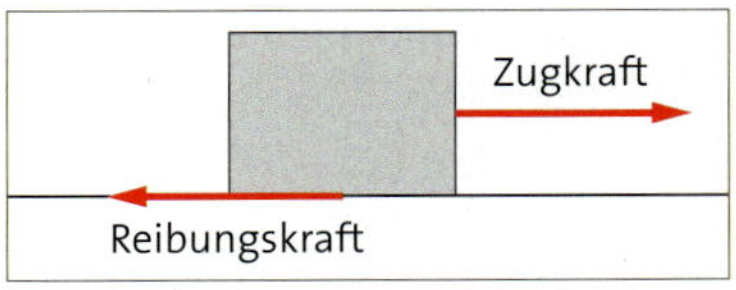

3

Aufgabe

1 Wie nennt man die Reibungskraft, wenn …

- **a** eine Bowlingkugel sich über die Bahn bewegt?
- **b** ein Buch auf dem Tisch liegt?
- **c** ein Schlitten den Hang hinabrutscht?

Experiment

2 Gleitreibungskräfte

Untersuche, wovon die Gleitreibungskraft abhängt. Achte darauf, dass in allen Teilexperimenten der Körper gleichmäßig gezogen wird.

Miss die Gleitreibungskraft in Abhängigkeit von …

Gruppe 1: … der Gewichtskraft. Belaste den Holzklotz mit unterschiedlichen Massenstücken.

Gruppe 2: … der Beschaffenheit der Berührungsfläche. Wähle dazu unterschiedliche Unterlagen aus (z. B. Sandpapier, Glas, Buchumschlag, Stoffunterlage).

Gruppe 3: … dem Flächeninhalt der Berührungsfläche. Lege dazu den Klotz auf die drei verschiedenen Auflageflächen.

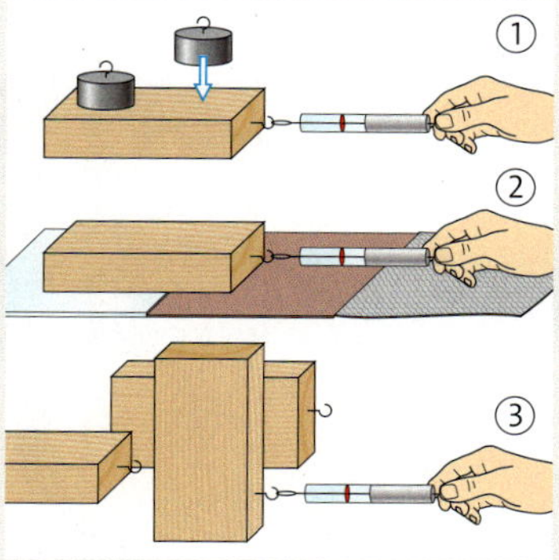

4

Gleitreibungskräfte Die Beschaffenheit der Oberflächen und die Gewichtskraft des Körpers beeinflussen den Betrag der Gleitreibungskraft. Je größer die Gewichtskraft des Körpers, desto größer die Reibungskraft bei gleicher Beschaffenheit der Berührungsflächen. Je rauer die Oberflächen, desto größer die Reibungskraft bei gleicher Gewichtskraft. Die Gleitreibungskraft ist unabhängig von der Größe der Auflagefläche.

Die Gewichtskraft des Körpers und die Beschaffenheit der Berührungsflächen bestimmen die Größe der Gleitreibungskraft.

Wissenswertes: Lawinengefahr

Lawinen entstehen an Schneehängen. Die Ursachen liegen im Zusammenwirken von Wetter, Temperatur und Neuschnee. So entstehen bei jedem Schneefall bestimmte Schneearten, z. B. Pulver-, Firn- oder Neuschnee. Diese Schichten liegen wie in einem Kuchen aufeinander, und in jeder Schicht haften die Schneekristalle anders. Wird die obere Schicht derart schwer, dass sie nicht mehr an der darunter befindlichen Schneedecke oder am Untergrund haftet, können Lawinen mit Wucht den Hang hinabgleiten. ▸5

Aufgaben

1 Ein Auto hat sich im Schneehaufen festgefahren. Kein Vorankommen, die Hinterräder drehen durch. Zwei Passanten meinen, wir helfen. Wir setzen uns auf den Kofferraum und streuen Sand unter die Räder. Erkläre die Wirksamkeit dieser Maßnahmen mit deinen physikalischen Kenntnissen.

2 Vergleiche die Schuhsohlen und triff Aussagen über die Haftreibungskraft. Bei welchem Schuh ist diese groß bzw. klein? ▸6

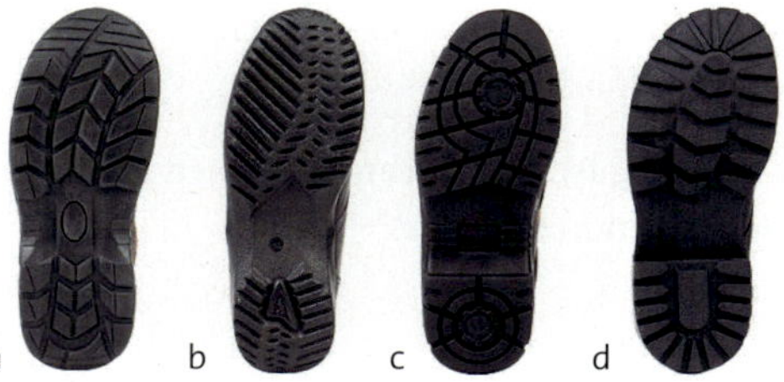

a b c d

Reibung erwünscht und unerwünscht

1

Reibung spielt beim Fahrradfahren eine große Rolle. Wo ist sie von Vorteil und wo von Nachteil?

Experiment

1 Erwünschte Reibung

Untersucht eure Fahrräder. Sucht nach Stellen, an denen Reibung auftritt. Versucht herauszufinden, ob diese Reibung von Vor- oder Nachteil ist.
Untersucht den Einfluss der Reibungskräfte auf das Fahrverhalten. Diskutiert, wann die größte oder kleinste Reibungskraft vorhanden ist. Vergleicht die Fahrradtypen hinsichtlich der Gewichtskraft, der Reifen, der Bremsbeläge …
Untersucht, was mit der Reibung passiert, wenn ihr den Untergrund oder Straßenbelag ändert.

2

Reibung am Fahrrad Ohne Haftreibung zwischen Rad und Straße kann man mit dem Fahrrad nicht starten. Das Anfahren auf Sand ist wesentlich schwieriger als auf Beton. Beim Bremsen müssen die Bremswege kurz sein. Auch hier müssen die Räder gut haften. Schwere Fahrräder und breite Reifen mit grobem Profil erhöhen die Haftreibung auf dem Untergrund.
Auf glatten oder feuchten Straßen verlängern sich die Bremswege. ▸ 3
Beim Bremsen gleiten Bremsbeläge, Felgen oder Bremsscheiben aufeinander. Die unterschiedlichen Materialien, aus denen diese Körper bestehen, müssen für eine gute Gleitreibung sorgen. Häufiges Bremsen führt jedoch zum Verschleiß. Abgenutzte Bremsbeläge müssen deshalb rechtzeitig erneuert werden.

Ohne Reibung hätten wir auch Probleme mit unseren Kleidungsstücken. Es gäbe keinen Halt zwischen den Maschen, jeder Knoten würde sich von selbst auflösen. Schnürsenkel und Klettverschlüsse halten umso besser, je rauer die Oberfläche ist. ▸ 4

Die Reibung ist in unserem täglichen Leben erwünscht. Sie ist für alle Bewegungen notwendig.

3

4

Aufgabe

1 Schreibe eine Kurzgeschichte: Wie sähe unser Alltag ohne Reibung aus?

Experiment

2 Unerwünschte Reibung

Untersuche, wie man die Gleitreibung vermindern kann.
Lass dazu Eiswürfel eine geneigte Ebene hinabgleiten. Verbessere deinen Versuchsaufbau so, dass die Eiswürfel auf der waagerechten Strecke möglichst weit gleiten. Beschreibe, wie du vorgegangen bist, und erkläre deine Ergebnisse.

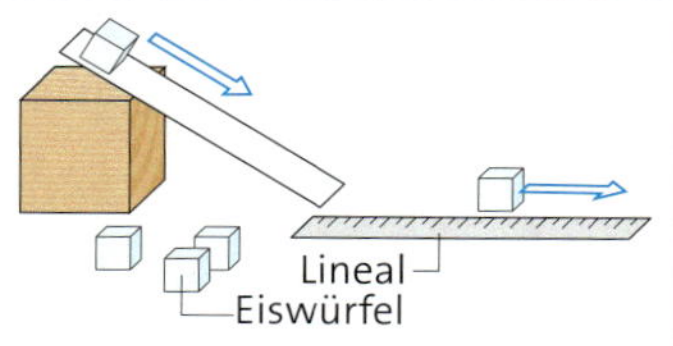

Gleiten erwünscht Beim Wintersport sollen Bob, Ski und Schlittschuhe möglichst ungehindert über das Eis oder den Schnee gleiten. Reibung ist hier unerwünscht. Da sich Reibung aber nicht abschaffen lässt, kann man sie durch geeignete Maßnahmen nur verringern: Die Kufen des Schlittens poliert man. Ski werden gewachst. Schlittschuhkufen werden so geschliffen, dass sich beim Laufen ein Wasserfilm zwischen Kufen und Eis bildet, der die Reibung zusätzlich verringert.

Auch in der Technik nutzt man zum Verringern der Reibung Schmiermittel (Fette oder Öle). Spezielle Vorrichtungen wie Kugellager helfen, die Reibung noch weiter zu verkleinern. Dreht man bei einem Kugellager am äußeren Ring, rollen Kugeln im Innern mit. Es tritt nur Rollreibung auf. Der Ring lässt sich sehr leicht bewegen. Kugellager findet man auch am Fahrrad. ▸ 6, 7

Unerwünschte Reibung lässt sich durch geeignete Maßnahmen (glatte Oberflächen, Verwendung von Schmiermitteln, Roll- statt Gleitreibung) verringern.

6

7

Wissenswertes: Sandstreuer

Seit Jahrzehnten kennt man bei Schienenfahrzeugen mehrere Probleme: nasse Schienen, steile Wege bergan und schnelles Bremsen. Hier dürfen die Räder nicht durchdrehen oder über die Schienen gleiten. Um die Reibung zwischen Rad und Schiene zu vergrößern, nutzen Eisenbahner einen alten Trick, der auch bei Glatteis hilft: Mit einer speziellen Vorrichtung wird Sand unter die Räder gestreut. ▸ 8
Dadurch verbessert sich die Haftung zwischen Rädern und Schiene.

8 Sandstreuer

Aufgaben

1 Mountainbikes haben ein auffälliges Reifenprofil und auch andere Griffe am Lenkrad. Erkläre diese Besonderheiten aus physikalischer Sicht.

2 Wenn Türscharniere quietschen, werden sie geölt. Bei Bremsen sollte man das tunlichst vermeiden. Erkläre.

3 Das Foto zeigt die Bremsbacke einer Felgenbremse bei einem Fahrrad. An der Felge sind deutlich Schleifspuren sichtbar. Welche Aufgabe hat die Bremsbacke? ▸ 9

Aufgaben und Aufträge

Arten der Reibung

1 Nenne je 2 Beispiele aus dem Alltag für das Auftreten von Haft-, Gleit- und Rollreibungskräften.

2 Ordne die 3 Arten der Reibungskräfte der Größe nach.

3 Erläutere, warum manche Buntstifte Noppen an der Auflagefläche haben. ▸ 1

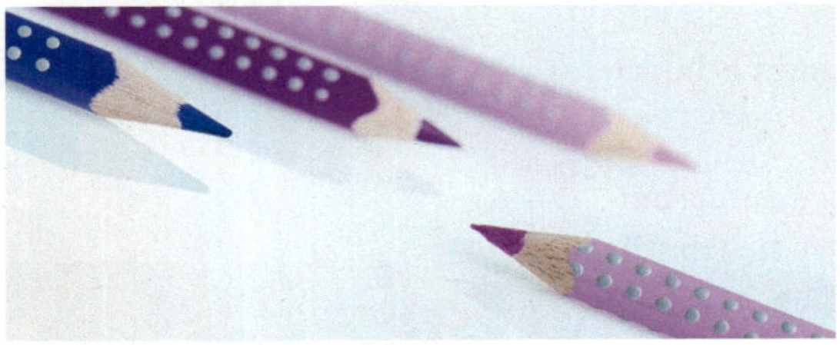

1

4 Nenne die physikalischen Größen, von denen die Gleitreibungskraft abhängt. Formuliere diese Abhängigkeiten in Je-desto-Aussagen.

5 Ein Schrank aus Holz soll auf einem Steinfußboden verrückt werden. Vergleiche die Kraft, die erforderlich ist, um den Schrank in Bewegung zu setzen, mit der Kraft, die man zum gleichmäßigen Ziehen benötigt.

Reibung erwünscht und unerwünscht

6 Schlittenfahren ist besonders schön, wenn die Kufen vorbereitet sind. Beschreibe aus physikalischer Sicht, was man dabei tun muss. ▸ 2

2

7 Bist du auf dem Schulweg mit dem Fahrrad unterwegs, weißt du sofort, wo Reibung erwünscht ist und wo sie stört. Nenne je ein Bauteil des Fahrrads, bei dem Reibung erwünscht bzw. unerwünscht ist. Begründe deine Auswahl.

8 Kletterer reiben die Hände mit Magnesiapulver ein. ▸ 3
Erläutere, welchen Zweck sie damit verfolgen.
Jedoch verbieten Naturschutzvereine die Verwendung von Magnesia in Sandsteingebirgen.
Sammle Argumente und begründe dieses Verbot.

3

9 Beim Bau der Pyramiden mussten riesige Steinquader bewegt werden. Erkläre, warum man runde Hölzer unter das Material legte.

10 Schmiermittel (Fette und Öle) finden wir häufig an sich drehenden Maschinenteilen. Erläutere, welchen Zweck Schmiermittel erfüllen.

11 Ein Fahrrad wird mit der Felgenbremse abgebremst. Welche Art von Reibung tritt an der Bremse auf? Warum lässt die Bremswirkung bei Regen nach?

12 Damit man nicht ausrutscht, muss die Haftreibungskraft zwischen Schuhsohlen und Fußboden ausreichend groß sein. Unter welchen Umständen ist die maximale Haftreibungskraft klein? Wie kann man die maximale Haftreibungskraft vergrößern?

13 Zwischen Rad und Achse werden Kugellager eingebaut. Welchen Vorteil haben sie?

14 Um die Reibung zu verringern, kann man Flüssigkeiten als Schmiermittel benutzen. Auch Wasser kann ein Schmiermittel sein, z. B. zwischen den Reifen und der Straße. Weshalb ist dieses „Schmiermittel" unerwünscht? ▸ 4

4

15 Auch in den Gelenken des menschlichen Skeletts tritt Reibung auf. Ist die Knorpelschicht zerstört, reiben die Knochen aneinander und es schmerzt. Nenne die Kenntnisse über die Reibung, über die auch Orthopäden verfügen sollten.

16 Scheibenbremsen an Autos sind ähnlich aufgebaut wie die Felgenbremsen bei Fahrrädern. Begründe, warum die Bremsbeläge beim Auto aus Metall sind und nicht aus Gummi wie beim Fahrrad. ▸ 5

5

Überblick

Reibung Zwischen Körpern, die sich berühren, tritt Reibung auf. Reibungskräfte sind immer so gerichtet, dass sie der Bewegung entgegenwirken. Reibungskräfte können eine Bewegung hemmen oder verhindern.

Arten der Reibung *Haftreibung* hält einen ruhenden Körper auf einer Unterlage fest.
Gleitreibung hemmt die Bewegung eines Körpers, der auf einer Unterlage gleitet.
Die *Rollreibungskraft* ist die Kraft, die die Bewegung eines rollenden Körpers hemmt.
Unter vergleichbaren Bedingungen gilt: Die Haftreibungskraft ist größer als die Gleitreibungskraft und diese ist wiederum größer als die Rollreibungskraft.

Die Reibungskräfte hängen von der Gewichtskraft des Körpers und von der Beschaffenheit der Berührungsflächen ab. Sie sind unabhängig von der Größe der Berührungsflächen.

Erwünschte und unerwünschte Reibung Im Alltag und in der Technik kann Reibung sowohl erwünscht als auch unerwünscht sein. Dort, wo sie erwünscht ist, können Reibungskräfte vergrößert werden, z. B. durch das Aufrauen von Oberflächen. Unerwünschte Reibung kann z. B. durch Glätten der Oberflächen, den Einsatz von Schmierstoffen oder technische Veränderungen (Einsatz von Kugellagern) verkleinert werden.

Bionik

Die lebende Natur war schon immer Vorbild für Lösungen technischer Probleme. Durch gezielte Beobachtungen und Untersuchungen von Lebewesen suchen Wissenschaftler und Ingenieure heute nach Mustern für technische Konstruktionen. Daraus hat sich die Bionik entwickelt. Das Wort „Bionik" setzt sich aus Biologie und Technik zusammen.

Die Bionik lässt sich in verschiedene Teilgebiete gliedern:
Baubionik: Sie sucht nach Anregungen in der Natur u.a. für den Bau von Gebäuden, deren Klimatisierung und Reinigung.
Bewegungsbionik: Sie erarbeitet z.B. Lösungen für schnellere und energiesparende Kraftfahrzeuge.
Verfahrensbionik: Sie entwickelt nach dem Vorbild der Natur neue Herstellungsverfahren für Werkstoffe oder das Wertstoffrecycling.

Der Botaniker und Architekt Sir Joseph Paxton (1803–1865) baute anlässlich der Weltausstellung 1851 in London den ersten Glaspalast. Diese neuartige Stahl-Glas-Konstruktion kam ohne tragendes Mauerwerk aus und war sehr materialsparend. Paxtons Vorbild war die Riesenseerose. ▸ 1, 2

Das in der Natur weitverbreitete Prinzip „leicht, aber stabil" wird auf vielfältige Weise technisch umgesetzt. Der Turm Taipei 101 ist z.B. dem Bambusgras nachempfunden. ▸ 3, 4

3

2

4

1

Sogar die Wellpappe, das Wellblech oder die Faltenstruktur des Sonnensegels der Raumstation ISS sind der Natur abgeschaut. ▸ 5, 6

Otto Lilienthal (1848–1896) beobachtete den Flug der Störche. Er baute und probierte auf dieser Grundlage den ersten Gleitflieger. ▸ 7

Der Kofferfisch ist das Vorbild für eine neue Autogeneration. ▸ 8, 9

Die Delfinschnauze war Vorbild für den Wulstbug eines Schiffs. Damit kann es energiesparender und schneller fahren. ▸ 10, 11

Auch Stacheldraht, der Klettverschluss und selbstreinigende Fassadenfarbe sind technische Erfindungen, die aus Naturbeobachtungen hervorgegangen sind. ▸ 12, 13

10

11

7

5

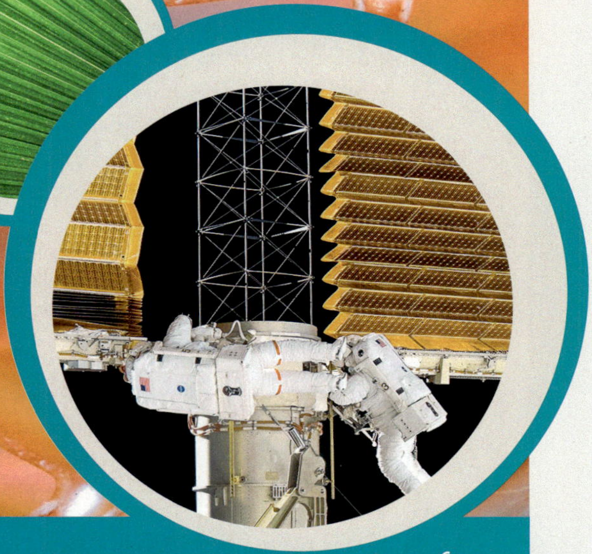

6

8

9

12

13

Selbst erforscht

Stabile Blätter

Ein Blatt Papier ist sehr leicht, trägt dafür aber wenig. Die Natur liefert uns jedoch Beispiele, wie man die Belastbarkeit eines dünnen Blatts erhöhen kann. Probiere es selbst aus.

Du brauchst:
- mehrere Blätter Papier – am besten im Format DIN A4
- Massenstücke oder kleine Gegenstände
- Plexiglas (eine alte CD-Hülle)
- Holzklötze oder Bücher als Unterlage

Aufträge

A Stabilität durch Falten

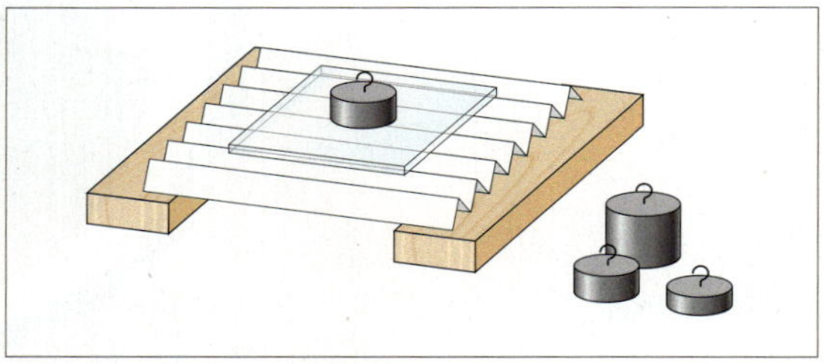

1

1 Unterteile ein Blatt quer mit Lineal und Bleistift in 5 cm breite Streifen. Falte entlang dieser Linien abwechselnd nach innen und nach außen. Verfahre mit den anderen Blättern in ähnlicher Art; unterteile sie aber in 4 cm, 3 cm bzw. 2 cm breite Streifen. Ein Blatt wird nicht gefaltet.

2 Lege ein Blatt erhöht zwischen zwei Bücher oder Holzklötzchen und quer darüber die Plexiglasscheibe. ▸ 1

3 Ermittle nun durch Auflegen von Massenstücken auf die Plexiglasscheibe die maximale Tragfähigkeit. Beachte: Die Höchstbelastung ist erreicht, wenn die Falten auseinandergleiten.

4 Stelle das Ergebnis deines Belastungstests in einem Diagramm dar.

5 Überlege, wie du die Tragfähigkeit noch verbessern kannst. Prüfe deine Ideen in einem Experiment.

6 Finde heraus, wo die Natur diesen Bauplan schon entwickelt hat.

B Stabilität durch Röhren

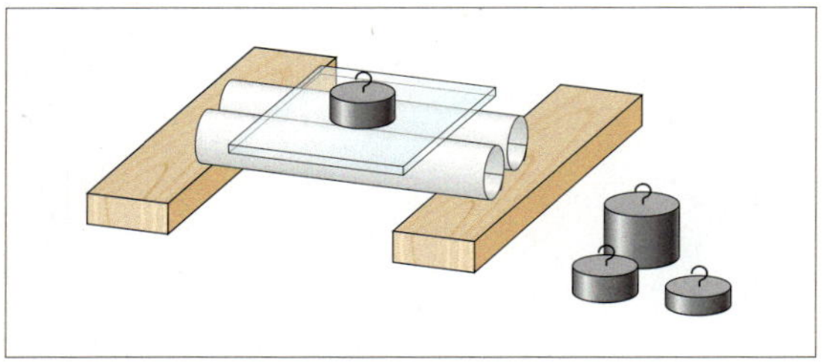

2

1 Schneide ein DIN-A4-Blatt quer durch und klebe die Hälften zu zwei Röhren zusammen.

2 Lege die Röhren nebeneinander auf Holzklötzchen und darauf die Plexiglasscheibe. Teste durch das Auflegen von Massenstücken ihre Tragfähigkeit. ▸ 2

3 Unterteile zwei weitere Blätter in 4 oder 8 Teile. Verklebe sie wieder zu Röhren. Teste ebenfalls ihre Tragfähigkeit.

4 Unterteile ein weiteres Blatt so in 8 Teile, dass du 8 Röhren mit gleicher Höhe zusammenkleben kannst. Diese Röhren stellst du auf ihre Schnittflächen. Lege darüber die Plexiglasscheibe und teste die Tragfähigkeit.

5 Bei welcher Bauweise ist die Tragfähigkeit am größten?

6 An welchen Stellen in der Natur haben wir hier abgeguckt?

Testaufgaben zu „Wechselwirkung und Kraft“

1 Erläutere an zwei selbst gewählten Beispielen, dass Kräfte …
a die Bewegung von Körpern ändern.
b die Form von Körpern ändern.
c die Form und die Bewegung von Körpern gleichzeitig ändern.

2 Zwei Schüler verwenden Federkraftmesser mit unterschiedlichen Messbereichen. Lies die Messwerte ab und vergleiche sie.

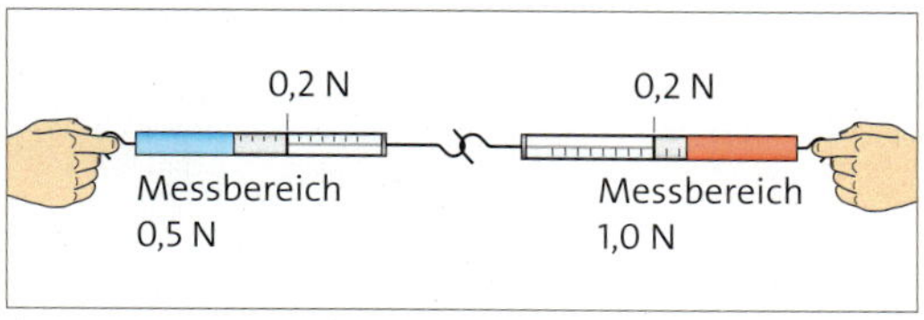

3

3 Eine Schraubenfeder wird durch eine Kraft von 5 N um 2,5 cm und durch 10 N um 5,0 cm elastisch gedehnt. Ermittle mithilfe eines Diagramms die fehlenden Werte.

F in N	0	5	10	15	?
Längenänderung in cm	0	2,5	5,0	?	10

4 Berechne die Gewichtskräfte der folgenden Körper:
a Tüte Vanillezucker (10 g)
b Stück Butter (250 g)
c Tüte Kaffee (1,0 kg)
d Sack Kartoffeln (2,5 kg)
e Sack Kaminholz (20,0 kg)
f Lkw (7,5 t)
g Airbus A380 (275 t)

5 Auf einen Körper ausgeübte Kräfte erkennt man z. B. an der Änderung seiner Bewegung. Gib an, ob in den folgenden Beispielen die Bewegung geändert wird, und begründe:
a Ein Radfahrer rollt mit konstanter Geschwindigkeit eine Rampe hinab.
b Er bremst bis zum Stillstand ab.

6 Welche der folgenden Gegenstände sind im Kräftegleichgewicht, welche nicht? Begründe deine Entscheidungen.
a ein schweres Buch, das im Regal steht
b ein Fahrrad, dessen Fahrer losfährt, nachdem die Ampel auf Grün geschaltet hat
c ein Hubschrauber, der mit konstanter Geschwindigkeit eine Zeit lang geradeaus fliegt

7 Springt ein Fallschirmspringer aus dem Flugzeug, nimmt seine Geschwindigkeit zunächst rasch zu. Nach etwa 10 s erreicht er, noch mit geschlossenem Fallschirm, eine bestimmte Höchstgeschwindigkeit (ca. 200 km/h). Seine Geschwindigkeit ändert sich dann nicht mehr. Kurz nachdem sich der Fallschirm entfaltet hat, fällt er mit einer gleichbleibenden Geschwindigkeit von 20 km/h. Erkläre, wie es zu diesem Bewegungsablauf kommt.

8 Drei gleich lange Kraftmesser haben ganz unterschiedliche Messbereiche: 0 N bis 1 N, 0 N bis 10 N und 0 N bis 100 N.
a Wenn mit einer Kraft von 1 N an den Kraftmessern gezogen wird, verlängern sie sich um 1 mm, 1 cm, 10 cm. Welche Verlängerung gehört zu welchem Kraftmesser?
Begründe deine Antwort.
b Welcher Kraftmesser hat die härteste Feder?

Aufgabe	Fähigkeit	Hilfe auf Seite …
1, 5	Den physikalischen Kraftbegriff erklären und anwenden.	74 f.
2	Das Messgerät für Kräfte anwenden.	78 f.
3, 8	Das hookesche Gesetz anwenden.	84 f
4	Den Zusammenhang von Masse und Gewichtskraft anwenden.	80 f.
6, 7	Kräftegleichgewichte erkennen, beschreiben und erklären.	82 f.

▸ **Die Lösungen findest du auf Seite 265.**

ABY from HIV
TEXT
SUN
TO
90999
$5
WAYANS BROTHERS
MAY 22
OPEN 24
PALACE
MAXIMUM
LIVES
WICKED
TOSHIBA
TOSHIBA
TOSHIBA
TOSHIBA
TOSHIBA
TOSHIBA
TDK
CHEVROLET
NEW
SOUTHBOUND
USE 7 AVE
BEST ROUTE
ONE WAY
NO STANDING
HOTEL
LOADING ZONE
New York
Sightseeing
Touch the future

Mechanische Energie und Arbeit

Um Sport zu treiben oder mit dem Fahrzeug von einem Ort zum anderen zu gelangen, benötigen wir Energie. Sie wird auch gebraucht, wenn du mit dem Fahrstuhl fährst, am Computer arbeitest oder einfach nur Musik hören willst.

Früher wurden mechanische Anlagen mit Muskelkraft oder mit Dampfmaschinen angetrieben. Heute benutzt man überwiegend Elektromotoren, deren Bedeutung auch im Fahrzeugbau zunimmt. Mit diesen technischen Errungenschaften erleichtern wir unser Leben.

Techniker arbeiten an verbesserten Methoden zur Energienutzung. Zum sparsamen Umgang mit Energie kann jeder beitragen, wodurch auch die Umwelt geschont wird.

Einige Hersteller bieten Getränke an, die laut Aufschrift besonders viel Energie enthalten. Diese sollen bei geistiger oder sportlicher Betätigung unterstützend wirken.
Mit einer ausgewogenen Ernährung erhält der Körper aber schon genügend Energie für eine gesunde Lebensweise.

Energie

In unseren Lebensmitteln ist also Energie enthalten. Wir benötigen sie zur Bewegung, zum Denken und zur Aufrechterhaltung der Körpertemperatur. Die Energie für Fahrzeuge, Flugzeuge und Schiffe wird mit den entsprechenden Kraftstoffen getankt. Es handelt sich jeweils um chemische Energie. Über Fernwärmeleitungen wird thermische Energie transportiert, mit der Gebäude geheizt werden können. Kraftwerke liefern elektrische Energie für Haushalt und Industrie. Diese muss über große Entfernungen transportiert werden. Elektrische Energie aus Windenergieanlagen und Solarkraftwerken steht aber nicht gleichmäßig zur Verfügung.
In der Wirtschaft macht man sich viele Gedanken um die Energieversorgung. Deine Eltern haben vielleicht schon mal über zu hohe Energiepreise geschimpft. Politiker streiten um die sogenannte Energiewende. Es wird von Ökostrom gesprochen und über die Gefährlichkeit von Kernkraftwerken diskutiert. Hier wird deutlich, wie wichtig es ist, auf die Fragen zur Energieversorgung Antworten zu finden.

2

3

4

Weißt du's?

So kannst du deine Lösungen überprüfen: Lege ein Lineal so auf, dass du den Punkt „Start" und den Buchstaben verbindest. Wie viele Symbole hast du im oberen Bereich?

1 Ein wichtiger Energieträger in Brandenburg ist:
A Weißgold A(2)
B Schwarzerde B(4)
C Braunkohle C(8)

2 Um Arbeit verrichten zu können, braucht man:
A Abitur D(11)
B Energie E(19)
C Geld F(22)

3 Unter dem Brennwert versteht man …
A die Temperatur einer Flamme G(8)
B den Preis von Kaminholz H(30)
C den Energiegehalt von Lebensmitteln A(3)

4 Die Einheit der Energie ist:
A Kilojoule B(5)
B Kilogramm C(7)
C Kilonewton D(10)

5 Durch Reibung wird Bewegungsenergie vorwiegend umgewandelt in:
A Lageenergie E(24)
B Wärme F(25)
C chemische Energie G(26)

6 In welchem Kraftwerk wird viel umweltbelastendes Kohlenstoffdioxid erzeugt?

A Kohlekraftwerk H(29)

B Kernkraftwerk A(30)

C Wasserkraftwerk B(33)

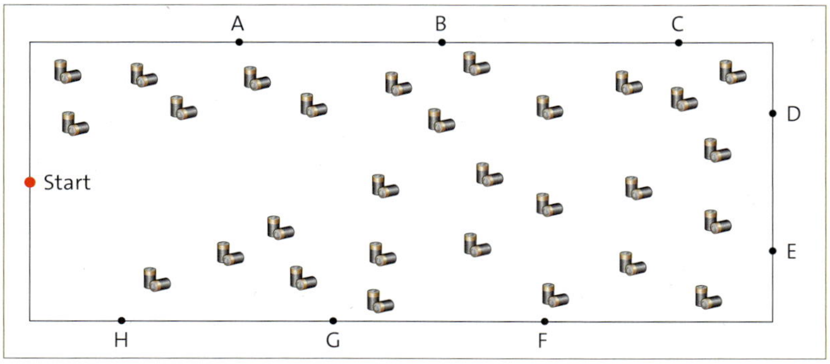

Energie und ihre Formen

1

Luca hat am Automaten ein 5-Cent-Stück zu einer Gedenkplakette verformt. Dazu musste er kräftig an einer Kurbel drehen und somit Arbeit verrichten. Hierfür war Energie notwendig.

Experiment

1 Teelichtmotor

Zeichne auf starkes Papier (Karteikarte) zwei Kreise mit einem gemeinsamen Mittelpunkt und Durchmessern von 1 cm und 6 cm. Schneide die Kreisscheibe aus und von außen 8-mal zur Mitte hin ein. Biege die Einschnitte jeweils etwas nach oben, sodass ein Windrad entsteht. Stecke durch den Mittelpunkt eine Nadel. Die Spitze der Stecknadel bringst du an einem kleinen Magneten an, der Nadel und Rad gerade so hält. Zünde unter dem Windrad ein Teelicht an. Vorsicht: Brandgefahr! Beschreibe, was du beobachtest.

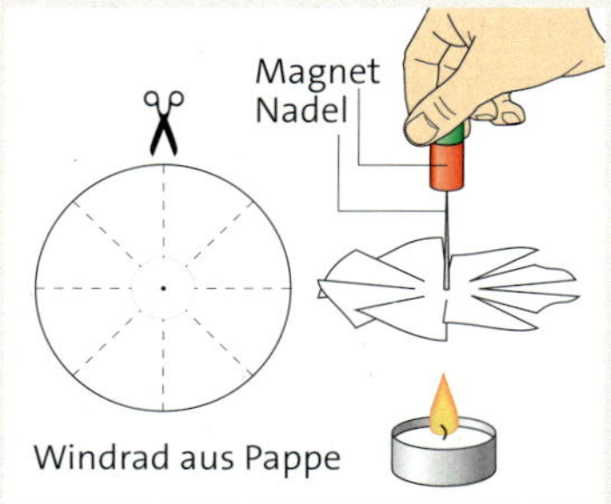

Energie Unmittelbar an der Flamme des brennenden Teelichts wird die Luft erwärmt. Sie strömt nach oben und das Windrad beginnt sich zu drehen. Es wird Arbeit verrichtet. Gleichzeitig wird Licht ausgesendet und Wärme abgegeben. ▸ 3

Energie ist die Fähigkeit eines Körpers, Arbeit zu verrichten, Wärme abzugeben oder Licht auszusenden.

Formelzeichen: E
Einheit: Joule (J)
Verwendet werden auch die Einheiten Kilojoule (kJ) und Megajoule (MJ).
1 kJ = 1000 J
1 MJ = 1000 kJ = 1 000 000 J

Energieformen Energie tritt in verschiedenen Formen auf:
Chemische Energie – In Kohle, Erdöl und Erdgas ist aufgrund der chemischen Struktur Energie gespeichert. Auch in Nahrungs- und Futtermitteln befindet sich chemische Energie.
Thermische Energie – Warme Speisen, heißer Wasserdampf oder glühende Metalle besitzen aufgrund ihrer erhöhten Temperatur thermische Energie.
Lichtenergie – Als wichtigste Lichtquelle liefert die Sonne Energie.

3

Aufgaben

1 Nenne Beispiele, bei denen Körper thermische oder chemische Energie besitzen.

2 Rechne um:
a 2,3 kJ = … J
b 0,046 kJ = … J
c 1,2 MJ = … J
d 0,85 MJ = … kJ
e 570 J = … kJ
f 45 000 J = … MJ

Experiment

2 Ballon-Rakete

Schiebe über einen gespannten Faden ein Stück Plastiktrinkröhrchen. Daran befestigst du mit zwei Klebestreifen einen aufgeblasenen Luftballon, den du zunächst verschlossen hältst. Beobachte und beschreibe, was beim Loslassen geschieht.

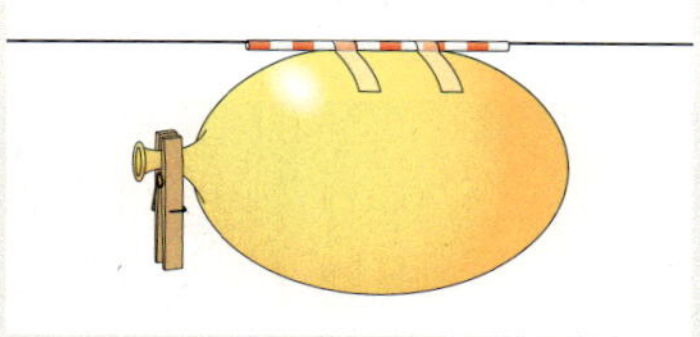

Mechanische Energie Die Luft strömt aus dem gespannten Ballon und er bewegt sich entlang des Fadens. Auch hier wird mechanische Arbeit verrichtet. Durch das Aufpusten wird der Gummi gespannt und die Luft zusammengepresst. Der Ballon erhielt damit Energie.
Kinetische Energie – Ein fahrendes Auto, ein fallender Stein oder eine rollende Kugel besitzen Bewegungsenergie.
Potenzielle Energie – Wird ein Gegenstand angehoben, so besitzt er aufgrund seiner höheren Lage Energie. Diese Energie nennt man auch Lageenergie. Wird ein Bogen, eine Feder oder ein Gummi gespannt, besitzen diese Körper aufgrund ihrer Zustände Spannenergie. ▸ 5

5

Elektrische Energie – So wie an Fahrrädern ein Dynamo für elektrische Energie sorgen kann, ist es im Kraftwerk ein Generator. Elektrische Energie gelangt über Leitungen in Betriebe und in unsere Haushalte, wo sie vielfältig genutzt wird. ▸ 6
Kernenergie – In den Kernkraftwerken wird durch Spaltung von Atomkernen Energie gewonnen.

6

Wissenswertes: Brennwert

Den Energiegehalt von Lebensmitteln bezeichnet man auch als Brennwert. Seine Größe kann man durch Verbrennen der Nahrung in einem Spezialbehälter ermitteln. Der Brennwert einer Tafel Schokolade ($m = 100$ g) beträgt etwa 2100 kJ (500 kcal). Dieser Energiegehalt würde auseichen,

- um 7 ℓ Wasser von Zimmertemperatur auf 90 °C zu erwärmen.
- um zehn 40-W-Lampen über eine Stunde lang zu betreiben.
- um eine Last von einer Tonne über 200 m hochzuheben.

Der Energiegehalt von Lebensmitteln wird manchmal in der veralteten Einheit Kalorie (1 cal) oder Kilokalorie (1 kcal) angegeben (1 kcal = 4,2 kJ).

7 Brennwertangaben

Aufgaben

1 Nenne Beispiele, bei denen Körper potenzielle oder kinetische Energie besitzen.

2 In welcher Form ist Energie in Lebensmitteln gespeichert?

3 Der Brennwert von 200 ml Milch (Fettgehalt 1,5 %) beträgt etwa 100 kcal.
a Berechne den Energiegehalt in kJ.
b Wie hoch könnte man mit dieser Energie eine Last von einer Tonne anheben?

Energieträger

1

Um eine Rakete zu starten, müssen viele Vorbereitungen getroffen werden, bis hin zum Auftanken mit Treibstoffen. Diese enthalten die für den Flug benötigte Energie.

Experiment

1 Raketenstart
Experimentiere möglichst im Freien. Fülle in eine kleine Dose (Brausetablettenbehälter, Filmdose …) etwas Wasser und gib eine halbe Brausetablette dazu. Verschließe die Dose dicht mit dem Deckel. Stelle sie schnell mit dem Deckel nach unten auf einen sicheren Startplatz und tritt zurück! Beobachte und erkläre den Vorgang.

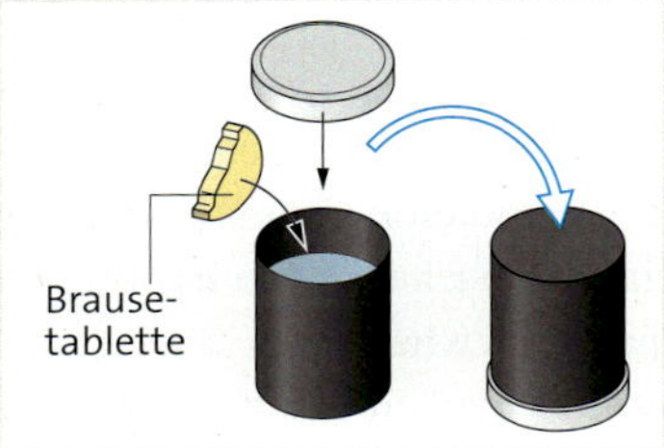

Energieträger Die Energie für diesen Höhenflug ist in der chemischen Zusammensetzung von Brausetablette und Wasser verborgen. Energie ist auch in Druckluft, heißen Flüssigkeiten oder Treibstoffen enthalten. Alle diese Stoffe sind Energieträger. Sie werden unterteilt in fossile, regenerative und andere Energieträger.

Fossile Energieträger Kohle, Erdöl und Erdgas sind fossile Energieträger. Ihr Anteil an der Energieversorgung in Deutschland und weltweit ist noch sehr hoch. Diese Bodenschätze sind im Laufe von Millionen Jahren durch Ablagerung abgestorbener Bäume, Pflanzen und Kleinstlebewesen entstanden. Die Vorräte an fossilen Energieträgern sind jedoch begrenzt. Durch ihre Verbrennung werden Kohlenstoffdioxid und andere Schadstoffe freigesetzt. Zum Teil können diese Schadstoffe zwar durch Filter zurückgehalten werden, zum Teil gelangen sie aber auch in die Atmosphäre. Dadurch verstärkt sich der Treibhauseffekt auf unserer Erde.

Fossile Energieträger haben sich in einem sehr großen Zeitraum durch Ablagerung organischer Stoffe gebildet. Ihr Vorrat ist begrenzt.

Kernbrennstoffe Die zur Kernspaltung verwendeten Stoffe wie Uran oder Plutonium sind weder fossile noch regenerative Energieträger. Sie waren schon bei der Entstehung der Erde vorhanden.

3 Erdöl

4 Braunkohle

Aufgabe

1 Nenne negative Folgen des Treibhauseffekts.

Experiment

2 Wer baut die beste Wasserturbine?

Bohre in den untersten Rand eines einfachen Plastik- oder Pappbechers zwei Löcher. In diese steckst du die Gelenkstückchen von zwei Trinkröhrchen. Hänge den Becher drehbar auf und fülle ihn mit Wasser. Achtung: Wasserschaden vermeiden!
Nenne die Energieträger und die Energieformen, die hier auftreten.

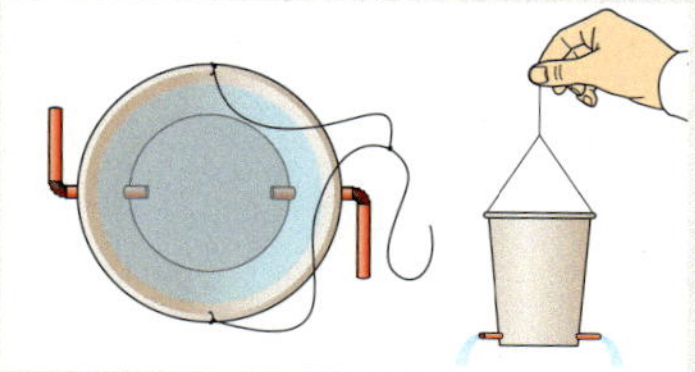

Regenerative Energieträger Um die Energieversorgung in unserer Gesellschaft langfristig und umweltbewusst sicherzustellen, wird verstärkt über den Einsatz von erneuerbaren Energieträgern nachgedacht.

Regenerative Energieträger sind immer wieder erneuerbar. Sie stehen zeitlich unbegrenzt zur Verfügung.

Die *Sonne* – ist unsere wichtigste Energiequelle. Mit solarthermischen Anlagen können Wasser oder andere Stoffe erwärmt und weiter genutzt werden. Eine direkte Umwandlung in elektrische Energie ist nur mit Solarzellen möglich. ▸ 6
Wasser – verdunstet vorwiegend über den großflächigen Ozeanen. Es entstehen Wolken und durch Niederschläge bilden sich Bäche und Flüsse. Seit Jahrhunderten wird die Energie des fließenden Wassers genutzt.
Wind – ist eine Luftströmung, deren Nutzung schon seit vielen Jahrhunderten betrieben wird. Heute werden vorwiegend Windenergieanlagen gebaut, die elektrische Energie abgeben. ▸ 7
Nachwachsende Biomasse – entsteht durch Pflanzenwachstum. Genutzt werden vorwiegend Restholz und Stroh, aber auch schnell wachsende Pflanzen. Aus ölhaltigen Pflanzen wie z. B. Raps stellt man Kraftstoffe her.
Biogas – entsteht beim Abbau organischer Stoffe. Dazu sammelt man Gülle und Biomüll in großen Tanks und mischt diese Stoffe mit Wasser. Durch Bakterien entsteht ein brennbares, farb- und geruchloses Gas.

6

7

Wissenswertes: Biomethan

Das in einem Gärbehälter entstehende Biogas ist kein reines Methan. Es kann aber durch Reinigung zu Biomethan aufbereitet werden. Dieses regenerative Biogas kann das fossile Erdgas gleichwertig ersetzen. Durch verstärkte Nutzung zur Gewinnung von Elektroenergie, zum Heizen und für Erdgasfahrzeuge lassen sich Erdgas- und Erdölimporte einschränken. Die Verwendung von nachwachsenden Rohstoffen (z. B. Mais) zur Kraftstoffgewinnung ist jedoch umstritten.

8 Biogasanlage

Aufgaben

1 Nenne regenerative Energieträger, die in deinem Umfeld genutzt werden.

2 Setze dich mit der Aussage „Lebensmittel gehören nicht in den Tank“ auseinander.

Energieumwandlung und -übertragung

1

Beim Volleyballspiel werden Personen und Ball bewegt. Dafür ist Energie notwendig. Während eines solchen Spiels finden Energieumwandlungen statt.

Experiment

1 Rollende Kugel

Lege eine Stahlkugel an den Rand einer Schüssel mit kugelförmiger Vertiefung und lass sie rollen. Beobachte die Kugel und beschreibe den Bewegungsablauf.
Erkläre die Bewegung der Kugel mit deinen Kenntnissen über den Energiebegriff.

Energieumwandlungen Die Kugel rollt auf der gegenüberliegenden Seite wieder nach oben, erreicht aber nicht wieder den Schüsselrand. Dann rollt sie zurück. Die erreichte Höhe ist dann noch einmal kleiner. Nach einer bestimmten Zeit kommt die Kugel am tiefsten Punkt zum Stillstand.
Bei diesem Vorgang finden Energieumwandlungen statt: Am Schüsselrand besitzt die Kugel nur potenzielle Energie (E_{pot}). Rollt sie nach unten, wandelt sich diese in kinetische Energie (E_{kin}) um. Am tiefsten Punkt besitzt sie nur kinetische Energie. Auf der gegenüberliegenden Seite erfolgt die Umwandlung in umgekehrter Richtung. ▸ 3

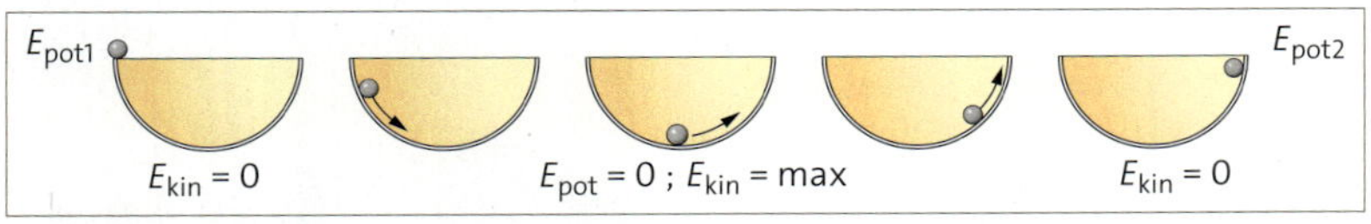

3

Die Kugel erreicht jedoch nicht wieder die gleiche Höhe ($E_{pot1} > E_{pot2}$). Das bedeutet, durch Reibung findet eine weitere Energieumwandlung statt: Die mechanische Energie wandelt sich in thermische Energie (E_{therm}) um. Mit dem Stillstand der Kugel ist diese Umwandlung vollständig erfolgt. Bei vielen Vorgängen finden gleichzeitig mehrere Energieumwandlungen statt.

Energie kann von einer Energieform in eine andere Energieform umgewandelt werden.

Aufgabe

1 Nenne die Energieumwandlungen, die bei folgenden Vorgängen stattfinden:

a Mit einer Bohrmaschine wird ein Loch gebohrt.

b Während der Fahrt mit dem Rad ist der Dynamo eingeschaltet.

Experiment

2 Fallender Körper

Lass einen elastischen Ball (Flummi) auf eine feste Unterlage fallen und beobachte ihn. Beschreibe die Energieumwandlungen, die stattfinden.

Trampolinspringen Um uns bewegen zu können, benötigen wir Energie. Diese nehmen wir mit unserer Nahrung in Form von chemischer Energie auf. Durch Stoffwechselprozesse sind unsere Muskeln in der Lage, mechanische Arbeit zu verrichten. Beim Sprung auf das Trampolin wird die Bewegungsenergie der Person auf das Sportgerät übertragen und in Spannenergie umgewandelt. Diese Energie überträgt sich danach wieder auf den Sportler, der sich dadurch nach oben bewegt. Auf dem Weg zum höchsten Punkt wandelt sich die kinetische Energie in potenzielle Energie um. Auch bei diesem Vorgang wird mechanische Energie in thermische Energie umgewandelt.

5

Stromkreis Bei einem einfachen Stromkreis mit Glühlampe und Batterie wird der Schalter geschlossen. Die chemische Energie der Batterie wandelt sich in elektrische Energie um. Diese wird zur Lampe übertragen und dort in Licht und thermische Energie umgewandelt.

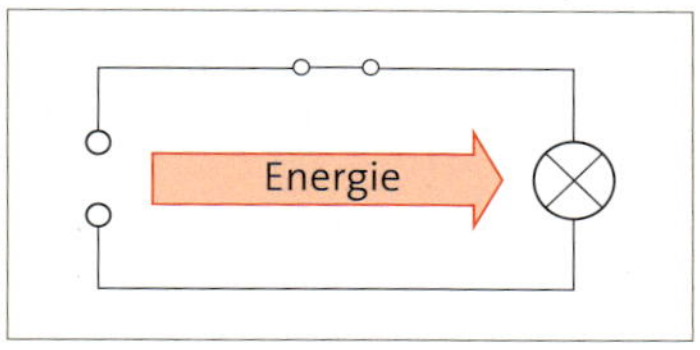

6

Energie kann von einem Körper auf einen anderen Körper übertragen werden.

Wissenswertes: Erwärmung wird sichtbar

Bei der Bearbeitung von Gegenständen wird mechanische Energie in thermische Energie umgewandelt. Die Temperaturen von Werkzeug (Bohrer) und Werkstück erhöhen sich. Mit einer Infrarotkamera werden Wärmebilder aufgenommen. Damit können die unterschiedlichen Oberflächentemperaturen sichtbar gemacht werden.

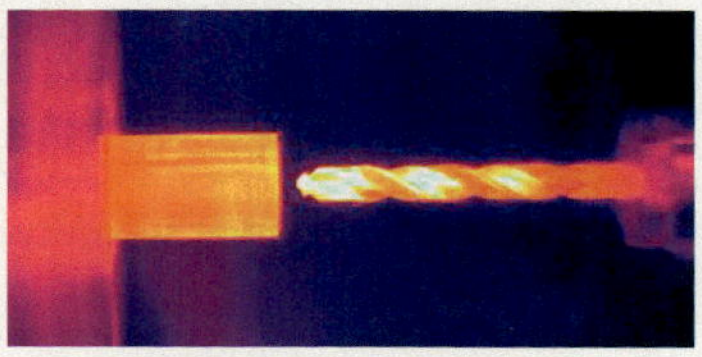

7 Infrarotaufnahme

Aufgaben

1 Begründe, warum die hohen Temperaturen besonders an den Berührungsflächen von Werkzeug und Werkstück auftreten. ▸ 7

2 Beschreibe am Beispiel eines Turmspringers, an einer abbrennenden Kerze und an abkühlendem Tee die Energieumwandlungen und Energieübertragungen.

3 Nenne die Energieumwandlungen, die bei der Inbetriebnahme der folgenden technischen Geräte stattfinden:

- **a** Bügeleisen
- **b** Dynamo
- **c** Elektromotor
- **d** Solarzelle
- **e** Energiesparlampe

Kraftwerke

1

Das Braunkohlekraftwerk Jänschwalde ist eines der größten Wärmekraftwerke in Brandenburg. Durch Modernisierung kann die Schadstoffabgabe von Kohlekraftwerken verringert werden, wodurch sie wesentlich umweltfreundlicher arbeiten.

Wärmekraftwerke Sie haben die Aufgabe, durch gezielte Energieumwandlungen, elektrische Energie bereitzustellen. Dazu werden geeignete Stoffe verbrannt. Herkömmliche Anlagen werden in der Regel mit den fossilen Brennstoffen Kohle, Erdöl oder Erdgas betrieben. Es können natürlich auch regenerative Energieträger wie Biogas oder nachwachsende Biomasse verwendet werden.

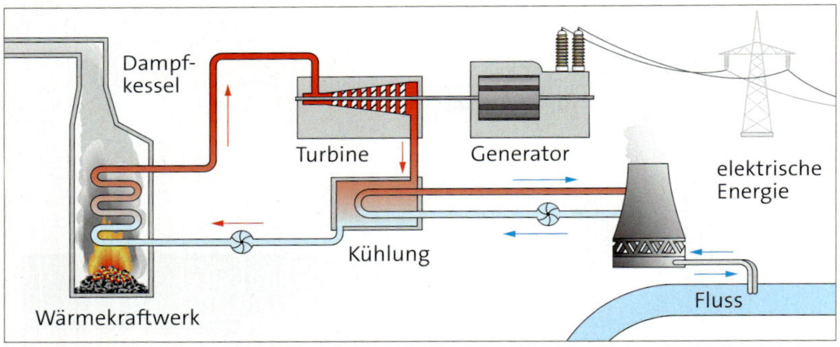

2 Blockschaltbild eines Wärmekraftwerks

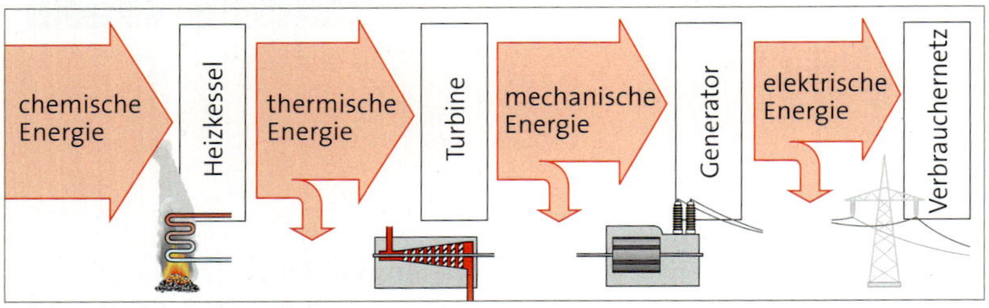

3 Energieflussdiagramm eines Wärmekraftwerks

Kernkraftwerke sind ebenfalls Wärmekraftwerke. Die thermische Energie wird durch die Spaltung von Atomkernen freigesetzt. Für Deutschland ist der Atomausstieg beschlossen. Deshalb werden in der Bundesrepublik auch keine Kernkraftwerke mehr gebaut. Die bestehenden sollen nach und nach abgeschaltet werden.

Aufgaben

1 Begründe, dass eine Heizanlage kein Wärmekraftwerk ist.

2 Zeichne das Energieflussdiagramm für ein Kernkraftwerk in dein Heft.

Windkraftwerke Windmühlen wurden genutzt, um den Mühlstein anzutreiben. So konnte man aus den Getreidekörnern Mehl gewinnen. Heute hat der Elektromotor den Antrieb übernommen. Die dafür benötigte elektrische Energie kann natürlich auch von einer Windenergieanlage geliefert werden. ▸ 4

Windenergieanlagen sind in unserer Landschaft nicht mehr zu übersehen. Angetrieben durch die bewegte Luft, drehen sich die Rotoren mit ihren zwei oder drei Flügeln. Hoch oben in der Gondel befindet sich der Generator. Dieser wird über die Rotorwelle angetrieben und wandelt mechanische Energie in elektrische Energie um.

4

Solarkraftwerke Die Energie der Sonnenstrahlung kann mithilfe von Solarzellen direkt in elektrische Energie umgewandelt werden. Dabei wird die Eigenschaft von bestimmten Stoffen (Halbleitern) wie z. B. Silicium ausgenutzt, unter dem Einfluss von Licht Elektrizität hervorzurufen. Diese Technik bezeichnet man als Fotovoltaik. Schaltet man eine sehr große Anzahl von Solarzellen zu Modulen zusammen, kann genügend Sonnenenergie in elektrische Energie umgewandelt werden. Man spricht dann von Fotovoltaikanlagen. ▸ 5

5

Nur in Gegenden mit sehr intensiver Sonnenstrahlung und hoher Sonnenscheindauer ist es sinnvoll, solarthermische Kraftwerke zu bauen. Über Spiegel wird die Sonnenstrahlung auf ein Zentrum gelenkt. ▸ 6

Mithilfe von langen rinnenförmigen Hohlspiegeln wird bei intensiver Sonneneinstrahlung eine Flüssigkeit so stark erhitzt, dass damit Dampf erzeugt wird. Dieser treibt eine Turbine an, die mit einem Generator verbunden ist. So wird die Solarenergie zunächst in thermische Energie, dann in mechanische Energie und schließlich in elektrische Energie umgewandelt.

6

Wissenswertes: Nutzung der Sonnenenergie

Mithilfe von solartechnischen Anlagen können wir die Sonnenenergie direkt nutzen. Ähnliches geschieht beim Pflanzenwachstum. In den nachwachsenden Rohstoffen ist Sonnenenergie gespeichert. Das trifft sogar auf fossile Energieträger zu, nur dass die Speicherung schon vor Millionen von Jahren erfolgte.

Inzwischen versucht man, die herkömmlichen Solarzellen durch Farbstoffsolarzellen zu ersetzen. Hier werden für die Lichtaufnahme keine Halbleitermaterialien verwendet, sondern organische Farbstoffe (z. B. der grüne Pflanzenfarbstoff Chlorophyll).

7 Organische Solarzelle

Aufgaben

1 Begründe, warum die Verwendung von Solarmodulen für Parkscheinautomaten zweckmäßig ist.

2 Auf vielen Häuserdächern findet man solarthermische Anlagen (Sonnenkollektoren). Erläutere, wozu man diese verwendet.

Wasserkraftwerke Wasserkraftanlagen findet man immer in der Nähe von Flüssen. Wird die Energie des bewegten Wassers direkt genutzt, spricht man von Laufwasserkraftwerken bzw. von Flusskraftwerken. Hier wird das Wasser eines Flusses nicht angestaut, sondern fließt gleichmäßig durch die Anlage. ▸ 1

1 Laufwasserkraftwerk

2 Speicherkraftwerk

Die dafür benutzte Turbine wurde vor etwa hundert Jahren vom Österreicher VICTOR KAPLAN entwickelt.
Wird das Wasser erst angestaut, damit es aus großer Höhe nach unten stürzen kann, spricht man von Speicherkraftwerken. ▸ 2
Der Amerikaner LESTER PELTON hat schon vor über hundert Jahren die hierfür geeignete Turbine entwickelt.
Wasserkraftwerke haben den großen Vorteil, dass während des Betriebs keine schädlichen Gase entstehen oder gefährliche (giftige, radioaktive) Stoffe übrig bleiben. Durch den Bau von Dämmen und durch die Entstehung von Stauseen kann die Natur aber auch beeinträchtigt werden.

3 Gezeitenkraftwerk

4 Turbine

5 Gezeitenkraftwerk St. Malo

An Meeresküsten mit großem Höhenunterschied zwischen Ebbe und Flut (Tidenhub) kann es sich lohnen, Gezeitenkraftwerke zu bauen. Die Wasserströmungen, die durch die Gezeiten entstehen, treiben auch hier Turbinen an. ▸ 3–5
Seltener werden Wellenkraftwerke zur Elektroenergiegewinnung verwendet. Es ist technisch sehr schwierig, die kinetische Energie der Wellenbewegung oder auch der Meeresströmung in elektrische Energie umzuwandeln. ▸ 6

6 Wellenkraftwerk

Aufgaben

1 Begründe, warum man an der Ostsee keine Gezeitenkraftwerke baut.

2 Zeichne das Energieflussdiagramm eines Wasserkraftwerks.

Pumpspeicherwerke Wärmekraftwerke arbeiten nur im Dauerbetrieb effektiv. Das gilt auch für Kernkraftwerke. Sie können nicht einfach mal so über Nacht abgeschaltet werden. Nun wird aber in den Nachtstunden viel weniger elektrische Energie gebraucht als am Tag. Hier muss ein Ausgleich geschaffen werden. Technisch ist es jedoch nicht möglich, elektrische Energie in der benötigten Menge zu speichern.
Eine sehr gute Lösung des Problems bieten Pumpspeicherwerke. Sie besitzen jeweils ein Ober- und ein Unterbecken, in denen ausreichend Wasser gespeichert werden kann. Beide sind durch dicke Rohrleitungen verbunden, dazwischen befindet sich ein Maschinenraum. ▸ 7, 8

7 Talsperre Hohenwarte

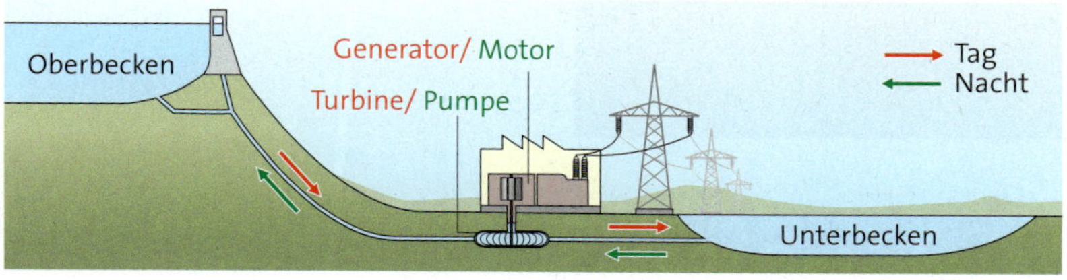

8

Am Tag wird mehr elektrische Energie gebraucht als, die herkömmlichen Kraftwerke liefern können. Nun stürzt das Wasser vom Oberbecken über die Rohrleitungen durch eine Turbine, die einen Generator antreibt. Der Generator liefert die dringend benötigte elektrische Energie. Das Wasser sammelt sich im Unterbecken.
Dieser Generator wird in der Nacht als Motor betrieben, sodass die Turbine als Pumpe funktionieren kann. Das Wasser gelangt wieder nach oben. Die überschüssige elektrische Energie wandelt sich nachts in potenzielle Energie um.

In der Zukunft nimmt die Bedeutung von Pumpspeicherwerken noch zu, denn der Anteil der elektrischen Energie, der durch Windenergie- und Solaranlagen erzeugt wird, vergrößert sich. Diese Kraftwerke können aber nicht beliebig, gleichmäßig oder ununterbrochen arbeiten. Windstärke und Sonneneinstrahlung sind vom Wetter und der Tageszeit abhängig.

9 Kraftwerk Goldisthal

Wissenswertes: Pumpspeicherwerk

Das Pumpspeicherwerk Goldisthal ▸ 9 (Thüringen) gehört mit einer Leistung von über 1000 MW zu den größten Anlagen dieser Art in Europa. In das Oberbecken passen 12 Mio. m^3 Wasser. Pro Sekunde können 100 m^3 Wasser durch zwei 6 m dicke Rohre nach unten stürzen. Der Maschinenraum wurde in den Berg hineingebaut und ist nur durch lange Tunnel zu erreichen.

Aufgaben

1 Begründe, warum man in der Nacht elektrische Energie verwendet, um Wasser von unten nach oben zu pumpen.

2 Beschreibe die Energieumwandlungen bei einem Pumpspeicherwerk.

Wirkungsgrad

1

Mithilfe einer Stroboskopaufnahme kann man den Bewegungsablauf eines hüpfenden Balls veranschaulichen. Deutlich ist zu erkennen, dass der Ball die Ausgangshöhe nicht wieder erreicht.

Experiment

1 Wirkungsgrad

Lass verschiedene Bälle nacheinander von der gleichen Ausgangshöhe (z. B. $h_A = 1$ m) auf eine feste Unterlage fallen. Miss die erreichten Höhen (h_E) nach dem ersten Hochspringen. Notiere die Ergebnisse. Bilde nun jeweils den Quotienten aus erreichter Höhe und der Ausgangshöhe. Vergleiche und beurteile.

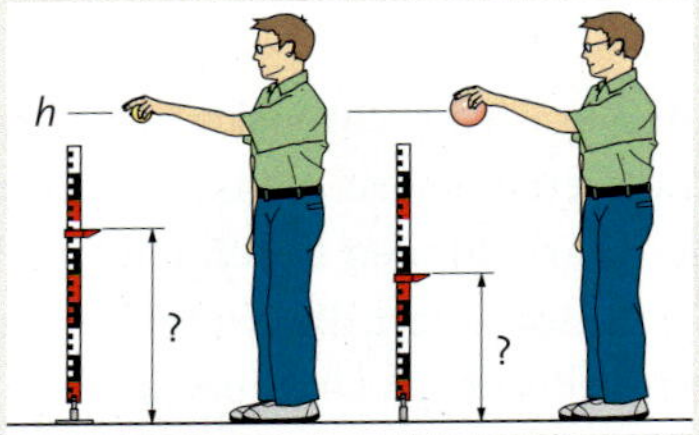

Energienutzung Die Bälle erreichen nach dem Aufspringen nicht mehr ihre Ausgangshöhe. Je mehr mechanische Energie durch Reibung in thermische Energie umgewandelt wird, desto kleiner ist auch der Quotient aus den beiden Höhen.
Wird auf dem Elektroherd in einem Topf Wasser erhitzt, so wandelt sich die elektrische Energie in thermische Energie um. Dabei sollte möglichst wenig Wärme an die Umgebung abgegeben werden. Das kann man realisieren, indem die richtige Topfgröße gewählt und ein Deckel benutzt wird. ▸ 3
Auch bei anderen Energieumwandlungen ist man bestrebt, möglichst viel der zugeführten Energie in nutzbare Energie umzuwandeln. Man sagt, der Wirkungsgrad der Anlage oder der Maschine wird erhöht.

Der Wirkungsgrad einer Anlage gibt an, wie groß der Anteil der nutzbaren Energie an der zugeführten Energie ist.

$$\text{Wirkungsgrad} = \frac{\text{nutzbare Energie}}{\text{zugeführte Energie}}$$

Formelzeichen: η (sprich: Eta)

Gleichung: $\eta = \frac{E_{nutz}}{E_{zu}}$

Der Wirkungsgrad wird als Zahl (bis 1) oder in Prozent (bis 100 %) angegeben.

3

Aufgaben

1 Ein Generator hat einen Wirkungsgrad von 70 % ($\eta = 0{,}7$). Erläutere diese Aussage.

2 Begründe, warum der Wirkungsgrad eines Wasserkochers größer ist als der einer Herdplatte.

Experiment

2 Wirkungsgrad einer Loopingbahn

Lege mit einem durchsichtigen Schlauch eine Schlaufe. Stelle diese senkrecht auf, sodass der Schlauch als Loopingbahn genutzt werden kann. Verwende eine geeignete Stahl- oder Messingkugel. Überprüfe, welche maximale Loopinghöhe du bei einer festen Ausgangshöhe erreichen kannst. Berechne den Wirkungsgrad der Loopingbahn. Bilde dafür den Quotienten aus Loopinghöhe (h_L) und Ausgangshöhe (h_A).

Musteraufgabe

Einem Elektromotor werden 800 MJ Energie zugeführt. In dieser Zeit verrichtet er mechanische Arbeit, die 672 MJ entspricht. ▸ 6
Wie groß ist sein Wirkungsgrad?

Gegeben: $E_{zu} = 800\,\text{MJ}$, $E_{nutz} = 672\,\text{MJ}$ ***Gesucht:*** η in %

Lösung:

$$\eta = \frac{E_{nutz}}{E_{zu}}$$

$$\eta = \frac{672\,\text{MJ}}{800\,\text{MJ}}$$

$$\eta = 0{,}84$$

$$\eta = 84\,\%$$

Der Elektromotor hat einen Wirkungsgrad von 0,84. Er wandelt 84 % der zugeführten elektrischen Energie in nutzbare mechanische Energie um.

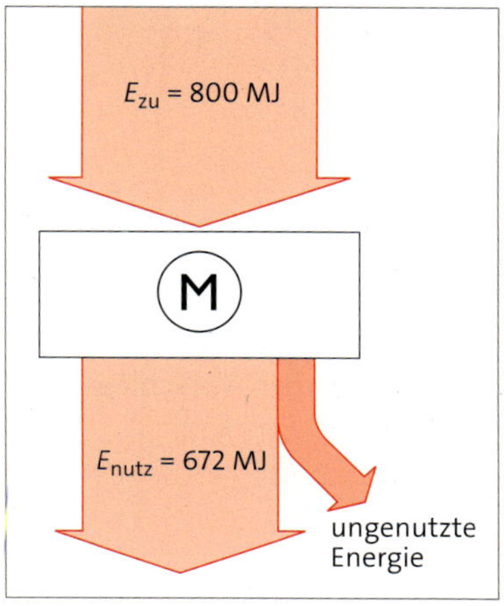

6

Wissenswertes: Wirkungsgrad von Motoren

Der Wirkungsgrad eines modernen Verbrennungsmotors liegt zwischen 30 % und 40 % ($0{,}3 < \eta < 0{,}4$). Mit Elektromotoren kann man Wirkungsgrade von über 90 % ($\eta > 0{,}9$) erreichen. Das bedeutet, dass auch hier ein kleiner Teil der aufgewandten elektrischen Energie nicht in nutzbare mechanische Energie umgewandelt wird. Durch Reibung entsteht thermische Energie, die ohne Nutzen an die Umgebung abgegeben wird.

Aufgaben

1 Ein Benzinmotor wandelt von 7500 kJ zugeführter Energie 2550 kJ in nutzbare Energie um. Bei einem Dieselmotor werden von 8500 kJ zugeführter Energie 3230 kJ genutzt.

a Berechne jeweils den Wirkungsgrad.

b Vergleiche die Ergebnisse auch mit dem Wirkungsgrad eines Elektromotors.

2 Eine Bohrmaschine hat einen Wirkungsgrad von 60 %. Berechne die genutzte mechanische Energie, wenn ihr pro Minute 24 kJ zugeführt werden.

3 Eine 100-W-Glühlampe besitzt eine Lichtleistung von 5 %. Eine 20-W-Energiesparlampe hat die gleiche Lichtleistung. Begründe, warum man in der EU die klassischen 100-W-Glühlampen verboten hat.

Perpetuum mobile und Energieerhaltungssatz

1

Die wippende Ente senkt ihren Kopf ins Wasser, hebt ihn wieder an und wiederholt diese Bewegungsfolge. Das geht offensichtlich unaufhörlich und ohne Energiezufuhr.

Experiment

1 Perpetuum mobile
Recherchiere und präsentiere die Ergebnisse in geeigneter Form. Erkläre den Begriff „Perpetuum mobile". Erkunde, welche historischen Vorschläge es zum Bau eines Perpetuum mobile gab.

Perpetuum mobile Seit Jahrhunderten bauen die Menschen Maschinen. Diese müssen angetrieben werden. Am günstigsten wäre es natürlich, wenn sie sich von allein bewegen würden – ohne Energieaufwand. Noch besser wäre es, wenn die Maschine sogar zusätzlich Arbeit verrichten könnte. Eine solche Vorrichtung nennt man Perpetuum mobile. Eine einfache Konstruktion stammt von LEONARDO DA VINCI. ▸ 3
Zwischen den Speichen eines drehbaren Rads befinden sich Kugeln. DA VINCI hat sicherlich an schwere Metallkugeln gedacht. Diese sollten dem Rad Schwung verleihen, wenn sie von der Mitte aus nach rechts rollen. Gleichzeitig würden dann die Kugeln auf der linken Seite angehoben.

Energieerhaltungssatz Einer Maschine, die sich ständig bewegen soll, muss man Energie zuführen. Diese kann nicht aus dem „Nichts" entstehen. Es finden Energieumwandlungen statt. Bei einer mechanischen Bewegung wird die Bewegungsenergie auch in thermische Energie umgewandelt. Dadurch wird eine Maschine ohne Antrieb irgendwann stehen bleiben. Auch die thermische Energie verschwindet nicht, aber sie kann oft nicht weiter genutzt werden. Bei allen Vorgängen ändert sich der Gesamtbetrag der Energie nicht. Diese Gesetzmäßigkeiten führen zum Energieerhaltungssatz.

Energie kann weder neu erschaffen noch vernichtet werden. Sie kann sich nur in andere Energieformen umwandeln oder von einem Körper auf einen anderen übertragen werden.

3

Aufgaben

1 Leo behauptet, dass der menschliche Körper ein Perpetuum mobile sei. Hat er recht? Begründe deine Antwort.

2 In so manchem Schaufenster winkt oder wackelt dir ein Perpetuum mobile entgegen. Beurteile diese Aussage.

Experiment

2 Handwärmer

Setze einen Handwärmer in Gang, indem du das kleine Plättchen oder Stäbchen, das sich in der weichen Substanz befindet, knickst. Nun wird mehr thermische Energie als Wärme abgegeben, als du durch das Knicken zugeführt hast.
Beurteile, ob es sich beim Handwärmer vielleicht doch um ein Perpetuum mobile handelt.

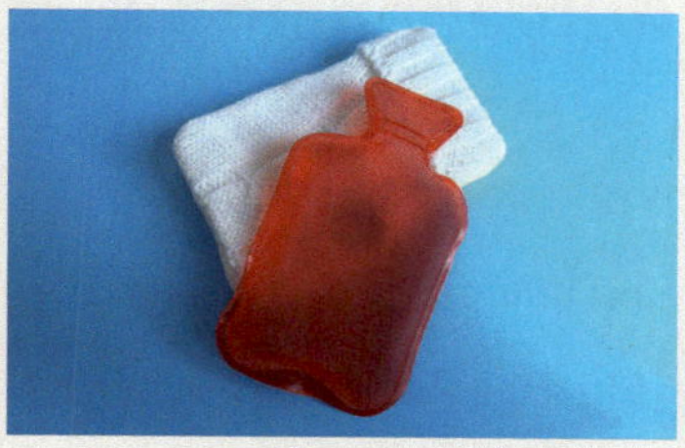

Teilchen und Energie Entsprechend dem Energieerhaltungssatz kann Energie nicht einfach so aus dem Nichts entstehen. Die Substanz im Handwärmer ändert, angeregt durch das Knicken, ihre Struktur. Dadurch geben die Teilchen einen Teil ihrer Bewegungsenergie in Form von thermischer Energie an die Umgebung ab.

Neue Versuche Im 18. Jahrhundert baute JOHANN BESSLER eine Maschine, die sich tatsächlich ständig drehte. Damit setzte er viele Menschen in erstaunen. Das Perpetuum mobile schien erfunden zu sein. Hatte sich LEONARDO DA VINCI noch geirrt, so hatte BESSLER geschummelt. Er ließ seine Maschine heimlich von einem Nachbarraum aus antreiben.
Heute ist gesichert, dass es kein Perpetuum mobile gibt.
Kein Patentamt der Welt nimmt heute noch die Anmeldung eines Perpetuum mobile an. Der Energieerhaltungssatz gilt als nachgewiesen und unumstößlich.

Wissenswertes: Raumsonden

Die amerikanische Raumsonde Pioneer 10 wurde 1972 gestartet. Sie war die erste Sonde, die den Jupiter erreichte.
Beim Vorbeiflug wurden viele Erkenntnisse über diesen Riesenplaneten erbracht. Mehr als dreißig Jahre lang sendete Pioneer 10 Daten zur Erde. Inzwischen hat sie längst unser Sonnensystem verlassen. Ohne entsprechende Energieversorgung wäre so eine Mission nicht möglich. Da die Sonneneinstrahlung beim Jupiter 27-mal geringer ist als bei der Erde, würde man Solarzellen mit einer Fläche von 23 m^2 benötigen. Deshalb besitzt die Raumsonde ein Energieversorgungssystem, das mit dem radioaktiven Stoff Plutonium betrieben wird.

Aufgaben

1 Schaue dir im Internet weitere Perpetua mobilia an und beurteile ihre Funktionsweise kritisch.

2 Die Raumsonde Pioneer 10 hat eine besondere Plakette an Bord.
Erkundige dich über deren Symbolik und die Hoffnung, die die Wissenschaftler damit verbinden.

Aufgaben und Aufträge

Energie und ihre Formen

1 Erläutere den Begriff Energie.

2 Ein Ziegel auf dem Dach, ein Regentropfen kurz vor dem Auftreffen, ein heißer Stein und eine kalte Speise besitzen Energie.
Nenne die jeweilige Energieform.

3 Nenne Energieformen, die bei folgenden Vorgängen auftreten:
a Bogenschießen
b Haare föhnen
c Scheinwerfer einschalten
d Akkumulator benutzen
e Stein fällt nach unten

Energieträger

4 Informiere dich über die Nutzung fossiler Energieträger in Brandenburg. Gestalte eine Übersicht.

5 Nenne Vor- und Nachteile bei der Nutzung fossiler Energieträger.

6 Erläutere an einem Beispiel die Bedeutung unserer Sonne für die Bildung regenerativer Energieträger.

7 Interpretiere das Diagramm. ▸ 1

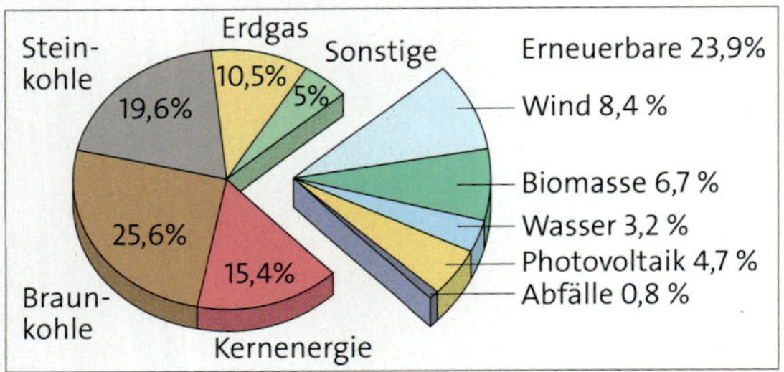

1 Stromerzeugung nach Energieträgern 2013

8 An Tankstellen findest du hinter der Kraftstoffbezeichnung den Zusatz E10. Finde heraus, was das bedeutet.

Energieumwandlungen und -übertragung

9 Beschreibe die Energieumwandlungen, die bei folgenden Vorgängen stattfinden:
a Ein Sportler springt vom 10-m-Turm.
b Der Dynamo am Fahrrad wird angetrieben.
c Ein Elektromotor treibt eine Bohrmaschine an.
d In der Heizung wird Erdgas verbrannt.
e Ein Bügeleisen wird eingeschaltet.
f Eine Solarzelle wird von der Sonne beschienen.

10 Camilla saust auf ihren Inlineskates durch die Halfpipe. Sie fährt die Rampe auf der linken Seite hinunter und auf der rechten Seite bis zur waagerechten Plattform wieder hinauf. ▸ 2

2

a Ohne eigenes Zutun würde Camilla die rechte Plattform nicht erreichen. Beschreibe für diesen Fall den Bewegungsablauf aus Sicht der Energie und ihrer Umwandlungen.
b Wie schafft es Camilla wohl, die Plattform doch zu erreichen?
c Beim Snowboarden gibt es Halfpipes, die ein zusätzliches Gefälle haben. Wie schaffen es die Snowboarder, mehrere Meter über die Halfpipe hinauszuspringen, wenn sie am unteren Ende angekommen sind? Begründe deine Antwort aus Sicht der Energie. ▸ 3

3

Kraftwerke

11 Wärme-, Wasser-, Wind- und Solarkraftwerke geben elektrische Energie ab. Nenne die Energieform, die im jeweiligen Kraftwerk genutzt wird. Stelle an einem Beispiel die vollständigen Energieumwandlungen in einem Energieflussdiagramm dar.

Wirkungsgrad

12 Glühlampen werden bei längerem Betrieb heiß. Erläutere, warum das ein Nachteil im Vergleich zu modernen Leuchtmitteln ist.

13 Bei technischen Anlagen, Geräten und Maschinen wird versucht, den Wirkungsgrad zu verbessern.
a Was versteht man unter dem Wirkungsgrad?
b Begründe, warum der Wirkungsgrad stets kleiner als 1 (kleiner als 100 %) ist.
c Ein Elektromotor wandelt von den zugeführten 4500 kJ elektrischer Energie 4140 kJ in mechanische Energie um. Berechne den Wirkungsgrad und gib ihn in Prozent an.

Perpetuum mobile und Energieerhaltungssatz

14 Sarah erzählt, dass man beim Verbrennen von Holz im Kaminofen Energie neu erschafft. Valentin spricht von Energievernichtung, falls ein Fenster geöffnet wird. Widerlege mithilfe des Energieerhaltungssatzes diese beiden Aussagen.

15 Lena behauptet, man kann mit der Konstruktion eines Perpetuum mobile viel Geld verdienen.
a Erläutere, was man unter einem Perpetuum mobile versteht.
b Beurteile die Aussage von Lena.

Überblick

Energie Energie ist die Fähigkeit eines Körpers, Arbeit zu verrichten, Wärme abzugeben oder Licht auszusenden.
Formelzeichen: E
Einheit: J (Joule)

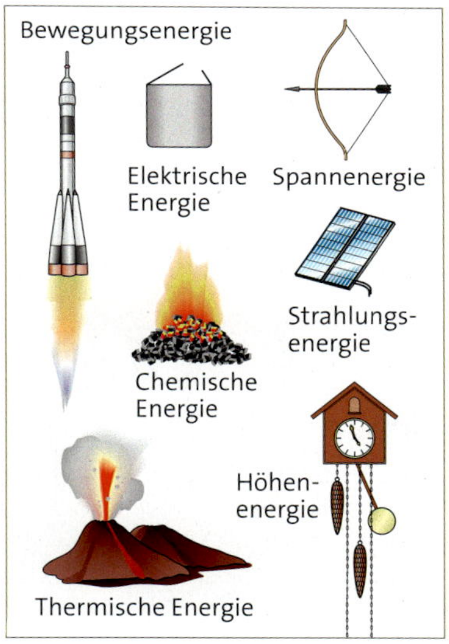

4

Energiearten Je nach ihrer Erscheinungsform unterscheidet man verschiedene Energiearten:
kinetische Energie, potenzielle Energie, thermische Energie, Lichtenergie, elektrische Energie, chemische Energie und Kernenergie.

Wirkungsgrad Der Wirkungsgrad einer Anlage gibt an, wie groß der Anteil der nutzbaren Energie an der zugeführten Energie ist.
Formelzeichen: η (Eta)
Berechnung: $\eta = \frac{E_{\text{nutz}}}{E_{\text{zu}}}$
Einheit: keine oder % (Prozent)

Kraftwerke Kraftwerke versorgen Industrie und Haushalte mit Elektroenergie. Diese wird aus unterschiedlichen Energieträgern gewonnen. Durch die entsprechenden Energieumwandlungen wird thermische Energie an die Umgebung abgegeben. Bei Wärmekraftwerken ist deren Anteil relativ hoch.

Energieerhaltungssatz Energie kann von einer Energieform in eine andere umgewandelt werden. Dabei wird keine Energie neu erschaffen oder vernichtet.

Hannah und Jan sollen die Pflanzen im Garten gießen. Hannah pumpt Wasser und Jan trägt die Kannen.
Waren die Aufgaben fair verteilt? Hat einer mehr gearbeitet?

Mechanische Arbeit und Leistung

Bei vielen Tätigkeiten spricht man von Arbeit. Aber was ist das überhaupt? So bekommen z. B. Musikredakteure Geld für das Hören und Bewerten von Musik. In anderen Berufen muss körperlich schwer gearbeitet werden. Kann man solche Arbeitsformen vergleichen? ▸ 2
Früher wurde viel häufiger körperliche Arbeit verrichtet. Diese war sehr schwer und belastete so, dass z. B. Rückenschäden entstanden. Heute kann man diese Verletzungen verhindern, indem man Maschinen einsetzt. ▸ 4, 5

2

3

4

Nicht alles, was wir im Alltag als Arbeit bezeichnen, ist auch im physikalischen Sinn Arbeit. In diesem Kapitel sollst du erkennen, welche Arbeiten man tatsächlich messen und vergleichen kann.
Es ist nicht nur wichtig, wie viel gearbeitet werden muss, sondern auch wie schnell man arbeitet. Nur der Begriff Arbeit reicht also nicht aus, wenn man Vorgänge wie das Heben von Lasten vergleichen muss. Neben dem Begriff Arbeit gibt es noch die Leistung.
Erst wenn die Begriffe Arbeit und Leistung geklärt sind, kann man Tätigkeiten exakt vergleichen.

Übrigens

Der physikalische Begriff Arbeit entstand, als die menschliche Arbeitskraft durch Maschinen ersetzt wurde. Man wollte wissen, wie viele Menschen eine Maschine ersetzt. Wie sollte man sonst entscheiden, ob sich die Anschaffung lohnt?
Früher wurden z. B. Lastkähne durch Menschen gezogen. Man brauchte 15 Menschen für 10 Tonnen. Heute ersetzen Motoren die schwere Arbeit.

Weißt du's?

Wenn du wissen willst, ob deine Lösung richtig ist, brauchst du nur den Buchstaben hinter der Lösung mit der Stelle im Kreuzworträtsel zu vergleichen.

1 Woran kann man erkennen, dass eine Kraft ausgeübt wird?

A Man sieht es am besten an den Muskeln der Sportler. W

B Kraft kann man nur an den Wirkungen erkennen. E

C Je größer der Motor, umso mehr Kraft hat er. G

Lösung: J2

	1	2	3	4	5	6	7	8	9
A						Z			
B					W	E	G		
C			M			I			
D		L	E	I	S	T	U	N	G
E			C						
F			H						
G			A	R	B	E	I	T	
H			N						
I			I				M		
J	S	E	K	U	N	D	E		
K					E		T		
L					W		E		
M	K	R	A	F	T		R		
N					O				
O					N				

2 Wie lautet das Formelzeichen der Kraft?

A F F

B m A

C s G

Lösung: M4

3 15 kg entsprechen einer Gewichtskraft von:

A 150 N A

B 1,5 N B

C 1500 N C

Lösung: G3

4 Mit welchem Formelzeichen kann man die Größe Zeit abkürzen?

A a A

B Z B

C t C

Lösung: E3

5 In einer Textaufgabe liest du: „Mit einer Zeit von 5 Sekunden …“. Wie schreibt man diese Angabe?

A $t = 5\,\text{s}$ W

B $s = 5\,\text{m}$ E

C $s = 5\,\text{t}$ T

Lösung: L5

6 Rechne in Sekunden um: 1 Stunde = …

A 100 s A

B 3600 s B

C 60 s C

Lösung: G5

7 Wie lautet das Formelzeichen des Wegs?

A s A

B m B

C W C

Lösung: M3

Mechanische Arbeit – was ist das?

1

Marie sollte eigentlich den Geschirrspüler ausräumen. Das muss jetzt ihr Bruder Paul machen, denn sie muss für ihre Klassenarbeit lernen. Kann man diese Arbeiten vergleichen? Um vergleichen zu können, müsste man eigentlich etwas messen.

Experiment

1 Arbeiten beim Einkaufen
Stelle typische Tätigkeiten beim Einkauf als Experiment nach. Finde heraus, bei welchen Experimenten man physikalische Größen messen kann. Welche Größen sind das?

Heben

2

Verschieben

3

Berechnen

4

Verformen

5

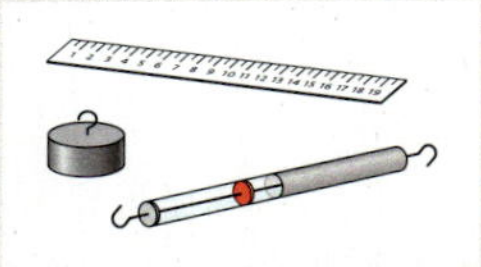

6

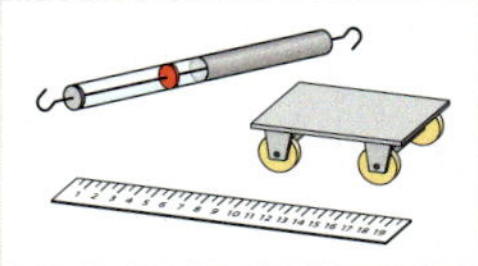

7

8

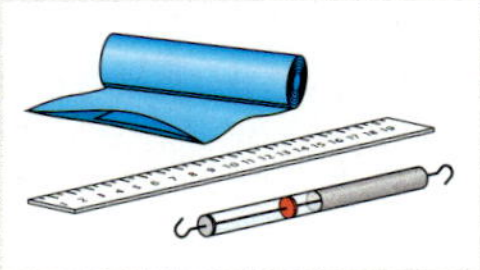

9

Mechanische Arbeit Bei drei von diesen Tätigkeiten kann man eine Kraft und einen Weg messen. Für Arbeit im physikalischen Sinn ist es wichtig, dass eine Kraft entlang eines Wegs wirkt. Das Berechnen der Summe ist keine Arbeit im physikalischen Sinn.

> **Mechanische Arbeit wird verrichtet, wenn ein Körper durch eine Kraft entlang eines Wegs bewegt oder verformt wird.**

Formelzeichen: W
Einheit: Joule (J), Kilojoule (kJ), Megajoule (MJ)
1 kJ = 1000 J
1 MJ = 1000 kJ = 1 000 000 J

Aufgabe

1 Entscheide, bei welchen Beispielen es sich um mechanische Arbeit handelt. Begründe deine Entscheidung.

- a Lernen eines Gedichts
- b Lösen einer Matheaufgabe
- c Schieben eines Fahrrads
- d Heben deiner Schultasche
- e Schreiben am Computer

Experiment

2 Verformungsarbeit untersuchen

Bestimme die Fallhöhe, ab der eine plastische Verformung eintritt. Lass dazu ein 100-g-Massenstück aus verschiedenen Höhen auf eine offene PET-Flasche fallen. Damit das Massenstück immer auf die gleiche Stelle trifft, musst du aus einem Blatt Papier eine Fallröhre basteln. Finde heraus, welche Höhe ein 50-g-Massenstück benötigt, um die gleiche Verformung zu erreichen.

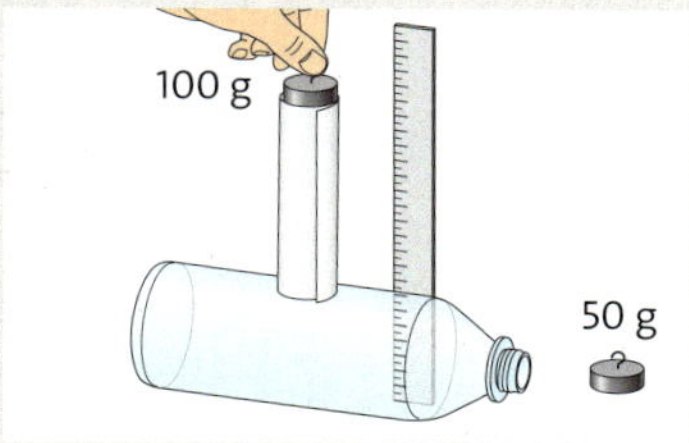

Verformungsarbeit Um Körper zu verformen, muss eine Kraft entlang eines Wegs angreifen. Es handelt sich dabei um mechanische Arbeit. Ein Beispiel ist die Verformung einer Feder. Bei vielen Fitnessgeräten wird bei einer Bewegung eine Feder gespannt und beim Zurückbewegen wieder entspannt.

Je größer die Formänderung des Körpers ist und je mehr Kraft zur Verformung aufgewandt werden muss, umso mehr Arbeit muss auch verrichtet werden.

Hubarbeit Wird ein Körper angehoben, greift eine Kraft senkrecht nach oben an. Es handelt sich dabei auch um mechanische Arbeit.

Je größer die Kraft ist, die man zum Heben braucht, und je höher der Körper gehoben wird, desto mehr Arbeit wird verrichtet.

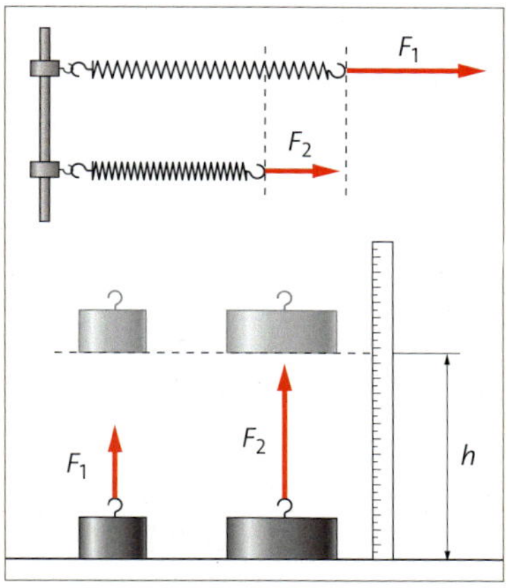

11

Wissenswertes: Reibung – Beschleunigung – Arbeit

Gibt man einem Einkaufswagen einen Stoß, rollt er nur eine bestimmte Strecke. Abgebremst wird er durch Reibung. Um ihn in Bewegung zu halten, muss man ständig arbeiten. Deshalb bezeichnet man diese Form der Arbeit als Reibungsarbeit.
Beim Drag-Racing gilt es, aus dem Stand heraus möglichst schnell eine gerade Strecke zu fahren. Damit sie sehr gut beschleunigen können, haben die Wagen zum Teil mehrere Tausend PS. Der Fahrer, der die Motorkraft am besten auf die Straße übertragen kann, gewinnt das Rennen. Diese Arbeit wird als Beschleunigungsarbeit bezeichnet.

12 Dragster

Aufgaben

1 Ordne den folgenden Tätigkeiten die richtigen Formen mechanischer Arbeit zu:
a 100-m-Lauf
b Liegestütze
c Drücken eines Gummirings
d Hochsprung

2 Arbeit können nicht nur Menschen, sondern auch Tiere oder Maschinen verrichten.
Beispiel: Die Scheibenbremse verrichtet Reibungsarbeit.
Schreibe zu jeder Arbeitsform zwei Beispielsätze in deinem Heft auf.

Arbeit, Kraft und Weg

1

Eine Umzugsfirma wirbt mit ihren Preisen. Warum sind die Preise so unterschiedlich? Ist es gerechtfertigt, einen Aufschlag für jedes Stockwerk zu verlangen?

Experiment

1 Eine Gleichung für die Hubarbeit

Schüler verrichten die gleiche Hubarbeit, indem sie Massenstücke auf verschiedene Treppenstufen heben.
Bestimme die Gewichtskraft und miss die Höhen der Treppenstufen.
Übernimm die Tabelle in dein Heft und trage die Werte ein.
Betrachte die Ergebnisse in den letzten drei Spalten.
Finde heraus, mit welcher Rechenvorschrift man mechanische Arbeit berechnen kann.

Schüler	Masse	Gewichtskraft F_G in N	Anzahl der Stufen	Höhe h in m	$F_G \cdot h$	$F_G : h$	$F_G + h$
A	1 kg	?	12	?	?	?	?
B	2 kg	?	6	?	?	?	?
C	3 kg	?	4	?	?	?	?

Hubarbeit Die verrichtete Hubarbeit ist umso größer, je größer die Gewichtskraft F_G ist. Es gilt: $W \sim F_G$. Je höher der Körper gehoben werden muss, desto mehr Arbeit wird verrichtet. Es gilt: $W \sim h$.

Für die Hubarbeit gilt: $W = F_G \cdot h$.

Solange sich die Kraft nicht verändert und Kraft und Weg die gleiche Richtung haben, gilt immer:

Arbeit = Kraft · Weg bzw. $W = F \cdot s$.

dabei sind: W – mechanische Arbeit in Joule (J)
F – Kraft in Newton (N)
s – Weg in Metern (m)

Damit ergibt sich für die Einheit der Arbeit: $1\,\text{J} = 1\,\text{N} \cdot 1\,\text{m} = 1\,\text{N} \cdot \text{m}$.

Aufgabe

1 Marissa trägt ein Paket mit einer Masse von 5 kg eine Etage hoch. Marvin trägt auch ein Paket und behauptet, er habe mehr gearbeitet. Beschreibe zwei Möglichkeiten so, dass Marvin Recht behält.

Experiment

2 Arbeit zur Überwindung von Reibung

Um einen Holzklotz gleichförmig zu ziehen, muss die Gleitreibungskraft überwunden werden. Miss die Reibungskraft F auf verschiedenen Untergründen. Übernimm die Tabelle in dein Heft und trage die Messwerte ein. Berechne die Arbeit in Joule.
Vervollständige die folgenden Sätze in deinem Heft:

a Je kleiner die Reibungskraft ist, desto … die mechanische Arbeit.
b Wird nur der Weg verdoppelt, so … mechanische Arbeit.

Untergrund	F	s in m	W in J
Sandpapier	?	0,2	?
		0,4	?
Tischplatte	?	0,2	?
		0,4	?

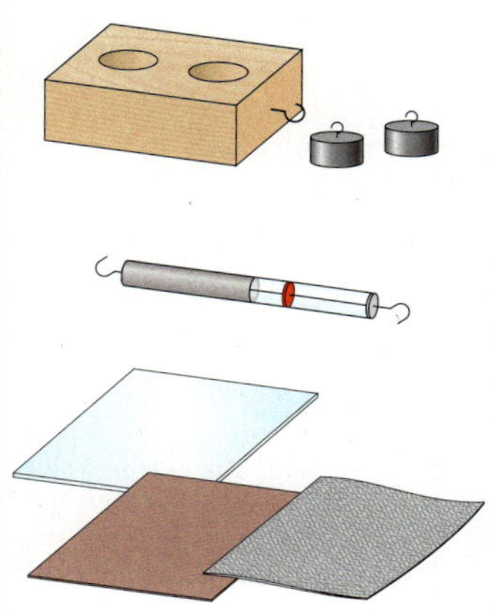

2

Reibung und Arbeit Es muss sehr viel Arbeit verrichtet werden, wenn die Reibung groß ist. Aus diesem Grund werden z. B. Fahrzeuge heute mit besonders reibungsarmen Materialien ausgestattet. Dadurch verringert man die Arbeit zur Überwindung der Reibung und die Motoren verbrauchen weniger Treibstoff.

Wissenswertes: Luftreibung beim Radfahren

Jeder hat schon einmal den Fahrtwind beim Fahrradfahren gespürt. Verdoppelt man die Geschwindigkeit, muss man viel mehr Arbeit verrichten. Hauptursache dafür ist der Anstieg der Luftreibung. Aus diesem Grund benutzen Rennradfahrer besondere Fahrräder, haben diese gebückte Haltung und tragen eng anliegende Kleidung. Ein Maß für die Windschlüpfigkeit ist der c_w-Wert. Er wird experimentell bestimmt. Auch bei Autos versuchen die Hersteller, einen sehr niedrigen c_w-Wert zu erreichen.

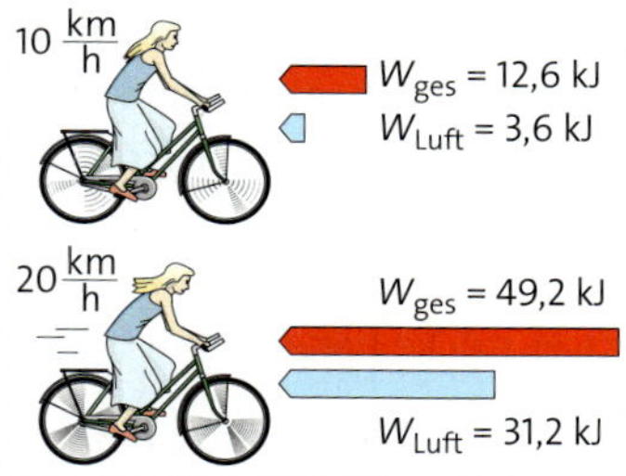

Musteraufgabe

Ein Schrank wiegt 45 kg und soll in die 3. Etage getragen werden. Das entspricht einem Höhenunterschied von etwa 9 m.
Berechne die Hubarbeit.

Gegeben: $m = 45\,kg$; $F_G = 450\,N$; $s = 9\,m$ *Gesucht:* W in J

Lösung:
$W = F \cdot s$
$W = 450\,N \cdot 9\,m$
$W = 4500\,N \cdot m$
$W = 4500\,J$

Aufgabe

1 Eine Planierraupe schiebt Erde 15 m weit. Wie viel Arbeit muss sie verrichten, wenn sie mit 10 000 N schieben muss?

Arbeit und Energie

1

In großen Freizeitparks sind sie nicht mehr wegzudenken – Falltürme. Der ungebremste Fall macht riesigen Spaß. Kann man vorhersagen, wie teuer der Energieverbrauch einer solchen Anlage werden wird?

Experiment

1 Schleuder

Stecke ein Geodreieck an einen Stift oder befestige es mit Klebeband so, dass du eine Wippe erhältst. Schleudere nun eine Stiftkappe oder Ähnliches hoch, indem du auf die andere Seite Massenstücke fallen lässt. Experimentiere so, dass du dein Geodreieck nicht beschädigst. Versuche eine möglichst große Höhe zu erreichen. Formuliere 2 Sätze in der Art: Je …, umso höher wird die Kappe geschleudert.

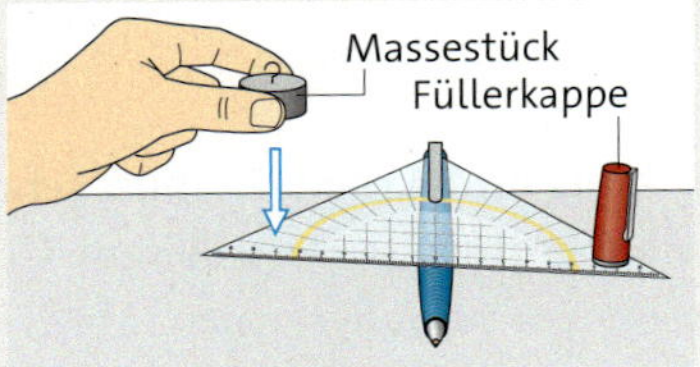

2

Die Kappe im Experiment fliegt hoch, wenn sie stark beschleunigt wird. An ihr wird Beschleunigungsarbeit verrichtet. Damit mehr Arbeit verrichtet werden kann, muss auch mehr Energie zur Verfügung stehen. Im Experiment kann man durch größere Massenstücke oder eine größere Fallhöhe ein besseres Ergebnis erreichen. Das bedeutet aber gleichzeitig, dass auch mehr Hubarbeit verrichtet wurde, um die Massenstücke hochzuheben. Die Massenstücke hatten dann mehr potenzielle Energie. ▸ 3

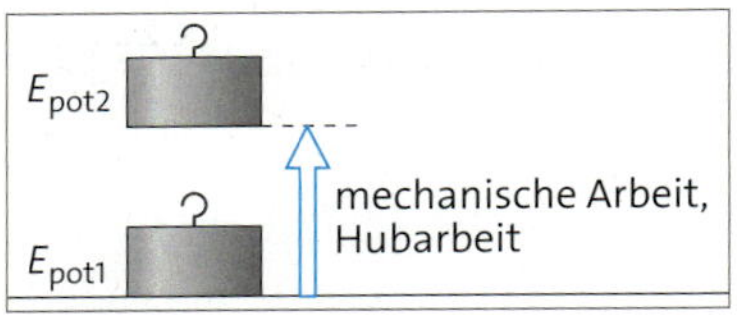

3

Energie kennzeichnet den momentanen Zustand eines Körpers. Man bezeichnet Energie als Zustandsgröße.
Hubarbeit kann als potenzielle Energie gespeichert werden.

Es gilt: $E_{pot} = W_{Hub} = F_G \cdot h$.

Musteraufgabe

Berechne die potenzielle Energie eines 50-g-Massenstücks, das auf einen 75 cm hohen Tisch gehoben wurde.

Gegeben: $m = 50\,g$ *Gesucht:* E_{pot} in J

$F_G = 0{,}5\,N$

$h = 75\,cm = 0{,}75\,m$

Lösung: $E_{pot} = F_G \cdot h$

$E_{pot} = 0{,}5\,N \cdot 0{,}75\,m$

$E_{pot} = 0{,}375\,N \cdot m = 0{,}375\,J$

Aufgaben

1 Berechne die potenzielle Energie, die eine 1-Liter-Flasche Cola (1 kg) bekommt, wenn man sie auf einen Tisch (82 cm) hebt.

2 Power Tower 2 gehört zu den größten transportablen Falltürmen. ▸ 1
Berechne die Energie, die notwendig ist, um die beladene Gondel (10 500 kg) in eine Höhe von 55 m zu bringen.

Experiment

2 Fallröhre

Forme aus Klarsichtfolie eine Röhre und fixiere sie mit Klebeband.

a Lass nacheinander erst einen Flummi und dann einen Tischtennisball in die durchsichtige Röhre fallen. Beobachte, welche Höhe nach dem ersten Aufprall wieder erreicht wird.

b Lass anschließend beide Bälle zusammen (Flummi unten) in die Röhre fallen und beobachte wieder die erreichten Höhen.

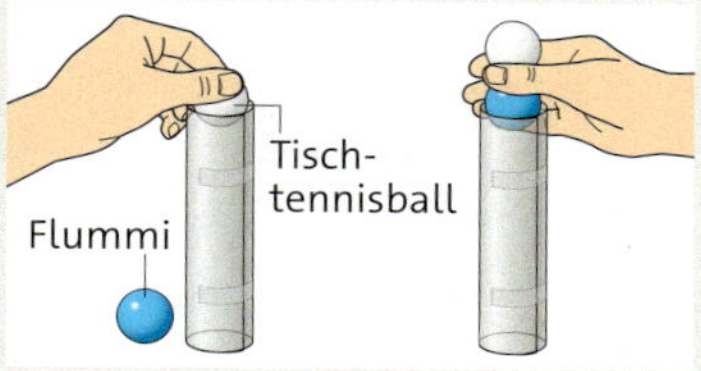

4

Obwohl der Tischtennisball im zweiten Teil des Experiments eine viel größere Höhe erreicht als im ersten, wird der Energieerhaltungssatz nicht verletzt. Energie kann nicht neu entstehen, sie wird nur in andere Formen umgewandelt oder von einem Körper auf einen anderen übertragen. Hier springt nämlich der Flummi nicht so hoch wie in Experiment a. Er hat einen Teil seiner Energie an den Tischtennisball abgegeben.

Energie kann von einem Körper auf einen anderen übertragen werden. Dabei wird Arbeit verrichtet.

In der Technik wird oft Hubarbeit verrichtet, um potenzielle Energie zu speichern. Diese gespeicherte Energie wird dann auf einen anderen Körper übertragen oder in eine andere Energieform umgewandelt.

Ein Vorschlaghammer wird oft zum Einschlagen von Pfosten benutzt. Der Hammer ist groß und schwer. Dadurch kann er viel potenzielle Energie speichern. ▸ 5
Mit einem Rammbär kann man Pfeiler in den Boden rammen. Dabei wird ein schweres Massenstück zuerst gehoben und dann auf den Pfeiler fallen gelassen. ▸ 6
Die Arbeitsweise von Solarzellen und Windrädern ist wetterabhängig. Das hat zur Folge, dass sie nicht kontinuierlich elektrische Energie liefern können. In Pumpspeicherwerken kann überschüssige elektrische Energie dazu benutzt werden, Wasser in ein Hochbecken zu pumpen. Dort ist ein Teil dieser Energie nun als potenzielle Energie gespeichert. Bei Bedarf wird das Wasser wieder abgelassen. Dann kann ein Teil dieser Energie wieder in elektrische Energie umgewandelt werden. ▸ S. 113

5

6

Aufgaben

1 Ein Massenstück wird zuerst auf den Tisch gehoben und fällt dann auf den Fußboden. Nenne die Energie- und Arbeitsformen, die bei diesem Vorgang auftreten.

2 „Es begann in Norwegen am Abend des 15. Januar 1905, als man zwei kräftige, explosionsartige Knalle hörte, gefolgt von einem 10-minütigen Lärm. Niemand konnte sehen, was geschah, denn es war zu dunkel. Ein Felsvorsprung von 50 m Breite und 100 m Höhe hatte sich oben in 500 m Höhe aus der Wand des Ramnefjells gelöst und war in das darunterliegende Blockfeld gestürzt.“
Angenommen, der Block war nur 10 m tief. Dann ergibt sich eine Masse von 90 000 t.
Berechne die potenzielle Energie, die beim Sturz umgewandelt wird.
(Die gleiche Energie wird umgewandelt, wenn 10 t TNT explodieren.)

Experiment

3 Mutprobe

Baut ein langes Pendel auf. Ein Schüler oder eine Schülerin führt das Massenstück bis an die Nase eines sitzenden Schülers und lässt es dann los. Wer schafft es, sich nicht zu bewegen, bis das Pendel wieder ankommt?

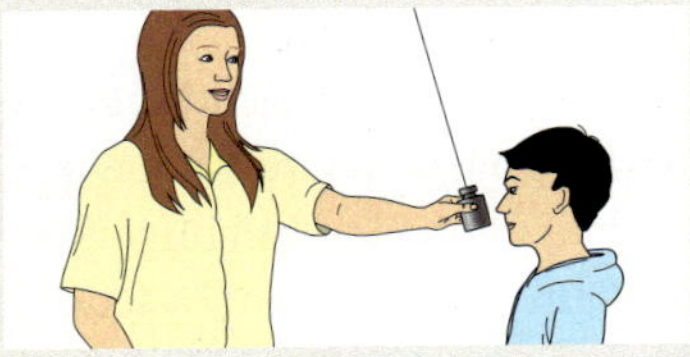

Solange man sich nicht bewegt, ist man sicher. Denn das Pendel erreicht nur beinahe wieder die Ausgangshöhe. Ein Teil seiner Energie scheint verloren gegangen zu sein. Energie kann allerdings nur in andere Formen umgewandelt werden. Eine Wärmekamera macht deutlich, dass durch Reibung mechanische in thermische Energie umgewandelt wurde. ▸ 2, 3

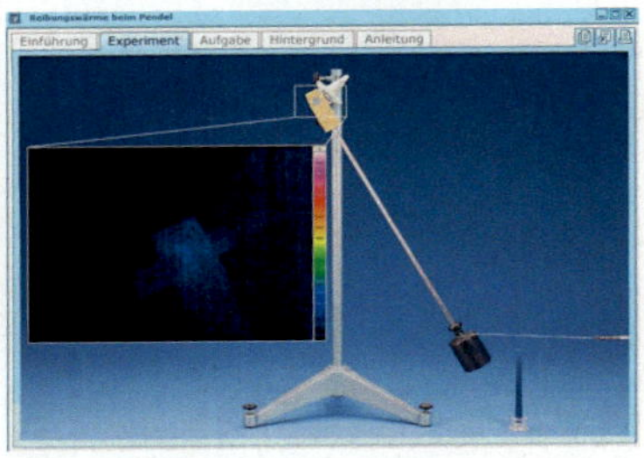

2

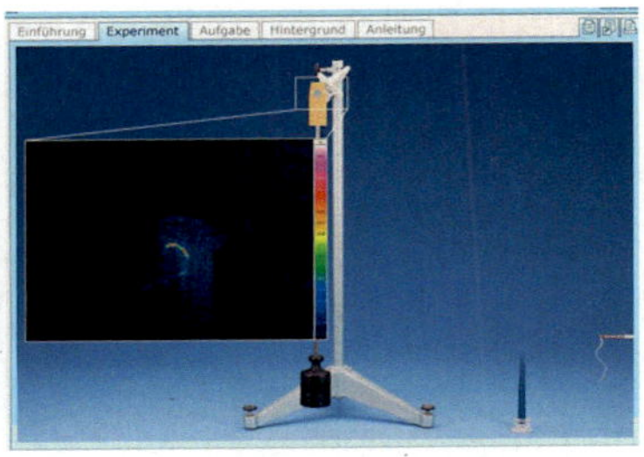

3

Bei der Beschreibung von Energieumwandlungen ist es immer einfacher, die Reibung nicht zu berücksichtigen. In Wirklichkeit gibt es aber kein System ohne Reibung. Deshalb bezeichnet man einen Vorgang ohne Reibung auch als Modell.

Ein Modell, bei dem es in einem System keine Reibung gibt, bezeichnet man als abgeschlossenes System. Energie und Stoffmenge sind in einem abgeschlossenen System immer konstant.

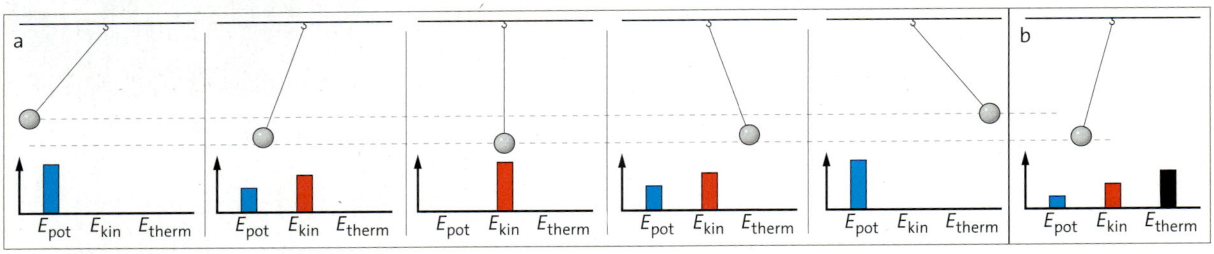

4 Energieumwandlungen beim Pendel
a: abgeschlossenes System, b: offenes System

Aufgaben

1 Beschreibe die Energieumwandlung, wenn das Pendel wieder nach oben schwingt. Zeichne ein Energiediagramm für ein abgeschlossenes System.

2 Ein Massenstück hängt an einer Feder und schwingt auf und ab. Zeichne ein Energiediagramm für eine komplette Auf- und Abbewegung. Gehe von einem abgeschlossenen System aus.

Experiment

4 Achterbahn

Befestige 4 Stifte an einem Blatt Papier. Ermittle die Ausgangshöhe, die notwendig ist, damit eine Kugel über alle Hindernisse rollt.

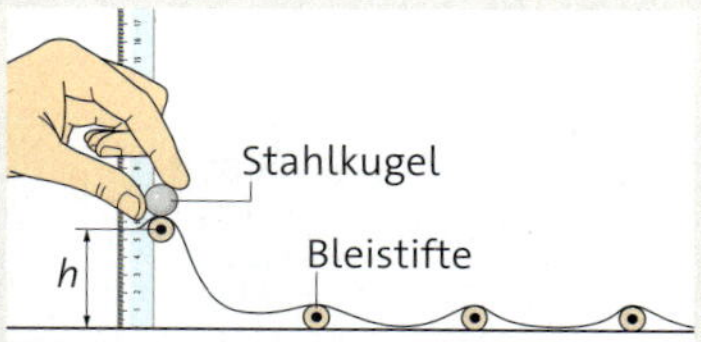

In einem abgeschlossenen System würde es ausreichen, wenn die Kugel aus der Höhe der Stifte startet. Bei jedem Überwinden eines Stifts finden aber nicht nur mechanische Energieumwandlungen statt. Durch Reibung wird ein Teil der mechanischen Energie in thermische Energie umgewandelt. Diese Energieverluste müssen durch eine größere Starthöhe ausgeglichen werden.
Bei technischen Geräten wird versucht, diese unerwünschten Energieumwandlungen zu vermindern. Dazu werden große Anstrengungen unternommen, um die Reibung zu minimieren. So wird z. B. bei Achterbahnen sehr oft kontrolliert, ob die Räder leicht rollen. Bei einigen Achterbahnen werden die Räder 3- bis 4-mal im Jahr ausgetauscht. ▸ 6

6

Wissenswertes: Skilifte der Zukunft

Skipisten sind ein großer Eingriff in die Natur. Dabei wird nicht nur Wald gerodet, sondern man benötigt auch viel Energie und Wasser für den Betrieb von Sesselliften und Kunstschneeanlagen. Es gibt aber auch Überlegungen, wie man die negativen Auswirkungen verringern kann. Eine Idee ist die Nutzung von Solarzellen, um den Skilift zu betreiben. Auch kann man damit Wasser hoch in künstlich angelegte Seen pumpen. Das Wasser wird nur einmal im Winter für die Herstellung von Kunstschnee gebraucht. Ansonsten dient es als Energiespeicher und liefert bei schlechtem Wetter oder Dunkelheit elektrische Energie ähnlich wie ein Pumpspeicherwerk.

7

8

Aufgaben

1 Ein Hammer soll möglichst viel potenzielle Energie besitzen. Nenne zwei Möglichkeiten, wie dies erreicht werden kann.

2 Ein Modellhubschrauber hat eine Masse von 3 kg. Eine AA-Batterie kann etwa 11 000 J Energie zur Verfügung stellen. Welche Höhe könnte der Hubschrauber damit erreichen?

3 In Deutschland dürfen Luftdruckwaffen maximal 7,5 J Energie an das Geschoss abgeben. Welche Höhe kann ein Geschoss erreichen, das eine Masse von 0,2 g hat?

4 Beim Rheinfall in Schaffhausen stürzt das Wasser 23 m tief hinab. Berechne die Energie, die 1 kg bzw. 1 t Wasser dabei abgeben.

Mechanische Leistung

1

Beim sächsischen Mt.-Everest-Treppenmarathon wird ein Sieger ermittelt, indem man die Runden zählt, die jeder Läufer in 24 h schafft. 2007 schaffte der Beste 144 Runden, das entspricht fast 122 km. Bei einem anderen Wettbewerb laufen die Teilnehmer genau 100 Runden. 2014 schaffte der Sieger die 84,4 km in 13 h, 27 min. Kann man die Leistung der beiden Sportler vergleichen?

Experiment

1 Treppenlauf in der Schule

Laufe 2-mal die Treppen in deinem Schulhaus hoch.
Beim ersten Mal sehr langsam, beim zweiten Mal mit normaler Geschwindigkeit. Vergleiche die erbrachte mechanische Arbeit.
Wurde beim zweiten Versuch mehr gearbeitet?
Welcher Versuch hat dich mehr angestrengt?

Arbeit und Leistung Da sich die Höhe und die Gewichtskraft in beiden Versuchen nicht geändert haben, ist die Arbeit gleich. Trotzdem musstest du dich beim zweiten Lauf mehr anstrengen. Du musstest mehr leisten. Die erbrachte Arbeit reicht also nicht aus, um beide Versuche zu unterscheiden. Man muss noch eine weitere Größe kennen: die mechanische Leistung. Denn beide Läufe unterscheiden sich in der benötigten Zeit. Je kürzer die Zeitspanne ist, die für die Arbeit benötigt wurde, umso größer die Leistung.

Beim Speedklettern versuchen die Wettkämpfer möglichst schnell eine 15 m hohe Wand zu erklimmen. Der Schnellere kommt eine Runde weiter. Die mechanische Arbeit ist für alle ungefähr gleich. Sieger ist, wer die Arbeit in der kürzesten Zeit verrichtet. ▸ 3

3

Die mechanische Leistung gibt an, wie schnell eine Arbeit verrichtet wurde.

Formelzeichen: P
Einheit: Watt (W), Kilowatt (kW), Megawatt (MW)
1 kW = 1000 W
1 MW = 1000 kW = 1 000 000 W

Arbeitet ein Mensch viele Stunden lang körperlich, beträgt seine Dauerleistung 75 W. Höchstleistungen wie z. B. im Sport sind nur für kurze Zeit möglich.

Aufgabe

1 Entscheide, ob es sich bei den Beispielen um Leistung im physikalischen Sinn handelt. Begründe.

a Leistungsvergleich im 100-m-Lauf

b Leistungsvergleich in Mathematik

c Leistungsvergleich beim Klettern

Experiment

2 Treppenlauf mit verschiedenen Höhen

Steige langsam eine Treppe in deiner Schule hoch. Miss die Zeit, die Höhe und deine Masse. Trage in deinem Heft die Messwerte in die Tabelle ein.
Schaffst du 2 Treppen in der gleichen Zeit? Berechne die Arbeit bei beiden Versuchen. Überlege, ob sich die mechanische Leistung verändert.

m in kg	?
F_G in N	?
h in m	?
W in J	?
t in s	?

Arbeit und Zeit Beim zweiten Treppenlauf hast du in der gleichen Zeit doppelt so viel gearbeitet. Damit erhöht sich natürlich auch deine erbrachte Leistung.

Je mehr Arbeit in einer bestimmten Zeitspanne verrichtet wird, umso größer wird die mechanische Leistung.

4 Je schneller man die Strecke zurückgelegt hat, umso mehr hat man geleistet.

5 Roboter benötigen weniger Zeit, um ein Auto zusammenzuschweißen. Damit leisten sie mehr.

Leistung – Beispiele

1 W: In 1 s ein 100-g-Massenstück um 1 m heben.
10 W: In 1 s eine Tüte Zucker um 1 m heben.
100 W: In 1 s einen Eimer Wasser (10 ℓ) um 1 m heben.
1000 W: In 1 s 10 Pakete mit 6 1,5-ℓ-Flaschen um 1 m anheben.
7800 W: ungefähre Spitzenleistung eines Weltklasse-Gewichthebers

Wissenswertes: Pferdestärken

Die Leistung wurde früher in Pferdestärken oder PS angegeben. Es ist eine Einheit, die James Watt festgelegt hat. Jeder sollte sofort erkennen, wie viele Pferde eine Maschine ersetzen kann. Angeblich kann man mit 2 Pferden etwa 1 ha Ackerfläche in 10 h pflügen. Mit einem modernen Traktor (120 PS) schafft man 15 ha in 10 h.
Da es verschiedene Pferderassen gibt und ein Pferd auch nicht immer gleich arbeitet, war die historische Einheit PS eine sehr ungenaue Angabe. 1978 wurde die Einheit PS durch die Einheit Watt abgelöst. Damit ehrt man James Watt für seine wissenschaftlichen Leistungen. Auch bei Autos wird die Leistung immer in Kilowatt angegeben.

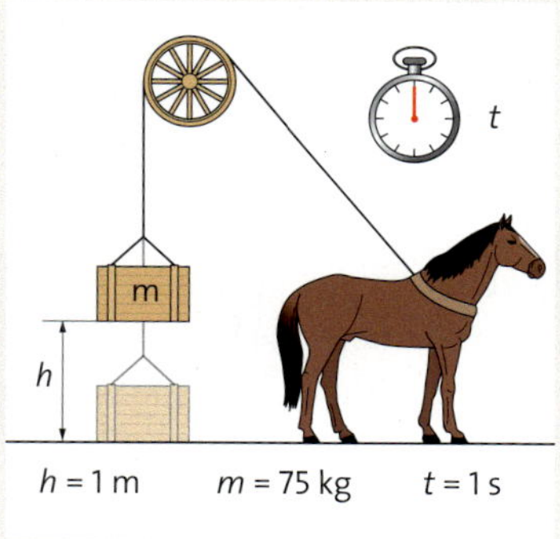

6

Aufgaben

1 Was versteht man in der Physik unter der Leistung? Nenne Formelzeichen und Einheit.

2 Rechne in Watt um: 2,5 kW; 0,3 MW; 0,5 MW.

3 Rechne in kW um: 3000 W, 4500 W, 20 W.

4 Überlege, ob du eine Leistung von 1 PS erbringen kannst. Berechne dazu, welche Masse du in 1 s um 1 m anheben musst.

Leistung, Arbeit und Zeit

1

Im Sportunterricht trainieren Lena und Carla im Kraftkreis das Banksteigen. Sie sollen die Übung 20-mal ausführen. Lena ist als Erste fertig und jubelt. Carla widerspricht: „Ich bin viel schwerer und habe mehr gearbeitet." Wie können sie den Sieger ermitteln?

Experiment

1 Bankstiegen

Wer hat am meisten gearbeitet? Wer hat am meisten geleistet? Beantwortet die Fragen, indem ihr einen kleinen Wettbewerb durchführt.

a Jeder Schüler steigt 20-mal auf eine Bank in der Turnhalle. Messt die erforderlichen Größen und tragt die Messwerte in eine Tabelle ein.

h in m	*m* in kg	F_G in N	*t* in s
?	?	?	?

b Berechnet, welche Arbeit jeder verrichtet hat. Vergleicht die Ergebnisse.

Arbeit für 1-mal Banksteigen	Arbeit für 20-mal Banksteigen
?	?

c Um zu entscheiden, wer am meisten geleistet hat, muss jeder Schüler errechnen, wie viel er in 1 Sekunde gearbeitet hat.
Vergleicht eure Werte und ermittelt, wer am meisten geleistet hat.

2

Leistung Die mechanische Leistung ist umso größer, je mehr Arbeit in einer bestimmten Zeit verrichtet wird. Es gilt: $P \sim W$.
Sie ist umso größer, je weniger Zeit für eine bestimmte Arbeit benötigt wird. Es gilt: $P \sim \frac{1}{t}$.

$$\text{Leistung} = \frac{\text{Arbeit}}{\text{Zeit}} \quad \text{bzw.} \quad P = \frac{W}{t}$$

Damit erhält man für die Einheit: $1\ \text{Watt} = \frac{1\ \text{Joule}}{1\ \text{Sekunde}} = 1\,\frac{\text{J}}{\text{s}}$.

Aufgabe

1 Leon erreicht beim Treppensteigen eine Leistung von 150 W. Peters Leistung ist größer. Nenne mindestens 2 Möglichkeiten, wie Peter zu mehr Leistung gekommen sein könnte.

Experiment

2 Leistungsmessung in 60 s

Markiere an einer Wand eine Höhe von 2 m. Zähle, wie oft du in 60 s einen Medizinball von einem Tisch über die Markierung heben kannst. Miss die Masse des Medizinballs und berechne die Arbeit und deine Leistung. Vergleicht die Ergebnisse in eurer Klasse.

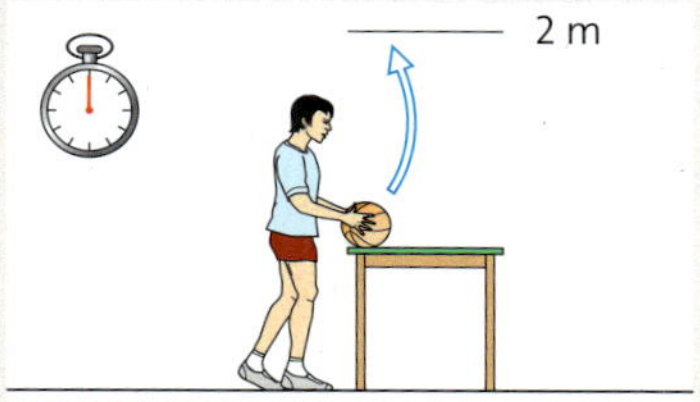

Musteraufgabe

Jana schafft 1 Klimmzug in 2 s. Dabei musste sie ihren Körper um 60 cm anheben. Berechne ihre Arbeit und ihre Leistung, wenn sie 46 kg wiegt.

Gegeben: $m = 46\,\text{kg}$; $F_G = 460\,\text{N}$; $s = 0{,}6\,\text{m}$; $t = 2\,\text{s}$

Gesucht: W in J; P in W

Lösung:

$W = F_G \cdot h$

$W = 460\,\text{N} \cdot 0{,}6\,\text{m}$

$W = 276\,\text{J}$

$P = \frac{W}{t}$

$P = \frac{276\,\text{J}}{2\,\text{s}}$

$P = 138\,\text{W}$

Jana erbrachte eine mechanische Arbeit von 276 J und leistete dabei 138 W.

4

Wissenswertes: Leistungen in Natur und Technik

1,5 W – durchschnittliche Leistung eines menschlichen Herzens
10 W – etwa in 1 s deine Schultasche eine Treppenstufe hochheben
20 W – etwa die Leistung beim Spazierengehen
100 W – Dauerleistung eines erwachsenen Menschen
0,25 kW – Leistung des Motors bei Elektrofahrrädern
4 kW – Leistung eines 50-cm^3-Motorrollers
11 kW – Leistung eines 125-cm^3-Motorrads
80 kW – Leistung eines Mittelklasse-Pkw
700 kW – Leistung eines Formel-1-Rennwagens
8 MW – Leistung des ICE 3
260 MW – durchschnittliche jährliche Leistungsaufnahme des GOOGLE-Rechenzentrums

Aufgaben

1 Berechne die Leistung …
a eines Milchaufschäumers, der in 8 s eine mechanische Arbeit von 50 Joule erbracht hat.
b einer Küchenmaschine, die nach 3 min Teig kneten 200 kJ gearbeitet hat.

2 Beim 100-m-Lauf verrichtet ein Sportler etwa 8580 J Arbeit in 14,3 s. Berechne die Leistung.

3 Ordne die Leistungen 44 kW, 80 W, 200 kW, 30 MW, 1000 MW den Beispielen zu:
a Leistung eines Fahrradfahrers
b Leistung eines Kraftwerks
c Leistung eines Motorrads
d Leistung eines Busses
e Leistung eines Flugzeugtriebwerks

Aufgaben und Aufträge

Mechanische Arbeit – was ist das?

1 Nenne die Definition der mechanischen Arbeit, das Formelzeichen und die Einheit.

2 Erläutere den Begriff Hubarbeit.

3 Begründe, warum Verformungsarbeit eine Arbeit im physikalischen Sinn ist.

4 Nenne je 2 Möglichkeiten, wie man Verformungs- und Hubarbeit vergrößern kann.

5 Rechne um:
a 3 kJ = … J
b 5 MJ = … J
c 1,5 kJ = … J
d 4500 J = … kJ
e 3 200 000 J = … MJ

Arbeit, Kraft und Weg

6 Gib die Gewichtskraft der folgenden Massen in Newton an: 100 g, 50 g, 300 g, 1 kg, 50 kg.

7 Rechne in Metern um: 2,5 km; 0,3 km; 20 cm.

8 Entscheide, wer mehr gearbeitet hat. Begründe deine Antworten.
a Paul hebt seine Schultasche vom Fußboden bis zur Tischhöhe von 84 cm. Lisa hebt die gleiche Schultasche vom Tisch bis in eine Höhe von 1,5 m.
b Der 12-jährige Marcus hebt Jonas (er wiegt 48 kg) um 10 cm an. Der 13-jährige Jonas hebt Marcus (er wiegt 45 kg) um 10 cm an.

9 Schreibe die Sätze ab und vervollständige sie:
a Die mechanische Arbeit wird doppelt so groß, wenn die Kraft …
b Wenn eine konstante Kraft an einem dreimal so langen Weg angreift, wird die mechanische Arbeit …

10 Nenne die Gleichung zur Berechnung der mechanischen Arbeit. Gib an, in welchen Einheiten die Größen eingesetzt werden müssen.

11 Bei einem Klimmzug hebst du deinen Körper um 65 cm an. Berechne die Hubarbeit.

12 Berechne die Hubarbeit, wenn du eine Schultasche ($m = 10$ kg) auf den Tisch ($h = 81$ cm) stellst.

13 Vom Motor eines Pkw wird im 5. Gang eine Kraft von 1800 N auf die Räder des Fahrzeugs übertragen. Wie groß ist die verrichtete Arbeit nach einer Fahrt von 140 km?

14 Ein Spielzeugfahrzeug wird von einer Kraft von 3 N vorangetrieben. Auf der Rennbahn legt es eine Entfernung von 40 m zurück. Welche Arbeit hat es dabei verrichtet?

15 Ein Kran soll eine Betonplatte um 8 m anheben. Die Gewichtskraft der Platte beträgt 18 000 N. Wie groß ist die Hubarbeit?

16 Eine Rolltreppe befördert in einer Stunde 1200 Menschen mit einer durchschnittlichen Gewichtskraft von 750 N um 8 m in die Höhe. Wie groß ist die verrichtete Arbeit?

17 Beim Radfahren auf horizontaler Straße wendest du eine Kraft von 60 N auf. Wie groß ist die Arbeit, die du nach einer Strecke von 10 km verrichtet hast? Wie hoch muss ein Berg sein, den du mit deiner Gewichtskraft von 600 N besteigst, wenn dabei die gleiche Arbeit als Hubarbeit verrichtet wird?

18 Welche Arbeit verrichtet ein Getränkefahrer, der zum Beladen seines Lkw 100 Kisten ($m = 15$ kg) um jeweils 2 m nach oben hebt?

Mechanische Leistung

19 Rechne um:
a 2 kW = … W
b 2500 W = … kW
c 0,3 MW = … W

20 Nenne die Formel zur Berechnung der mechanischen Leistung und erläutere die Abkürzungen.

21 Von zwei Motoren werden gleich große mechanische Arbeiten verrichtet. Mit dem Motor 1 sind dafür 30 s erforderlich, mit dem Motor 2 sind es 60 s. Vergleiche die beiden Leistungen.

Leistung, Arbeit und Zeit

22 Wie groß ist die Leistung eines Bergsteigers ($m = 60\,kg$), wenn er einen Höhenunterschied von 500 m in 45 min überwindet?

23 Wie lange braucht eine Pumpe mit einer Leistung von 4 kW, um 1000 Liter Wasser ($m = 1000\,kg$) aus 20 m Tiefe zu fördern?

24 Berechne die Leistung eines Hochspringers mit einer Masse von 75 kg, der seinen Körper in 0,2 s um 1,50 m anhebt. ▸ 1

1

25 Jörg und Gerd klettern an Seilen 5 m hoch. Beide schlagen nach genau 7 s gleichzeitig an.

a Der Sportlehrer sagt, beide hätten die gleiche Leistung erbracht und bekämen daher dieselbe Note. Was sagst du zu dieser Bewertung? Begründe deine Meinung.

b Berechne die Leistungen von Jörg ($m = 44\,kg$) und Gerd ($m = 50\,kg$).

26 Claudia und Jana brechen morgens gemeinsam von der Hütte zum Gipfelkreuz eines hohen Bergs auf. Claudia liebt extremes Klettern und steigt in eine fast senkrechte Wand ein. Jana lässt den Tag etwas gemütlicher angehen und schlägt den Wanderweg zum Gipfel ein. Während sie nach zweieinhalb Stunden oben ist, trifft Claudia erst nach fast vier Stunden ein.

a Wer hat mehr Arbeit verrichtet? Begründe deine Antwort.
Hinweis: Claudia und Jana wiegen etwa gleich viel.

b Wer hat aus physikalischer Sicht mehr geleistet?

27 Paul (45 kg) und Susanne (40 kg) wohnen im gleichen Haus. Paul im 5. und Susanne im 4. Stock. Jedes Stockwerk hat eine Höhe von 3,0 m. Vom Erdgeschoss aus benötigt Paul 70 s nach oben. Susanne braucht 55 s. Vergleiche die mechanischen Leistungen von Paul und Susanne.

Überblick

Mechanische Arbeit Sie wird verrichtet, wenn ein Körper durch eine Kraft bewegt oder verformt wird.
Beispiele für mechanische Arbeit sind Beschleunigungsarbeit, Hubarbeit und Verformungsarbeit.
Formelzeichen: W
Einheit: Joule (J), $1\,J = 1\,N \cdot m$
Kilojoule (kJ), $1\,kJ = 1000\,J$
Megajoule (MJ), $1\,MJ = 1\,000\,000\,J$

Berechnung: $W = F \cdot s$

Leistung Die mechanische Leistung gibt an, wie schnell Arbeit verrichtet wurde.
Formelzeichen: P
Einheit: Watt (W)
Kilowatt (kW), $1\,kW = 1000\,W$
Megawatt (MW), $1\,MW = 1\,000\,000\,W$

Berechnung: $P = \frac{W}{t}$

Dieser Anblick einer Großbaustelle ist uns vertraut. Kräne, Aufzüge oder Transportbänder gehören einfach dazu. Sie erleichtern den Menschen die schwere körperliche Arbeit.
Sind sie eine Erfindung der Neuzeit?
Wie funktionieren sie? Gibt es physikalische Gesetze, die für alle Vorrichtungen gelten?

Kraftumformende Einrichtungen

Seitdem der Mensch denken kann, versucht er mit einfachen Vorrichtungen sein Leben zu verbessern. In der Steinzeit wurden Waffen und Werkzeuge aus Stein hergestellt, um schneller an Fleisch heranzukommen. Beim Bau von Tempeln oder Grabanlagen erfand er Maschinen, um die großen Steine bewegen zu können. Wahrscheinlich benutzten die Baumeister der Pharaonen zum Bau der Pyramiden schon damals Rampen. ▸ 4
Nachweislich hat ARCHIMEDES VON SYRAKUS (um 285 v. Chr. – 212 v. Chr.) Rollen zu einem Flaschenzug zusammengesetzt. Der Bau von Maschinen zur Verteidigung seiner Heimatstadt ließ ihn nebenbei auch das Hebelgesetz formulieren. ▸ 2
Rollen, Rampen und Hebel werden zu den kraftumformenden Einrichtungen gezählt, da man mit ihnen die Richtung, den Angriffspunkt und den Betrag der Kraft verändern kann. Du wirst erkennen, wo in deinem Leben noch immer das Prinzip dieser Maschinen angewendet wird. Führe einfache Experimente durch und du wirst verblüfft sein, mit welcher kleinen Kraft du z. B. große Massen bewegen kannst. ▸ 3

2

3

4

Weißt du's?

Mithilfe der Lösungsmatrix kannst du deine Antworten überprüfen: Die Zahlen in den Spalten entsprechen den Aufgabennummern und die Buchstaben in den Zeilen den Lösungsvorschlägen. Die richtige Lösung hat einen fünfzackigen Stern.

1 Durch welche Symbole (Formelzeichen und Einheit) wird die physikalische Größe mechanische Arbeit gekennzeichnet?

A W und J
B F und N
C m und s

2 Du möchtest mechanische Arbeit verrichten. Was musst du dafür tun?

B Mit der Schultasche an der Bushaltestelle stehen.
C Getränke in die Wohnung tragen.
D Eine Physikarbeit schreiben.

3 Bei welcher Getränkeverpackung benutzt du zum Öffnen einen Hebel?

D

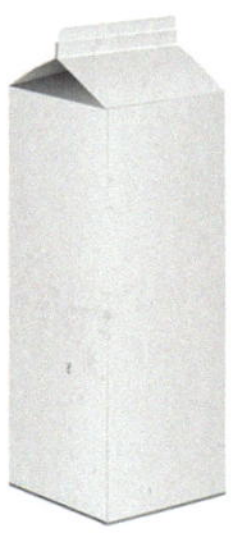
E

F

4 Mit welchem Gegenstand kann man mechanische Arbeit einsparen?

A Flaschenzug
B mit keinem Gegenstand
C Hebel

5 Was bedeutet die Angabe auf dem Straßenschild?

C Vorsicht: Es geht 12 m hinunter!
E Auf 100 m in waagerechter Richtung ändert sich die Höhe um 12 m.
A Die Straße hat einen Anstiegswinkel von 12°.

6 Mit welcher Schere kannst du am leichtesten Pappe durchtrennen?

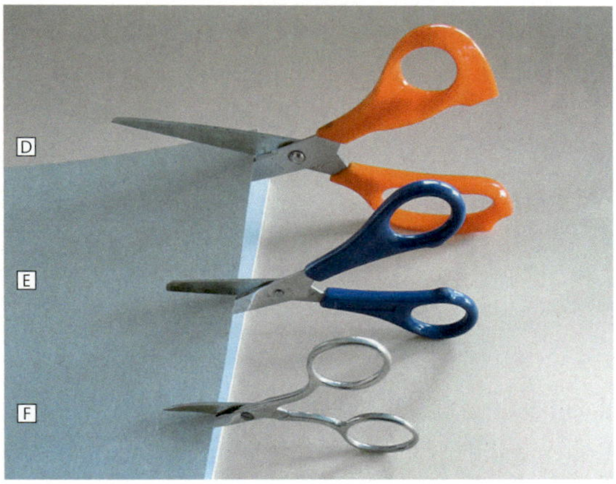

Lösungsmatrix:

	1	2	3	4	5	6
A	★	✹	⭘	✱	◆	●
B	◆	⭘	●	★	✱	✹
C	⭘	★	✹	◆	✱	●
D	●	✱	✹	⭘	◆	★
E	●	✹	◆	✱	★	⭘
F	◆	⭘	★	●	✹	✱

Rollen

1

Ein Ausfall der Lifte bereitet den Bewohnern in Hochhäusern ziemlich viel Ärger, denn ohne Aufzüge ist ein Leben darin unbequem. Einige Menschen haben auch Angst vor einem Absturz. Ist das berechtigt? Wie funktionieren einfache Aufzüge?

Experiment

1 Feste Rolle

Baue aus Stativmaterial diese Anordnung auf. Bestimme vorher mit einem Federkraftmesser die zum Anheben der Masse benötigte Kraft. Wir bezeichnen sie als Hubkraft (F_{Hub}).
Miss am anderen Seilende, wie groß die Zugkraft (F_{Zug}) sein muss, um die Masse anzuheben.
Verändere die Richtung der Zugkraft entsprechend den gestrichelten Pfeilen (F_{Zug1} und F_{Zug2}).
Wiederhole das Experiment mit verschiedenen Massen.
Übertrage die Tabelle in dein Heft und ergänze die Messwerte.

Masse	F_{Hub}	F_{Zug}	F_{Zug1}	F_{Zug2}
100 g	?	?	?	?
?	?	?	?	?

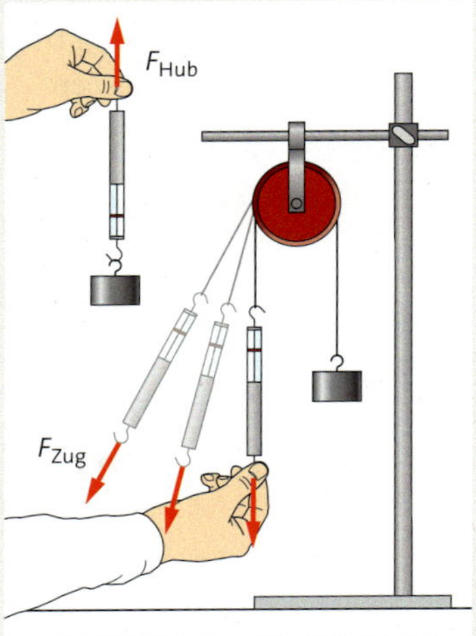

2

Feste Rolle Die im Experiment benutzte Anordnung nennt man feste Rolle, weil der Drehpunkt der Rolle immer am gleichen Ort bleibt. ▸ 3
Will man eine Masse von 100 g anheben, so muss man eine Hubkraft von 1 N aufbringen. Beim Ziehen am Seil, das über die feste Rolle läuft, benötigt man ebenfalls eine Zugkraft von 1 N. Die feste Rolle ändert nichts am Betrag der Kraft. Sie ändert nur ihre Richtung. Man nennt die feste Rolle daher auch Umlenkrolle. Dabei ist es also egal, ob man direkt unter der Masse oder ein Stück entfernt steht. In manchen Fällen ist das sicherer und auch die einzige Möglichkeit.

Mit einer festen Rolle kann man nur die Richtung der Kraft ändern. Man nennt sie daher auch Umlenkrolle.
$F_{Hub} = F_{Zug}$

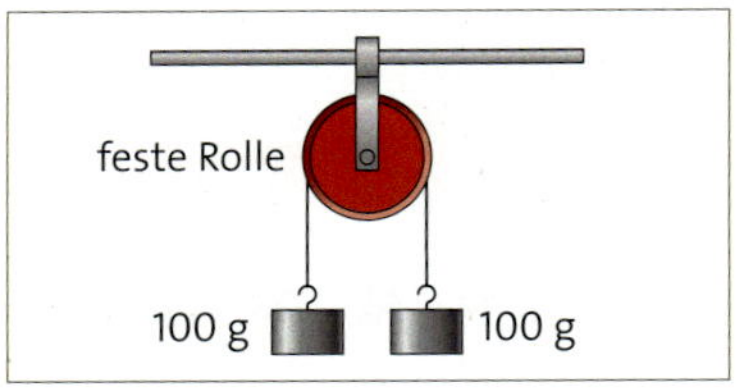

3

Aufgabe

1 Suche in deiner Umgebung Anwendungsbeispiele für feste Rollen.

Experiment

2 Lose Rolle

Baue aus Stativmaterial die Versuchsanordnung auf.
Miss mit einem geeigneten Federkraftmesser die zum Heben benötigte Kraft (F_{Hub}) und die Kraft, mit der du am Seilende ziehst (F_{Zug}).
Beachte, dass der Federkraftmesser parallel zum Seil gehalten wird.
Übertrage die Tabelle in dein Heft und ergänze die Messwerte:

Masse	F_{Hub}	F_{Zug}
?	?	?

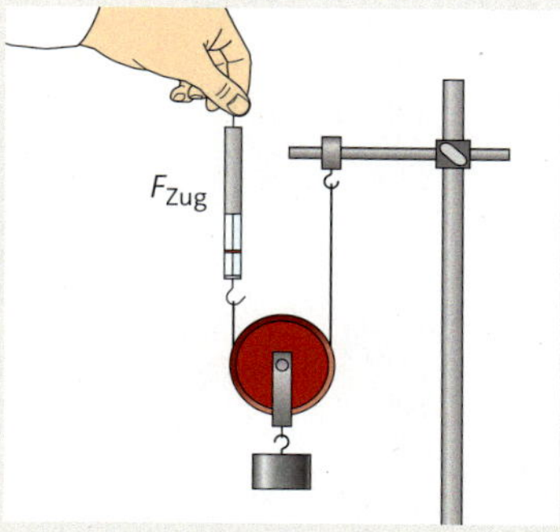

Lose Rolle Im Experiment hängt die Rolle lose in einer Seilschlinge und ändert ihren Ort ständig. Sie bewegt sich hoch oder runter.
An der losen Rolle teilt sich die zum Heben der Masse notwendige Kraft auf zwei Seilstücke auf. Beide Seilenden nennt man tragende Seilstücke. Baut man zwei Federkraftmesser ein, kann man ablesen, dass an beiden Seilenden je die Hälfte der Hubkraft angreift. Die Kraft, mit der man am losen Seilende ziehen muss, ist also nur halb so groß wie die Hubkraft. ▸ 5

Bei einer losen Rolle verteilt sich die Last gleichmäßig auf beide Seiten des Seils. Um die Last nach oben zu bewegen, benötigt man eine Zugkraft, die nur halb so groß ist wie die Hubkraft.
$F_{Zug} = \frac{1}{2} \cdot F_{Hub}$

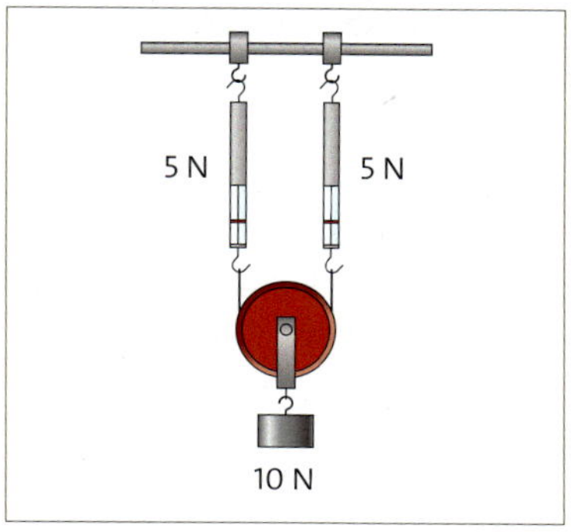

5

Wissenswertes: Aufzüge

Lastenaufzüge kannten die Menschen schon im Altertum. Doch die Gefahr, dass die Seile reißen und der Korb herabstürzt, hielt die Menschen davon ab, selbst den Aufzug zu benutzen. 1853 entwickelte Elisha Graves Otis eine Sicherheitsfangvorrichtung. Sie sollte automatisch verhindern, dass der Aufzug beim Reißen des Seils abstürzt.
Während einer öffentlichen Vorführung im New Yorker Kristallpalast betrat Otis selbst eine Aufzugsplattform und ließ sich in die Höhe ziehen. Sein Assistent durchtrennte dann das Seil. Doch statt in die Tiefe zu stürzen, blieb die Plattform nach wenigen Zentimetern in den Führungsschienen stecken. ▸ 6

Aufzüge hängen heute an mehreren Halteseilen, die über eine Umlenkrolle mit einem Gegengewicht verbunden sind. Ein Elektromotor bewegt die Umlenkrolle.

Aufgaben

1 Erkundige dich, wo in deiner Umgebung lose Rollen im Einsatz sind.

2 Mit einer losen Rolle sollen 12 kg Beton hochgezogen werden. Wie groß muss die Zugkraft sein?

Flaschenzüge

1

Bei vielen Freizeitaktivitäten müssen Seile fest gespannt werden. Die Kraft, die ein Mensch ausüben kann, reicht dazu oft nicht aus. Im Handel gibt es dafür kleine Maschinen, die man Flaschenzüge nennt. Wie vollbringen sie ihre Wunder?

Experiment

1 Flaschenzug

Baue aus Stativmaterial diese Kombination aus vier Rollen auf. Miss für verschiedene Massen die Hub- und Zugkräfte. Übertrage die Tabelle ins Heft und ergänze die Messwerte.

Masse	F_{Hub}	F_{Zug}
?	?	?

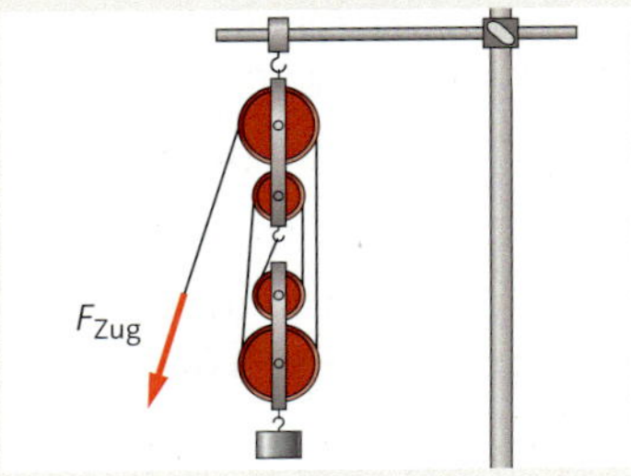

Feste und lose Rollen Eine Kombination aus losen und festen Rollen bezeichnet man als Flaschenzug. Nach ihrer früheren Form nennt man das Gehäuse, in dem die losen und festen Rollen angebracht sind, Flaschen. ▸ 3 Die festen Rollen wirken dabei als Umlenkrollen, sie ändern die Richtung der Kraft. Die losen Rollen verteilen die Kraft auf je zwei Seile. Bei zwei losen Rollen verteilt sich die Kraft dadurch schon auf vier Seile. Diese Seile nennt man wieder tragende Seilstücke.

Zwischen den festen und den losen Rollen spannen sich im Experiment 1 vier tragende Seilstücke. An der Anzahl der tragenden Seilstücke kann man die aufzuwendende Kraft erkennen: Teilt man die Hubkraft durch die Anzahl der tragenden Seilstücke, erhält man die aufzuwendende Zugkraft. Diese Rechnung gilt nur, wenn an den Rollen keine Reibung herrscht und die losen Rollen als masselos betrachtet werden. In der Praxis ist die Zugkraft größer als der rechnerische Wert.

Eine Kombination aus festen und losen Rollen nennt man Flaschenzug. Die aufzuwendende Zugkraft ist der Quotient aus der Hubkraft und der Anzahl der tragenden Seilstücke:

$F_{Zug} = \frac{F_{Hub}}{n}$, **$n$ … Anzahl der tragenden Seilstücke.**

3

Aufgabe

1 Mit einem Flaschenzug aus 2 festen und 2 losen Rollen soll eine Last von 200 N angehoben werden. Welche Zugkraft ist dafür notwendig?

Experiment

2 Wege an Flaschenzügen

Arbeitet bei diesem Experiment in Gruppen.
Benutzt die Experimentieranordnung von ▸ Experiment 1.
Hebt die Masse um 10 cm an (Hubweg s_{Hub}) und messt, um wie viel Zentimeter dafür das Zugseil gezogen werden muss (Zugweg s_{Zug}).
Hebt die Masse um eine andere Höhe an und bestimmt wieder den Zugweg. Bestimmt auch die Hubkraft und berechnet die Zugkraft. Überprüft die Ergebnisse durch eine Messung.
Wiederholt die Messungen mit einer anderen Masse.
Übertragt die Tabelle in eure Hefte und ergänzt die Messwerte:

Masse	F_{Hub}	s_{Hub}	F_{Zug}	s_{Zug}
?	?	?	?	?

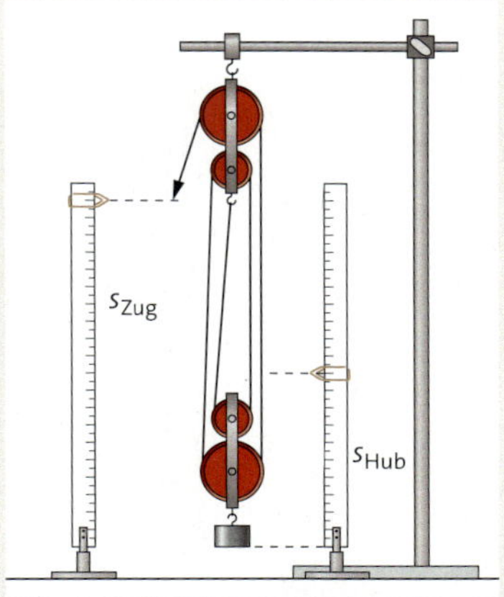

4

Kraft und Weg Hebt man eine Masse mit einer losen Rolle an, benötigt man dafür den doppelten Zugweg. Benutzt man einen Flaschenzug mit vier tragenden Seilstücken, muss man sogar den vierfachen Zugweg bewältigen. Mit einer losen Rolle oder einem Flaschenzug muss man weniger Kraft aufbringen, dafür legt das Zugseil einen längeren Weg zurück.

Je mehr Seilstücke die Last beim Flaschenzug tragen, desto geringer ist die Zugkraft und desto mehr Seil muss man ziehen.

Wissenswertes: Schuhschnürung und Flaschenzüge

Flaschenzüge begegnen uns im Alltag auch an manchen überraschenden Stellen. Sieht man sich z. B. die Schnürung von Schuhen an, so denkt wohl niemand an einen Flaschenzug. ▸ 5
Tatsächlich sind es aber Flaschenzüge. Bei robusten Wanderschuhen ist es deutlich zu erkennen: An den Haken sind kleine Rollen, die die Reibung verringern.
Mit einem Versuch kann man die Wirkung dieses Flaschenzugs ausprobieren. Dazu braucht man zwei Stativstäbe und ein Seil. Dieses befestigt man an einem Stab und schlingt es dann wechselseitig um den andern. Zwei Personen versuchen, diese Stäbe auseinanderzuhalten, während eine dritte Person an der Schnürung zieht. Die Wirkung ist sehr überraschend. ▸ 6

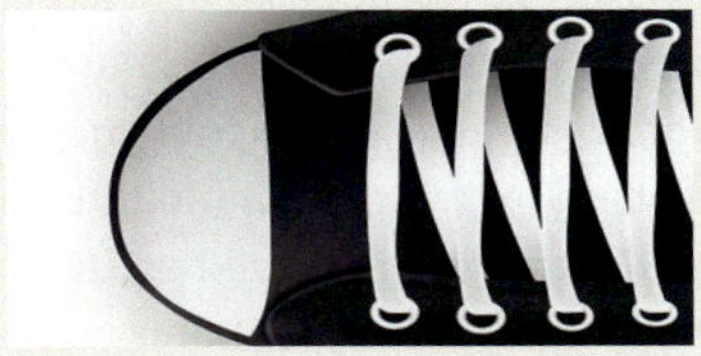
5 Schuhschnürung

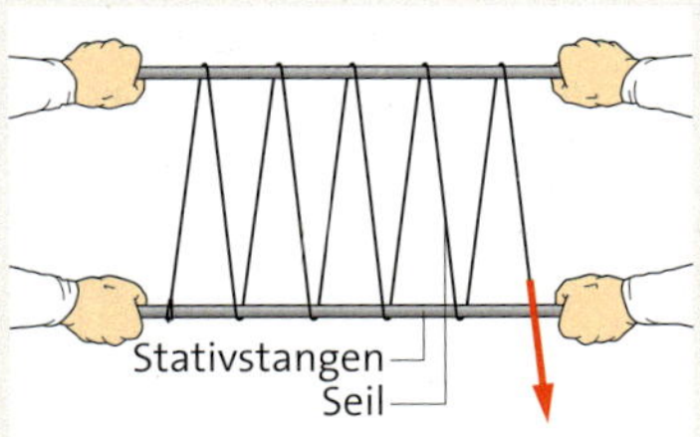

6 Flaschenzug

Aufgaben

1 Suche weitere Flaschenzüge in deiner Umgebung.

2 Zeichne einen Flaschenzug aus 6 Rollen, achte dabei auf die richtige Seilführung.

Zweiseitige Hebel

1

Ein Baum versperrt den Weg. Ist es möglich, ihn ohne moderne Technik anzuheben und wegzurollen? Die Männer im Bild schaffen es – nur mit der Anwendung eines alten Hilfsmittels: Sie benutzen Hebel. Auf den folgenden Seiten kannst du lernen, wie diese funktionieren.

Experiment

1 Wie ein zweiseitiger Hebel funktioniert

Probiere mit einem kleinen Brett und einem Bleistift als Unterlage aus, wie groß die Kraft deiner Hand sein muss, um einen Stein zu bewegen. Verändere auch die Lage des Bleistifts, der hier als Drehpunkt wirkt.
Finde heraus, wo der Bleistift liegen muss, damit du möglichst wenig Kraft aufbringen musst.

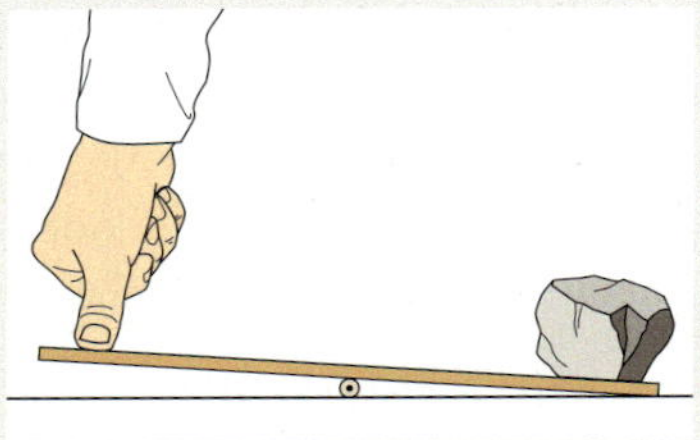

Zweiseitige Hebel Die im Experiment verwendete Anordnung ist ein zweiseitiger Hebel: Am Bleistift befindet sich der Drehpunkt. Die Gewichtskraft des Steins (F_1) nennt man zur besseren Unterscheidung Last. Den Abstand bis zum Drehpunkt bezeichnet man als Lastarm l_1. Auf der anderen Seite vom Drehpunkt greift am Ende des Kraftarms l_2 die Kraft F_2 an. Die geringste Kraft (F_2) muss man aufwenden, wenn der Drehpunkt nahe am Stein liegt und damit der Lastarm l_1 sehr kurz ist.

Ein Hebel ist ein fester Körper, der sich um einen Drehpunkt bewegen kann. Greifen die Kräfte auf verschiedenen Seiten des Drehpunkts an, so spricht man von einem zweiseitigen Hebel.

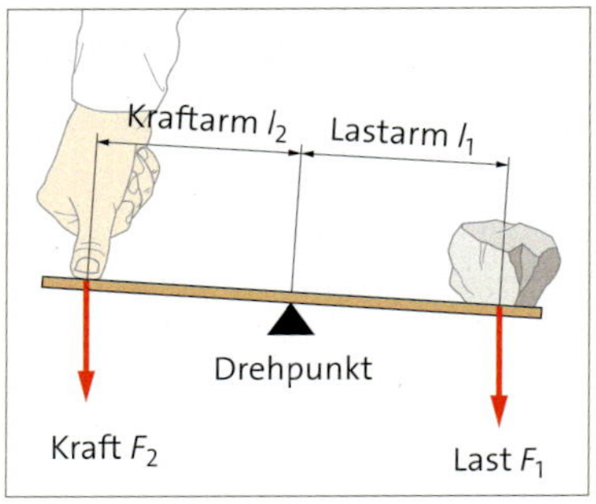

3

Aufgaben

1 Suche in deiner Umgebung nach Beispielen für zweiseitige Hebel.

2 Ist es möglich, dass auf einer Wippe des Spielplatzes zwei unterschiedlich schwere Menschen wie z. B. Mutter und Kind fröhlich wippen können? Erläutere, wo die Personen sitzen sollten. ▸ 4

4

Experiment

2 Zweiseitiger Hebel im Gleichgewicht

a Baue die Experimentieranordnung auf. Miss jeweils die aufzubringende Kraft, um den Hebel im Gleichgewicht zu halten.
Verändere jetzt die Länge des Kraftarms l_2 und lass alle andern Größen unverändert.
Übertrage die Tabelle in dein Heft und trage deine Messwerte ein. Bilde anschließend die Produkte $F_1 \cdot l_1$ und $F_2 \cdot l_2$.

Lastseite			Kraftseite		
Last F_1	Lastarm l_1	$F_1 \cdot l_1$	Kraft F_2	Kraftarm l_2	$F_2 \cdot l_2$
4 N	5 cm	?	?	5 cm	?
4 N	5 cm	?	?	10 cm	?

b Führe das Experiment erneut durch. Verändere jetzt aber die Länge des Lastarms l_1 und lass den Kraftarm l_2 unverändert.

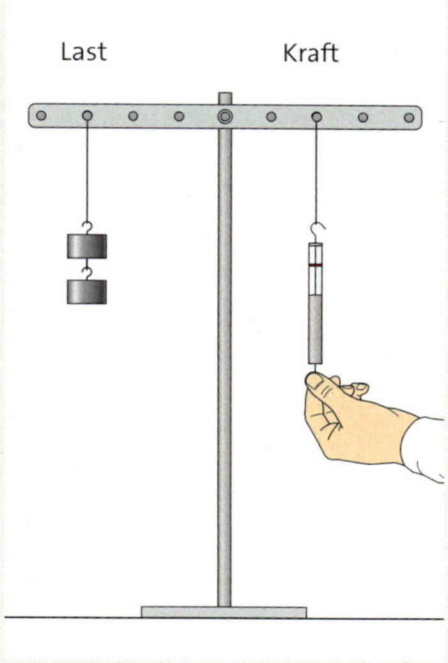

5

Gleichgewicht Die Kraft F_2 ist umso kleiner, je kürzer der Lastarm l_1 und je länger der Kraftarm l_2 ist. Bildet man das Produkt aus Last F_1 und Lastarm l_1 sowie aus Kraft F_2 und Kraftarm l_2, so findet man gleiche Zahlenwerte.

Ein Hebel befindet sich im Gleichgewicht, wenn die Produkte aus Kraft und zugehörigem Hebelarm auf beiden Seiten des Hebels gleich groß sind.
$F_1 \cdot l_1 = F_2 \cdot l_2$ (Hebelgesetz)

Wissenswertes: Skywalk

2007 wurde im Erlebnispark Grand Canyon West eine ungewöhnliche Besucherattraktion eröffnet: Eine Plattform aus Stahlträgern mit aufgelegten gläsernen Bodenplatten und gläsernem Geländer ragt 22 m über den Rand des Canyons hinaus. Sie erzeugt das Gefühl, 1100 m über dem Colorado River zu schweben. ► 6
Die Konstruktion wiegt 482 t. Sie soll Windgeschwindigkeiten von 160 km/h sowie Erdbeben der Stärke 8 trotzen. Besucher müssen spezielle Filzschuhe tragen, um das Glas nicht zu zerkratzen.

Aufgaben

1 Skizziere einen zweiseitigen Hebel in deinem Heft. Kennzeichne den Drehpunkt rot, Last und Lastarm blau sowie Kraft und Kraftarm grün. ► 4

2 Wo sollte sich bei einem zweiseitigen Hebel die Last befinden, damit man möglichst wenig Kraft braucht?

Einseitige Hebel

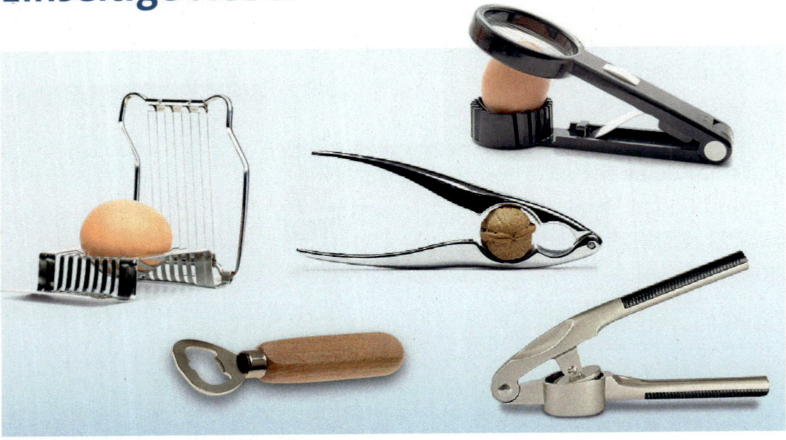

1

Ob Schere, Türklinke, Eierteiler oder Flaschenöffner – im Haushalt benutzen wir täglich kleine Helfer. Erst wenn man einmal ohne sie auskommen muss, fällt uns auf, wie wichtig sie sind. Ihre Handhabung wird einfacher, wenn man die physikalischen Gesetzmäßigkeiten kennt.

Experiment

1 Kräfte am einseitigen Hebel

a Untersuche an der Handbremse deines Fahrrads, an welcher Stelle du mit der kleinsten Kraft die Bremsen betätigen kannst. An welcher Stelle musst du dagegen die größte Kraft aufbringen?

b Erkunde an einer verschlossenen Tür, an welcher Stelle der Türklinke du mit einem Finger die geringste Kraft aufbringen musst, um die Klinke herunterzudrücken. Wo brauchst du die größte Kraft?

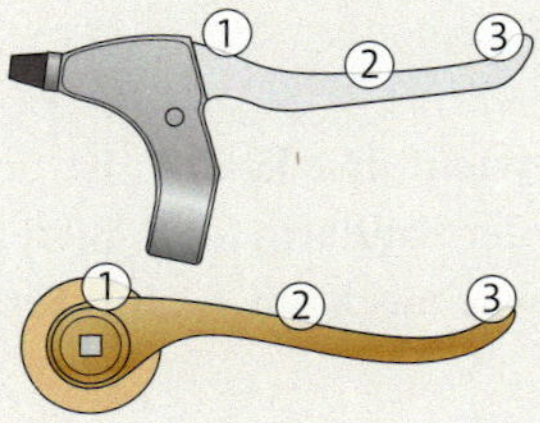

Einseitige Hebel Bei einem einseitigen Hebel befindet sich der Drehpunkt an einem Ende der festen Stange. Die Kräfte greifen aber immer auf derselben Seite des Drehpunkts an. Die Hebelarme reichen von diesem Drehpunkt bis zum jeweiligen Angriffspunkt der Kraft. ▸ 3

Greifen an einem festen Körper beide Kräfte auf derselben Seite des Drehpunkts an, nennt man ihn einseitigen Hebel.

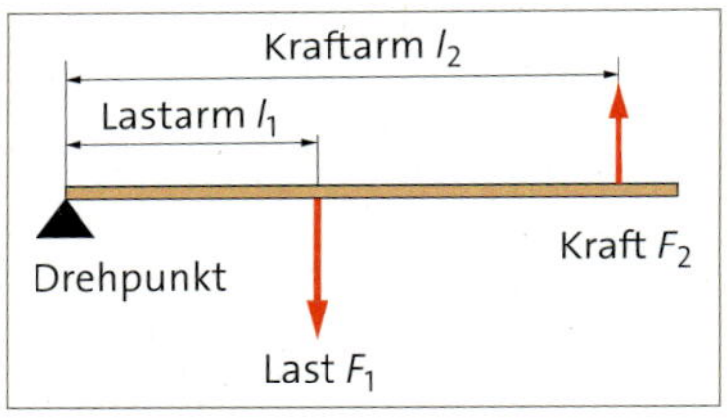

3

Die Türklinke ist ein einseitiger Hebel. Der Drehpunkt liegt im Innern, in der Mitte des Vierkants. Zum Bewegen des Schließmechanismus wird dieser Vierkant gedreht. Dafür muss eine große Kraft angreifen. Ohne Hilfsmittel ist das fast nicht machbar, denn der Lastarm, d. h. der Abstand zwischen dem Angriffspunkt der Kraft und dem Drehpunkt, ist sehr klein. Durch die lange Klinke wird dagegen der Kraftarm verlängert und es reicht eine viel kleinere Kraft aus. ▸ 4

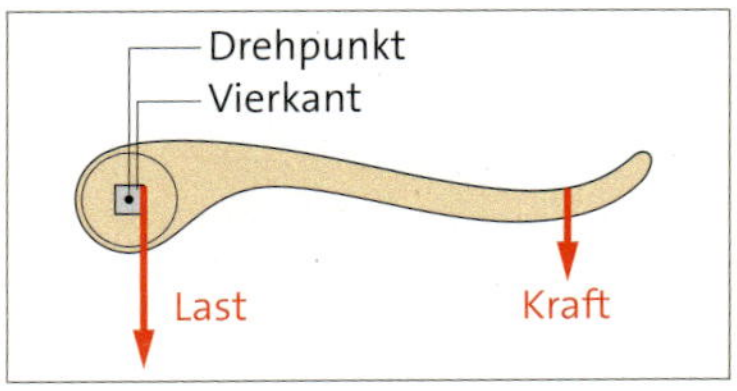

4

Aufgaben

1 Zeichne die Skizze eines einseitigen Hebels in dein Heft. Färbe den Drehpunkt rot, Lastarm und Kraftarm mit verschiedenen Farben ein. Beachte die Länge der Pfeile.

2 Suche weitere einseitige Hebel in deiner Umgebung.

3 Skizziere eine Türklinke, zeichne mit Pfeilen die Kräfte und Kraftarme ein.

Experiment

2 Gleichgewicht am einseitigen Hebel

Baue die Experimentieranordnung auf und bereite im Heft die Messwerttabelle vor. Ermittle experimentell, wie groß die Kraft F_2 sein muss, um den Hebel im Gleichgewicht zu halten.

a Verändere den Angriffspunkt der Kraft F_1 durch Verschieben des Massenstücks.

b Verändere den Angriffspunkt der Kraft F_2, lass die Kraft F_1 aber dabei unverändert.

Lastseite				Kraftseite		
Masse	Last F_1	Lastarm l_1	$F_1 \cdot l_1$	Kraft F_2	Kraftarm l_2	$F_2 \cdot l_2$
?	?	?	?	?	?	?

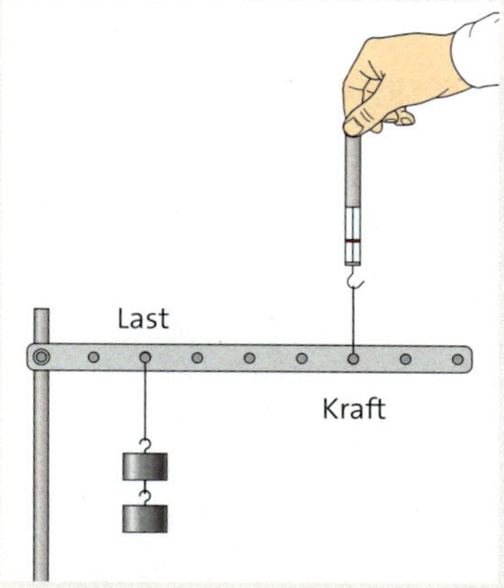

5

Gleichgewicht Befindet sich der Angriffspunkt der Last weit vom Drehpunkt entfernt, so muss eine größere Kraft aufgebracht werden, um den Hebel im Gleichgewicht zu halten.
Die Kraft F_2 ist umso kleiner, je länger der Kraftarm l_2 ist.
Um eine Last mit wenig Kraft bewegen zu können, sollte sie sich nahe am Drehpunkt befinden und der Kraftarm muss möglichst lang sein.

Ein Hebel ist im Gleichgewicht, wenn die Produkte aus Kraft und zugehörigem Hebelarm auf beiden Seiten gleich groß sind. Auch am einseitigen Hebel gilt das Hebelgesetz.

Wissenswertes: Aus Haushalt und Werkstatt

Einseitige Hebel sind nicht einfach daran zu erkennen, dass sie nur aus einem Stab bestehen. Viele Haushaltshelfer sind einseitige Hebel, bestehen aber aus zwei gegeneinander beweglichen Teilen. Am einfachen Nussknacker erkennt man das gut. ▸1
Betrachtet man eine Einhebelmischbatterie, einen Fenstergriff oder eine Sprühflasche, findet man schnell den einseitigen Hebel. Schwieriger wird es schon bei Schraubendreher und Schraubenschlüssel. ▸6–9
An Schraubverschlüssen erkennt man die Hebelarme erst auf den zweiten Blick. Schaut man sie sich von unten an, kann man sowohl den Drehpunkt als auch die unterschiedlich langen Hebelarme an den zwei konzentrischen Kreisen erkennen. Je größer der Abstand der beiden Kreisringe zueinander ist, umso weniger Kraft benötigt man zum Öffnen.

6 Mischbatteire

7 Drehverschluss

8 Sprühflasche

9 Werkzeug

Aufgaben

1 Begründe, dass eine Schubkarre ein einseitiger Hebel ist.

2 Notiere das Hebelgesetz.

Geneigte Ebenen

1

Jeder Radfahrer muss große Anstrengungen unternehmen, um die Berge zu bezwingen. Warum ist die benötigte Kraft am Berg so groß? Welche Rolle spielt die Steigung? Wäre man vielleicht schneller, wenn man die lange, aber flachere Auffahrt nimmt? Spielt die Masse des Fahrers auch eine Rolle?

Experiment

1 Kräfte an der geneigten Ebene
Baue aus Stativmaterial das Modell der geneigten Ebene und miss alle Größen.

a Belade den Wagen mit 100 g und hebe ihn am Federkraftmesser direkt nach oben zum Ende der Rampe. Bestimme damit die Kraft zum Heben des Körpers F_{Hub}.

b Setze anschließend den Wagen auf die Schiene, befestige den Federkraftmesser und lies beim Hochziehen am Federkraftmesser die Zugkraft F_{Zug} ab.

c Wiederhole die Messungen mit anderen Massen.

Masse m	Hubkraft F_{Hub}	Zugkraft F_{Zug}
?	?	?

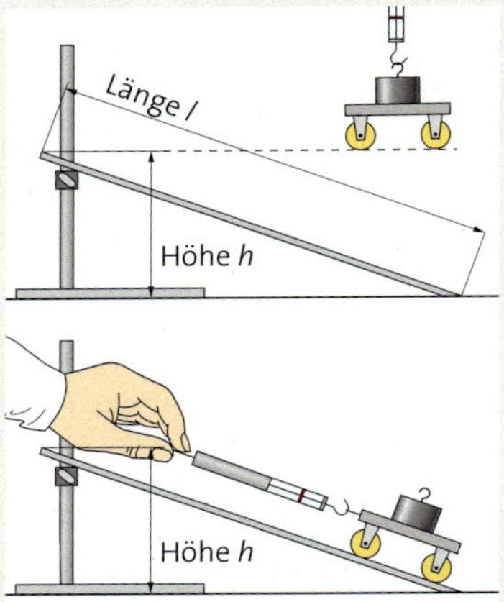

2

Heben oder Ziehen Für das senkrechte Hochheben muss man eine große Kraft aufbringen. Beim Hochziehen über die geneigte Ebene braucht man weniger Kraft. Die geneigte Ebene verringert die Kraft, die man braucht, um einen bestimmten Höhenunterschied zu überwinden.
Verwendet man immer die gleiche geneigte Ebene, so ist die benötigte Zugkraft auch abhängig von der Masse des Körpers.

Benutzt man eine geneigte Ebene, um eine bestimmte Höhe zu erreichen, ist die aufzuwendende Kraft geringer.

Aufgaben

1 Zeichne eine geneigte Ebene mit einem Wagen. Beschrifte Länge und Höhe. Zeichne die an einen Wagen angreifenden Kräfte mit Pfeilen ein.

2 Suche in deiner Umgebung Beispiele für geneigte Ebenen.

Experiment

2 Zugkraft und Länge der geneigten Ebene

Um den gleichen Höhenunterschied zu überwinden, kann man unterschiedlich lange Rampen verwenden. Wiederhole Experiment 1 mit unterschiedlich langen Schienen. Die Hubkraft und die zu überwindende Höhe sollen konstant bleiben.

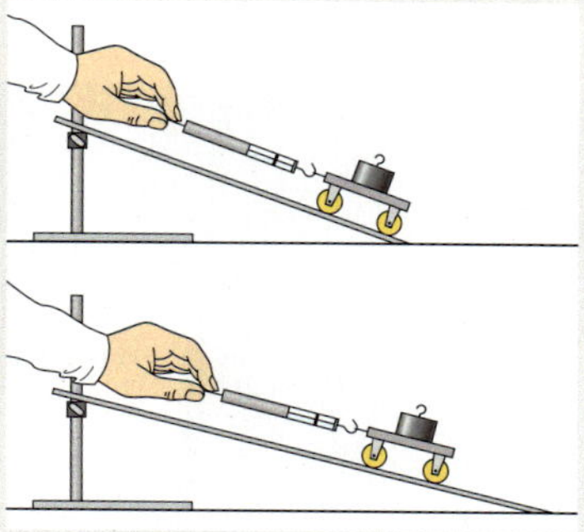

Hubkraft F_{Hub} = konstant	Höhe h = konstant	Länge l	Zugkraft F_{Zug}
?	?	?	?

Lange Wege Je länger die Schiene ist, umso leichter geht das Hochziehen des Wagens. Je kleiner also der Anstieg ist, umso geringer ist auch die benötigte Zugkraft. Man beschreibt den Anstieg einer geneigten Ebene durch das Verhältnis von $h:l$.

Es gilt: $F_{Zug} = \frac{h}{l} \cdot F_{Hub}$.

Wählt ein Radfahrer also den kürzeren Weg, um den Berg zu bezwingen, ist die aufzuwendende Kraft groß. Wählt er den langen Weg, muss weniger Kraft aufgebracht werden.

4

Je länger man eine geneigte Ebene baut, umso kleiner ist die Kraft, die man benötigt, um einen bestimmten Körper hinaufzuziehen.
Es gilt: $\frac{h}{l} = \frac{F_{Zug}}{F_{Hub}}$ bzw. $F_{Zug} = \frac{h}{l} \cdot F_{Hub}$.

Wissenswertes: Steigung und Gefälle

Bergstraßen mit Serpentinen sind auch geneigte Ebenen, auf denen mit geringer Kraft ein großer Höhenunterschied bewältigt werden kann. Die Steilheit dieser Straßen wird auf den Verkehrsschildern in Prozent angegeben. Dabei bedeuten 25 % Gefälle, dass auf 100 m Luftlinie ein Höhenunterschied von 25 m besteht. ▸ 4
Für Rollstuhlfahrer dürfen Rampen in öffentlichen Gebäuden höchsten eine Steigung von 6 % haben. Um eine 1 m hohe Treppe in einem öffentlichen Gebäude durch eine Rampe behindertengerecht zu ersetzen, muss diese rund 16,7 m lang sein. ▸ 5

Aufgaben

1 Überprüfe die im Experiment 2 gemessenen Werte für die Zugkraft. Berechne mit der Formel für F_{Zug} die Zugkraft und vergleiche sie mit den gemessenen Werten. Suche nach Fehlerquellen.

2 Mit welcher Kraft muss man sein Fahrrad auf der Rampe zum Bahnsteig hochschieben: Masse des Fahrrads mit Gepäcktaschen 25 kg, Höhe 6 m und Länge der Treppe 10 m?

Die Goldene Regel der Mechanik

1

Höhenunterschiede kann man z. B. mit Treppen überwinden. Diese stellen jedoch für manche Fahrzeuge unüberwindliche Barrieren dar. Ob Eltern mit Kinderwagen, Rollstuhlfahrer oder Radfahrer – sie alle benötigen an Treppen Hilfe.
Rampen sind eine günstige Alternative. Man spart Kraft.
Muss man dann aber auch weniger arbeiten?

Experiment

1 Arbeit an geneigten Ebenen

a Miss die Höhe h der Rampe und die Kraft zum Heben des benutzten Massenstücks. Berechne daraus die Hubarbeit.

b Das Massenstück wird über eine geneigte Ebene auf die gleiche Höhe gezogen. Miss die Länge der Rampe und die benötigte Zugkraft. Wie groß ist jetzt die zu verrichtende mechanische Arbeit?

c Vergleiche für beide Fälle die mechanischen Arbeiten.

d Wiederhole die Messungen für ein anderes Massenstück.

F_{Hub}	h	$F_{Hub} \cdot h$	F_{Zug}	l	$F_{Zug} \cdot l$
?	?	?	?	?	?

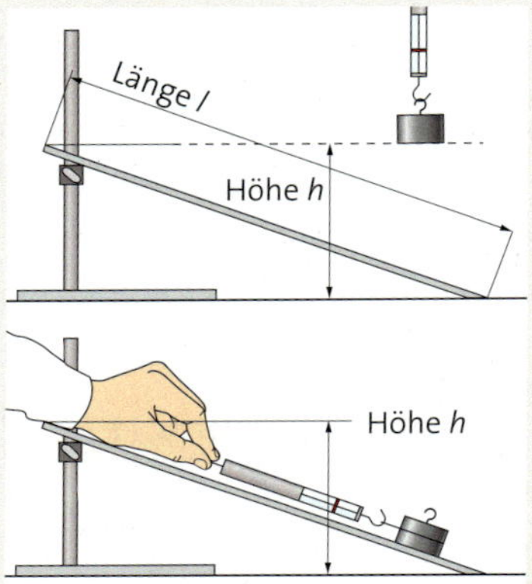

Kraft und Weg Die Kraftersparnis beim Hochziehen über die Rampe bezahlt man mit einem längeren Weg. Das hat zur Folge, dass die Produkte aus Kraft und zurückgelegtem Weg immer gleich sind. Unabhängig davon, ob man den Körper mit einer großen Kraft auf dem kurzen Weg hochhebt oder ihn auf dem langen Weg mit weniger Kraft hochzieht: Die verrichtete mechanische Arbeit bleibt konstant. ▸ 3

Für die geneigte Ebene gilt: Hubkraft · Höhe = Zugkraft · Länge.

$F_{Hub} \cdot h = F_{Zug} \cdot l$ und $W_{Hub} = W_{Zug}$

Mit der geneigten Ebene kann man Kraft, aber keine mechanische Arbeit sparen.

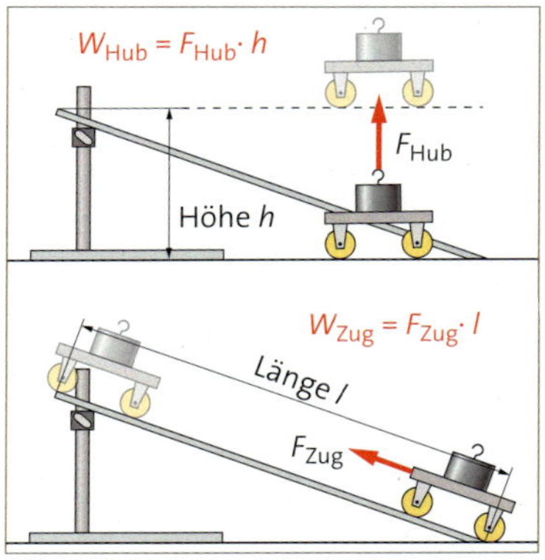

3

Aufgabe

1 Berechne die mechanische Arbeit, die ein Radfahrer verrichten muss, wenn er sein Fahrrad über die Rampe auf den Bahnsteig hinaufschiebt. Verwende die Angaben aus Aufgabe 2 auf ▸ S. 147.

Experiment

2 Kräfte und Wege an der losen Rolle

Verschiedene Massen sollen mit einer losen Rolle um 10 cm angehoben werden. Miss die Wege und Kräfte und berechne daraus die mechanische Arbeit.

F_1	s_1	$F_1 \cdot s_1$	F_2	s_2	$F_2 \cdot s_2$
?	?	?	?	?	?

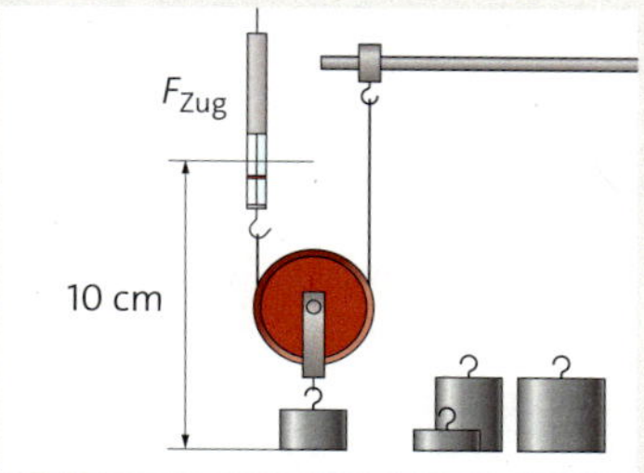

Mechanische Arbeit Zum Hochziehen muss mit der losen Rolle nur noch die halbe Kraft aufgebracht werden. Dafür muss aber die doppelte Seillänge bewegt werden. Es ist der doppelte Weg zurückzulegen.
Die Produkte aus Kraft und Weg sind jeweils gleich: $F_1 \cdot s_1 = F_2 \cdot s_2$.
Auch für die lose Rolle gilt: Die verrichtete mechanische Arbeit ist immer gleich.

Auch für alle anderen kraftumformenden Einrichtungen gilt dieser Zusammenhang, den man die **Goldene Regel der Mechanik** nennt:

Was man an Kraft einspart, muss man an Weg zugeben.

Wissenswertes: Weitere geneigte Ebenen

Möchte man mit einer geneigten Ebene eine große Höhe erreichen und darf der Anstieg trotzdem nicht zu steil sein, so muss die Rampe sehr lang werden. Um sie auf kleinem Raum unterzubringen, kann man sie aufwickeln. Wendeltreppen sind dafür ein Beispiel. Auch in Parkhäusern fahren die Pkws in Serpentinen, die an aufgewickelte Rampen erinnern, in die oberen Stockwerke. ▸ 5–7
Bei einer Schraube handelt es sich auch um eine aufgewickelte geneigte Ebene. Das Anziehen einer Schraubenverbindung entspricht dem Hinaufschieben einer Last auf einer geneigten Ebene. ▸ 8

5 Auffahrt

6 Nottreppe

7 Wendeltreppe

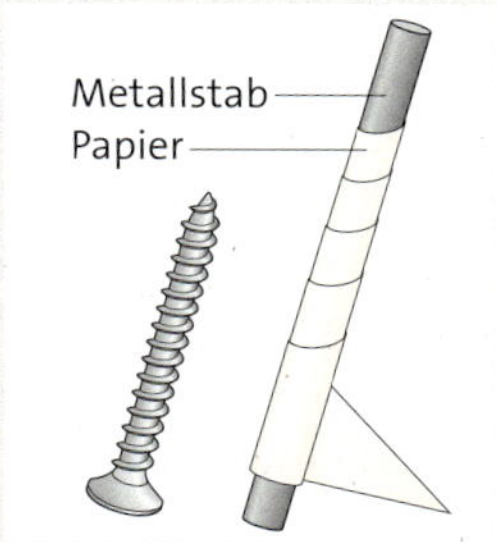

8 Schraube

Aufgaben

1 Überprüfe, ob die Goldene Regel der Mechanik auch für Flaschenzüge gilt. Plane dazu ein Experiment.

2 Stelle eine Vermutung darüber an, ob die Goldene Regel der Mechanik auch für Hebel gilt.

Aufgaben und Aufträge

Rollen und Flaschenzüge

1 Feste und lose Rolle

a Auf einer Baustelle soll mit einer festen Rolle Baumaterial (35 kg) um 8 m hochgehoben werden. Bestimme die benötigte Zugkraft am Seil.

b Auf einer anderen Baustelle wird für das Hochbringen eine lose Rolle verwendet. Welche Kraft muss man dort für 50 kg aufbringen?

2 Ein Fahrstuhl, der über eine Umlenkrolle mit einem Gegengewicht verbunden ist, darf eine maximale Last von 1000 kg befördern. Welchen Rückschluss kannst du aus dieser Angabe für das Gegengewicht ziehen? Begründe deine Antwort.

3 Ein Flaschenzug besteht aus 2 festen und 2 losen Rollen (4 tragende Seilstücke). Damit soll in der Turnhalle der Sportlehrer (85 kg) hochgezogen werden. Berechne die Kraft, mit der gezogen werden muss. Beurteile, ob das auch ein zierliches Mädchen schaffen kann. ▸ 1

1

4 Die elektrische Seilwinde eines Autokrans kann eine maximale Kraft von 950 N aufbringen. Sie ist mit einem Flaschenzug aus 4 festen und 4 losen Rollen gekoppelt. Kann damit ein Bauteil der Masse 500 kg bewegt werden? Begründe deine Antwort mit einer Rechnung.

5 Im Bild ▸ 2 siehst du zwei unterschiedliche Flaschenzüge.
Vergleiche beide Flaschenzüge hinsichtlich …

a der Anzahl der festen und losen Rollen.

b der Anzahl der tragenden Seilstücke.

c der aufzuwendenden Zugkraft.

d der Strecke, um die das Zugseil bewegt werden muss.

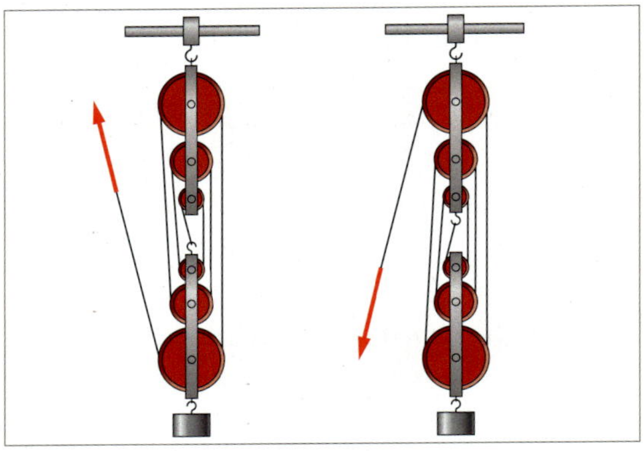

2

6 In einer Werkstatt hängt an der Decke diese Kombination aus losen und festen Rollen. Damit werden große Lasten bewegt. ▸ 3

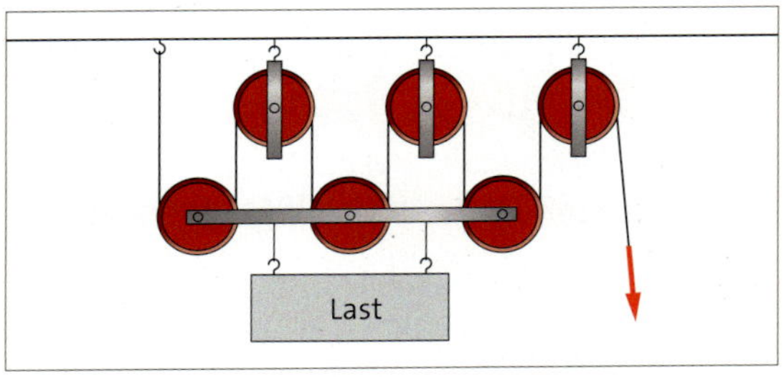

3

a Übertrage die Tabelle in dein Heft und berechne die fehlenden Werte.

Masse	F_{Hub}	F_{Zug}
30 kg	?	?
180 kg	?	?
500 kg	?	?

b Um welche Länge muss das Zugseil bewegt werden, wenn die Last jeweils um 2 m angehoben werden soll?

7 Befestige an einem Ende des Schnürbands deiner Schuhe einen Federkraftmesser und fixiere das andere Ende durch einen Knoten. Bestimme die Zugkraft bei einer Schnürung. Zähle die Rollen und berechne daraus die Kraft, die den Schuh geschlossen hält.

Hebel

8 Entscheide, wo man das Massenstück platzieren muss, um den zweiseitigen Hebel ins Gleichgewicht zu bringen. Begründe deine Entscheidungen. ▸ 4

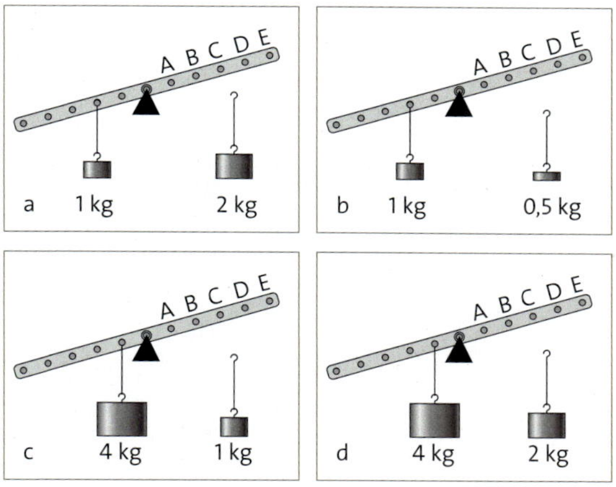

4

9 Bestimme den Punkt, in dem sich der Drehpunkt der zweiseitigen Hebel befinden muss, um ein Gleichgewicht herzustellen. Begründe deine Entscheidungen. ▸ 5

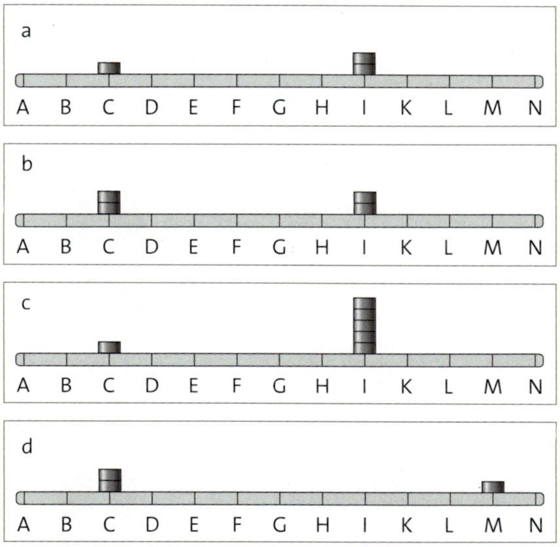

5

10 Kinder möchten auf dem Spielplatz wippen. Max hat eine Masse von 60 kg, Anna hat eine Gewichtskraft von 400 N. Auf der Wippe sind Plätze 2 m, 3 m oder 2,50 m vom Drehpunkt entfernt. Gibt eine Möglichkeit an?

11 Ein einseitiger Hebel soll im Gleichgewicht gehalten werden. Im Punkt F wird mit einem Federkraftmesser die Kraft F_2 gemessen. Die Masse wird nacheinander in die Punkte A, B, C … gehängt. Die Abstände zwischen den einzelnen Markierungen (A, B …) betragen jeweils 2 cm.
Übertrage die Tabelle in dein Heft und ermittle die fehlenden Werte.

Position	Masse	Last F_1	l_1	Kraft F_2	l_2
A	6 kg				
B	6 kg				
C	6 kg				
D	6 kg				
E	6 kg				
F	6 kg				

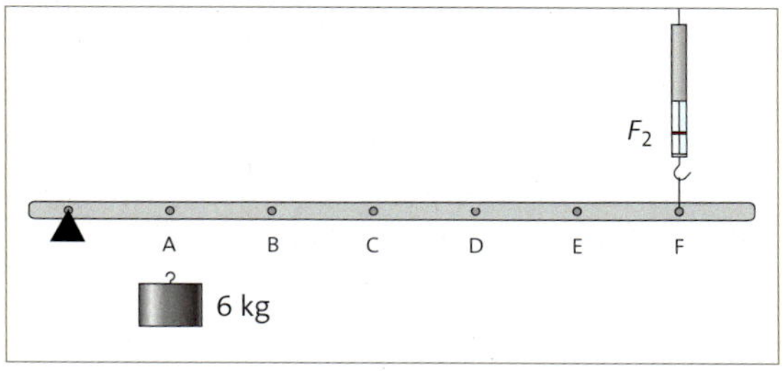

6

12 Sortiere die Haushaltshelfer in einseitige und zweiseitige Hebel. Lege dazu eine Tabelle an.

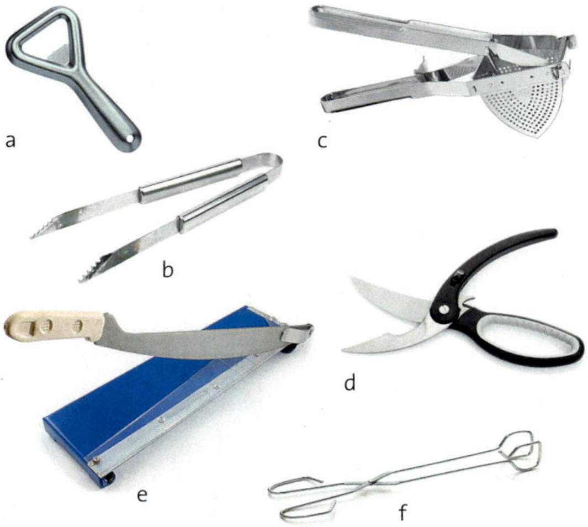

7

13 Wo solltest du die Schere ansetzen, um mit der kleinsten Kraft die Pappe durchzuschneiden? Begründe. ▸ 1

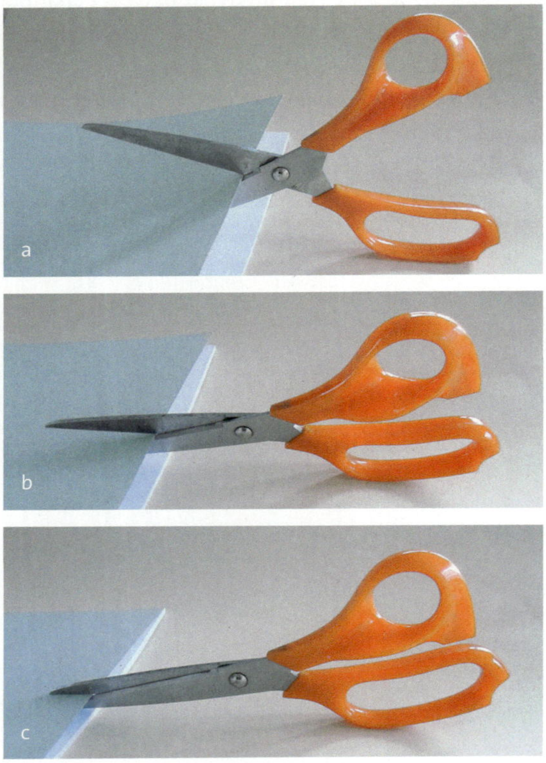

1

14 Betrachte einen Flaschenöffner. Skizziere, wie du damit eine Flasche mit Kronkorkenverschluss öffnen kannst. Kennzeichne in deiner Skizze den Drehpunkt, die Hebelarme und die Kräfte.

Geneigte Ebene und Goldene Regel der Mechanik

15 In der Kfz-Werkstatt werden Winterräder eingelagert. Dazu werden sie über eine geneigte Ebene um 1,0 m hinaufgerollt. Diese Ebene ist 10 m lang. Welche Kraft muss man für ein Rad ($m = 15$ kg) bei dieser Neigung aufbringen?

16 Ein Straßenschild warnt vor 20 % Gefälle. Vier Schüler erklären den Sachverhalt so:
Adam: Die Straße hat ein Gefälle von 20°.
Bea: Nach 20 m bin ich unten angekommen.
Carla: Auf 100 m Straßenlänge geht es um 20 m nach unten.
Dorian: Auf 100 m waagerecht gedacht geht es 20 m nach unten.
Entscheide, wer die richtige Erklärung gegeben hat.

17 Die Eingangstür für ein öffentliches Gebäude liegt 0,80 m über dem Bürgersteig. Die Treppe soll durch eine behindertengerechte Rampe ersetzt werden. Wie lang muss sie mindestens sein? (Nutze die Angaben auf Seite ▸ 147.) Welche Kraft muss eine Mutter aufwenden, um den Kinderwagen ($m = 15$ kg) hinaufzuschieben. ▸ 2

2

18 Kleinere Bahnhöfe haben nicht immer Aufzüge. Oft ist an der Treppe eine Schiene angebracht, über die man Fahrräder hinauf schieben kann. Auf einem Bahnhof wird auf einer Länge von 15 m eine Höhe von 8 m überwunden. Welche Kraft muss man aufbringen, um ein Fahrrad ($m = 14$ kg) auf den Bahnsteig zu bringen? ▸ 3

3

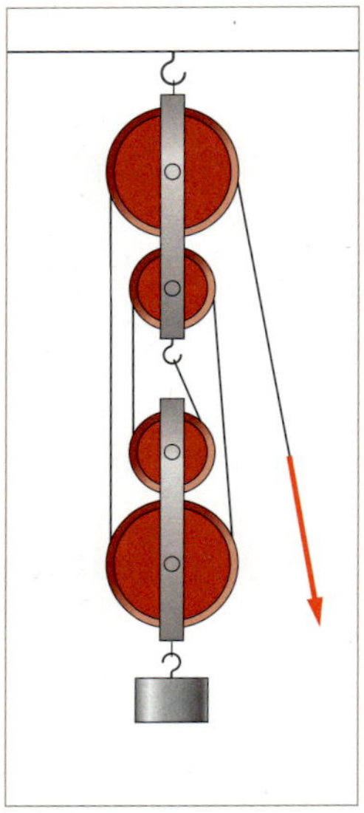

4

19 Mit einem Flaschenzug aus 2 festen und 2 losen Rollen werden Lasten nach oben gezogen. ▸ 4

a Übertrage die Tabelle in dein Heft und berechne die fehlenden Größen.
b Berechne auch die jeweils zu verrichtende mechanische Arbeit.
c Überprüfe, ob hier die Goldene Regel der Mechanik gilt.
d Marie und Chris diskutieren über diese Aufgabe. Chris sieht 5 tragende Seilstücke und Marie nur 4. Wer hat recht? Begründe.

Last						
m in kg	F_{Hub} in N	s_{Hub} in m	W_{Hub} in J	F_{Zug} in N	s_{Zug} in m	W_{Zug} in J
12	?	0,5	?	?	?	?
400	?	2,0	?	?	?	?
?	1000	1,0	?	?	?	?
?	?	?	?	50	0,6	?

Überblick

Kraftumformende Einrichtungen Einfache Maschinen, die die Richtung, den Angriffspunkt und den Betrag der Kraft verändern, bezeichnet man als kraftumformende Einrichtungen.

Feste Rolle Mit einer festen Rolle kann man die Richtung der Kraft ändern. Zugkraft und Last sind gleich groß.

Lose Rolle Bei einer losen Rolle verteilt sich die Last gleichmäßig auf zwei Seiten eines Seils. Da eine Seite an einem Haken hängt, benötigt man an der anderen nur eine halb so große Kraft zum Ziehen.

Flaschenzug Eine Kombination aus festen und losen Rollen nennt man Flaschenzug. Die aufzuwendende Zugkraft ist der Quotient aus Last und Anzahl der tragenden Seilstücke. ▸ 5

Hebel Ein Hebel ist ein fester Körper, der sich um einen Drehpunkt bewegt. Liegen Last und Kraft auf verschiedenen Seiten des Drehpunkts, so spricht man von einem zweiseitigen Hebel.
Liegen Last und Kraft auf derselben Seite des Drehpunkts, nennt man ihn einseitigen Hebel.

Hebelgesetz Ein Hebel befindet sich im Gleichgewicht, wenn die Produkte aus Kraft und zugehörigem Hebelarm auf beiden Seiten des Hebels gleich groß sind. ▸ 6

Geneigte Ebene Je länger die geneigte Ebene ist, die man baut, um einen bestimmten Höhenunterschied zu überwinden, desto geringer ist auch die Kraft, die man zum Hochziehen eines Körpers benötigt. ▸ 7

Goldene Regel der Mechanik Was man an Kraft einspart, muss man an Weg zusetzen. Mit kraftumformenden Einrichtungen kann man keine mechanische Arbeit sparen.

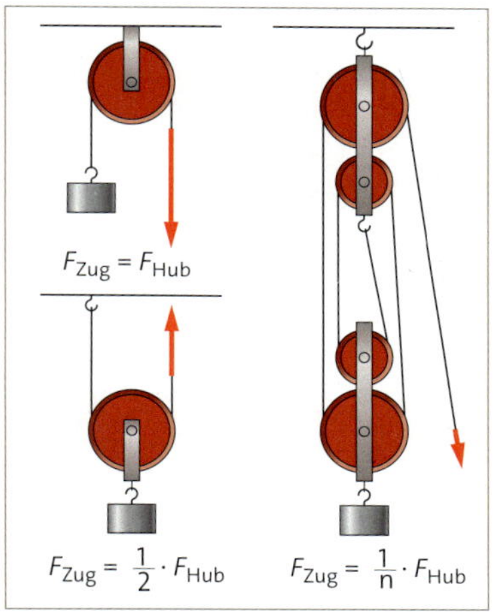

5

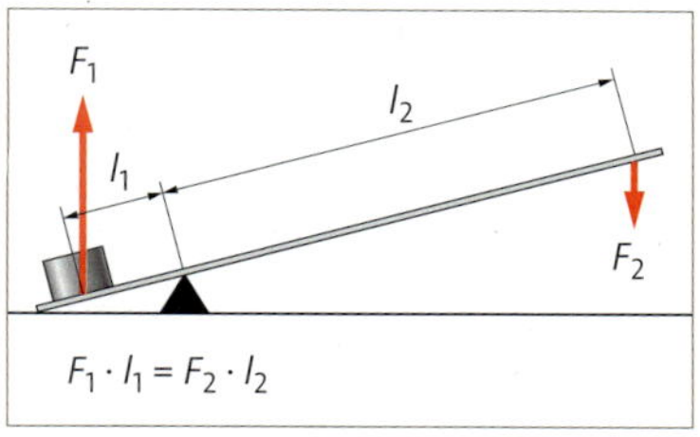

6

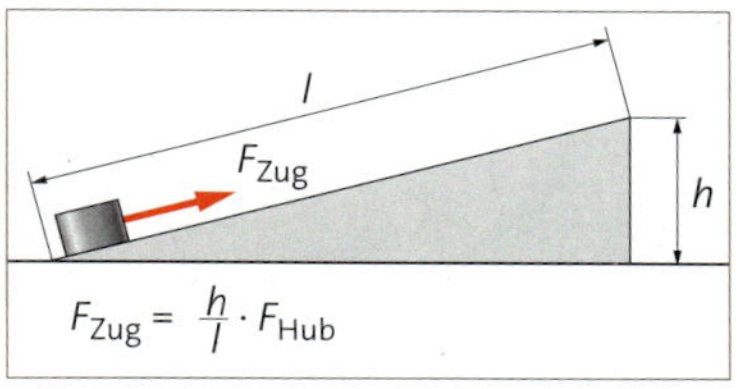

7

Wie viel Energie brauchst du?

Der Energiebedarf eines Schülers der 7. Klasse beträgt pro Tag durchschnittlich 12 000 kJ (2866 kcal). Mädchen in diesem Alter benötigen etwas weniger Energie.
Davon werden ungefähr 60 % für die Aufrechterhaltung der Lebensfunktionen (Körperwärme, Blutkreislauf, Atmung …) gebraucht. Diesen Energieanteil nennt man Grundumsatz. Jugendliche in der Wachstumsphase haben einen höheren Grundumsatz als ältere Menschen.

Für zusätzliche, körperlich und geistig anstrengende Tätigkeiten benötigt man auch zusätzliche Energie. Diese zusätzlich zum Grundumsatz benötigte Energie bezeichnet man als Leistungsumsatz.

Unseren Energiebedarf decken wir hauptsächlich durch die Nahrungsaufnahme. Dabei ist es entscheidend, ob man
- leichte (z. B. Büroarbeit),
- mittelschwere (z. B. Verkäuferinnen),
- schwere (z. B. Maurer),
- schwerste (z. B. Stahlarbeiter) Tätigkeiten ausübt.

Empfehlungen für die tägliche Energiezufuhr bei leichter körperlicher Tätigkeit

Alter	männlich	weiblich
15 bis unter 19 Jahre	3100 kcal	2500 kcal
19 bis unter 25 Jahre	3100 kcal	2400 kcal
25 bis unter 51 Jahre	2900 kcal	2300 kcal
51 bis unter 65 Jahre	2500 kcal	2000 kcal

Menüvorschläge

Menü 1		Menü 2	
Speisen	**Energiegehalt**	**Speisen**	**Energiegehalt**
150 g Seelachs	125 kcal	150 g Schweineschnitzel	255 kcal
200 g Salzkartoffeln	140 kcal	150 g Pommes frites	410 kcal
200 g Brokkoli	50 kcal	200 g Möhren	50 kcal
500 mℓ Mineralwasser	0 kcal	500 mℓ Cola	220 kcal
Gesamt:	315 kcal	Gesamt:	935 kcal

Mit Menü 2 deckt man also schon etwa ⅓ des empfohlenen Tagesbedarfs an Energie ab. Und wenn man dann noch etwas nascht, sollte man nicht vergessen, dass man durch zusätzliche Bewegung eine ganze Menge Energie verbrennen kann:

Nahrungsmittel	Tätigkeit	Energiegehalt
1 Portion Schlagsahne	½ Stunde Spazierengehen	80 kcal
½ Portion Pommes frites	½ Stunde Tischtennis	160 kcal
2 Scheiben Lyoner Wurst	½ Stunde Schwimmen	170 kcal
1 EL Mayonnaise	½ Stunde Tanzen	175 kcal
2 Schokoriegel	½ Stunde flottes Radfahren	190 kcal
1 Eis am Stiel	½ Stunde lockeres Laufen	300 kcal
1 Eis mit Schokosauce	½ Stunde Skilanglauf	300 kcal
1 Portion Brathähnchen	½ Stunde Eislaufen	375 kcal
1 Stück Buttercremetorte	½ Stunde Fußballspielen	400 kcal

Eine ausgeglichen Energiebilanz kann sowohl durch eine sinnvolle Ernährung als auch durch ausreichende körperliche Betätigung erreicht werden.

Energieumwandlungen im Wasserbecken

Baue verschiedene Boote und teste unterschiedliche Antriebsarten.

Aufträge

1 Gummimotorboot

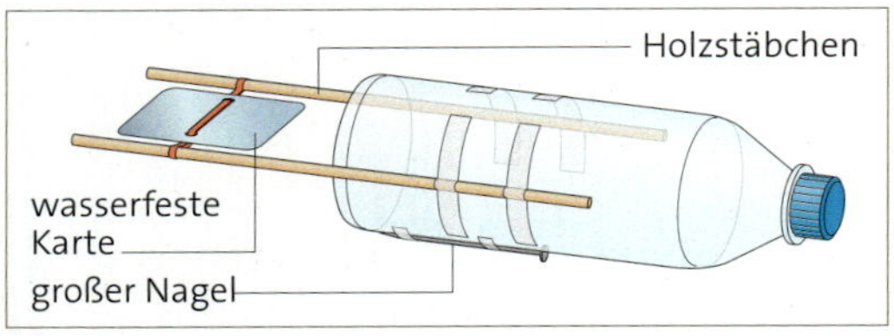

Material:
- kleine stabile Plasteflasche
- 2 Holzstäbchen (Essstäbchen)
- Klebeband
- wasserfeste Karte
- Gummiband
- großer Nagel

Bauanleitung:
Befestige die Holzstäbchen mit Klebeband rechts und links so an der Flasche, dass sie nach hinten mehrere Zentimeter überstehen. Bringe unten an der Flasche einen großen Nagel an. Er stabilisiert das Boot. Drücke mit einem Locher zwei Löcher in die Karte. Der Gummi wird hindurchgefädelt und auf der Rückseite verknotet. Schiebe die Gummischlaufe über die Enden der Stäbchen. Durch das Drehen der Karte kannst du den Gummimotor spannen.

2 Ballonboot

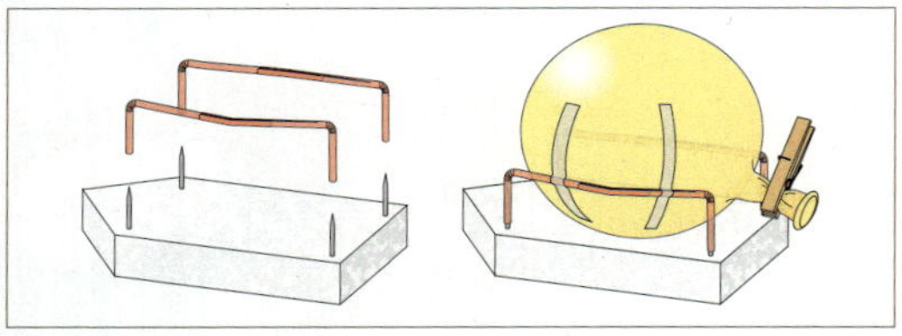

Material:
- Styropor
- 4 Nägel
- 4 Trinkröhrchen
- Luftballon
- Klebeband

Bauanleitung:
Verbinde zwei Trinkröhrchen miteinander. Dazu wird ein Röhrchen längs eingeschnitten und in das andere hineingeschoben. Die Verbindung wird mit Klebestreifen stabilisiert.
Durchbohre den Schwimmkörper von unten mit vier Nägeln. Die Nagelenden dienen als Stützpfeiler für die Trinkröhrchen.
Befestige den aufgepusteten Ballon mit Klebestreifen an den Röhrchen. Beim Luftaustritt bewegt sich das Boot auf dem Wasser.

3 Dampfboot

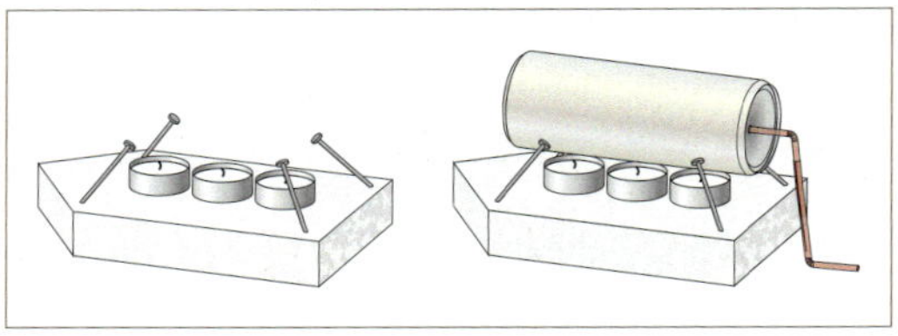

Material:
- Styropor
- 4 Nägel
- längliche Getränkedose
- 3 Teelichter
- Trinkröhrchen

Bauanleitung:
Achtung: Brandgefahr! Vorsicht: Durch das siedende Wasser und den heißen Wasserdampf besteht Verbrennungsgefahr!
Entleere die Getränkedose durch ein kleines Loch am Boden. Dieses dient später als Einfüllöffnung für das Wasser und als Austrittsdüse für den Dampf.
Schiebe vier Nägel so in den Schwimmkörper, dass du die Dose waagerecht darauflegen kannst. Stelle drei brennende Teelichter unter die Dose. Um die Rückstoßwirkung zu verändern, kann der Dampfaustritt auch unter die Wasseroberfläche verlegt werden.

Testaufgaben zu „Mechanische Energie und Arbeit“

1 Erläutere, woran man erkennt, dass ein Körper Energie besitzt.

2 Ein fliegender Pfeil, ein Bergsteiger auf dem Gipfel, ein glühendes Stück Eisen und Grünfutter im Trog besitzen Energie. Nenne die jeweilige Energieform.

3 Nenne je 2 Beispiele für fossile und regenerative Energieträger. Worin bestehen die Unterschiede zwischen fossilen und regenerativen Energieträgern?

4 Begründe, warum die Notwendigkeit besteht, in der Zukunft verstärkt regenerative Energieträger zu nutzen.

5 Beschreibe die Energieumwandlungen bei folgenden Vorgängen:
a Wasser wird mithilfe eines elektrischen Wasserkochers erwärmt.
b Du reibst deine Handflächen aneinander.
c Eine Kerze brennt.

6 Beschreibe den Weg, den die Energie von deinen Muskeln in die leuchtende Lampe deines Fahrrads nimmt. Wo bleibt die Energie?

7 Stelle den Energietransport von der Kohle über ein Wärmekraftwerk zur Stereoanlage in deinem Zimmer in einem Energieflussdiagramm dar.

8 Formuliere den Energieerhaltungssatz.

9 Beschreibe an einem Beispiel, was man unter mechanischer Arbeit versteht.

10 Nenne Merkmale der Kraft, die man mit kraftumformenden Einrichtungen verändern kann.

11 Mit einer festen Rolle willst du eine Last von 45 kg um 3 m anheben. Wie groß ist die Kraft, mit der du ziehen musst?

12 Zwei Kinder wollen auf einem Spielplatz wippen. Paul hat eine Masse von 50 kg und Ronja eine Gewichtskraft von 400 N. Es gibt Plätze, die 1 m, 2 m und 2,5 m vom Drehpunkt entfernt sind. Wo sollten Ronja und Paul sitzen, damit sie im Gleichgewicht sind?

13 Mit einem Flaschenzug aus einer festen und einer losen Rolle wird Baumaterial in die dritte Etage eines Neubaus gebracht. Dabei wird ein Höhenunterschied von 12 m überwunden. Der Arbeiter kann eine Zugkraft von 350 N aufbringen. Wie groß darf die Last maximal sein?

14 Getränkeanlieferung im Wohnheim
a Um einen Getränkekasten in den 4. Stock zu bringen, ist doppelt so viel Energie nötig wie für den 2. Stock. Begründe.
b Vergleiche den Energieaufwand für den 3. Stock mit dem für den 1. Stock.
c Vergleiche die zugeführte Energie für 3 Kästen im 1. Stock und 2 Kisten im 3. Stock.
d Wann braucht man 6-mal so viel Energie wie beim Tragen einer Kiste in den 1. Stock?
e Ein voller Kasten hat die Masse 18 kg. Jedes Stockwerk ist 3,50 m hoch. Berechne die Energie, die nötig ist, um 20 Kästen in den 3. Stock zu bringen.

Aufgabe	Fähigkeit	Hilfe auf Seite ...
1, 2, 3, 4	Den Energiebegriff erläutern, Energieformen und Energieträger nennen und beschreiben.	104 ff.
5, 6, 7, 8	Energieumwandlungen beschreiben und den Energieerhaltungssatz anwenden.	108 ff.
9, 14	Die Begriffe mechanische Arbeit und mechanische Leistung erläutern und die Gleichungen zur Berechnung der beiden Größen anwenden.	122 ff., 130 ff.
10, 11, 12, 13	Kenntnisse über einfache Maschinen und kraftumformende Einrichtungen anwenden.	138 ff.

▸ Die Lösungen findest du auf Seite 265 f.

Thermische Energie und Wärme

Nicht nur wir Menschen brauchen zum Leben Licht und Wärme. Viele Vorgänge in der Natur benötigen die passenden Lufttemperaturen. Die Veränderungen in den verschiedenen Jahreszeiten sind ein Beispiel dafür.
Ob z. B. das Wasser im See flüssig ist oder von einer Eisschicht bedeckt wird, hängt von der Temperatur ab.

Wer im Sommer in einem heimischen Badesee geschwommen ist, hat vielleicht die unterschiedliche Temperaturverteilung schon selbst gespürt. Oben an der Wasseroberfläche ist es angenehm temperiert. Stellt man sich senkrecht oder taucht ab, dann wird es ein paar Dezimeter tiefer schon unangenehm kalt.

Temperatur und Wärme

Auch im Sommer hat die Sonne nur die oberste Schicht des Wassers erwärmt. Nach unten wird es immer kälter. Nur noch 4 °C zeigt ein Thermometer am Grund des Sees an.
Im Winter kehren sich die Temperaturen des Wassers um. Am Grund des Sees behält das Wasser noch 4 °C, während die Oberfläche sogar von einer dicken Eisfläche bedeckt sein kann. Die Ursache dafür ist die Anomalie des Wassers: Bei 4 °C hat das Wasser seine größte Dichte.

Durch die Energie der Sonnenstrahlung erwärmt sich im Frühjahr das Wasser an der Oberfläche. Es hat irgendwann dieselbe Temperatur wie das Wasser am Grund. Wind und Frühjahrsstürme wälzen das Wasser im See um.
Im Laufe des Sommers erwärmt sich das Wasser an der Oberfläche weiter. Am Grund des Sees sammelt sich das kältere Wasser. ▸ 2

Nachlassende Sonneneinstrahlung und Herbststürme führen wieder zur Abkühlung der Wasseroberfläche. Das kältere Wasser wird schwerer und sinkt nach unten. Kühlt sich das Wasser unter 4 °C ab, dann liegt es über dem 4 °C warmen Wasser.
So schichtet sich in Herbst und Winter das kalte Wasser über dem Grund auf. Bei Frost gibt die Wasseroberfläche Wärme an die Luft ab. Das Wasser kühlt sich bis auf den Gefrierpunkt ab und erstarrt. Der See bekommt seine Eisschicht. ▸ 3

Nicht nur in der Natur können wir das Zusammenspiel von Energie, Wärme, Temperatur und Aggregatzuständen beobachten. Mit Wasser werden viele Wohnungen geheizt. Dazu muss das Wasser erwärmt werden. In den Heizkörpern kühlt sich das Wasser wieder ab. Wie aber gelangt die Wärme in den ganzen Raum?

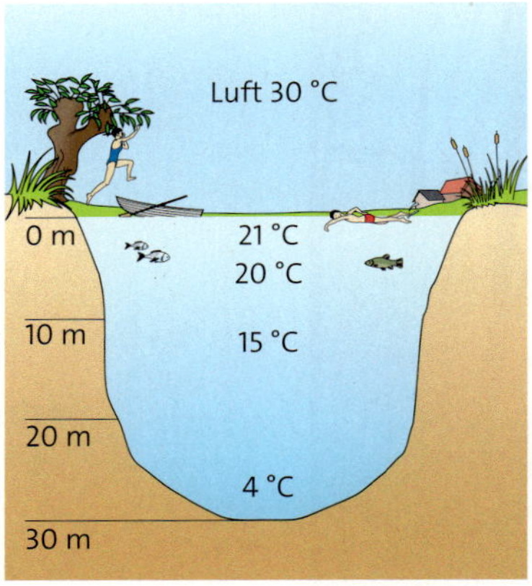

2 Temperaturverteilung im Sommer

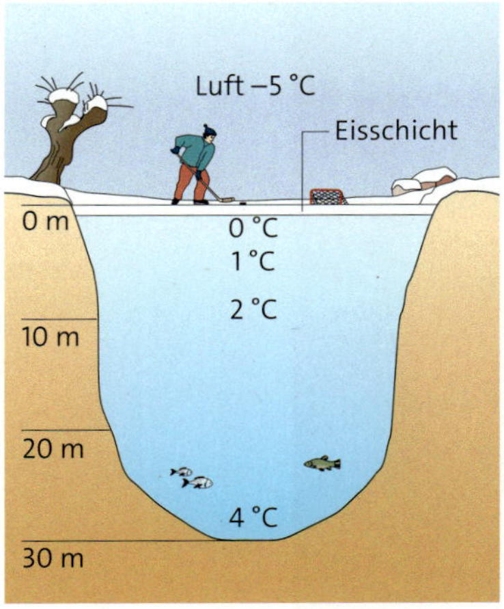

3 Temperaturverteilung im Winter

Weißt du's?

Beantworte die Fragen. So kannst du deine Lösungen überprüfen: Lies aus der Tabelle unten das entsprechende Zeichen ab. In der Reihenfolge der Aufgaben ergibt sich als Lösung der absolute Nullpunkt der Temperatur.

1 Die Temperatur kann man messen mit einem:

A Barometer 2–c
B Thermometer 2–a
C Hygrometer 2–d

2 Eine Einheit der Temperatur ist:
A Newtonmeter 4–f
B Grad Celsius 4–b
C Joule 4–e

3 Welche Aussage ist richtig?
A Die Temperatur gibt an, wie warm oder kalt ein Körper ist. 3–f
B Die Temperatur gibt an, wie schnell oder langsam es warm wird. 3–d
C Die Temperatur gibt an, wie schwer oder leicht ein Körper ist. 3–b

	1	2	3	4	5	6
a	1	–	*	1	6	C
b	°	F	A	2	J	∑
c	‰	5	0	1	+	%
d	K	∞	3	9	N	0
e	5	/	§	6	3	W
f	V	J	7	@	4	8

4 Welche physikalische Größe kann man mit dem abgebildeten Messgerät messen?

A Luftdruck 5–a
B Luftfeuchtigkeit 5–c
C Temperatur 5–e

5 In einem Glas mit heißem Tee stehen drei verschiedene Löffel. Welcher wird am schnellsten warm?
A der Löffel aus Edelstahl 1–d
B der Plastiklöffel 1–f
C der Silberlöffel 1–b

6 Wie verteilt sich die Wärme um eine brennende Kerze?
A Über der Kerze wird es am wärmsten. 6–a
B Es ist neben der Kerze am wärmsten. 6–c
C Es ist überall gleich warm. 6–e

Wärme und Wärmequellen

1

Der Faszination eines Vulkanausbruchs oder einer Geysirfontäne kann sich niemand entziehen. In kürzester Zeit werden große Mengen an Material mit hohen Temperaturen in die Erdatmosphäre ausgestoßen. In Island nutzt man dieses Geschenk der Natur unter anderem für die Heizung der Häuser. Aber woher bekommen wir die Wärme zum Heizen?

Experiment

1 Alles Wärmequellen

Versucht 100 g Wasser 5 Minuten mit den unterschiedlichsten Geräten zu erwärmen. Zur Verfügung stehen euch: Quirl, Mixer, Teelicht, Hohlspiegel, Handwärmer, Heizplatte, optische Linsen, Heizstrahler, Bechergläser, Kochtöpfe, Plastikbeutel, Kohlenanzünder, Thermometer, Glühlampen, LEDs …
Welche Gruppe erreicht die größte Temperaturerhöhung?

Mit einem Hohlspiegel oder den optischen Linsen kannst du bei Sonnenschein die thermische Energie der Sonne nutzen. Heizstrahler, Heizplatte, Kerzenlicht oder Kohlenanzünder sind weitere Wärmequellen.

Thermische Energie ist die Fähigkeit eines Körpers, Wärme an die kältere Umgebung abzugeben.
Formelzeichen: E_{therm}
Einheit: J (Joule)

Bei der Benutzung eines Handwärmers wird thermische Energie auf das Wasser übertragen. Das bedeutet, die thermische Energie des Handwärmers nimmt ab, während die thermische Energie des Wassers steigt.
Man sagt auch: Wärme geht von einem Körper auf den anderen über. Durch Zufuhr von Wärme nimmt die thermische Energie eines Körpers zu. Durch Abgabe von Wärme nimmt die thermische Energie des Körpers ab. Jeder Körper hat thermische Energie, auch ein Eiswürfel. Die ihn umgebende Luft hat aber eine höhere thermische Energie. Die Luft gibt deshalb Wärme an den Eiswürfel ab – er erwärmt sich und schmilzt.

Die Wärme gibt an, wie viel thermische Energie von einem Körper auf einen anderen übertragen wird.
Formelzeichen: Q
Einheit: J (Joule)

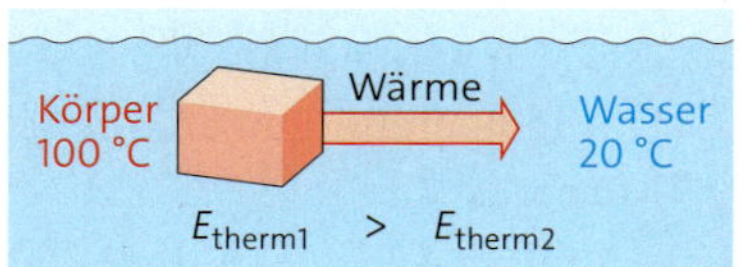

3 Thermische Energie und Wärme

Übrigens

Thermische Energie und Wärme nicht verwechseln! Jeder Körper hat thermische Energie. Er kann etwas davon an einen Körper mit geringerer Temperatur in Form von Wärme abgeben.

Aufgabe

1 Erkunde, welche Wärmequellen ihr im Klassenraum habt.

Experiment

2 Effektive Wärmequellen
Untersuche, auf welche Temperatur du 100 g Wasser mit verschiedenen Wärmequellen in der gleichen Zeit bringen kannst. Benutze Teelicht, Heizplatte, Tauchsieder, Spirituskocher, Gasbrenner und Kohlenanzünder. Vermute zunächst, welche Wärmequelle Sieger werden könnte.

Körper, die thermische Energie abgeben können, sind Wärmequellen. Sonne, Erde (Magma, Geysire) und Blitze sind natürliche Wärmequellen. Durch Reibung, Verbrennen von Stoffen, das Glühen von Drähten oder die Kernspaltung haben sich die Menschen künstliche Wärmequellen geschaffen.
In Heizplatten, Toastern oder Infrarotstrahlern bringt der elektrische Strom dünne Drähte zum Glühen. Es kommt zur Umwandlung von elektrischer in thermische Energie. Beim Verbrennen von Kohle, Erdgas, Erdöl oder Holz wird die chemische Energie dieser Stoffe genutzt. Die bei der Verbrennung maximal nutzbare Wärmemenge nennt man Heizwert. ▸ Tabelle

Wärmequellen sind Körper, die Wärme an ihre kältere Umgebung abgeben.

Heizwerte in MJ/kg	
Braunkohlenbrikett	17
Steinkohlenkoks	29
Holzpellets	18
Papier, Holz	15
Stroh	17
Benzin	41
Diesel	42
Heizöl	40
Spiritus	24
Erdgas	32–45
Wasserstoff	119

Wissenswertes: Wärmequelle Erde

Die Erde selbst ist eine wichtige Wärmequelle.
Der Erdkern besteht aus Nickel und Eisen und ist ab etwa 5000 km Tiefe wegen des hohen Drucks von etwa 3,5 Mio. bar trotz der hohen Temperaturen von über 5000 °C fest, weiter außen flüssig. Das Gestein des Erdmantels ist ebenfalls flüssig und bewegt sich bei 3000–4000 °C wie in einer Lavalampe auf und ab. Die äußerste Schicht der Erde ist die Erdkruste. Sie ist nur 30–50 km dick. Durch Risse und Spalte kann flüssiges Gestein bis zur Erdoberfläche aufsteigen (Vulkanausbruch). Dringt Wasser in tiefe Spalte ein, wird es erwärmt und kommt als Dampf oder heißes Wasser (Thermalquelle, Geysir) wieder nach oben.

Die Erdwärme wird zum Heizen von Häusern genutzt. Dabei wird Wasser in tiefe Bohrungen gedrückt. Dort erwärmt es sich und wird anschließend in den Heizkreislauf des Hauses eingespeist.
Manchmal werden auch andere Gase oder Flüssigkeiten in die Erde geleitet. Diese werden ebenso aufgeheizt und geben dann im Haus ihre thermische Energie an das Wasser im Heizkreislauf ab.

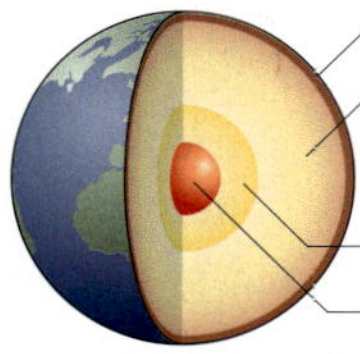

Aufgaben

1 Erstelle eine Übersicht über Wärmequellen. Welche kannst du mit gutem Gewissen nutzen und bei welchen werden unsere Ressourcen verbraucht?

2 Wie stellst du dir die Versorgung mit thermischer Energie in der Zukunft vor?

Wärmeübertragung

1

Auf der Erdoberfläche fühlen wir uns in der Wärme der Sonne wohl.
Die Sonne ist unser wichtigster Wärmelieferant. An ihrer Oberfläche strahlt sie Energie bei einer Temperatur von 6000 K ab. Dennoch müssen die Astronauten im Weltall beheizte Anzüge tragen, um nicht zu erfrieren.

Experiment

1 Abkühlen von Tee
Probiere verschiedene Möglichkeiten aus, um heißen Tee abzukühlen:
- Rühre mit einem Löffel um.
- Schütte den Tee in eine andere Tasse.
- Puste über den Tee.
- … warte einfach.

Beim Umrühren stellst du fest, dass der Löffel warm wird, während der Tee sich langsam abkühlt. Schüttest du den Tee in eine andere Tasse, so wird diese auch warm und der Tee gleichzeitig kühler. Pusten kühlt den Tee ab, weil man die erwärmte Luft über der Flüssigkeit entfernt. Und wenn man lang genug wartet, dann kühlt sich auch ohne unser Zutun der Tee ab. Bei allen Möglichkeiten geht Wärme vom Tee auf andere Körper über.
Die Übertragung von Wärme erfolgt immer von einem Körper höherer Temperatur auf einen Körper mit niedrigerer Temperatur.

Wärme kann von einem festen Köper auf einen flüssigen Körper oder auch umgekehrt übertragen werden (z. B. Tee–Tasse).
Wärmeübertragung kann zwischen einem festen Körper und einem gasförmigen Körper erfolgen (z. B. Löffel–Luft).
Und auch zwischen flüssigen und gasförmigen Körpern findet Wärmeübertragung statt (z. B. Tee–Luft).

Wärmeübertragung kann zwischen Körpern aller Aggregatzustände stattfinden. Dabei erfolgt immer die Wärmeübertragung von einem Körper höherer Temperatur auf einen Körper tieferer Temperatur.

Bei der Wärmeübertragung nimmt die thermische Energie eines Körpers ab, während der andere Körper eine Erhöhung der thermischen Energie erfährt. ▸ 3

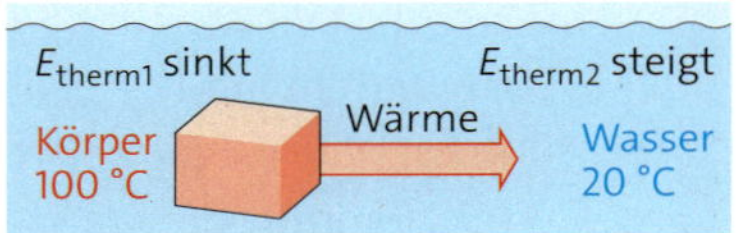

3 Wärmeübertragung

Aufgaben

1 Fülle kaltes Wasser in eine Tasse und kühle es im Kühlschrank weiter ab. Fülle in eine andere Tasse heißes Wasser.
Stelle beide Tassen für einige Stunden im Zimmer ab. Was kannst du danach feststellen?

2 Max behauptet, dass ein Glas Leitungswasser schneller gefriert als ein Glas mit siedendem Wasser. Wie kannst du das überprüfen?

Experiment

2 Wärmeleitung

a Stelle verschiedene Löffel (Metall, Silber, Kunststoff, Holz) in ein Glas mit heißem Wasser. Erfühle in gleichem Abstand über der Wasseroberfläche die Erwärmung. Welcher Stoff erwärmt sich am schnellsten, bei welchem Material dauert es am längsten?

b Ersetze die Löffel durch Krampen (Kupfer, Aluminium, Eisen, Glas). Kannst du die Ausbreitung der Erwärmung erfühlen? Beschreibe deine Beobachtung.

c Zünde ein Streichholz an, halte es waagerecht. Beobachte die Flamme und die Temperatur des Holzes. Vorsicht!

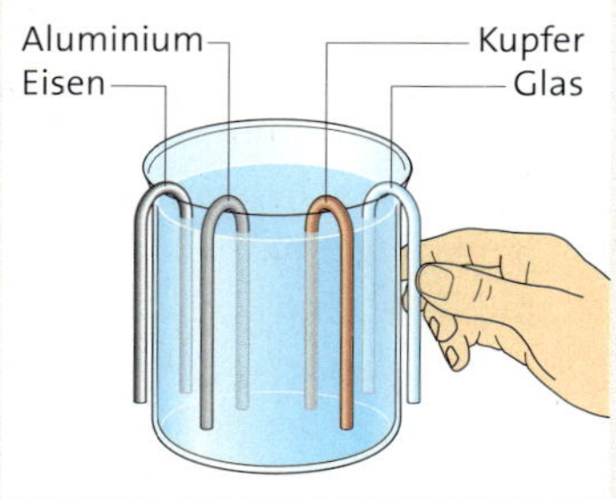

4

Das heiße Wasser in den Bechergläsern hat eine große thermische Energie. Es gibt diese in Form von Wärme an die Löffel bzw. Krampen ab. Dabei nimmt die Temperatur des Wassers ab. In den festen Körpern wird die Wärme durch Wärmeleitung von der Stelle, an der sie im Wasser stehen, bis zum anderen Ende transportiert. ▸ 5

Durch die Wärmezufuhr erhöhen die Teilchen im Löffel ihre kinetische Energie. Sie bewegen sich schneller und regen benachbarte Teilchen an, auch heftiger mitzuschwingen. Dadurch wird die Wärme transportiert. Sie erreicht auch Stellen, die keinen direkten Kontakt zum heißen Wasser haben.

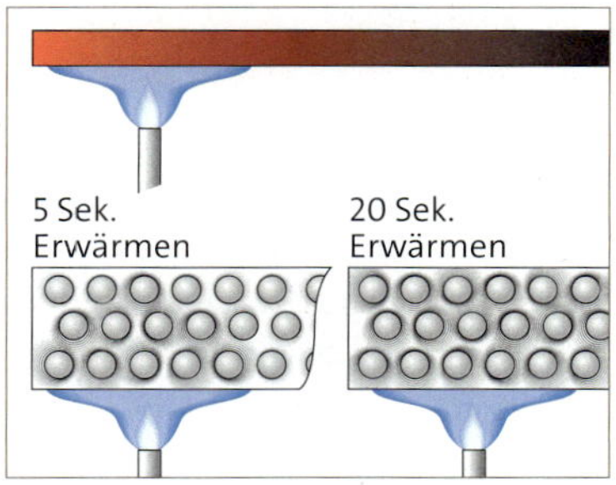

5 Wärmeleitung im Modell

In festen Stoffen erfolgt der Wärmetransport durch Wärmeleitung. Dabei nehmen die Teilchen thermische Energie der Wärmequelle auf. Sie geben sie dann als Bewegungsenergie an benachbarte Teilchen weiter.

Für die Wärmeleitung gilt: Je größer der Temperaturunterschied ist, desto schneller wird die Wärme übertragen. Die Wärmeleitung endet, wenn sich die Temperaturen ausgeglichen haben.

Dabei kann man aber auch feststellen, dass sich nicht alle Stoffe gleich schnell und gleich stark erwärmen. Beim Holz bemerkt man keine Erwärmung. Auch Kunststoffe und Glas erwärmen sich nur wenig.

Metalle sind gute Wärmeleiter. Allerdings leiten verschiedene Metalle die Wärme auch unterschiedlich gut: Kupfer und Silber leiten die Wärme am schnellsten weiter. Wasser und Luft sind schlechte Wärmeleiter.

Es gibt gute und schlechte Wärmeleiter. Metalle wie Silber, Kupfer und Stahl sind gute Wärmeleiter. Luft, Styropor, Holz, Papier, Glas und Wasser sind schlechte Wärmeleiter.

Aufgaben

1 Der Koch benutzt zum Umrühren einen Holzlöffel, fasst den Topfdeckel mit einem Topflappen an und hat Plastikgriffe am Topf. Beurteile diese Maßnahmen aus physikalischer Sicht.

2 Tropfe auf eine lange Stricknadel oder Fahrradspeiche aus Metall in gleichmäßigen Abständen Kerzenwachs. Halte diesen Stab waagerecht in eine Kerzenflamme und beobachte das Wachs.

Experiment

3 Wärmeströmung

… in Flüssigkeiten

Fülle ein Glasrohr für Wärmeströmung mit kaltem Wasser. Gib einige Körnchen Farbe dazu. Stelle ein Teelicht unter eine Ecke. Beobachte. Rücke das Teelicht jetzt unter die andere Ecke. Beobachte und finde eine Erklärung.

… in Gasen

Erfühle mit der flach ausgestreckten Hand die Lufttemperaturen neben und über einer brennenden Kerze. Vorsicht: Verbrennungsgefahr!

Kontrolliere danach die Temperatur mit einem geeigneten Thermometer. (Achtung: Die Temperatur über der Flamme kann auf einige Hundert Grad Celsius ansteigen!)

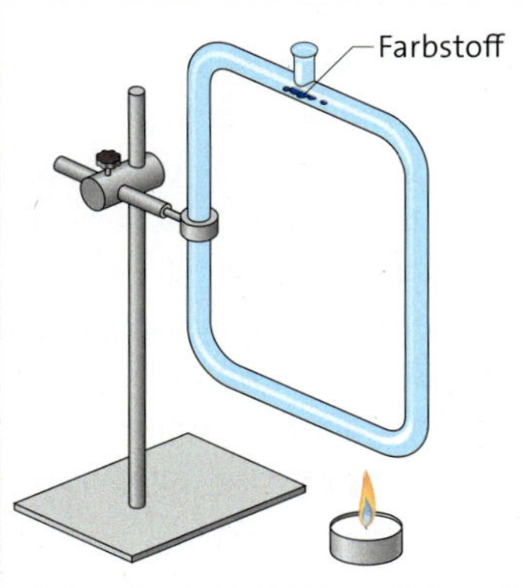

1

Der sich langsam auflösende Farbstoff zeigt die Bewegungsrichtung des Wassers an. In unmittelbarer Nähe der Wärmquelle wird das Wasser erwärmt, es vergrößert dabei sein Volumen und die Dichte nimmt ab. Deshalb steigt dieses leichtere Wasser nach oben. Die Farbteilchen werden mitgerissen und zeigen die Strömung an. Ohne weitere Erwärmung kühlt sich das Wasser wieder ab, das Volumen wird dabei kleiner und die Dichte steigt an. Das kühlere Wasser sinkt nach unten. ▸ 2

Wird das Teelicht unter eine andere Stelle des Rohrs gestellt, kann die Bewegung des farbigen Wassers in eine andere Richtung gelenkt werden. Nicht nur in diesem besonderen Rohr, sondern in jedem Gefäß strömen Flüssigkeiten, die erwärmt werden.

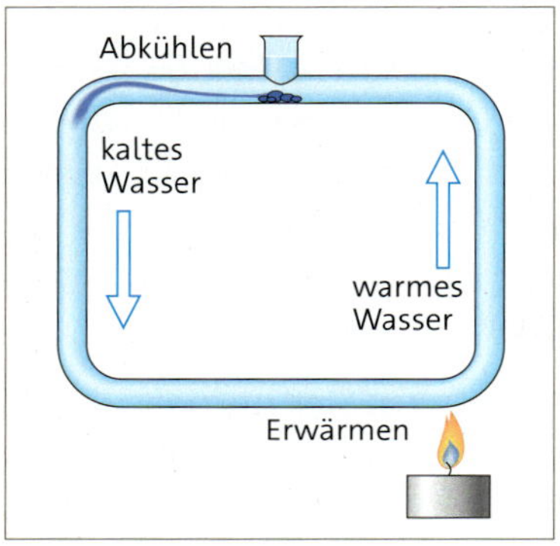

2 Wärmeströmung

Auch die sich erwärmende Luft vergrößert ihr Volumen und steigt nach oben. Über der Kerzenflamme kann man das erfühlen. Messungen der Lufttemperatur an verschiedenen Stellen in einem geheizten Raum zeigen auch die Wärmeströmung an.

In Flüssigkeiten und Gasen kann die Wärme durch Wärmeströmung übertragen werden. Die Wärme wird mit der strömenden Flüssigkeit bzw. mit dem strömenden Gas mitgeführt.

Aufgaben

1 Auf welcher Bank ist es in einer Sauna am heißesten? Begründe deine Antwort.

2 Recherchiere, warum man den Golfstrom auch als Fernheizung Europas bezeichnet.

3 „Heizkörper werden warm, weil sie durch gut leitende Kupferrohre mit dem Heizkessel verbunden sind.“
Ist diese Aussage richtig? Begründe deine Antwort.

4 Im Zimmer befindet sich der Heizkörper meist unter dem Fenster. Beschreibe, wie die Wärme im gesamten Zimmer verteilt wird.

5 Du kennst die Wärmeleitung und die Wärmeströmung. Worin unterscheiden sich diese beiden Arten des Energietransports?

6 Zimmerdecken verschmutzen über den Heizkörpern besonders schnell. Warum?

Experiment

4 Wärmestrahlung

a Ein Infrarotstrahler wird waagerecht ausgerichtet. Erfühle mit der Hand in der Umgebung des Strahlers die Lufttemperatur. Miss sie mit einem geeigneten Thermometer. Was stellst du fest?

b Umwickle Thermometer mit verschiedenen Hüllen (z. B. Aluminiumfolie, schwarzes Papier, weißes Papier). Richte einen Wärmestrahler aus gleicher Entfernung auf die Thermometer. Beobachte das Ansteigen der Temperatur. Bei welcher Hülle ist die Temperaturerhöhung am größten?

c Bringe zwischen Thermometer und Wärmestrahler verschiedene Hindernisse der gleichen Dicke (Glas, Metall, Holz, Kunststoff, Keramik, Stein …). Untersuche, ob diese Stoffe die Wärmeausbreitung beeinflussen.

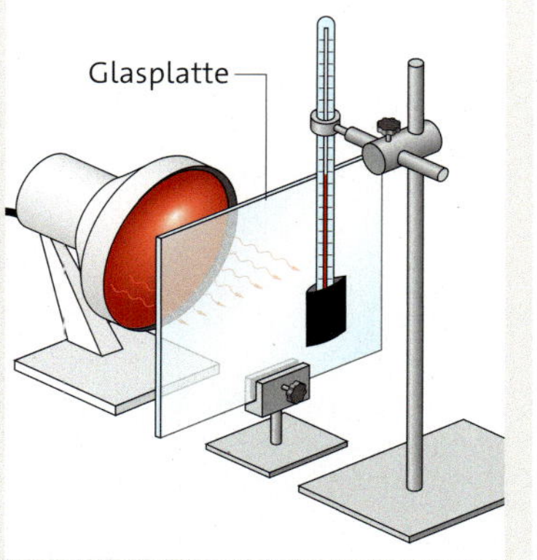

3

Nicht nur die Rotlichtlampe, sondern auch Heizkörper, eine Tasse mit heißem Tee, ein Lagerfeuer oder die Hauswand am Abend nach einem schönen warmen Sommertag geben Wärmestrahlung ab. ► 4–6
Auch die Sonne liefert der Erde ständig Energie in Form von Strahlung. Der Raum zwischen Sonne und Erde enthält keinen Stoff, sondern ist ein Vakuum. Daher wissen wir, dass die Wärmestrahlung keinen Stoff zum Transport braucht.

Alle Gegenstände senden Wärmestrahlung aus. Je höher ihre Temperatur ist, desto mehr Wärme geben sie dabei ab. Für die Übertragung der Wärme durch Strahlung ist kein Stoff erforderlich.

Das Thermometer mit der schwarzen Hülle erreicht die höchste Temperatur, das Thermometer mit der glänzenden Folie die niedrigste.

Bei gleicher Bestrahlung absorbieren (verschlucken) dunkle und matte Körper die Wärmestrahlung stärker als helle.
Wärmestrahlung wird von hellen und glänzenden Körpern reflektiert (zurückgeworfen).

Körper, die sich zwischen der Wärmequelle und dem Thermometer befinden, können die Wärmeübertragung behindern. Luft lässt die Wärmestrahlung fast ungehindert durch. Glas und Kunststoffe behindern die Wärmestrahlung.

Verschiedene Stoffe sind für die Wärmestrahlung unterschiedlich gut durchlässig. In Luft wird die Wärmestrahlung fast nicht geschwächt. Durch Glas und Kunststoff geht die Wärmestrahlung nur teilweise hindurch.

Wärme kann durch drei verschiedene Arten (Wärmeleitung, Wärmeströmung, Wärmestrahlung) übertragen werden. Dabei wird die Wärme immer von einem Körper mit der höheren Temperatur auf den Körper mit der niedrigeren Temperatur übertragen. Die Übertragung endet, wenn beide Körper die gleiche Temperatur haben.

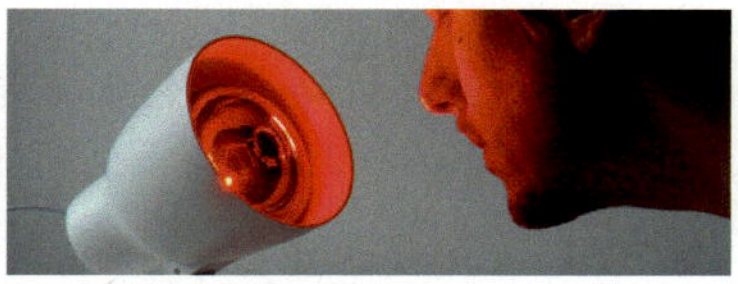

4 Infrarotstrahler

5 Wärmestrahlung am Heizkörper

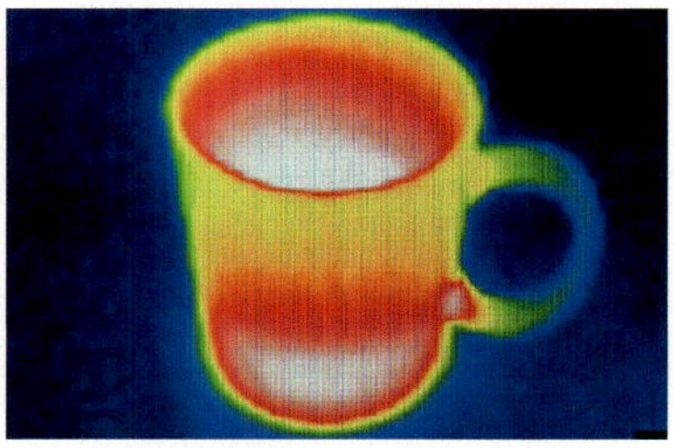

6 Wärmestrahlung am Tee

Aufgabe

1 Halte ein Bügeleisen schräg über ein Zimmerthermometer. Beobachte die Veränderung am Thermometer. Wie sollte man das Bügeleisen halten, um am schnellsten die Temperatur zu erhöhen?

Mischungstemperatur

1

Es ist für uns selbstverständlich, dass man mit nur einem Hebel das Wasser richtig temperiert. Was passiert in der Mischbatterie eigentlich?

Experiment

1 Mischen zweier Flüssigkeiten

a Fülle in zwei Thermosgefäße je 50 g Wasser mit unterschiedlichen Temperaturen. Miss die Temperaturen.
Welche Temperatur wird eine Mischung aus beiden Flüssigkeiten haben? Stelle eine Vermutung auf.
Mische die beiden Wassermengen und miss die Mischungstemperatur.

b Wiederhole das Experiment mit zwei unterschiedlichen Wassermengen, z. B. $m_1 = 100\,g$; $m_2 = 50\,g$.

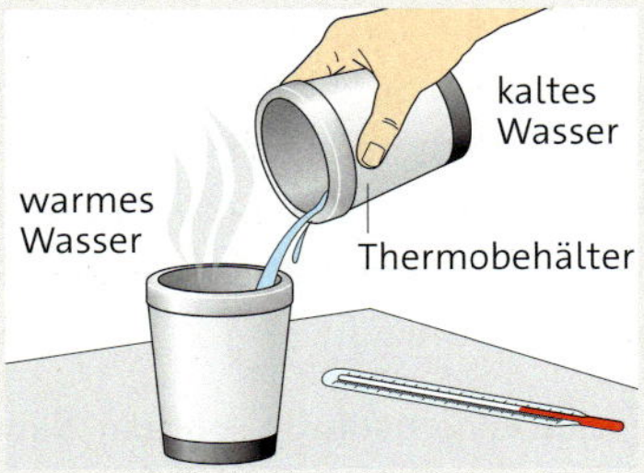

2

Bei gleichen Massen hat das Wasser mit der höheren Temperatur eine größere thermische Energie. Beim Mischen beider Flüssigkeiten gibt der Körper mit der größeren Energie einen Teil an den Körper mit der niedrigeren Energie ab. Das erfolgt so lange, bis beide Köper die gleiche thermische Energie und die gleiche Temperatur haben. ▸ 3

Bei gleichen Mengen eines Stoffs bestimmt man die Mischungstemperatur als Durchschnittswert beider Ausgangstemperaturen.

Auch bei unterschiedlichen Stoffen und unterschiedlichen Massen gibt der Körper mit der größeren thermischen Energie so lange Wärme ab, bis beide Körper wieder dieselbe Temperatur haben. Die Mischungstemperatur kann jedoch nicht als Durchschnittswert berechnet werden. Sie ist aber immer niedriger als die höchste Ausgangstemperatur.

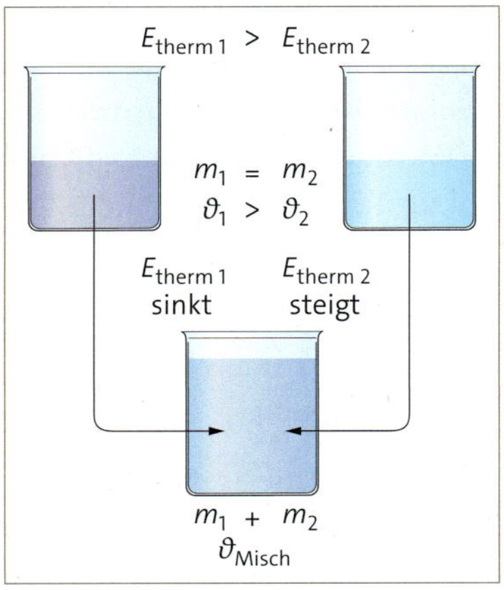

3

Aufgabe

1 In einem Experiment sollen je 150 ml Wasser von 30 °C und 80 °C gemischt werden. Beurteile die Ergebnisse der Schüler:

a Kai hat 65 °C als Mischungstemperatur abgelesen.
b Bea notiert in ihr Protokoll 45 °C.
c Karolin ermittelt 55 °C.

Experiment

2 Mischungstemperatur bei verschiedenen Aggregatzuständen

a Lege in ein Thermosgefäß mit heißem Wasser (ϑ_1) einen Metallkörper, der Zimmertemperatur (ϑ_2) hat. Beide Körper sollen gleich große Massen haben. Warte den Temperaturausgleich ab und bestimme die Mischungstemperatur.

b Wiederhole ▸ Experiment 2a mit kaltem Wasser. Lege den Metallkörper vorher auf eine Heizplatte. *Vorsicht:* Den Metallkörper nur mit einer Tiegelzange transportieren!

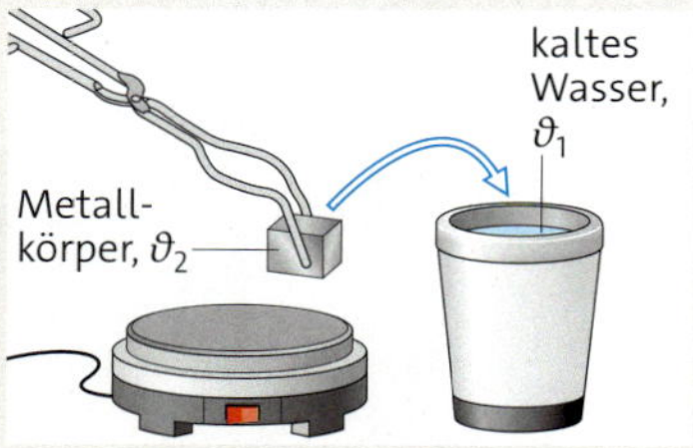

4

Immer gibt der Körper mit der höheren Temperatur thermische Energie an den Körper mit niedriger Temperatur ab. Dabei ändern sich die Temperaturen der beiden Körper. Haben beide Körper die gleiche Temperatur (Mischungstemperatur), findet kein Energietransport mehr statt. Die Aggregatzustände dürfen sich dabei nicht ändern.

Die thermische Energie geht immer vom Körper mit der höheren Temperatur auf den Körper mit der niedrigen Temperatur über.

Wissenswertes: Die Mischbatterie

Eine Mischbatterie besteht immer aus den Zuläufen für kaltes und warmes Wasser sowie dem Auslauf für das Mischwasser. Herzstück einer Einhebelmischbatterie ist die Kartusche. Sie besteht aus zwei glatt geschliffenen Keramikplatten, die gegeneinander gedreht und verschoben werden können. Die hintere Keramikplatte ist fest installiert und hat drei Öffnungen: Eingänge für kaltes und für warmes Wasser sowie den Auslauf für das gemischte Wasser.
Der Hebel ist mit der beweglichen Platte verbunden. Sie hat nur eine kreisrunde Öffnung. Durch Absenken des Hebels wird die Öffnung so bewegt, dass beide Zuläufe versperrt sind. Beim Anheben des Hebels werden beide Zuläufe und auch der Auslauf geöffnet. Es erfolgt eine Vermischung des zulaufenden Wassers. Dreht man dann den Hebel nach links, wird der Zulauf des kalten Wassers verschlossen und das Wasser wird sehr warm. Dreht man den Hebel vollständig nach rechts, wird das Wasser kalt.

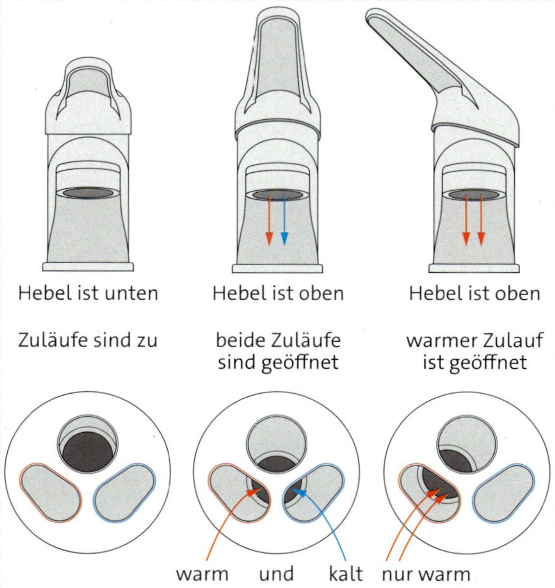

5

Aufgaben

1 Informiere dich über andere Möglichkeiten, Wasser richtig zu temperieren.

2 Wiederhole das ▸ Experiment 1 mit anderen Flüssigkeiten (z. B. Salzwasser).

Wärmedämmung

1

Wer heute ein Haus baut, muss auch Vorschriften zur Energieeinsparung einhalten. Das ist vernünftig, denn die Heizung der Wohnung kostet – neben der Versorgung mit elektrischer Energie – immer mehr. Unsere Vorräte an Gas, Öl und Kohle nehmen sicher ab.
Wie können wir dann noch gemütlich wohnen?

Experiment

1 Was nutzt ein warmer Schal?

Arbeitet in Gruppen. Füllt in kleine Schraubgläser heißes Wasser.
- Umwickelt ein Glas mit einem Wollschal.
- Umhüllt ein anderes Glas mit Aluminiumfolie.
- Wickelt ein Glas in schwarzes Papier oder malt es schwarz an.
- Schützt ein Glas überhaupt nicht.

Messt nach einer bestimmten Zeit die Temperatur in den Gläsern.
In welchem Glas ist das Wasser am wärmsten geblieben? In welchem hat es sich am stärksten abgekühlt?
Probiert andere Materialien aus. Wie kann man die Abkühlung am besten behindern?

2

In Wärmebildkameras wandeln spezielle Sensoren die unsichtbare Infrarotstrahlung in ein Falschfarbenbild um. Man kann erkennen, wie die Temperaturen verteilt sind. Die rote Farbe zeigt Stellen mit der höchsten Temperatur. Dort ist die Wärmeabgabe am stärksten.
Die Untersuchung von Hausfassaden zeigt die Stellen mit der größten Wärmeabgabe. Diese müssen dann gedämmt werden. ▸ 3

Die Behinderung der Wärmeübertragung heißt Wärmedämmung.

Eine hohe Dämmung erreicht man, wenn man alle Arten der Wärmeübertragung verhindert. Unerwünschte Wärmeleitung vermindert man durch den Einbau von schlechten Wärmeleitern (Glas, Holz, Luft).
Die Wärmeausbreitung durch Strömung behindert man, indem man viele kleine Hohlräume schafft. Luft kann dann nicht mehr ungehindert strömen.
Bestimmte Oberflächen wie verspiegelte Materialien, Folien oder weiße Farben reflektieren die Wärmestrahlung und verhindern dadurch den unerwünschten Wärmeaustausch.

3 Wärmeverluste am Haus

Aufgabe

1 Untersuche verschiedene Thermobecher. Beschreibe, wie dort die Wärmeübertragung behindert wird.

Experiment

2 Hausisolierung

a Falte aus einem DIN-A4-Blatt Papier eine Kiste. Stelle sie über einen Becher mit heißem Wasser. Miss die Anfangs- und nach 5 Minuten die Endtemperatur des Wassers.

b Baue aus einem größeren Blatt Papier eine weitere Kiste und stülpe sie über die erste. Wiederhole die Temperaturmessung.

c Fülle den Raum zwischen den Kisten mit verschiedenen Dämmstoffen und miss erneut die Temperaturen.

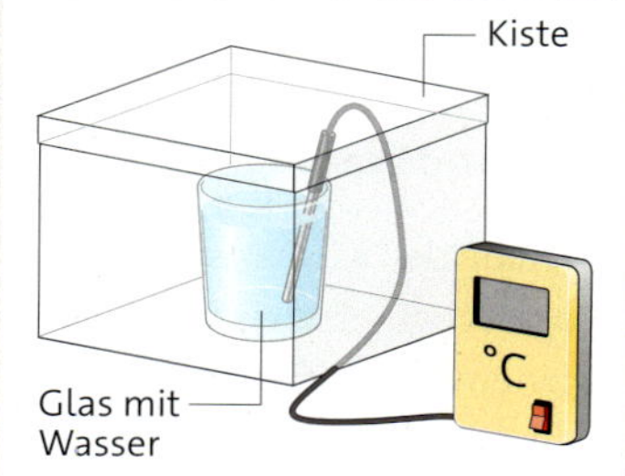

Beim Bau eines Hauses achtet man heute nicht nur darauf, kostengünstig zu bauen, man möchte auch kostengünstig wohnen. Der Verbrauch von Wasser, Öl, Gas und Elektrizität soll so gering wie möglich sein. Mit fossilen Energieträgern will man sparsam umgehen.
Der Gesetzgeber fordert beim Neubau und der Modernisierung von Gebäuden bestimmte Standardwerte (*U*-Wert) für die Wärmedämmung. In der Energie-Einsparverordnung ist z. B. für die Dämmung von Steildächern ein *U*-Wert von maximal $0{,}24\,\mathrm{W/(m^2 \cdot K)}$ vorgeschrieben.

Geeignete Dämmstoffe sind Glas- und Steinwolle, Holzfasern, Hanf, Schafwolle und Kunststoffe wie Styropor oder Polyurethan. ▸ 5
Für die Herstellung der Kunststoffe werden fossile Rohstoffe verwendet. Es wird viel Energie benötigt und ihre Entsorgung belastet die Umwelt. Die Produkte aus Glas- und Steinwolle haben im Augenblick das beste Preis-Leistungs-Verhältnis. Bei ihrer Produktion wird aber auch viel Energie gebraucht. Spitzenreiter unter ökologischen Gesichtspunkten sind die Naturprodukte aus nachwachsenden Rohstoffen. Ihre Produktion kostet keine zusätzliche Energie und ihre Entsorgung belastet nicht die Umwelt. Allerdings sind sie noch teuer in der Anschaffung.

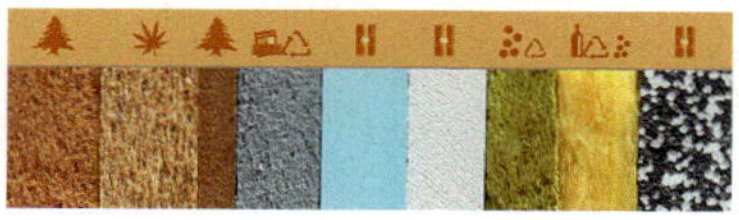

5 Dämmmaterial

Übrigens

Der *U*-Wert ist ein Maß für die Wärmeübertragung durch ein Bauteil. Es wird beschrieben, wie viel Energie in 1 s pro m² das Bauteil verlässt, wenn zwischen innen und außen eine Temperaturdifferenz von 1 Kelvin auftritt. Je kleiner der *U*-Wert ist, umso besser die Dämmung.

Wissenswertes: Eine Kochkiste

Ende des 19. Jahrhunderts kam in den Küchen eine revolutionäre Idee auf: Die fortschrittliche Hausfrau benutzte eine Kochkiste. Das war ein gut isolierter Behälter, in den man morgens die Töpfe mit den angekochten Speisen stellte und sie über Tag fertig garte – ganz ohne weitere Energiezufuhr. Heute kann man sich aus Rettungs-, Wolldecken oder Styropor selbst eine solche sparsame Kochgelegenheit bauen – Energie spart man damit garantiert.

Aufgaben

1 „Coffee to go" ist … Wie nützlich oder wie schädlich sind diese Kaffeebecher? Recherchiere die Kosten ihrer Herstellung und Entsorgung.

2 In Restaurants kann man warmes Essen zum Mitnehmen kaufen. Es wird in Styroporgefäße verpackt. Teste den Nutzen der Verpackungen.

Aufgaben und Aufträge

Wärme und Wärmequellen

1 Welche der Körper sind natürliche Wärmequellen? Lagerfeuer, elektrisches Heizkissen, Sonne, Bienenwachs, Thermalquellen, Induktionskochfeld, LED, Kirschkernkissen, Spiritus

2 Vergleiche eine Tasse frisch gebrühten Tee mit dem Wasser in einem See. Entscheide, welche Aussage physikalisch richtig ist.
a Das Seewasser hat mehr thermische Energie.
b Das Seewasser hat mehr Wärme.
c Das Seewasser ist wärmer.

Wärmeübertragung

3 Ordne die Körper richtig in die Tabelle ein: Kupfer, Glas, Luft, Holz, Aluminium, Plastik, Eisen, Stein, Wasser, Styropor.

Gute Wärmeleiter	Schlechte Wärmeleiter
?	?

4 Wenn man ein brennendes Streichholz waagerecht oder senkrecht mit der Flamme nach oben hält, verbrennt man sich nicht die Finger. Begründe es mit einer physikalischen Erkenntnis.

5 Auf ein Cerankochfeld soll man, ohne sich zu verbrennen, mit der Hand neben das Kochfeld fassen können. Beurteile diese Annahme.

6 Zwei Schüler streiten sich um eine gefundene 2-Euro-Münze. Ein Erwachsener schlägt als Schlichtung folgendes kleines Experiment vor: Ein Schüler zündet ein Streichholz an und der andere Schüler hält die Münze hinein. Wer zuerst loslässt, hat verloren. Probiere das Experiment vorsichtig selbst aus und erkläre den Ausgang.

7 Miss die Lufttemperaturen an verschiedenen Stellen im geheizten Zimmer. Wo ist es am wärmsten und wo am kältesten? Begründe die Ergebnisse.

8 Baue aus einer Streichholzschachtel und einem Teelicht einen Wasserkocher. Finde eine Erklärung, weshalb die Pappe nicht verbrennt, sondern das Wasser darin siedet.

9 Müssen Rauchmelder immer an der Decke hängen oder kann man sie auch an der Wand anbringen?

Wärmedämmung

10 Im Sommer sind die Scheiben der Gewächshäuser oft mit weißer Farbe angestrichen. Begründe die Zweckmäßigkeit dieser Maßnahme.

11 Warum ist eine Thermoskanne innen verspiegelt?

12 Ist es wirklich notwendig, Fenster mit Doppelscheiben oder gar Dreifachverglasung einzubauen? Reichen nicht einfache Glasscheiben?

13 Stell dir vor, du bist Architekt und willst einen Bauherrn gut beraten. Was sagst du ihm, wenn es um das Thema Wärmedämmung geht?

14 Fülle Reagenzgläser mit heißem Wasser und stelle sie in Gläser mit unterschiedlichen Materialen (Styropor, Mineralwolle, Sand, nasser Sand …). Miss die Temperaturen in regelmäßigen Abständen. In welcher Umhüllung ist die Wärmedämmung am besten/am schlechtesten?

15 Bei strenger Kälte plustern sich Vögel auf. Warum tun sie das?

16 Kleidung dient der Wärmedämmung. Wie muss sie beschaffen sein, damit sie im Winter gut warm hält? Begründe.

Mischungstemperatur

17 Sven mischt 200 g heißen Tee (90 °C) mit 200 g kaltem Wasser (18 °C). Seine Freunde stellen Vermutungen über die Mischungstemperatur an.
a Arthur: 60 °C
b Ben: 30 °C
c Carlo: 50 °C
d Nicole: 72 °C
Wessen Vermutung liegt dem Messwert am nächsten? Begründe deine Entscheidung.

18 Der Schmied taucht das glühende Eisen immer wieder in einem Eimer mit Wasser ein. Die Besucher warnt er, sich nicht am siedenden Wasser zu verbrennen. Beurteile die Vorsichtsmaßnahme.

Überblick

Thermische Energie Sie ist die Fähigkeit eines Körpers, Wärme an die kältere Umgebung abzugeben.
Formelzeichen: E_{therm} Einheit: J (Joule)

Wärmequellen Körper, die Wärme an ihre kältere Umgebung abgeben können, bezeichnet man als Wärmequellen. Es gibt natürliche und künstliche Wärmequellen.

Wärme Sie gibt an, wie viel thermische Energie von einem Körper auf einen anderen übertragen wird.
Formelzeichen: Q Einheit: J (Joule)

Wärmetransport Wärmeübertragung kann zwischen Körpern aller Aggregatzustände stattfinden. Dabei erfolgt die Wärmeübertragung immer von einem Körper höherer Temperatur auf einen Körper tieferer Temperatur.

Wärmeleitung In festen Stoffen erfolgt der Wärmetransport durch Wärmeleitung. Dabei nehmen die Teilchen die thermische Energie der Wärmequelle auf. Sie geben sie dann als Bewegungsenergie an benachbarte Teilchen weiter.
Es gibt gute Wärmeleiter und schlechte Wärmeleiter. Metalle wie Silber, Kupfer und Stahl sind gute Wärmeleiter. Luft, Styropor, Holz, Papier sind schlechte Wärmeleiter.

Wärmeströmung In Flüssigkeiten und Gasen kann die Wärme durch Wärmeströmung übertragen werden. Die Wärme wird mit der strömenden Flüssigkeit bzw. mit dem strömenden Gas mitgeführt.

Wärmestrahlung Alle Gegenstände senden Wärmestrahlung aus. Je höher ihre Temperatur ist, desto mehr Wärme geben sie dabei ab. Für die Übertragung der Wärme durch Strahlung ist kein Stoff erforderlich.

Mischungstemperatur Beim Mischen zweier Flüssigkeiten geht die thermische Energie immer vom Körper mit der höheren Temperatur auf den Körper mit der niedrigeren Temperatur über. Das erfolgt solange, bis beide Köper die gleiche thermische Energie und die gleiche Temperatur haben.
Bei gleichen Mengen desselben Stoffs kann man die Mischungstemperatur als Durchschnittswert beider Ausgangstemperaturen bestimmen.

Wärmedämmung Die Behinderung der Wärmeübertragung heißt Wärmedämmung. Eine hohe Dämmung erreicht man, indem man alle Arten der Wärmeübertragung einschränkt. Der Gesetzgeber fordert beim Neubau und bei der Modernisierung von Gebäuden Standardwerte für die Wärmedämmung.

Eine brennende Kerze soll man nicht umhertragen. Das Wachs ist flüssig und läuft schnell über den Kerzenrand. Dann kann man sich verbrennen. Die Wachsflecke sind oft sehr schwer zu entfernen. Es wäre doch schön, wenn man Kerzen herstellen könnte, die nicht schmelzen. Ob so etwas möglich ist, kannst du in diesem Kapitel erfahren.

Die Aggregatzustände

Kerzenwachs kann also fest oder flüssig sein. Gibt es auch gasförmiges Wachs?
Bei einer ausgeblasenen Kerze steigt noch eine kurze Zeit Rauch auf. Das könnten verbrannte Reste von Wachs sein. Genauso wie Asche bei einem Streichholz oder die Abgase bei einem Auto. Verbrannte Rückstände kann man nicht wieder anzünden. Wenn man aber ein brennendes Streichholz in den Rauch hält, kann man sehen, dass dieser Rauch brennt. ▸ 2, 3
Falls du das ausprobieren möchtest, frage vorher einen Erwachsenen, ob er dir hilft.

2

3

Nicht nur bei Kerzen kann man diese Zustandsänderungen sehen. Auch Wassereis kann schmelzen. Das ist gut, wenn man seine Cola mit Eiswürfeln kühl halten möchte. Allerdings macht vielen Menschen das Schmelzen von Eis auch große Sorgen. Weil sich die Durchschnittstemperatur auf der Erde in den letzten 100 Jahren um etwa 0,7 °C erhöht hat, schmelzen in den Bergen die Gletscher. Das Schmelzwasser verursacht Überschwemmungen, Schlammlawinen und Steinschläge. Auch in Europa schmelzen die Eisvorräte auf den Bergen immer schneller. ▸ 4

Wenn man die Folgen dieser Eisschmelze vorhersagen will, muss man wissen, wie Zustandsänderungen ablaufen. Das soll in diesem Kapitel erklärt werden.

4

Weißt du's?

Übertrage die Lösungstabelle in dein Heft und setze die großen Buchstaben deiner richtigen Lösung bei „geheim" ein. Dann ordne nach dem Cäsarcode den kleinen Buchstaben bei „klar" zu.

1 Welche Aggregatzustände gibt es?
- A Eis, fest und Dampf H
- B fest, flüssig und gasförmig I
- C Plasma, Wasser, Kristall J

2 Wie nennt man den Übergang vom festen in den flüssigen Aggregatzustand?
- A Sieden M
- B Erwärmen N
- C Schmelzen O

3 Wie nennt man es, wenn ein Stoff vom gasförmigen in den flüssigen Zustand übergeht?
- A Kondensieren X
- B Erstarren Y
- C Sublimieren Z

4 Nach einem Modell bestehen alle Stoffe aus Teilchen. Was sind Teilchen?
- A kleine Kristalle, aus denen feste Stoffe bestehen I
- B Sammelbegriff für Atome, Moleküle u. a. J
- C Krümelkandis K

5 Wie heißt die Aggregatzustandsänderung, wenn ein flüssiger Stoff gasförmig wird?
- A Schmelzen A
- B Explodieren B
- C Verdampfen C

6 Welcher Stoff hat die höchste Siedetemperatur?
- A Wasser F
- B Spiritus G
- C Öl H

7 Wie nennt man es, wenn das Wasser in der Pfütze verschwindet?
- A Verdampfen V
- B Sieden W
- C Verdunsten X

8 In welchem Aggregatzustand liegt Zinn bei 250 °C vor?
- A fest B
- B flüssig J
- C gasförmig H

Geheim:	D	E	F	G	H	I	J	K	L	M	N	O	P	Q	R	S	T	U	V	W	X	Y	Z	A	B	C
Klar:	a	b	c	d	e	f	g	h	i	j	k	l	m	n	o	p	q	r	s	t	u	v	w	x	y	z

Lösung:

Nr.	1	2	3	4	5	6	7	8
geheim								
klar								

Aggregatzustandsänderungen

1

Wenn es nach einem langen Winter endlich wieder wärmer wird, wandelt sich das Eis der Flüsse in Wasser um. Zu Beginn des Winters konntest du den umgekehrten Vorgang beobachten: Das Wasser der Seen gefror. Hängen diese Vorgänge von einer bestimmten Jahreszeit ab oder gibt es andere Gründe?

Experiment

1 Eis schmelzen

Erwärme Eis so lange, bis das Wasser eine Temperatur von ungefähr 50 °C hat. Miss die Temperatur und beobachte den Aggregatzustand. Übertrage die Tabelle in dein Heft. Notiere deine Beobachtungen und Messwerte.

Messwerttabelle

Nr.	Zeit t in min	Temperatur ϑ in °C	Aggregatzustand
1	0	?	?
2	0,5	?	?

Auswertung

1. Zeichne auf Millimeterpapier ein ϑ-t-Diagramm und trage alle Messwerte ein.
2. Kennzeichne im Diagramm die Bereiche, in denen der Topfinhalt nur fest, fest und flüssig oder nur flüssig ist.
3. Bei welcher Temperatur schmilzt Eis?
4. Wie verändert sich die Temperatur beim Wechsel des Aggregatzustands?

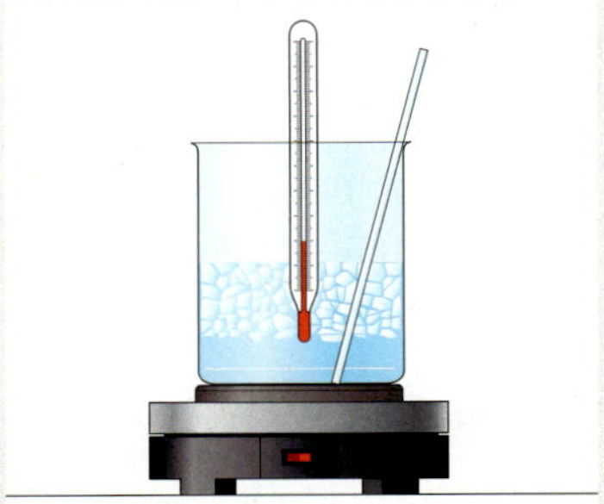

2

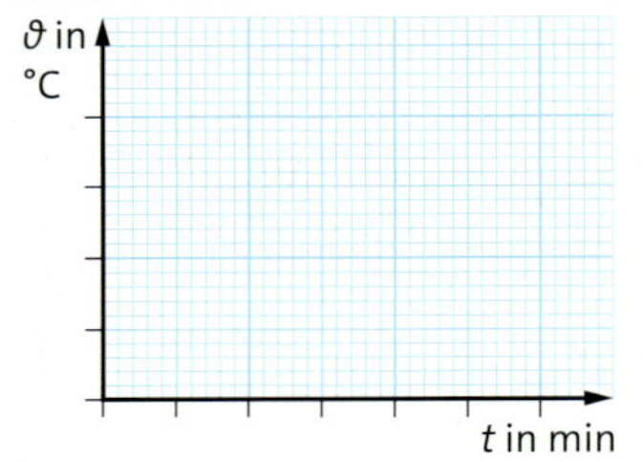

3

Schmelzen Um einen festen Körper in seinen flüssigen Aggregatzustand umzuwandeln, muss man ihn erwärmen. Die Umwandlung geschieht bei einer bestimmten Temperatur – der Schmelztemperatur. Jeder Stoff schmilzt bei einer typischen Temperatur. Für Eis liegt sie bei 0 °C. Während des Schmelzens steigt die Temperatur nicht an.

Erreicht ein fester Stoff seine Schmelztemperatur, so geht er bei weiterer Wärmezufuhr in den flüssigen Aggregatzustand über. Während des Schmelzens ändert sich seine Temperatur nicht.

Aufgaben

1 In welchem Aggregatzustand befindet sich Blei bei 250 °C?

2 Notiere die Schmelztemperatur von Wachs, Zinn und Silber.

Experiment

2 Bleigießen zu Silvester
Lies zuerst die Vorschrift auf der Packung. Führe das Silvester-Bleigießen durch. Beobachte, welche Aggregatzustandsänderung dabei stattfindet. Was passiert, wenn du das geschmolzene „Blei" ins Wasser gießt?

Erstarren Wenn das Wasser im Winter oder in der Tiefkühltruhe abgekühlt wird, erstarrt es zu Eis. Dabei gibt das Wasser Wärme an die Umgebung ab. Um Eis zu werden, muss das Wasser die Erstarrungstemperatur erreichen. Diese ist übrigens dieselbe wie die Schmelztemperatur.

Schmelztemperatur und Erstarrungstemperatur eines Stoffes stimmen überein.

Beim Erwärmen bewegen sich die Teilchen immer heftiger und schneller. Einige Bindungen werden dabei gelöst. Sind die Abstände zwischen den Teilchen groß genug, spricht man vom flüssigen Aggregatzustand.

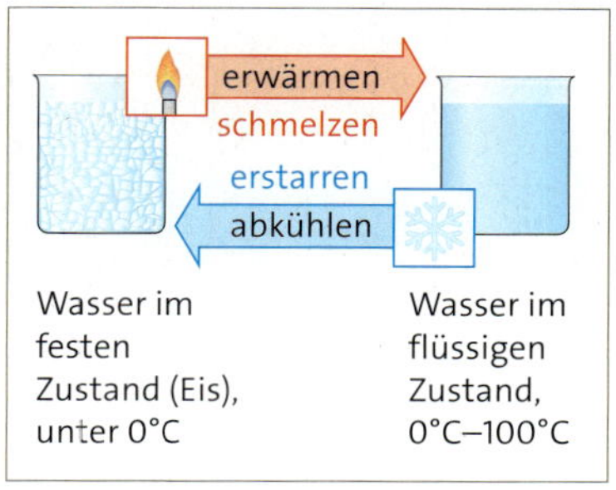

5

Wissenswertes: Legierungen

Vermutlich durch Zufall entdeckten die Menschen, dass aus einigen Steinen in den Flammen des Lagerfeuers ein schöner, rot glänzender Stoff entstand: das Kupfer. Er ließ sich gut bearbeiten. Weil reines Kupfer aber sehr weich ist, suchten sie nach Möglichkeiten, es zu härten. Die Menschen entwickelten eine Mischung aus den Stoffen Kupfer und Zinn – die Bronze ($^1/_{10}$ Zinn und $^9/_{10}$ Kupfer). Während der Bronzezeit wurden nicht nur Gebrauchsgegenstände aus dieser Legierung hergestellt, sondern auch Pflüge und vor allem Waffen. Eine andere Mischung mit Kupfer ist das Messing. Kupfer und $^1/_3$ Zink ergaben das goldfarbene Metall. Da es damals noch keine Messgeräte zur Temperaturbestimmung gab, konnten sich die Handwerker nur auf ihre Erfahrungen verlassen.

6

7

Stoff	Schmelztemperatur in °C	Stoff	Schmelztemperatur in °C
Wasser	0	Gold	1063
Wachs	63	Silber	961
Spiritus	–115	Sauerstoff	–219
Öl	–20	Helium	–272
Blei	327	Stickstoff	–210
Zinn	232	Luft	–218
Aluminium	660	Benzin	–45

7 Schmelztemperaturen einiger Stoffe

Aufgaben

1 Wie nennt man den umgekehrten Vorgang des Schmelzens?

2 Informiere dich über die Zusammensetzung des Stoffgemischs, das zum „Silverster-Bleigießen" verwendet wird.

3 Bei welcher Temperatur erstarrt Spiritus?

Aggregatzustandsänderungen

1

An einem klaren Himmel sind sie nicht zu übersehen. Sie kreuzen sich am Himmel – die Kondensstreifen. Das Flugzeug, das sie verursacht hat, ist schon ein ganzes Stück weitergeflogen. Sind das seine Auspuffgase? Oder was passiert dort oben?

Experiment

1 Verdampfen von Wasser

Erwärme in einem Topf Wasser und miss die Temperatur. Führe den Versuch so lange durch, bis bei 3 Messungen keine Temperaturerhöhung mehr erfolgt. Übertrage die Tabelle in dein Heft. Notiere die Temperatur und den Aggregatzustand.

Messwerttabelle

Nr.	Zeit t in min	Temperatur ϑ in °C	Aggregatzustand
1	0	?	?
2	0,5	?	?

Auswertung

1. Zeichne auf Millimeterpapier ein ϑ-t-Diagramm und trage alle Messwerte ein.
2. Kennzeichne die Bereiche, in denen der Topfinhalt flüssig bzw. flüssig und gasförmig ist.
3. Bei welcher Temperatur beginnt das Verdampfen?
4. Wie verändert sich die Temperatur beim Wechsel des Aggregatzustands?

Stoff	Siedetemperatur in °C
Wasser	100
Wachs	250
Spiritus	80
Öl	240
Blei	1750
Zinn	2600
Aluminium	2519
Gold	2800
Silber	2200
Sauerstoff	–183
Helium	–269
Stickstoff	–195
Luft	–183

2 Siedetemperatur einiger Stoffe

Sieden Bei der Erwärmung des Wassers erhöht sich seine Temperatur gleichmäßig. Dann steigt Dampf auf und zeigt den Übergang in den gasförmigen Aggregatzustand an. Diese Umwandlung geschieht bei einer bestimmten Temperatur – der Siedetemperatur. Wasser hat z. B. eine Siedetemperatur von 100 °C.

Erreicht ein flüssiger Stoff seine Siedetemperatur, so geht er bei weiterer Wärmezufuhr in den gasförmigen Aggregatzustand über. Während des Siedens ändert sich seine Temperatur nicht.

Aufgaben

1 In welchem Aggregatzustand befinden sich Sauerstoff, Helium und Luft bei –10 °C?

2 In welchem Aggregatzustand tritt Spiritus bei 100 °C auf?

Experiment

2 Verdunsten
Gib wenige Tropfen Spiritus oder Parfüm auf deinen Handrücken. Beobachte mit allen Sinnen. Beschreibe deine Beobachtungen und finde eine Erklärung.

Verdunsten Auch an Pfützen kann man feststellen, dass Wasser verschwindet. Da die Lufttemperatur aber nicht die Siedetemperatur erreicht, findet auch kein Sieden statt. Geht eine Flüssigkeit unterhalb des Siedepunkts in den gasförmigen Zustand über, nennt man das Verdunsten.

Verdunsten ist eine Form des Verdampfens. Dabei muss der flüssige Körper nicht die Siedetemperatur erreicht haben.

Die Aggregatzustandsänderung kann auch umgekehrt ablaufen: Heißer Wasserdampf schlägt sich am kalten Topfdeckel ab. Es bilden sich Wassertröpfchen. Man nennt diesen Vorgang **Kondensieren.** Ein gasförmiger Stoff kondensiert bei der Kondensationstemperatur. Sie ist genauso groß wie die Siedetemperatur. ▸ 5

Das Kondensieren ist der Übergang eines Stoffes vom gasförmigen in den flüssigen Zustand. Siedetemperatur und Kondensationstemperatur eines Stoffes stimmen überein.

An einem sonnigen Wintertag werden die Schneeberge an der Straße weniger, aber es fließt kein Wasser. Das Eis hat sich direkt in Wasserdampf umgewandelt. Diesen Vorgang nennt man **Sublimieren.** Die Umkehrung: Dampf wird nicht erst flüssig, sondern erstarrt gleich zu Eiskristallen, nennt man **Resublimieren.**

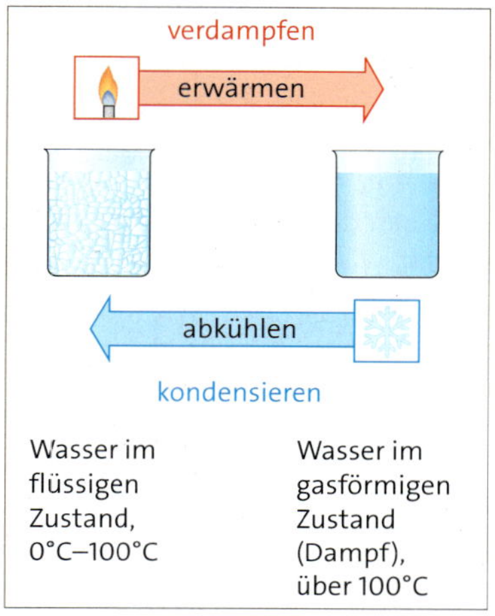

4

5

Wissenswertes: Kondensstreifen

Flugzeuge verursachen die weißen Wolken in Höhen oberhalb von 8 Kilometern und bei Lufttemperaturen unter −40 °C. Kondensstreifen entstehen, wenn die heißen Triebwerksabgase der Flugzeuge auf kalte, wasserdampfhaltige Luft treffen. Diese Abgase bestehen aus Kohlenstoffdioxid (CO_2), Wasserdampf, Stickoxiden und Ruß. An diesen Rußteilchen kondensiert Wasserdampf und es entstehen Eiskristalle. Ab einer bestimmten Größe streut sich an ihnen das Sonnenlicht und sie werden sichtbar.

Aufgaben

1 Gieße auf einen kleinen Teller etwas Wasser und lass es ruhig stehen. Nach einiger Zeit ist der Teller trocken. Wo ist das Wasser hin?

2 Führe das Experiment „Verdunsten“ zu Hause mit einem Familienmitglied durch. Was erzählst du ihm? Schreibe es auf.

Aufgaben und Aufträge

Teilchenmodell

1 Nenne Vorgänge, bei denen zu Hause und in Werkstätten Stoffe in kleine Teile zerlegt (z. B. zermahlen) werden.

2 Bei welchen Vorgängen werden Flüssigkeiten in ganz kleine Tröpfchen zerlegt?

3 Bei welchem Aggregatzustand ist der Zusammenhalt der Teilchen am kleinsten?

4 Nach dem Sport benutzt ein Schüler ein neues Deospray. Schon nach kurzer Zeit können das alle Schüler riechen. Warum ist das möglich?

5 Wasser mit einer Temperatur von 20 °C wird erwärmt. Wie ändert sich die Bewegung der Teilchen?

6 Fülle zwei Gläser mit Wasser. Stelle ein Glas an einen kalten Ort, das andere an einen warmen Platz. Gib etwas Lebensmittelfarbe hinein. Rühre nicht um und schüttle auch nicht das Glas. Beobachte, was passiert. Erkläre deine Beobachtungen mit dem Teilchenmodell.

Aggregatzustände

7 In welchen möglichen Aggregatzuständen kann ein Stoff vorkommen?

8 Beschreibe die Aggregatzustände mit dem Teilchenmodell.

9 In welchem Aggregatzustand liegt der Stoff vor? Nutze zur Lösung die Tabellen auf ► S. 177 f.

a Zinn bei 250 °C
b Gold bei 1080 °C
c Wachs bei 50 °C
d Schokolade 30 °C
e Wasser bei 110 °C
f Spiritus bei 90 °C

Aggregatzustandsänderungen

10 Ermittle aus einer Tabelle die Schmelztemperaturen von Blei, Zinn und Silber. Welchen Stoff würdest du für das „Bleigießen“ an Silvester nehmen? Begründe.

11 Wie nennt man folgende Aggregatzustandsänderungen?

a fest → flüssig
b flüssig → gasförmig
c flüssig → fest
d gasförmig → flüssig

12 Vergleiche Sieden und Verdunsten? Nenne Gemeinsamkeiten und Unterschiede.

13 Bei der Abkühlung eines Stoffs wurde folgendes ϑ-t-Diagramm aufgenommen. Beschreibe, was in den Abschnitten I, II und III passierte.

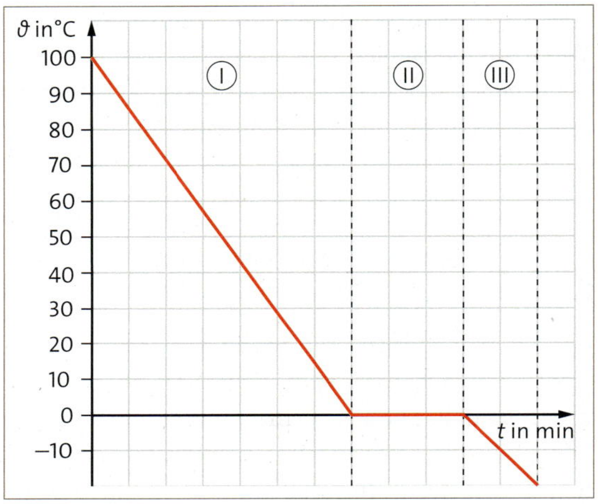

1

14 Ein Stoff wurde erwärmt. Das ϑ-t-Diagramm zeigt den Temperaturverlauf. Um welchen Stoff könnte es sich handeln? Benutze die Tabellen auf ► S. 177 f.
Beschreibe ein Experiment, mit dem du die Schmelztemperatur von Wachs bestimmen kannst.

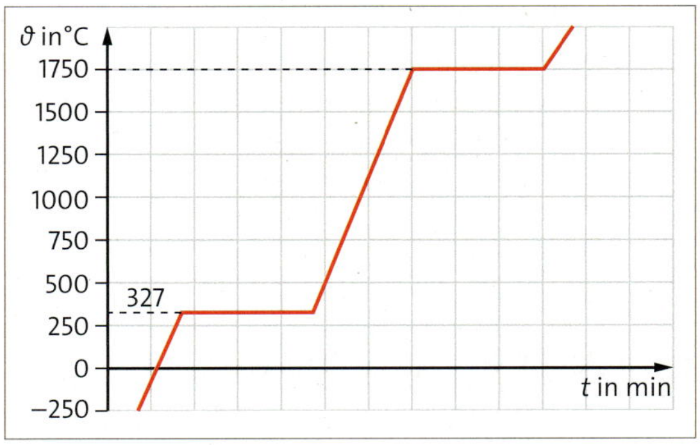

2

15 Ermittle die Schmelztemperatur von Schokolade. Gibt es einen Unterschied zwischen Vollmilch- und Zartbitterschokolade?

16 Warum trocknet Wäsche auf der Leine bei Wind besser?

17 An einem sonnigen Wintertag können die Schneeberge verschwinden, ohne eine Pfütze zu hinterlassen. Finde dafür eine Erklärung.

18 Warum bilden sich, nachdem man geduscht hat, am Spiegel im Badezimmer Tropfen?

Überblick

Teilchenmodell Alle Körper bestehen aus Teilchen. Die Teilchen befinden sich in ständiger Bewegung.

Aggregatzustände Jeder Stoff kann in drei unterschiedlichen Zuständen vorkommen: fest, flüssig und gasförmig.

Schmelzen Erreicht ein fester Stoff seine Schmelztemperatur, so geht er bei weiterer Erwärmung in den flüssigen Aggregatzustand über. Während des Schmelzens ändert sich seine Temperatur nicht.

Erstarren Darunter versteht man den Übergang eines Stoffes vom flüssigen in den festen Zustand. Schmelztemperatur und Erstarrungstemperatur eines Stoffes stimmen überein.

Sieden Erreicht ein flüssiger Stoff seine Siedetemperatur, so geht er bei weiterer Erwärmung in den gasförmigen Aggregatzustand über. Während des Siedens ändert sich seine Temperatur nicht.

Kondensieren Darunter versteht man den Übergang eines Stoffes vom gasförmigen in den flüssigen Zustand. Siedetemperatur und Kondensationstemperatur eines Stoffes stimmen überein.

Verdunsten ist eine Form des Verdampfens. Dabei muss der flüssige Körper nicht die Siedetemperatur erreicht haben.

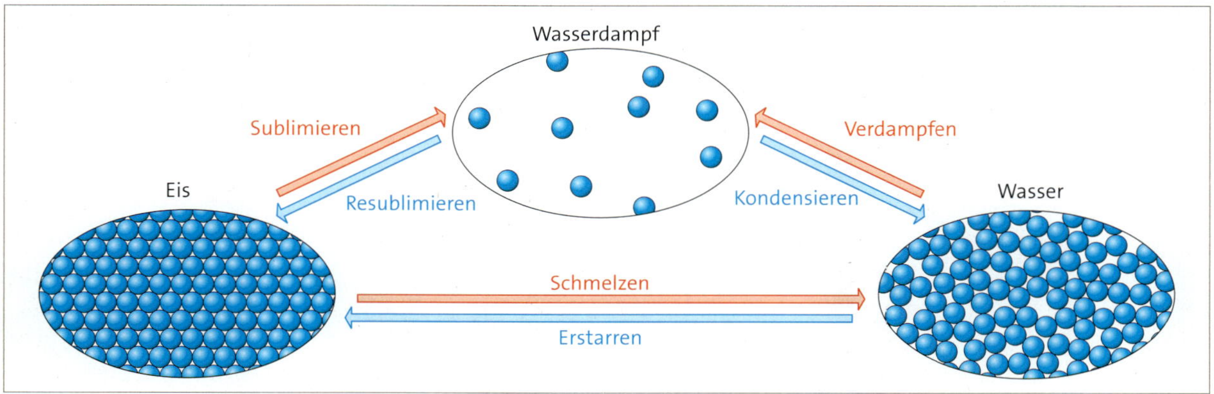

3

Der Golfstrom

1 St. Johns auf Neufundland versinkt im Schnee.

2 Palmen an der Westküste Irlands

An einem Tag im Januar

Neufundland +++ 53° Nord 57° West +++ Tageshöchsttemperatur: −10 °C +++ **Nachttemperatur: −20 °C,** +++ Schneewehen türmen sich auf +++ Bewohner verlassen ihre Häuser nur, wenn es unbedingt notwendig ist +++

+++ 3000 km östlich ++++

Irland (Westküste) +++ 53° Nord 9° West +++ Tageshöchsttemperatur: +10 °C +++ **Nachttemperatur: 0 °C,** +++ Bewohner gehen unter Palmen spazieren +++

Der Grund für diesen drastischen Temperaturunterschied ist der Golfstrom, die Warmwasserheizung für Europa.

Warmes Wasser aus dem Atlantik und dem Golf von Mexiko (daher hat der Strom seinen Namen) fließt nach Norden und erwärmt vor der europäischen Küste die Luft. Dadurch wird das Klima in Westeuropa mild. Im Nordatlantik sinkt das Wasser in die Tiefe hinab und fließt zurück in Richtung Äquator. ▸ 3

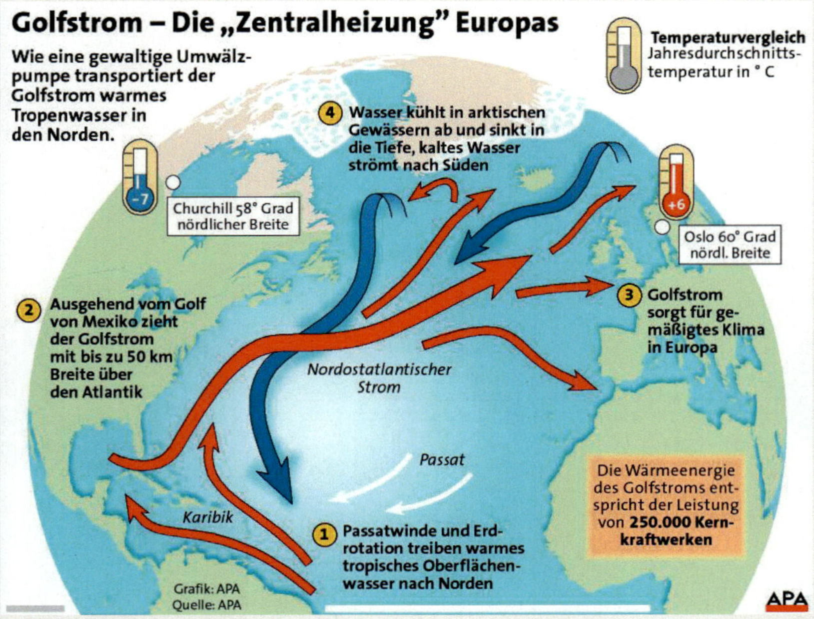

3

Was ist der Antrieb für diesen Kreislauf?
Im Atlantik, in Äquatornähe, heizt die Sonne das Oberflächenwasser auf. Im Golf von Mexiko erreicht es fast 30 °C. Je stärker das Wasser erwärmt wird, umso schneller verdunstet es. Dadurch steigt der Salzgehalt und die Dichte des Oberflächenwassers nimmt zu. Der Golfstrom fließt nach Norden.
Angetrieben durch Westwinde und kalte Strömungen aus dem Norden biegt der Strom südlich von Neufundland nach Osten ab. Auf dem Weg in Richtung Arktis gibt das Wasser große Mengen seiner thermischen Energie an die Luft ab. Dabei sinkt die Wassertemperatur, während der Salzgehalt hoch bleibt. Aber hoher Salzgehalt und niedrige Temperaturen machen das Wasser dichter und schwerer. Zwischen Spitzbergen und Grönland sinkt das Wasser in die Tiefe. In 15 Kilometer breiten Säulen fallen 17 Mio. m^3 Wasser pro Sekunde bis zu 4000 m hinunter. In der Tiefe fließt es zurück in Richtung Äquator. Dieser „Wasserfall" ist der Antrieb für den Golfstrom.

Ohne den Golfstrom
- wäre es in Irland so kalt wie in Neufundland
- wäre es in Berlin so kalt wie in Alaska
- wäre die Nordsee viele Monate des Jahres zugefroren
- wäre auch die Elbmündung monatelang vereist

Nachhaltigkeit und Verantwortung

Könnte der Golfstrom zum Erliegen kommen?
Nach einigen Modellrechnungen der Klimaforscher könnte die gegenwärtige Klimaveränderung mit dem Abschmelzen des Eises am Nordpol und der Gletscher zu einem Erliegen des Golfstroms führen. Denn das Schmelzwasser ist Süßwasser und dies würde den Salzgehalt des Meerwassers verringern. Dann besäße das Wasser eine kleinere Dichte und würde nicht mehr absinken.

5 Schmelzende Gletscher auf Grönland

4 Überflutete Straßen in Brisbane

Mit der Sonne kochen

Sonnenofen

Ganz selbstverständlich wird in Entwicklungsländern immer noch auf einem Holzfeuer gekocht. Doch in vielen Gebieten ist das Brennholz schon knapp. Hier könnte man die Sonnenenergie stärker nutzen – auch zum Kochen.
Probiert es selbst aus. Versucht einzeln oder im Team, Sonnenöfen zu bauen. Anregungen für verschiedene Typen findet ihr in den Aufgabenstellungen. Testet, mit welchem Sonnenofen eine bestimmte Menge Wasser am schnellsten warm wird.

Aufträge

1 Sonnenenergie erfühlen

Schneide aus stabiler Aluminium- oder Spiegelfolie einen Kreis mit 8 cm Durchmesser aus.
In der Mitte schneidest du ein Loch mit einem Durchmesser von 1,5 cm. Damit du einen Trichter formen kannst, musst du den Kreis bis zur Mitte einschneiden. Setze diesen Trichter auf deinen Zeigefinger und klebe ihn zusammen. Halte den Finger mit dem Folientrichter in die Sonne. Was stellst du fest?

2 Sonnenofen aus altem Parabolspiegel

Beklebe die innere Seite eines Parabolspiegels mit glänzender Alufolie. Befestige ein leeres Teelicht mit Draht so im Spiegel, dass sich dort das Sonnenlicht sammelt. Anstelle eines Parabolspiegels kannst du auch einen Brotkorb mit Alufolie auskleiden.

3 Solarofen

Falte eine große Pappe (1,00 m × 0,50 m) mehrfach. Schneide den Halbkreis mit einem Durchmesser von 10 cm aus. Klebe Aluminiumfolie oder eine Rettungsdecke möglichst faltenfrei auf die Pappe.
Klebe die Pappe zu einem Trichter zusammen. Stelle diesen großen Trichter in einen Eimer oder Karton und richte ihn nach der Sonne aus. Miss mit einem Thermometer, an welcher Stelle du die höchste Temperatur erhältst. Dort hängst du eine schwarz angestrichene Büchse mit Wasser hin. ▸ 1–4

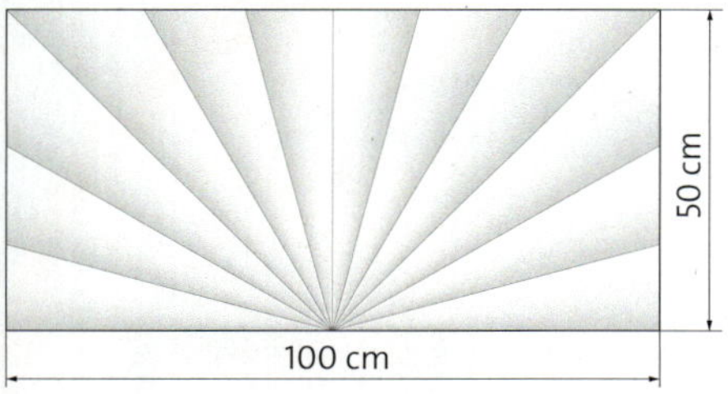

1

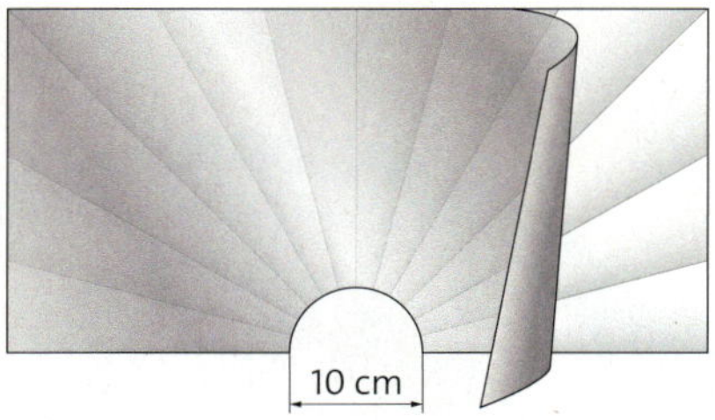

2

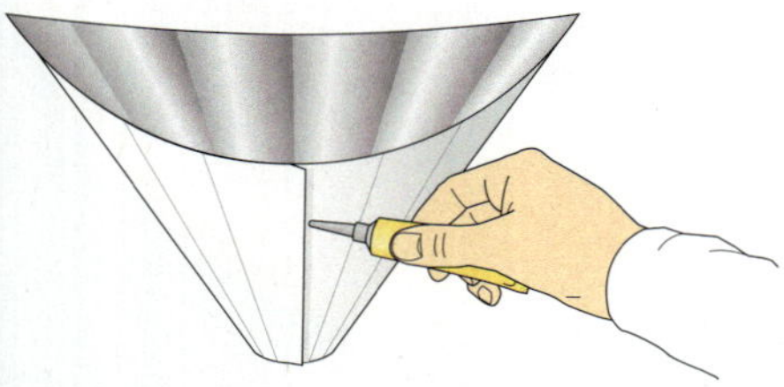

3

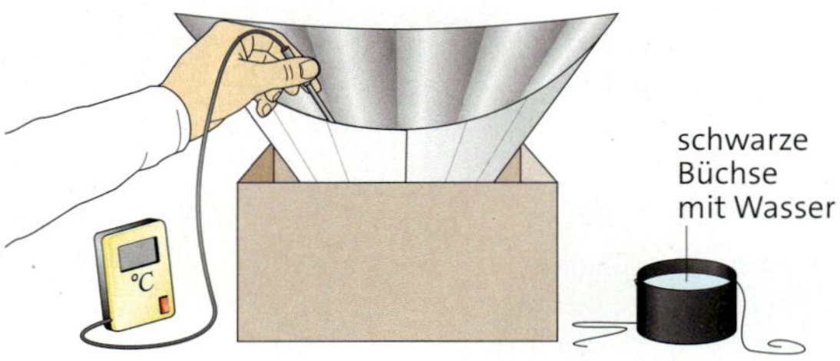

4

Testaufgaben zu „Thermische Energie und Wärme“

1 Nenne je zwei natürliche und künstliche Wärmequellen.

2 Erläutere die Begriffe thermische Energie und Wärme.

3 Durch welche Vorgänge kann Wärme übertragen werden? Nenne je zwei Beispiele für erwünschte und unerwünschte Wärmeübertragung.

4 Wärmedämmung
a Was versteht man unter Wärmedämmung?
b Nenne Materialien, die eine Wärmeübertragung behindern können.

5 Bei der Brandbekämpfung tragen Feuerwehrleute metallbeschichtete Anzüge. Diese sollen sie vor hohen Temperaturen schützen. ▸ 5
Erläutere, wie das möglich ist.

5

6 In welchen Aggregatzuständen kann ein Stoff auftreten?

7 Wie nennt man die folgenden Übergänge (Aggregatzustandsänderungen)?
a fest in flüssig
b flüssig in gasförmig
c flüssig in fest
d gasförmig in flüssig

8 Was ist der Unterschied zwischen Verdampfen und Verdunsten?

9 Wenn man heißes und kaltes Wasser miteinander mischt, findet ein Temperaturausgleich statt.
Erkläre mithilfe des Teilchenmodells.

10 Auf einem Gasherd wurden Kartoffeln in einem Topf mit Wasser gekocht.
a Beschreibe den Temperaturverlauf des Wassers. Wozu diente die zugeführte Wärme in den ersten 5 Minuten, wozu danach? ▸ 6

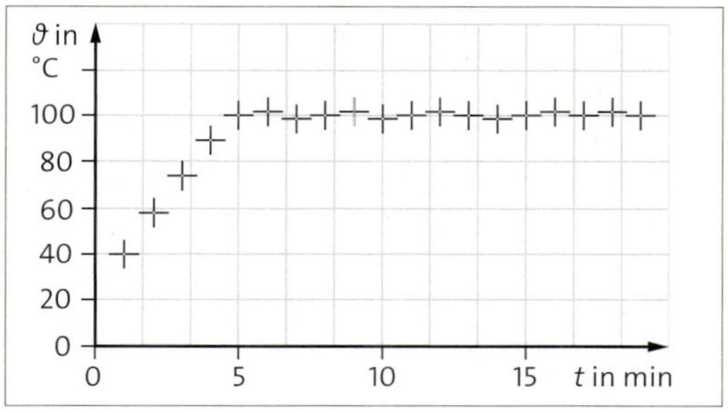

6

b Nach 5 Minuten kann man die Gasflamme kleiner stellen. Warum ist das empfehlenswert?

11 Erkläre mithilfe des Teilchenmodells, dass zum Schmelzen eines Stoffes Energie erforderlich ist.

12 Nenne je ein Beispiel, wo ausgenutzt wird, dass beim Kondensieren und beim Erstarren eines Stoffes Wärme abgegeben wird!

Aufgabe	Fähigkeit	Hilfe auf Seite ...
1, 2, 3, 4, 5	Begriffe thermische Energie, Wärme, -übertragung und -dämmung erläutern.	162 ff.
6, 7, 8, 10, 11, 12	Aggregatzustände und -änderungen nennen und beschreiben.	176 ff.
9	Vorgänge beim Mischen von Flüssigkeiten erklären.	168 ff.

▸ Die Lösungen findest du auf Seite 266.

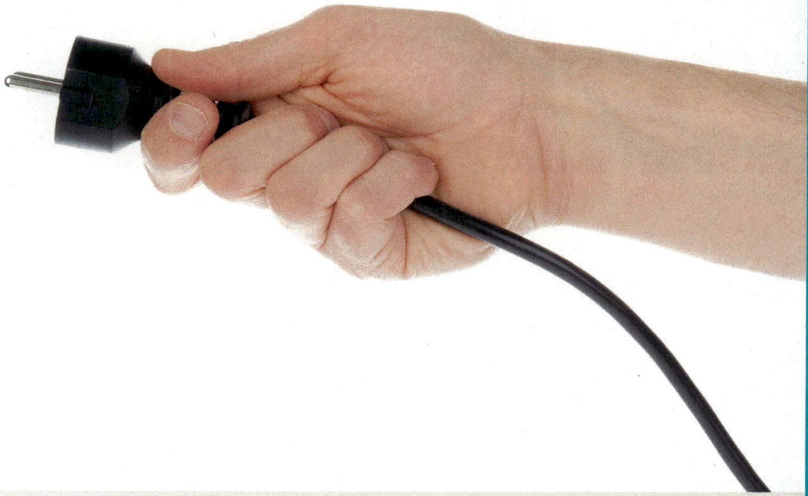

Elektrischer Strom und elektrische Ladung

Ist für dich ein Leben ohne Elektrizität denkbar?
Stellen wir uns mal vor, es ist Winter. Du möchtest pünktlich aufstehen, um rechtzeitig in die Schule zu kommen. Aber, oh Schreck, du hast verschlafen. Dein Wecker hat nicht geklingelt. Du frierst, da deine Wohnung kalt ist! Du versuchst das Licht einzuschalten, aber es bleibt dunkel. Draußen ist es ungewöhnlich ruhig. Schnell in der Schule anrufen, aber das Telefon funktioniert nicht. Dann eben mit dem Handy anrufen, jedoch …

Du merkst sicherlich, wie wichtig eine stabile Versorgung mit Elektrizität für unser Leben ist.

Dein Alltag wird immer und überall durch das Vorhandensein des elektrischen Stroms bestimmt. Er wird benötigt, wenn du das Licht anschaltest, am Computer arbeitest, Musik hörst oder mit bestimmten Spielzeugen spielst.
Unter welchen Bedingungen fließt überhaupt Strom?
Welche verschiedenen Wirkungen kann er haben?

Der elektrische Strom

Ohne den elektrischen Strom ist unser modernes Leben undenkbar. Immer und überall sind wir auf Elektrizität angewiesen. Dabei ist es egal, ob wir uns zu Hause, in der Schule oder im Urlaub befinden. Viele Geräte, z. B. Fernseher, Handys oder Mikrowelle, bestimmen und vereinfachen unseren Alltag. Ohne Fahrstühle wäre auch der Bau von Hochhäusern und modernen Städten undenkbar. ▸ 2, 6

Der elektrische Strom ist vielfältig nutzbar. Um ihn an der Steckdose zur Verfügung gestellt zu bekommen, ist ein großer technischer Aufwand notwendig. Der Strom wird in Kraftwerken erzeugt. Durch Leitungen des Stromnetzes gelangt er in die Städte und letztendlich in die Haushalte.
In Deutschland gibt es neben Kohle- und Kernkraftwerken auch Windkraftanlagen und Solarparks. Diese spielen bei der Erzeugung des Stroms eine immer größer werdende Rolle. Jeder Kraftwerkstyp hat seine Vor- und Nachteile. Um den Strom zu erzeugen, benötigt man Generatoren, die im Prinzip wie ein Fahrraddynamo funktionieren. ▸ 3–5

2

3

4

5

6

Die Gefahren beim Umgang mit dem elektrischen Strom darf man nicht unterschätzen. Aus diesem Grund muss man immer vorsichtig und umsichtig sein. Das gilt auch, wenn man im Unterricht unter Anleitung des Lehrers oder der Lehrerin experimentiert.

Weißt du's?

Beantworte die folgenden Fragen. Die richtigen Lösungsbuchstaben ergeben ein Wort. Die Zahl hinter der Aufgabe zeigt dir die Position des Buchstabens im Lösungswort an.

1 Welche Telefonnummer wählst du bei einem Stromunfall? (6)

A 101 V
B 110 L
C 112 K

2 Bereitgestellt wird elektrischer Strom wird von … (3)

A Energielieferanten Z
B Energiequellen R
C Energieträgern B

3 Eine Wirkung des elektrischen Stroms ist … (4)

A die Lichtwirkung O
B der Kurzschluss P
C die Schutzwirkung Ö

4 Die Wasserströmung ist ein Modell für … (7)

A den elektrischen Strom R
B die Spannung H
C eine Solarzelle W

5 Elektrischer Strom fließt nur, wenn ein Stromkreis ... (2)

A geöffnet wurde D
B geschlossen wurde T
C unterteilt wurde G

6 Eine Schmelzsicherung … (9)

A verhindert das Schmelzen von Schokolade in der Sonne. U
B zeigt sicher an, dass ein Körper geschmolzen ist. S
C wird zum Schutz vor zu großen Strömen in Stromkreise eingebaut. I

7 Der folgende Schaltplan stellt einen einfachen Stromkreis dar: (8)

A A

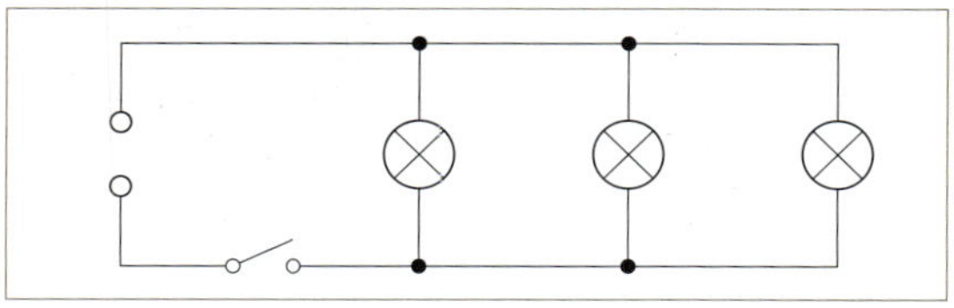

B T

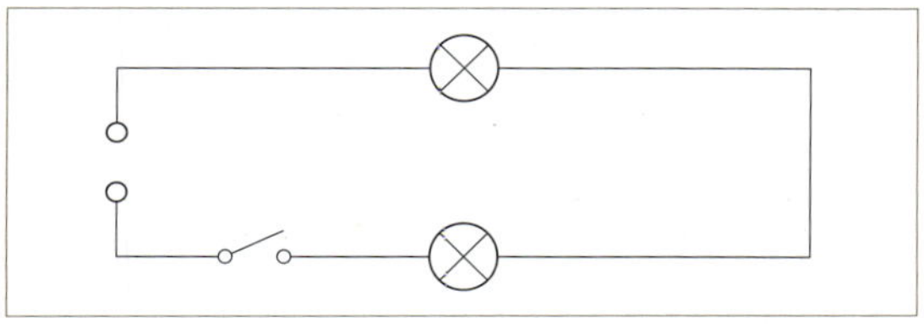

C E

8 Stoffe, die den elektrischen Strom leiten, nennt man … (1)

A Isolatoren D
B elektrische Leiter S
C Spannungsquellen P

9 Folgender Stoff ist ein guter elektrischer Leiter … (5)

A trockenes Holz F
B Eisen M
C Papier A

10 Was kannst du tun, um weniger Energie zu verbrauchen? (10)

A Verteilerdosen mit Ausschalter verwenden S
B gar nichts G
C lange schlafen H

Quellen elektrischer Energie

1

Wir können uns unser Leben ohne elektrische Geräte kaum noch vorstellen. Woher bekommen wir die dafür benötigte elektrische Energie?

Experiment

1 Fahrraddynamo

Halte dein Fahrrad so, dass sich das Rad, an dem der Dynamo anliegt, frei drehen kann. Beobachte jeweils die Helligkeit der Lampe und deinen Kraftaufwand. Vergleiche deine Beobachtungsergebnisse.

a Drehe das Rad erst ohne und danach mit angelegtem Dynamo.

b Drehe das Rad in einem schnelleren Tempo.
Tipp: Das Experiment kannst du auch mit einem Dynamomodell (z. B. Dynamot) durchführen.

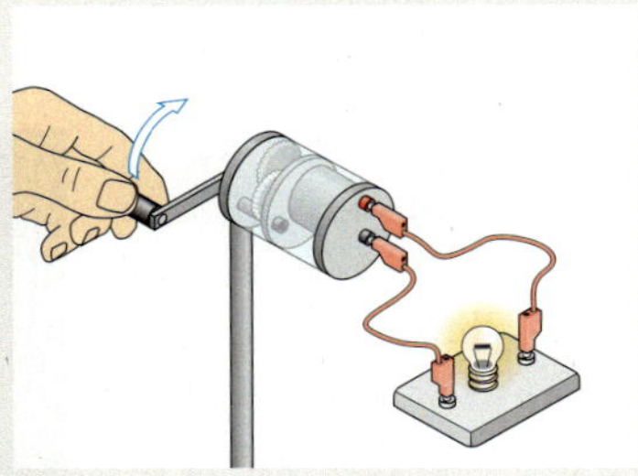

2

Der Fahrraddynamo liefert die elektrische Energie für den Betrieb der Fahrradbeleuchtung. Je schneller man mit angelegtem Dynamo fährt, desto mehr kinetische Energie wird in elektrische Energie umgewandelt. Die Lampen leuchten heller. Gleichzeitig merkt man aber auch, dass man nicht nur schneller, sondern auch kräftiger treten muss. Es wird also mehr mechanische Arbeit verrichtet, um die notwendige kinetische bzw. elektrische Energie bereitzustellen.

Die elektrische Energie, die wir im Haushalt oder in der Schule nutzen, wird zu einem großen Teil in Kraftwerken mit Generatoren umgewandelt. Hauptbestandteile eines Generators sind Magnete und Spulen. In ihnen wird kinetische Energie in elektrische Energie umgewandelt. ▸ 3
In Wärmekraftwerken werden die Generatoren von Dampfturbinen, in Wasserkraftwerken von Wasserturbinen angetrieben.

Um mobile elektrische Geräte wie Taschenlampen oder Handys mit elektrischer Energie zu versorgen, verwendet man Batterien oder Akkumulatoren. Batterien wandeln chemische in elektrische Energie um. Akkumulatoren können wieder aufgeladen werden. Dabei wird zugeführte elektrische Energie in chemische Energie umgewandelt.

3

Aufgaben

1. Untersuche die Beleuchtungsanlage an deinem Fahrrad. Beschreibe, wo die elektrische Energie herkommt.
2. Nenne weitere Beispiele für elektrische Energiequellen.
3. Beschreibe die Energieumwandlungen bei einem Windrad.

Experiment

2 Solarzelle

Schließe die Solarzelle an den Experimentiermotor an. Lege die Solarzelle so ins Licht, dass sich der Propeller am Motor dreht. Decke die Solarzelle jetzt teilweise ab oder verändere die Stärke der Beleuchtung. Beschreibe deine Beobachtungen.

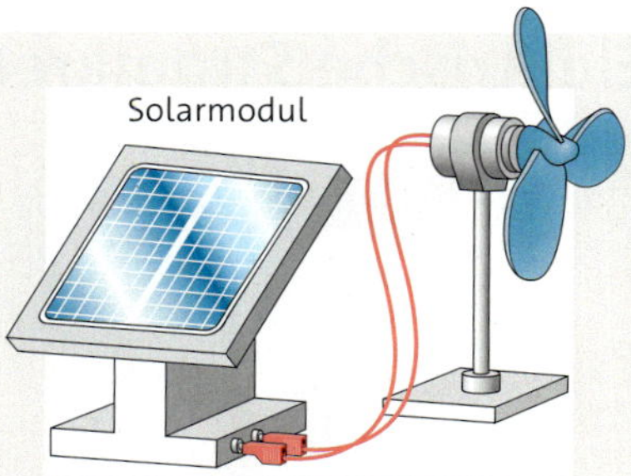

In der Solarzelle wird die Energie des Lichts direkt in elektrische Energie umgewandelt. Diese Art der Energieumwandlung wird als Fotovoltaik bezeichnet. Wie viel elektrische Energie in einer Solarzelle umgewandelt wird, hängt unter anderem von der Intensität und vom Einfallswinkel des Lichts ab. ▸ 5

Ein großer Vorteil der Fotovoltaik ist, dass die Ausgangsenergie kostenlos und unbegrenzt verfügbar ist. Für ihre effektive Nutzung benötigt man Möglichkeiten zum Transport über große Entfernungen und zur Speicherung von elektrischer Energie.

5

Solarmodule Eine einzelne Solarzelle liefert nur wenig elektrische Energie. Deshalb schließt man mehrere Solarzellen zu Solarmodulen zusammen. Auf dem Dach eines Einfamilienhauses reicht eine Solaranlage aus mehreren Modulen oft schon für die Eigenversorgung mit Elektroenergie aus. In Solarkraftwerken werden Solarmodule mit einer Gesamtfläche von der Größe mehrerer Fußballfelder aufgestellt. ▸ 6

Im Jahr 2015 betrug der Anteil der Fotovoltaik an der Elektroenergiegewinnung in Deutschland ungefähr 7 %.

6

Wissenswertes: Piezoelektrizität

Jacques und Pierre Curie entdeckten 1880 den piezoelektrischen Effekt. Sie stellten fest, dass bei der Verformung bestimmter Kristalle auf deren Oberfläche eine Spannung entsteht. Diese Erscheinung wird heute z. B. bei Gasfeuerzeugen zur Erzeugung des Zündfunkens genutzt.

In einigen Londoner U-Bahn-Stationen wurden Piezoelemente getestet, um mit ihnen die benötigte elektrische Energie für die Beleuchtung zu gewinnen. Diese wurden einfach in den Fußboden verlegt, wobei sie durch die darüberlaufenden Menschen leicht verformt werden. Die so gewonnene elektrische Energie wird in Akkumulatoren gespeichert.

7

Aufgabe

1 Erkunde, welche elektrischen Geräte Solarzellen als Energiequelle nutzen. Nenne mindestens zwei Beispiele.

2 Vergleiche Solarzellen und herkömmliche Energiewandler. Stelle Vor- und Nachteile der Fotovoltaik heraus.

Elektrische Stromkreise

1

Stromkreise umgeben dich überall. Fehlen dir Steckdosen in der Wand, kannst du Verteilersteckdosen nutzen.
Teilen sie den Strom auf? Müssten die angeschlossenen Lampen nicht dunkler leuchten?

Experiment

1 Einfacher Stromkreis

Baue einen einfachen Stromkreis mit einem Schalter auf und teste seine Funktionsweise. Ordne die einzelnen Bauteile so an, wie du es in der Abbildung siehst. Verbinde sie dann mit Leitungen. Schließe den Schalter.

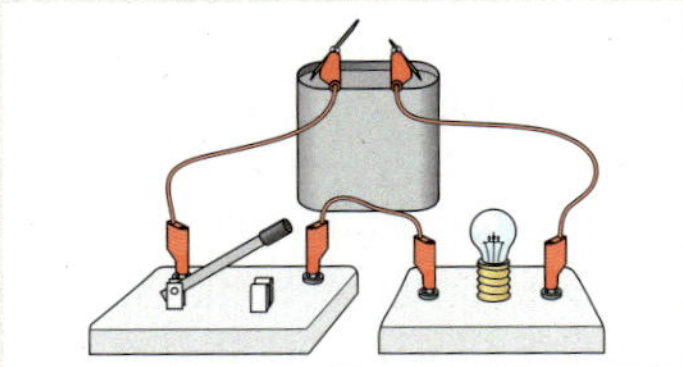

Aufbau von Stromkreisen Für einen elektrischen Stromkreis braucht man eine Spannungsquelle (z. B. Batterie, Netzgerät, Solarzelle) und ein elektrisches Gerät (z. B. Glühlampe, Motor, Klingel). Damit der Strom fließen kann, müssen die Spannungsquelle und das elektrische Gerät mit elektrischen Leitungen (z. B. Kabel, Metallrohr) zu einem Stromkreis verbunden werden. Damit der Stromkreis unterbrochen werden kann, baut man noch einen Schalter ein. ▸ 3
Einen einfachen elektrischen Stromkreis nutzt man z. B. bei der Fahrradbeleuchtung. Die Hinleitung ist in diesem Fall ein Kabel und für die Rückleitung nutzt man den Metallrahmen.

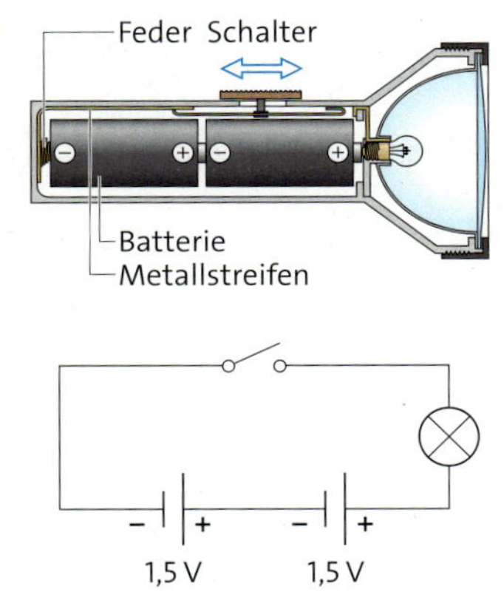

3

Ein einfacher elektrischer Stromkreis besteht aus einer Spannungsquelle, einem elektrischem Gerät, Leitungen und einem Schalter.
Der elektrische Strom fließt nur in einem geschlossenen elektrischen Stromkreis.

Aufgaben

1 In einer Schaltung aus Glühlampe, Batterie und Fassung leuchtet die Lampe nicht. Nenne mögliche Gründe dafür.

2 Vom Dynamo zur Glühlampe des Fahrrads geht bei manchen Rädern nur ein Kabel. Wie kommt so ein geschlossener Stromkreis zustande? Untersuche dein Fahrrad. Wie funktioniert die Beleuchtung an deinem Rad?

Experiment

2 Umschalter

Damit man zwischen zwei verschiedenen Stromkreisen hin- und herschalten kann, braucht man einen Umschalter. Ein Umschalter hat drei Anschlüsse. Mithilfe einer Büroklammer, Pappe und drei Reißzwecken kannst du einen Umschalter bauen.
Versuche mithilfe eines selbst gebauten Umschalters eine Schaltung aufzubauen, die zwischen zwei Lämpchen hin- und herschaltet. Zeichne die Schaltskizze.

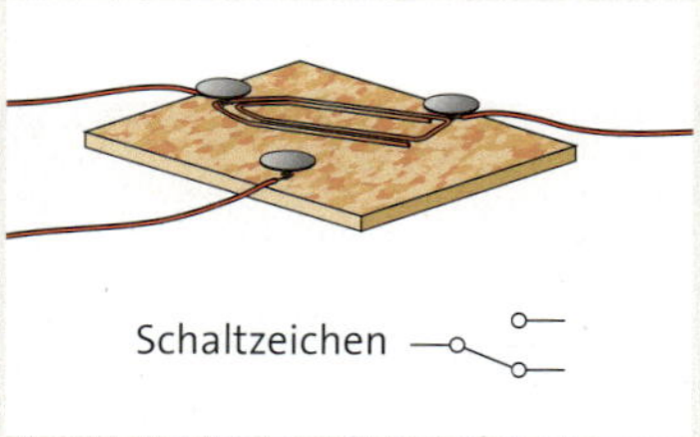

Schaltpläne Elektrische Stromkreise werden in Schaltplänen vereinfacht und übersichtlich dargestellt. Für die Bauteile und elektrischen Geräte gibt es Schaltzeichen. Die Leitungen zeichnet man als gerade Linien und versucht, Überkreuzungen zu vermeiden. Eine Verbindung zwischen zwei Leitungen wird als Punkt (Knoten) gezeichnet. ▸ 5, 6

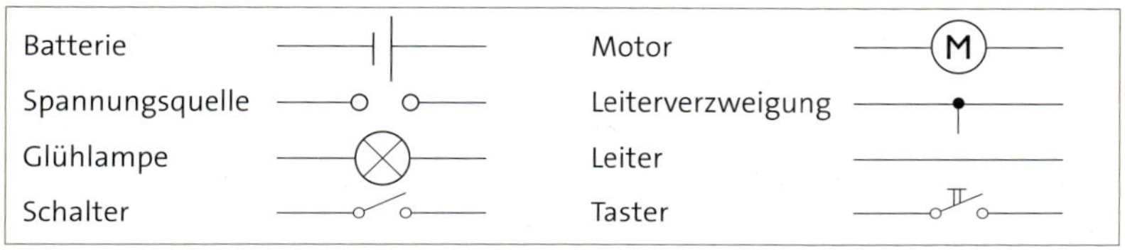

5

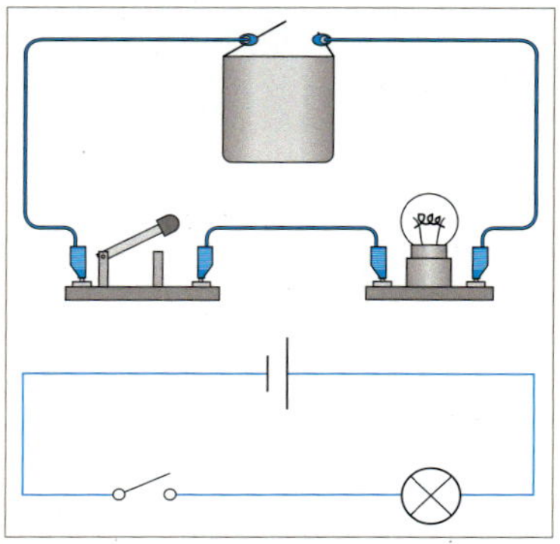

6

Wissenswertes: Strom- und Wasserstromkreis

Man kann einen geschlossenen Stromkreis mit einem Wasserstromkreis vergleichen. Die Wasserströmung ist dann ein Modell für den elektrischen Strom. ▸ 7, 8

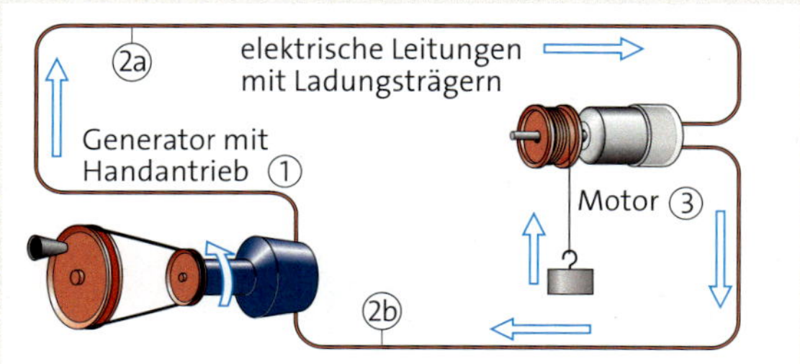

7

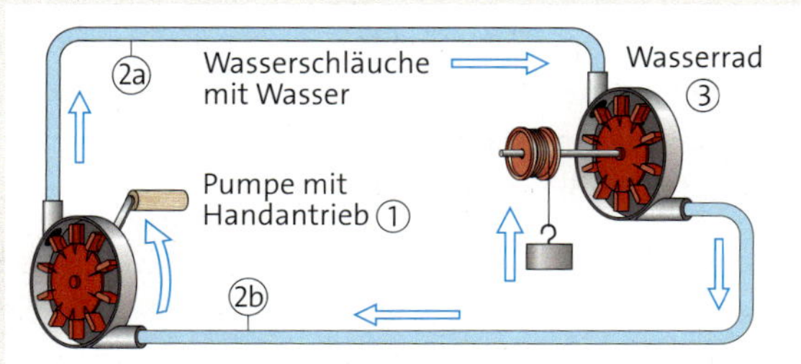

8

Aufgabe

1 Repariere die Stromkreise in den Bildern ▸ 9 und 10.

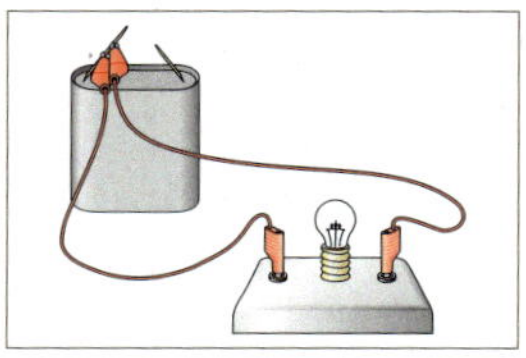

9

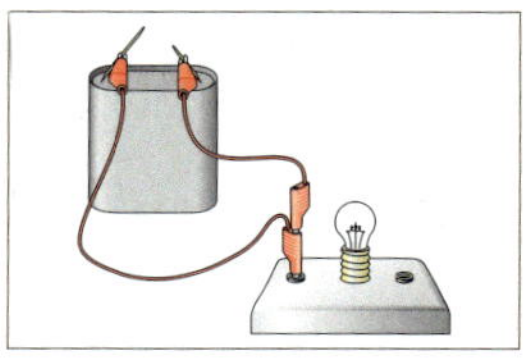

10

Reihen- und Parallelschaltung

1

Es gibt verschiedene Möglichkeiten, elektrische Geräte in einen Stromkreis einzubauen. Dabei versucht man oft an einer Spannungsquelle mehrere elektrische Geräte anzuschließen.
Welche verschiedenen Stromkreise gibt es?
Welche Vor- und Nachteile haben sie?

Experiment

1 Verschiedene Stromkreise
Das Bild zeigt verschiedene Möglichkeiten, zwei Lampen mit einer Spannungsquelle zu verbinden. Die linke Schaltung ist eine Reihenschaltung, die rechte eine Parallelschaltung. Untersuche die unterschiedlichen Funktionsweisen der beiden Schaltungen in einem Experiment.

a Baue den Stromkreis 2a auf. Beobachte, was geschieht, wenn du eine der beiden Lampen herausschraubst.
b Baue den Stromkreis 2b auf. Beobachte, was geschieht, wenn du eine der beiden Lampen herausschraubst.
c Vergleiche die Helligkeit der Lampen in beiden Schaltungen.

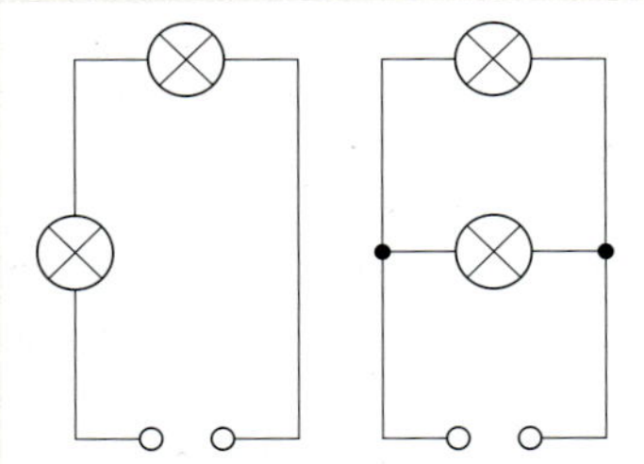

2

Reihenschaltung Beim unverzweigten Stromkreis fließt der elektrische Strom der Reihe nach durch beide Lampen. Wenn dieser elektrische Stromkreis an einer Stelle durch eine defekte Lampe unterbrochen wird, dann geht auch die andere Lampe aus.

Parallelschaltung Beim verzweigten Stromkreis fließt der elektrische Strom gleichzeitig durch beide Glühlampen. Dadurch leuchtet die andere Lampe weiter, auch wenn eine defekt ist. Im Haushalt sind alle Steckdosen parallel geschaltet. So funktioniert z. B. die Kaffeemaschine auch noch, wenn der Toaster nicht eingeschaltet ist.

Beide Schaltungen unterscheiden sich auch in der Helligkeit der Lampen. Im verzweigten Stromkreis leuchten beide Lampen heller als im unverzweigten Stromkreis.

Elektrische Geräte kann man in Reihe an eine Spannungsquelle schalten. Es entsteht ein unverzweigter Stromkreis.
Elektrische Geräte kann man parallel zu einer Spannungsquelle schalten. Es entsteht ein verzweigter Stromkreis.

Aufgaben

1. Zeichne den Schaltplan für einen unverzweigten Stromkreis mit einem Elektromotor und einer Lampe.
2. In welchem elektrischen Stromkreis leuchten zwei Glühlampen bei gleicher Spannungsquelle heller?
3. Welche Spannungsquellen benutzt du zu Hause?

Experiment

2 Erweiterte Schaltungen

Wiederhole ▸ Experiment 1 mit drei Lampen. Notiere deine Beobachtungen im Hefter.

a Zeichne die Schaltpläne für den unverzweigten und den verzweigten Stromkreis mit drei Lampen in deinen Hefter.

b Baue die Schaltungen auf. Lass sie von deiner Lehrerin oder deinem Lehrer überprüfen.

c Untersuche, was geschieht, wenn du nacheinander Lampen locker schraubst.

d Beobachte die Helligkeit der Glühlampen.

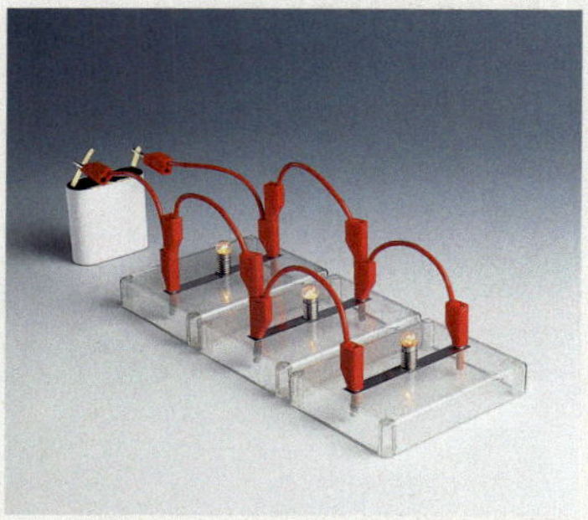

3

Technische Stromkreise Bei der Elektroinstallation im Haushalt nutzt man den verzweigten Stromkreis. Das bedeutet z. B., dass mehrere elektrische Geräte mit einer Verteilerdose an eine Steckdose angeschlossen werden können. Allerdings muss man darauf achten, dass die elektrischen Leitungen nicht überlastet werden. Dies kann passieren, wenn Geräte angeschlossen werden, durch die ein großer elektrischer Strom fließt (z. B. Staubsauger, Toaster).

Unverzweigte Stromkreise sind sehr einfach aufgebaut und dadurch wartungsarm. Viele Lichterketten sind als Reihenschaltung aufgebaut. Damit die Lichterkette nicht komplett dunkel wird, wenn eine Lampe defekt ist, sind sie so konstruiert, dass der Stromkreis geschlossen bleibt. Diese Aufgabe übernimmt ein kleines Bauelement, das parallel zum Glühdraht der Lampe geschaltet ist. Brennt der Glühdraht durch, fließt der Strom durch dieses Bauelement – der Stromkreis bleibt geschlossen. ▸ 4

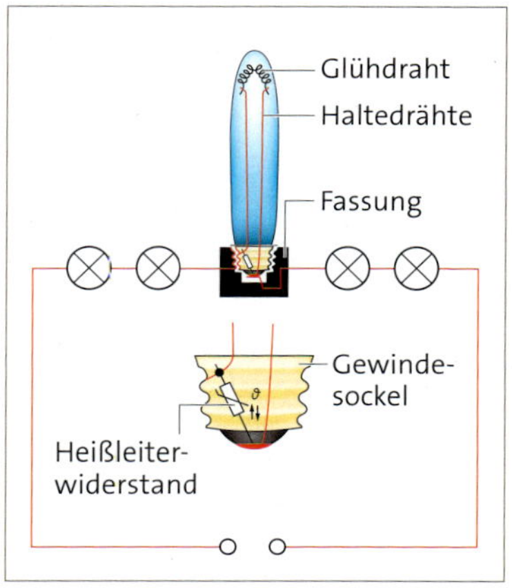

4

Wissenswertes: UND- oder ODER-Schaltungen

Damit man sich mit einer elektrische Heckenschere nicht verletzt, muss man verhindern, dass die Hände in das Schneidwerkzeug gelangen. Aus diesem Grund baut man in die Heckenschere zwei Schalter ein. Nur wenn beide gleichzeitig gedrückt sind, kann man mit der Heckenschere arbeiten. Eine solche Schaltung nennt man **UND-Schaltung.**

Bei dieser Schaltung sind zwei Schalter in Reihe zum elektrischen Gerät (z. B. Motor) geschaltet. ▸ 5

Bei einer Klingel kann es wiederum nützlich sein, dass man sie von verschiedenen Eingangstüren eines Hauses betätigen kann. Dafür schaltet man zwei Schalter parallel. Es ist jetzt egal, welcher Schalter geschlossen wird: Die Klingel läutet. Diese Schaltung nennt man **ODER-Schaltung.**

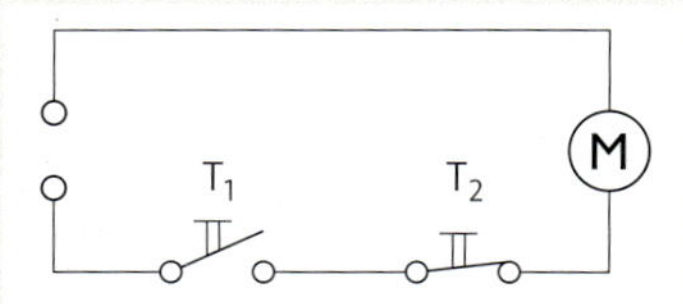

5

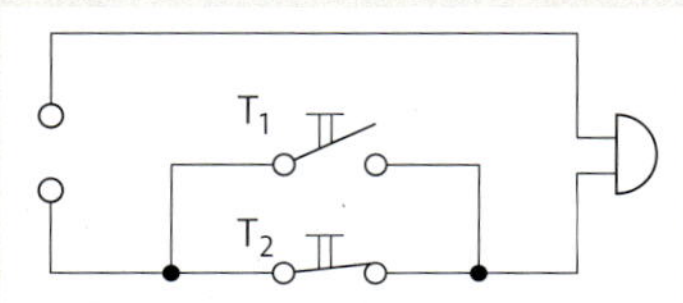

6

Aufgaben

1 Nenne Vor- und Nachteile von unverzweigten und verzweigten Stromkreisen.

2 Wie nennt man den unverzweigen und den verzweigten Stromkreis auch noch? Begründe.

Die Wirkungen und Anwendungen des elektrischen Stroms

1

Eine moderne Küche ist voller Geräte, die die Wirkungen des elektrischen Stroms nutzen.

Experiment

1 Wirkungen des elektrischen Stroms

Baue unter Anleitung einen einfachen Stromkreis auf. Verwende ein Stromversorgungsgerät, einen Schalter, eine Glühlampe und Verbindungsleiter.
Lass die Schaltung vor dem Einschalten von deiner Lehrerin oder deinem Lehrer überprüfen.

a Schließe den Stromkreis mit dem Schalter. Welche Wirkung des elektrischen Stroms kannst du beobachten?

b Berühre mit Daumen und Zeigefinger die Glühlampe. Was stellst du fest? Wie könnte man diese Wirkung des Stroms bezeichnen?

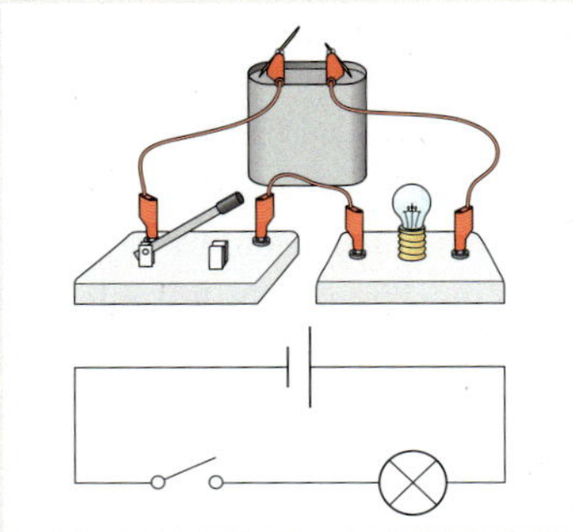

Licht- und Wärmewirkung Der dünne Draht in einer Glühlampe wird durch den Strom so stark erhitzt, dass er glüht. Dadurch sendet er Licht und Wärme aus. Leuchtstoffröhren strahlen weniger Wärme ab. Um noch mehr elektrische Energie zu sparen, haben moderne Leuchtmittel wie Energiesparlampen und Leuchtdioden Einzug gehalten. ▸ 3, 4
Die Wärmewirkung des elektrischen Stroms ist z. B. bei Bügeleisen, Toastern und Wasserkochern erwünscht. ▸ 5, 6

Den elektrischen Strom kann man nicht riechen, sehen, hören oder anfassen. Man kann nur an den Wirkungen erkennen, ob ein elektrischer Strom fließt oder nicht.

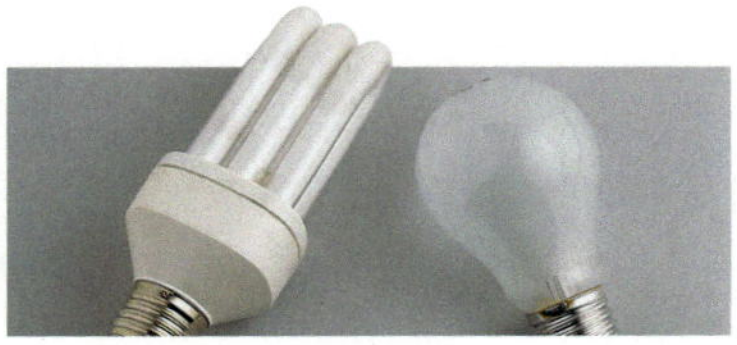

3

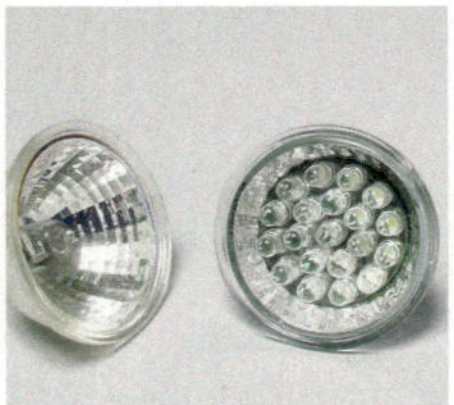

4

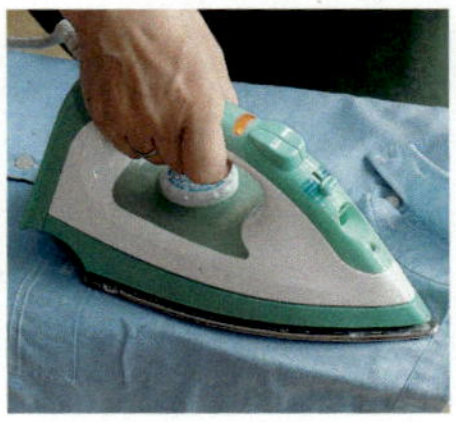

5

6

Aufgabe

1 Suche in eurer Wohnung nach Elektrogeräten, die die Licht- und Wärmewirkung nutzen. Übertrage die Tabelle in deinen Hefter und ergänze sie.

Lichtwirkung	Wärmewirkung

Experiment

2 Elektromagnet

Aus einem großen Nagel, einem isolierten Draht und einer Batterie kannst du einen Elektromagneten bauen.

a Wickle den Draht um den Nagel. Es entsteht eine Spule mit Eisenkern.

b Schließe die Enden des Drahts an eine Batterie an. Versuche kleine Gegenstände (Büroklammern, Nägel, Schrauben …) anzuheben.

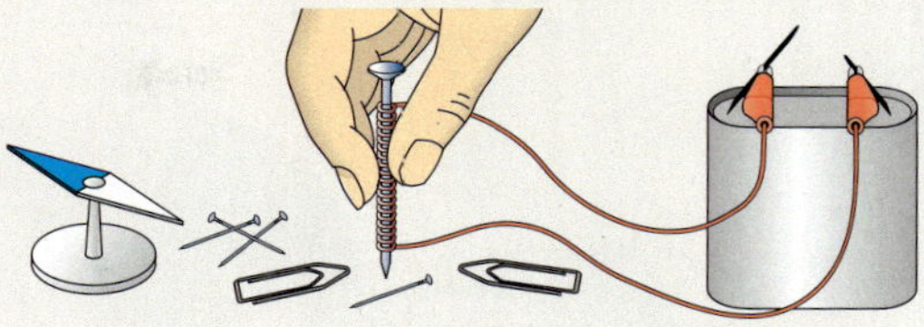

Magnetische Wirkung Wenn Strom durch einen elektrischen Leiter fließt, entsteht um ihn herum ein Magnetfeld. Dadurch werden dann Stoffe wie Eisen, Nickel und Kobalt angezogen. Diese Wirkung des Stroms ermöglicht unter anderem die Drehbewegung eines Elektromotors. ▸ 8

Chemische Wirkung Um Stahl vor Rost zu schützen, kann man ihn verchromen. Bei dieser Form der Oberflächenveredlung nutzt man die chemische Wirkung des elektrischen Stroms.

Licht, Wärme, magnetische und chemische Wirkung sind die Wirkungen des elektrischen Stroms.

8

Wissenswertes: Galvanisieren

Als **Vergolden** bezeichnet man das Überziehen metallischer und nichtmetallischer Gegenstände mit Gold. So werden beispielsweise Bilderrahmen aus Holz mit Blattgold belegt. Beim Vergolden von metallischen Materialien nutzt man die chemische Wirkung des elektrischen Stroms. Metallische Gegenstände (z. B. Stecker, Ringe) taucht man dabei in eine Flüssigkeit (Goldelektrolyt) ein. Durch Anlegen einer elektrischen Gleichspannung scheidet sich an den Gegenständen ein dünner Goldüberzug ab. Dieser Überzug sieht nicht nur schön aus, sondern leitet auch den elektrischen Strom sehr gut und schützt das Metall vor dem Zersetzen durch Umwelteinflüsse.

9

Aufgaben

1 Recherchiere, warum Glühlampen von der Europäischen Union (EU) verboten wurden.

2 Warum vergoldet man metallische Gegenstände?

3 Nenne elektrische Geräte, die ihr zu Hause nutzt. Ordne ihnen die Wirkungen des elektrischen Stroms zu, die du beobachten kannst. Trage die Ergebnisse nach dem Beispiel übersichtlich in eine Tabelle ein.

Elektrisches Gerät	Wirkungen des Stroms
Radio	magnetische Wirkung Lichtwirkung Wärmewirkung
…	…

Regeln beim Umgang mit elektrischen Geräten

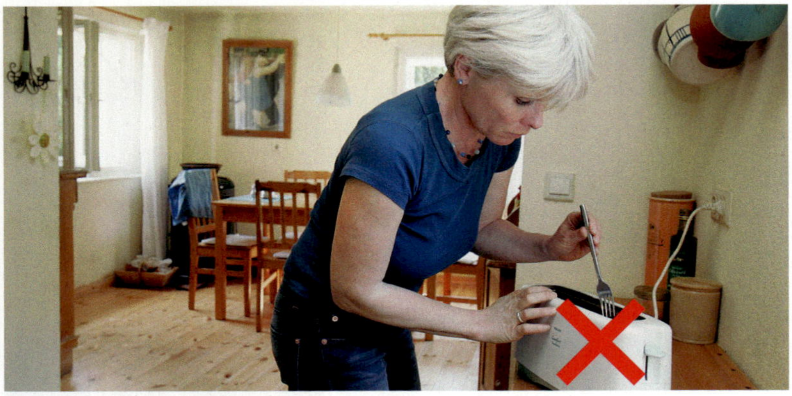

1

Elektrische Geräte vereinfachen unseren Alltag erheblich. Der Umgang mit dem elektrischen Strom ist für uns selbstverständlich. Trotzdem musst du Regeln beachten, die mit seiner Nutzung verbunden sind. Es ist wichtig, dass du dich und andere vor diesen Gefahren schützt.

Experiment

1 Gefahren durch elektrischen Strom

Schau dir die Bilder genau an und versuche die Gefahren durch den elektrischen Strom zu erkennen.

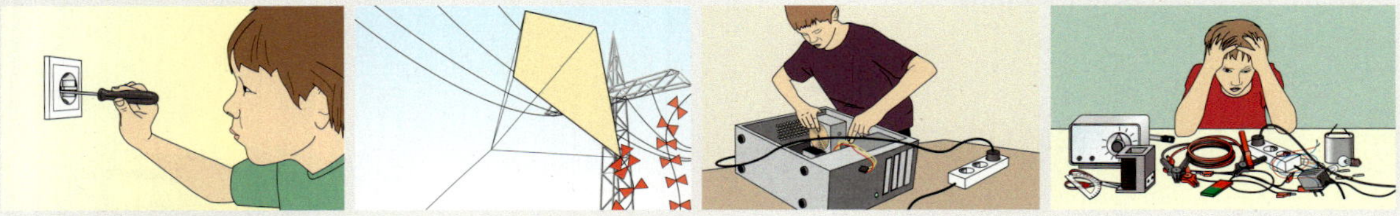

Regeln Unser Körper leitet den elektrischen Strom. Fließt Strom durch unseren Körper, kann es zu lebensgefährlichen Verletzungen kommen. Deshalb muss man beim Umgang mit elektrischem Strom einige wichtige Regeln beachten:

- Experimentiere nur bis zu einer Spannung von 24 V.
- Berühre niemals die Pole einer Steckdose oder Leitungen mit schadhafter Isolierung mit den bloßen Händen oder Gegenständen, die den Strom leiten.
- Niemals elektrische Geräte mit nassen Händen anfassen.
- Baue elektrische Schaltungen immer bei ausgeschalteter Spannungsquelle auf.
- Lass beim Experimentieren die Schaltung immer durch die Fachlehrerin oder den Fachlehrer überprüfen, bevor du sie einschaltest.

Sollte es zu einem Stromunfall gekommen sein, bringe dich selbst nicht in Gefahr. Schalte über die Sicherung oder den Not-Aus-Schalter den Stromkreis aus. Informiere einen Erwachsenen oder rufe den **Notruf 112** an! Leite Erste-Hilfe-Maßnahmen ein.

Der Umgang mit dem elektrischen Strom ist nicht ungefährlich. Beim Experimentieren müssen Regeln und Hinweise beachtet werden.

3

Aufgaben

1 Erkundige dich, wo sich in eurer Wohnung der Sicherungskasten befindet und wie die Hauptsicherung ausgeschaltet werden kann.

2 Begründe, warum Steckdosen für den Außenbereich immer einen Deckel haben. ► 3

Experiment

2 Schmelzsicherung

a Baue einen Stromkreis aus Stromversorgungsgerät, Lampe und einem dünnen Streifen Aluminiumfolie (z. B. Lametta) auf. Lass die Schaltung überprüfen.
b Schließe den Stromkreis.
c Überbrücke die Lampe mit einem Kabel.
d Beschreibe deine Beobachtungen.

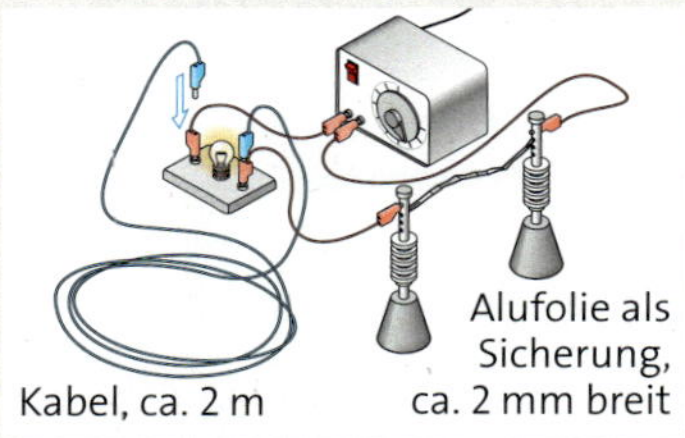

Kurzschluss Wird die Isolation eines Kabels z. B. durch häufiges Knicken beschädigt, kann es im Innern des Kabels zu einem Kurzschluss kommen. Dabei fließt der Strom nicht mehr durch das elektrische Gerät, sondern auf „kurzem Weg" zurück. Die Stromstärke im Kabel steigt so stark an, dass sich die Drähte erhitzen und es zu einem Brand kommen kann.
Um eine Überlastung der Leitungen im Haushalt zu vermeiden, bekommen bestimmte Geräte, z. B. Waschmaschinen, Geschirrspüler oder Trockner, einen eigenen Stromkreis. Sicherungen schützen elektrische Anlagen vor den Folgen eines Kurzschlusses oder einer Überlastung. ▸ 5, 9

Bei einem Kurzschluss können durch elektrische Sicherungen Brände und Schäden an elektrischen Geräten vermieden werden.

5

Wissenswertes: Schmelzsicherungen

Schmelzsicherungen werden z. B. in Autos und elektrischen Geräten eingebaut. Sie sind so konstruiert, dass sich bei normalem Betrieb der Schmelzdraht nur geringfügig erwärmt. Überschreitet aber die Stromstärke einen bestimmten Wert, schmilzt der Draht. Der Stromkreis wird unterbrochen. Damit die Geräte nicht beschädigt werden, muss die Ursache des Durchbrennens der Sicherung gefunden werden. Erst danach kann man eine neue Sicherung einsetzen.

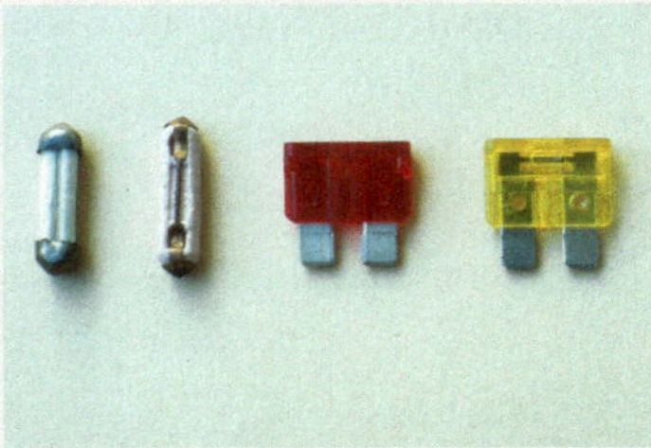
6

7

8

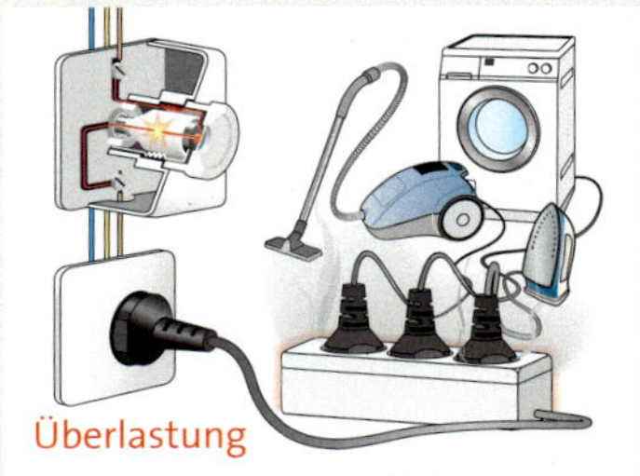

9

Aufgaben

1 Erkläre, wie es zu einem Kurzschluss kommen kann?

2 Wozu dienen Sicherungen in elektrischen Stromkreisen?

Leiter und Isolator

1

Die meisten elektrischen Geräte, mit denen du in Kontakt kommst, haben ein Kunststoffgehäuse. Welchen Grund könnte dies haben?

Experiment

1 Elektrische Leiter

Man kann mit einem einfachen Experiment untersuchen, welche Stoffe den elektrischen Strom leiten und welche nicht.
Das Leuchten einer Glühlampe zeigt an, ob ein Strom durch einen Gegenstand fließt.

1. Baue einen einfachen Stromkreis mit einer Glühlampe auf.
2. Trenne den einfachen Stromkreis an einer Stelle auf und schließe ein drittes Kabel an. Beim Verbinden der Kabelenden leuchtet die Glühlampe.
3. Halte nun die beiden Kabelenden an verschiedene Gegenstände (z. B. Füller, Lineal, Büroklammer, Bleistiftmine, Geldstück, Ring am Finger).
4. Notiere deine Beobachtungen im Heft in einer Tabelle.

Körper	Stoff, aus dem der Körper besteht	Stoff leitet den elektrischen Strom	
		ja	nein
Ring	Metall	?	?
...	...	?	?

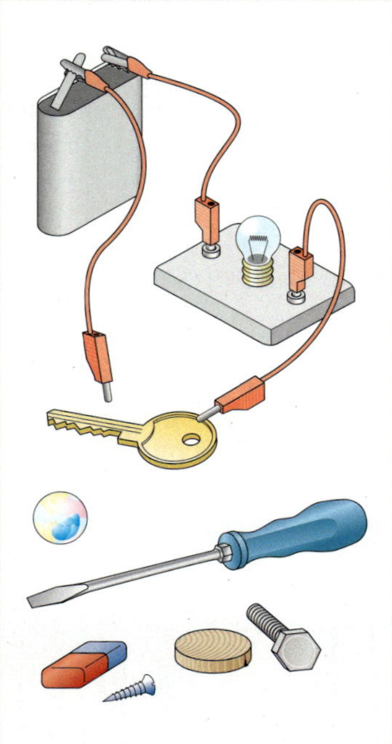

Feste Stoffe Einige Stoffe leiten den elektrischen Strom gut, andere Stoffe weniger gut oder überhaupt nicht. Alle Metalle und Kohle leiten den elektrischen Strom. Man nutzt Metalle als elektrische Leiter in Kabeln.
Es gibt auch viele Nichtleiter, sogenannte Isolatoren. Keramik, Kunststoffe und Glas leiten den elektrischen Strom nicht. Isolatoren schützen Menschen vor der lebensgefährlichen Berührung mit Leitungen.

Stoffe, die den elektrischen Strom leiten, nennt man elektrische Leiter. Stoffe, die den elektrischen Strom nicht leiten, nennt man Isolatoren.

Aufgaben

1 Warum nutzt man für elektrische Leitungen Kupfer und Aluminium?

2 Erkläre, warum viele elektrische Geräte ein Kunststoffgehäuse besitzen.

Experiment

2 Flüssigkeiten

Untersuche die Leitfähigkeit von Wasser. Nutze die Experimentieranordnung von ▸ Experiment 1 auf S. 200.

a Stecke auf die beiden Kabelenden Krokodilklemmen und verbinde diese mit Zinkplatten.

b Streue in das Wasser Salz und verrühre es gründlich.

c Notiere deine Beobachtung.

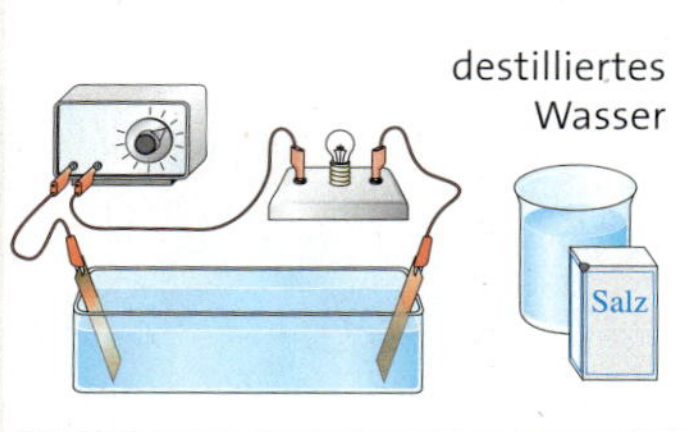

Flüssigkeiten und Gase Reines (destilliertes) Wasser ist ein Isolator. Gelangt aber Salz hinein, erhöht sich die Leitfähigkeit erheblich. ▸ 4
Da der Schweiß Salze und Mineralien enthält, ist auch unsere Hautoberfläche elektrisch leitend.
Luft ist unter normalen Bedingungen ein Isolator. Doch auch die Luft und andere Gase werden unter bestimmten Voraussetzungen zu elektrischen Leitern. Blitze, Funken, das Leuchten einer Leuchtstoff- oder Glimmlampe sind Beispiele für das Fließen des elektrischen Stroms in Gasen. ▸ 5, 6

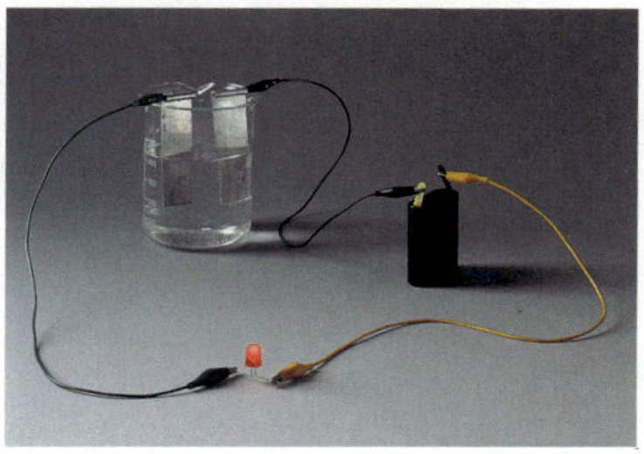

4

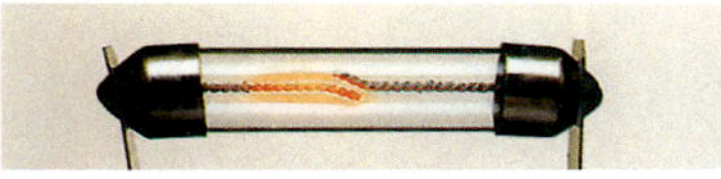

5

6

Wasser und Gase sind sehr schlechte elektrische Leiter. Unter bestimmten Bedingungen werden auch sie zu guten elektrischen Leitern.

Wissenswertes: Defibrillator

Bei plötzlichem Bewusstlosigkeit infolge eines Unfalls oder einer Erkrankung ist schnelle erste Hilfe erforderlich. Neben den üblichen Methoden wie Herzdruckmassage und Beatmung können Ersthelfer zusätzlich Defibrillatoren einsetzen. Diese sind in vielen öffentlichen Gebäuden vorhanden. Über zwei aufgeklebte Elektroden prüft das Gerät, in welchem Rhythmus das Herz des Verletzten schlägt. Bei Kammerflimmern – das Herz schlägt ganz unkontrolliert – werden kurze Stromstöße an den Körper abgegeben. Dadurch wird das Flimmern des Herzmuskels unterbrochen.

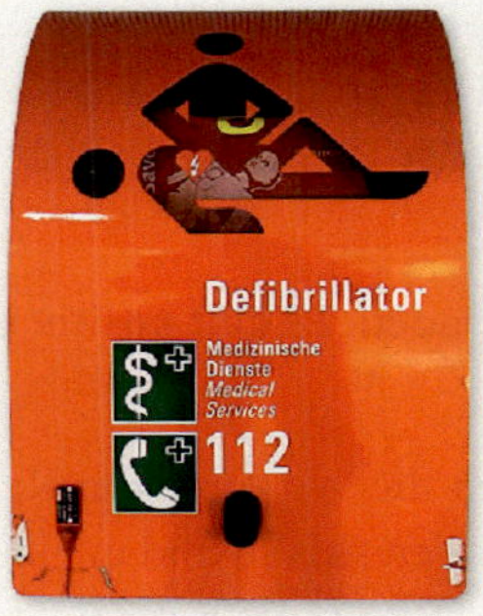

8

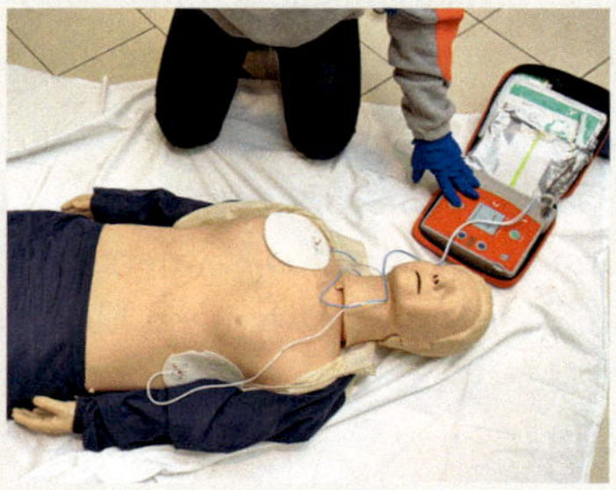

7

Aufgaben

1 Erkläre, warum es lebensgefährlich ist, sich die Haare in der Badewanne zu föhnen.

2 Begründe, warum man bei einem heraufziehenden Gewitter keine Drachen steigen lassen darf.

Elektrische Ladung

1

Rutschen ist eine lustige Sache. Manchmal passiert es, dass man danach eine neue Frisur hat.

Experiment

1 Ladung durch Reibung

Nimm ein Plastiklineal und reibe es kräftig an einem Stück Stoff.
Fahre dann vorsichtig mit dem Lineal über deinen Arm.
Halte dabei zwischen Lineal und Arm etwa 5 mm Abstand.
Beschreibe, was du fühlst.

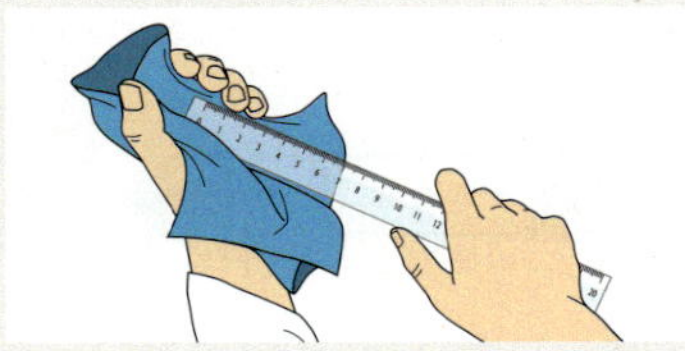

Elektrische Ladungen Alle Körper bestehen aus sehr kleinen Teilchen, den Atomen. Diese besitzen negative elektrische Ladungen (Elektronen) in der Atomhülle und positive elektrische Ladungen (Protonen) im Atomkern. Um einen stabilen neutralen Zustand zu halten, stimmt die Zahl der negativen und positiven Ladungen überein. ▸ 3

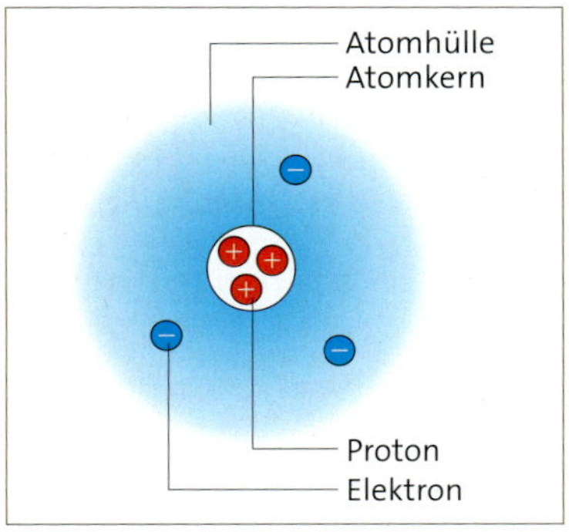

3

Reibt man Körper aneinander, wird ihren Atomen Energie zugeführt. Einige Elektronen können dann die Atomhülle verlassen. Sie wandern zu den Atomen des zweiten Körpers und werden dort aufgenommen. Es entsteht ein Körper mit zu wenigen Elektronen (Elektronenmangel) – er ist positiv geladen – und ein Körper mit zu vielen Elektronen (Elektronenüberschuss) – dieser ist negativ geladen.

Reibung kann Körper elektrisch aufladen. Es gibt positiv und negativ geladene Körper.

Zwischen geladenen Körpern kann man die Wirkung von Kräften beobachten. Gleiche elektrische Ladungen stoßen sich ab und ungleiche Ladungen ziehen sich an. Mithilfe eines Elektroskops weist man elektrische Ladungen nach. ▸ 4

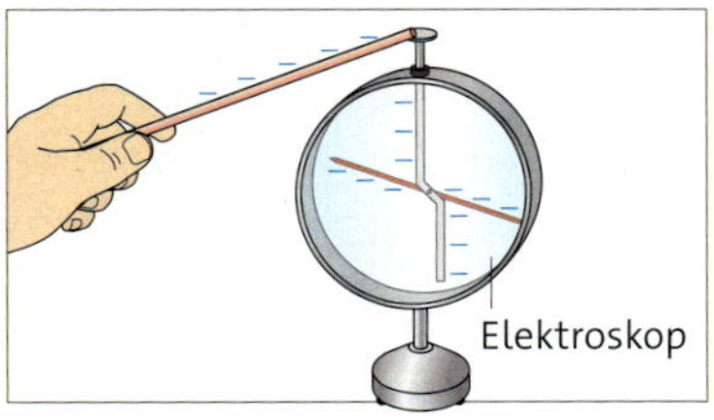

4

Aufgaben

1 Beschreibe den Aufbau eines Atoms.

2 Nenne eine Ursache der Ladungstrennung.

Experiment

2 Leitung von Ladungen

a Lade durch Reibung ein Plastiklineal und ein Tuch elektrisch auf. Berühre das Lineal mit einer Glimmlampe, die du an einem Ende festhältst. Beschreibe deine Beobachtung.

b Befestige mit einer Krokodilklemme an einem Ende der Glimmlampe ein Kabel. Lade jetzt Lineal und Tuch erneut auf. Berühre diesmal das Lineal mit dem Kabel. Beobachte und beschreibe.

c Vergleiche beide Beobachtungen und versuche, sie zu erklären.

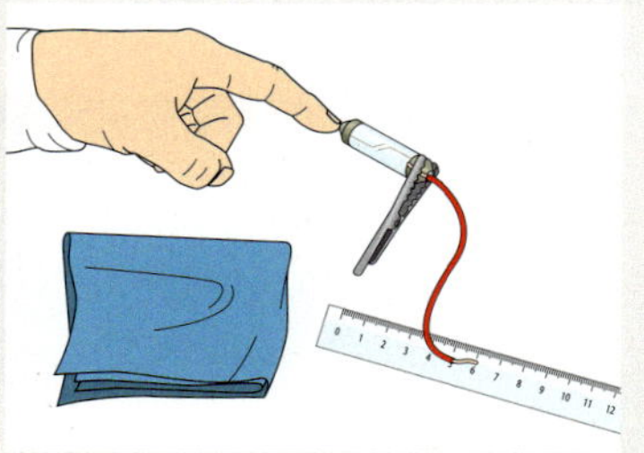

Elektrischer Strom Atome sind bestrebt, ihren stabilen neutralen Zustand zu erhalten: Die Anzahl der Elektronen und Protonen muss übereinstimmen. Bei positiv und negativ geladenen Körpern ist dies aber nicht der Fall. Die Elektronen versuchen deshalb, vom Körper mit Elektronenüberschuss zum Körper mit Elektronenmangel zu gelangen. Steht den Elektronen ein elektrischer Leiter zur Verfügung, so wird er zum Ladungsausgleich genutzt. Die Körper sind danach wieder elektrisch neutral.

Elektrische Leiter übertragen elektrische Ladungen. Die gerichtete Bewegung der Ladungen wird als elektrischer Strom bezeichnet.

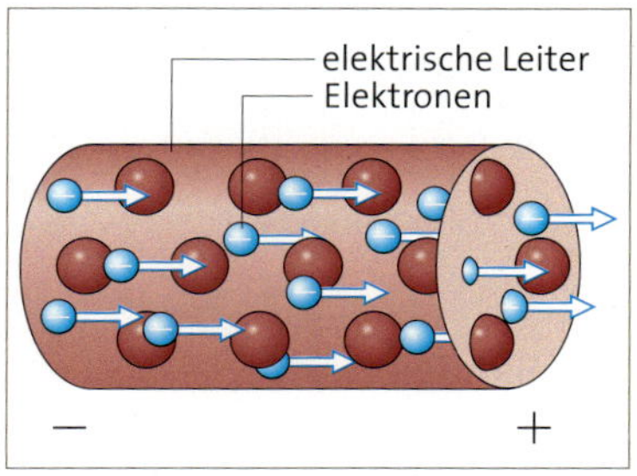

6

Wissenswertes: ESD – Electro Static Discharge

Der Mensch wird schon allein beim Laufen durch Reibung elektrostatisch aufgeladen. In der Mikroelektronik stellt diese Aufladung und das Fließen von Entladeströmen ein großes Problem dar. Sie dürfen nicht über die Hand auf das elektronische Bauteil fließen, da dieses sonst zerstört wird.

In der Halbleiterfertigung werden deshalb an ESD-Arbeitsplätzen und in ESD-geschützten Bereichen elektrische Ladungen kontrolliert abgeleitet. Dies geschieht durch leitfähige Arbeitsoberflächen, Antistatikbänder, entsprechende Bekleidung oder einen speziellen Fußbodenbelag.

Auch Verpackungen für empfindliche Bauteile müssen aus leitfähigen Kunststoffen bestehen. Es gibt leitende, metallbedampfte Folien, Füllmaterialien und Schaumstoffe.

7 ESD-Bereich

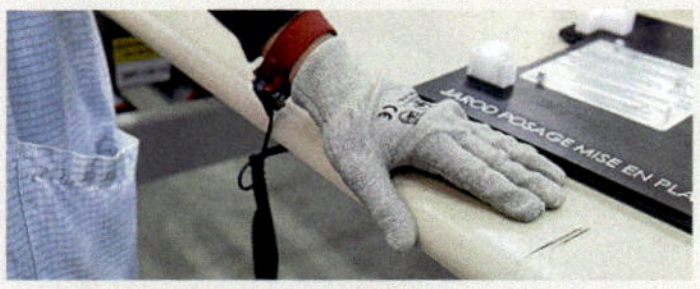

8 ESD-Arbeitsplatz

Aufgaben

1 Übernimm die Skizze in dein Heft und zeichne die Kräfte ein. ▸ 10

2 Beschreibe, was beim Ladungsausgleich mithilfe eines elektrischen Leiters vor sich geht.

3 Schau dir Bild ▸ 9 an. Unterbreite Vorschläge, wie dieser Effekt verhindert werden kann.

9

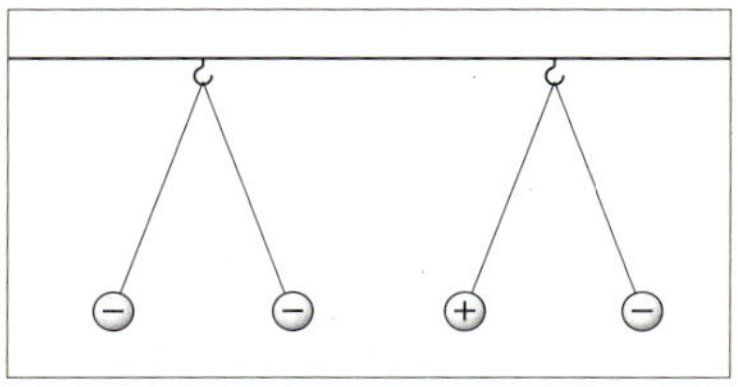

10

Elektrisches Feld – Modell Feldlinie

1

Mit elektrisch geladenen Körpern lassen sich verblüffende Experimente durchführen. Allerdings ist hier weniger Zauberei als mehr angewandte Physik im Spiel.

Experiment

1 Bandgenerator
Durch Reibung eines Gummibands über eine Metallkralle wird eine große Metallkugel elektrisch aufgeladen.
Fertige eine Versuchsskizze im Heft an. Notiere oder skizziere deine Beobachtungen.

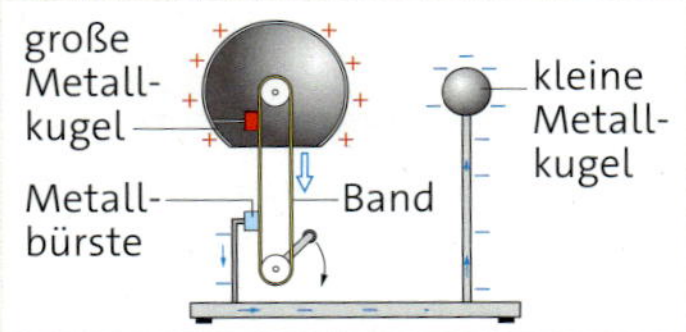

Um elektrisch geladene Körper existiert ein Raum mit besonderen Eigenschaften. In ihm werden Kräfte auf elektrische Ladungen ausgeübt. Diesen Raum beschreibt man mit dem Begriff *elektrisches Feld*.
Zur Darstellung eines elektrischen Feldes zeichnet man Feldlinien. Feldlinien sind ein Modell. Um ihren Verlauf zu veranschaulichen, kann man z. B. Papierstreifen am elektrisch geladenen Körper befestigten. ▸ 3

Das Feldlinienmodell beschreibt wichtige Eigenschaften des Feldes:
- Feldlinien stellen die Richtung der Kraft auf geladene Körper im elektrischen Feld dar. Es wurde festgelegt, dass Feldlinien immer als Pfeile von der positiven zur negativen Ladung gezeichnet werden.
- Feldlinien beginnen und enden stets an einer elektrischen Ladung.
- Die Feldlinien stehen immer senkrecht auf der Oberfläche von Ladungen.
- Feldlinien durchkreuzen sich niemals.
- Je dichter die Feldlinien gezeichnet werden, umso stärker ist das elektrische Feld, also die Kraft auf elektrische Ladungen.

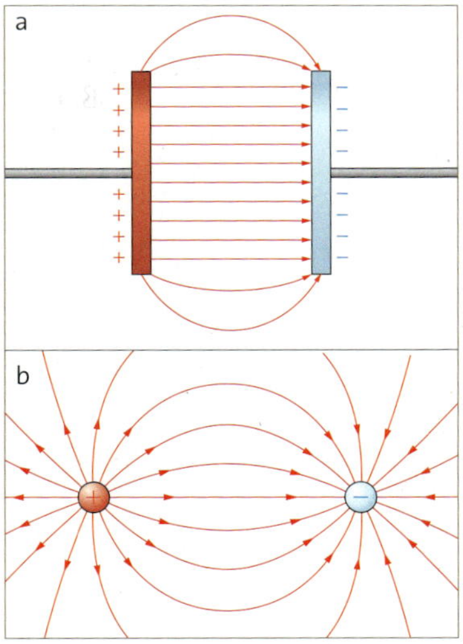

3

Aufgaben

1 Notiere Beispiele aus deinem Alltag, bei denen du elektrische Felder beobachten kannst. Beschreibe, woran du das elektrische Feld erkennst.

2 Beschreibe, was mit einem positiv geladenen Körper in diesem elektrischen Feld passiert. ▸ 3

Experiment

2 Öl und Grieß im elektrischen Feld

Zwei Metallkörper werden nur ganz wenig in Öl eingetaucht. Danach werden sie elektrisch geladen. Streut man vorsichtig Grießkörner in das Öl, richten sich diese aus. Benutze verschiedene Metallkörper und skizziere die Feldlinienbilder in dein Heft.
Vorsicht: Lass dir unbedingt vom Lehrer helfen!

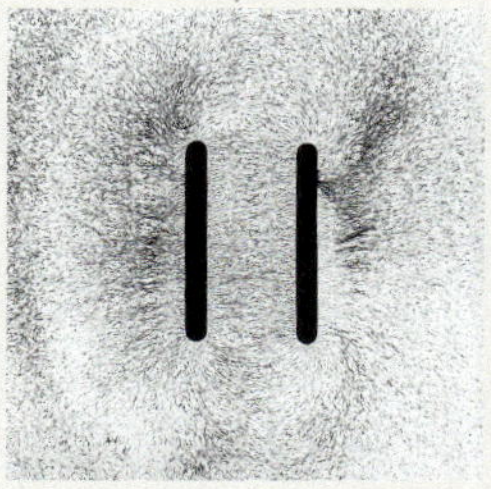
4

5

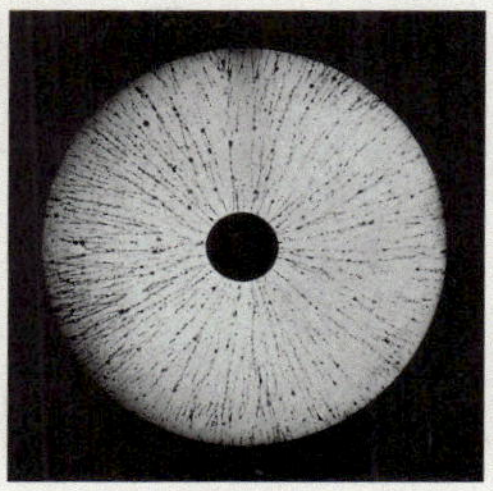
6

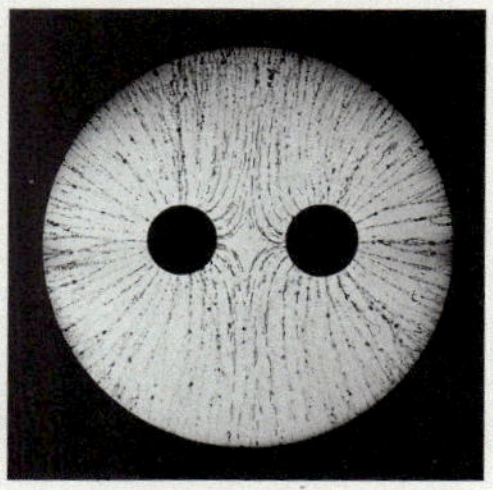
7

Bei elektrischen Feldern unterscheidet man zwischen homogenen elektrischen Feldern und inhomogenen elektrischen Feldern.

Homogene elektrische Felder Hier verlaufen die Feldlinien an allen Stellen gleich gerichtet und parallel zueinander. Die Kraft auf einen geladenen Körper ist an allen Stellen des Feldes gleich groß. ▸ 8a

Inhomogenes elektrisches Feld Bei nicht parallelen Feldlinien spricht man von einem inhomogenen Feld. Die Stärke des Feldes ist von Ort zu Ort verschieden. Deshalb ist auch die Kraft auf einen elektrisch geladenen Körper unterschiedlich groß. ▸ 8b

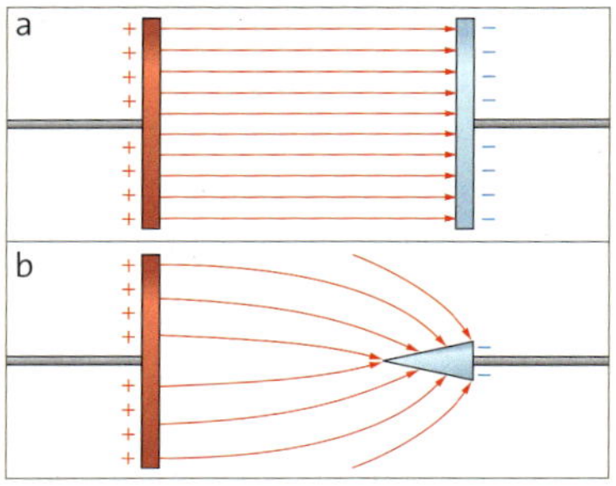

8

Wissenswertes: Magic Flying Stick

Im Internet wird der Magic Flying Stick als lustiges Spielzeug angeboten. In seinem Innern befindet sich ein batteriebetriebener Bandgenerator. Dieser trennt innerhalb des Sticks elektrische Ladungen. Berührt nun der Stick einen der dazugehörigen Körper aus dünner Alufolie, wird dieser elektrisch geladen. Haben Stick und Körper die gleiche Ladung, so stoßen sie einander ab. Mit diesem Effekt kann man den Körper schließlich im elektrischen Feld schweben lassen.

Aufgabe

1 Skizziere die elektrischen Feldern mithilfe von Feldlinien.

a

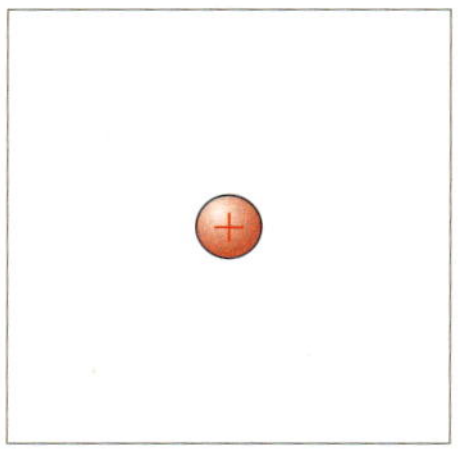

b

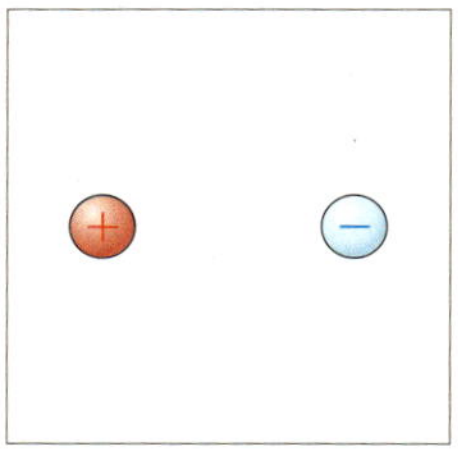

Leitungsvorgang in Metallen

1

Zum Anschluss elektrischer Geräte und für die Verbindung elektrischer Bauteile in einem Stromkreis verwendet man Kabel und Drähte aus Kupfer oder anderen Metallen.

Experiment

1 Elektrische Ladungen im elektrischen Feld

a Schließe zwei Metallplatten an einen Bandgenerator oder eine Influenzmaschine an.

b Hänge zwischen die beiden Platten einen Tischtennisball mit metallisierter Oberfläche mit ca. 2 cm Abstand zu jeder Platte.

c Lade den Tischtennisball mit einem an einem Ledertuch geriebenen Kunststoffstab positiv auf.

d Lade die Platten auf und beobachte das Verhalten des Balls.

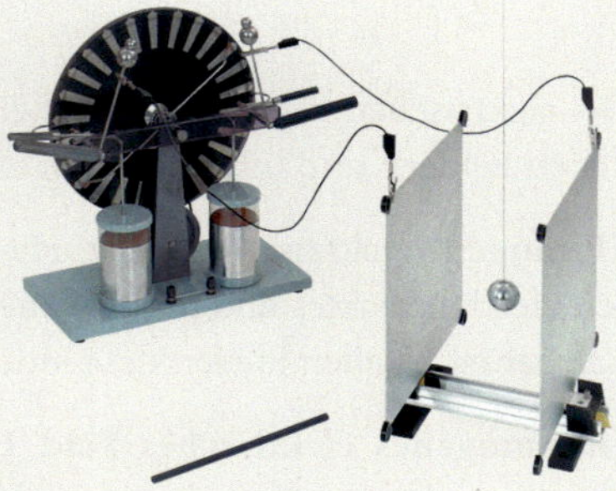

2

Die Kugel wird zu einer Platte hin ausgelenkt.
Auf die elektrisch geladene Kugel wirkt im elektrischen Feld zwischen den beiden Platten eine Kraft. Ist die Kugel positiv geladen, wird sie in Richtung der negativ geladenen Platte bewegt. Berührt die Kugel diese Platte, wird sie negativ geladen. Jetzt wirkt auf die Kugel eine Kraft in die entgegengesetzte Richtung und sie wird zur positiven Platte bewegt. Die Kugel transportiert Ladungen im elektrischen Feld.

Im homogenen elektrischen Feld zwischen zwei geladenen Platten wirkt die Kraft auf einen geladenen Körper überall in dieselbe Richtung parallel zu den Feldlinien des Feldlinienbilds.

Die Kugel transportiert so lange Ladungen von der negativ zur positiv geladenen Platte, bis der Ladungsausgleich erreicht ist.

Aufgabe

1 Lade ein Plastiklineal durch Reiben an Wolle auf. Lege Papierschnipsel und Watteflocken auf den Tisch. Nähere das aufgeladene Lineal von oben diesen Körpern an. Beschreibe deine Beobachtungen und erkläre das Verhalten der Körper.

Experiment

2 Leitungsvorgang in Metallen

a Baue einen einfachen Stromkreis mit einer Spannungsquelle und einer Glühlampe auf. Öffne den Stromkreis an einer Stelle.

b Schließe die Lücke durch verschiedene Probekörper aus unterschiedlichen Materialien. Beobachte dabei jeweils die Glühlampe und halte fest, durch welche Körper ein Stromfluss möglich ist.

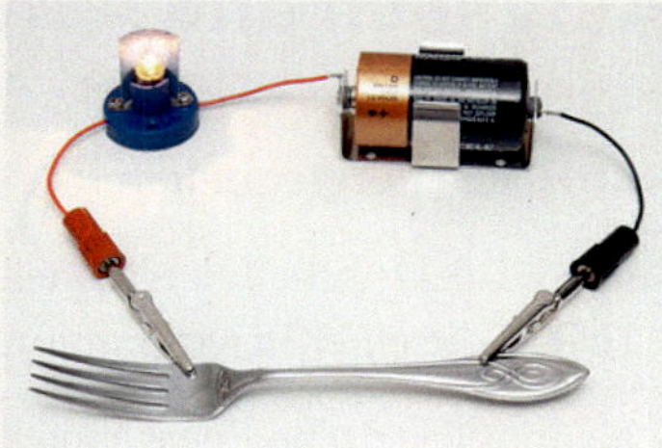
3

Die Glühlampe leuchtet nur, wenn der Stromkreis mit einem metallischen Leiter geschlossen und eine elektrische Energiequelle vorhanden ist.
In einem Metall werden viele Elektronen der Atome in den Metallbindungen nicht benötigt. Die so entstandenen Metallionen bilden ein regelmäßiges und stabiles Gitter. Diese einzelnen positiven Ionen können ihren Platz nicht verlassen und schwingen dort um ihre Ruhelage.
Die freien Elektronen bewegen sich zwischen den Metallionen völlig ungeordnet. Beim Anlegen eines elektrischen Feldes wirken auf die negativ geladenen Elektronen Kräfte, die sie in Richtung Pluspol antreiben.
Da die Elektronen elektrisch geladen sind, wird Ladung im Stromkreis transportiert. Dieser fortlaufende Ladungstransport ist der elektrische Strom. Die elektrische Energiequelle sorgt ständig für einen Nachschub an Energie.

Der elektrische Strom in einem metallischen Leiter ist die gerichtete Bewegung der frei beweglichen Elektronen in Richtung Pluspol der Energiequelle.

Bei der Bewegung der Elektronen durch das Metall kommt es zu Wechselwirkungen mit den Metallionen.

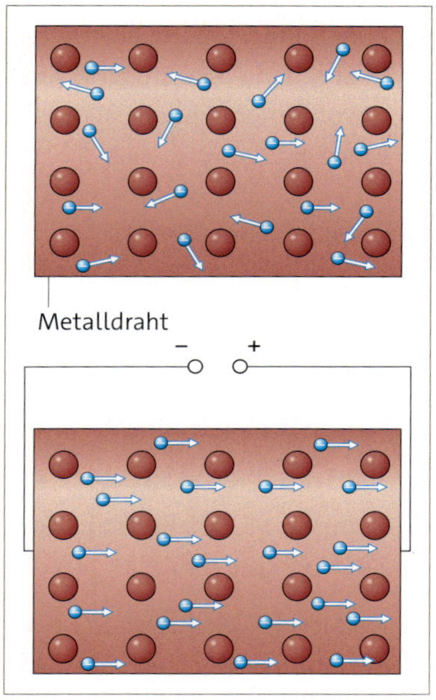

4

Wissenswertes: Elektronen in Metallen

Die Geschwindigkeit der Elektronen in einem metallischen Leiter beträgt nur wenige Millimeter pro Sekunde. Trotzdem leuchtet eine Lampe, die mit einem mehrere Meter langen Kabel angeschlossen ist, im Moment des Einschaltens sofort auf.

In allen Teilen des Stromkreises, also auch vor, in und hinter der Lampe, befinden sich viele freie Elektronen. Diese bewegen sich alle gerichtet, sobald eine Spannungsquelle angelegt wird und ein elektrisches Feld vorhanden ist.

Aufgaben

1 Beschreibe den Aufbau eines Metalls.

2 Nenne die Voraussetzungen, die erfüllt sein müssen, damit in einem Stromkreis ein Strom fließen kann.

3 Beschreibe den elektrischen Leitungsvorgang in einem metallischen Leiter.

4 Begründe, warum Verbindungskabel in einem Stromkreis nicht aus Kunststoff bestehen.

Aufgaben und Aufträge

Elektrische Energiequellen

1 Nenne elektrische Energiequellen bei dir zu Hause, die eine Gleichspannung liefern.

2 Nenne elektrische Energiequellen bei dir zu Hause, die eine Wechselspannung liefern.

3 Erkunde, wo du in deiner näheren Umgebung Solarzellen oder Solarmodule findest.

4 Eine Batterie, die wieder aufgeladen werden kann, nennt man Akkumulator. Ein Akku kann sowohl Energiequelle als auch „Verbraucher" sein. Erläutere diese Aussage.

Elektrische Stromkreise

5 Aus welchen elektrischen Bauteilen besteht ein einfacher Stromkreis? Skizziere den Schaltplan für einen einfachen Stromkreis mit einer Lampe.

6 Nenne Beispiele für die Anwendung eines einfachen Stromkreises.

7 Fertige eine Tabelle an, in der du fünf elektrischen Bauteilen die richtigen Schaltzeichen zuordnest.

8 Erkläre den elektrischen Stromkreis mithilfe des Modells der Wasserströmung in Röhren. Vergleiche die Bestandteile im elektrischen Stromkreis und in der Wasserströmung. ▸ S. 193

9 Begründe, warum in den folgenden Bildern kein elektrischer Strom fließen kann. ▸ 1

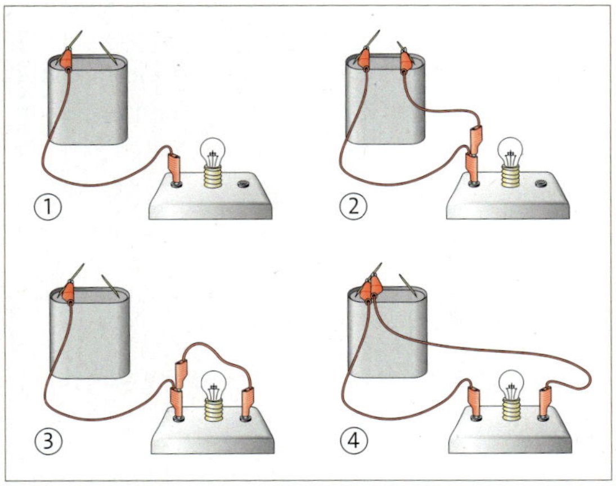

1

Reihen- und Parallelschaltung

10 Zeichne eine Reihenschaltung, mit der du eine Klingel und eine Glühlampe gleichzeitig betreiben kannst.

11 Was geschieht, wenn jeweils Lampe 1, 2 oder 3 defekt ist? Begründe deine Entscheidung. ▸ 2

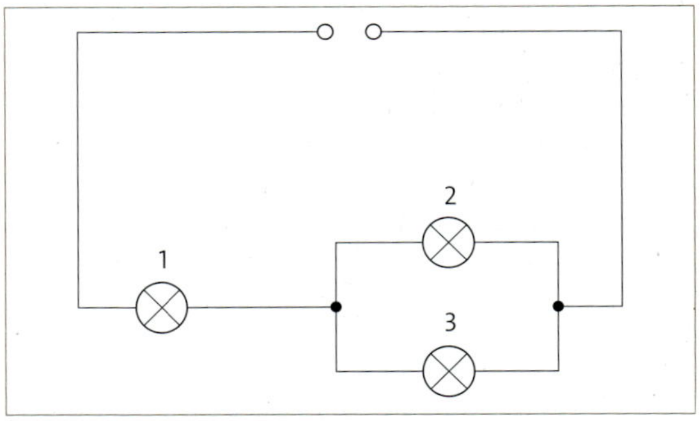

2

12 Zeichne je eine Reihen- und Parallelschaltung mit vier Lampen.

13 Sind die Lampen in einem Zimmer in Reihe oder parallel geschaltet? Begründe deine Antwort.

14 Zeichne die Schaltpläne für die folgenden Schaltungen: ▸ 3, 4

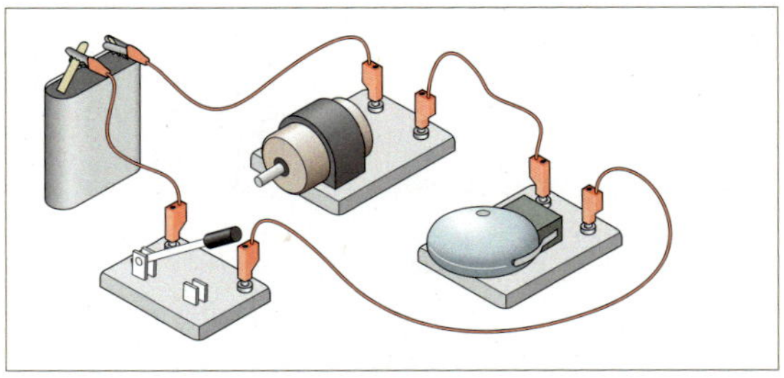

3

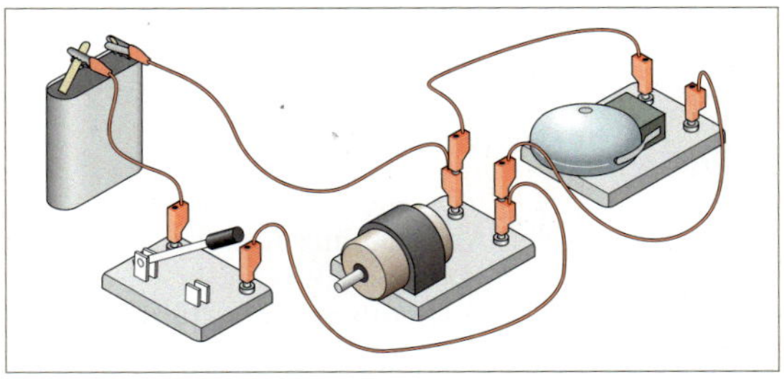

4

Die Wirkungen des elektrischen Stroms

15 Begründe, warum der elektrische Strom für unser Leben eine große Bedeutung hat.

16 Nenne elektrische Küchengeräte und die Wirkung des elektrischen Stroms, die genutzt wird. Trage diese übersichtlich in eine Tabelle ein.

17 Nenne möglichst viele Geräte in deiner Wohnung, die die Wärmewirkung des Stroms nutzen.

18 Beschreibe, wie du einen einfachen Elektromagneten bauen kannst.

19 Wo nutzt man die chemische Wirkung des elektrischen Stroms?

Regeln beim Umgang mit elektrischen Geräten

20 Beurteile das Verhalten der Kinder: ▸ 5

5

21 Nenne vier Regeln, die du beim Umgang mit dem elektrischen Strom beachten musst.

22 Ab welcher elektrischen Spannung ist das Experimentieren gefährlich?

23 Wie kann es zu einem Stromunfall kommen und wie verhältst du dich dann?

24 Warum haben Verlängerungskabel nichts in einem Bad zu suchen?

25 Was ist ein Kurzschluss?

26 Wodurch können elektrische Kabel beschädigt werden?

Leiter und Isolator

27 Was sind elektrische Leiter und Isolatoren? Nenne mindestens je zwei Beispiele und trage die Körper und die Stoffe, aus denen sie bestehen, übersichtlich in eine Tabelle ein.

28 Erkläre, warum viele elektrische Geräte ein Kunststoffgehäuse besitzen.

29 Deine Fahrradbeleuchtung (mit Dynamo) funktioniert plötzlich nicht mehr. Wo würdest du mögliche Fehler suchen?

30 Unter welchen Bedingungen ist Wasser ein guter elektrischer Leiter?

31 Beschreibe ein Experiment, mit dem du die Leitfähigkeit von Stoffen untersuchen kannst.

32 Elektrische Kabel sind aus verschiedenen Materialien aufgebaut. Begründe, warum die elektrischen Leitungen einzeln isoliert sind. ▸ 6

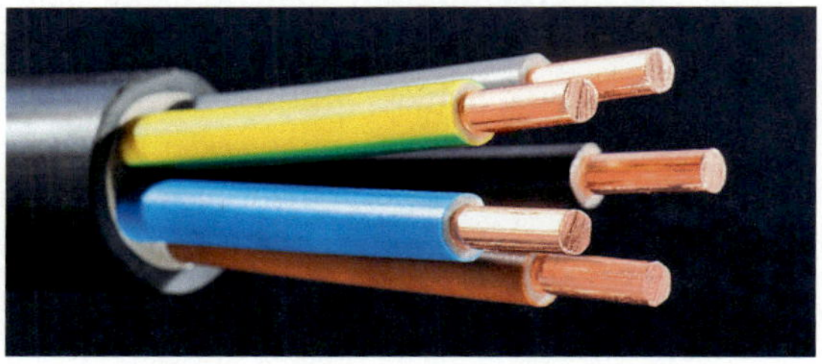

6

Elektrische Ladung

33 Skizziere den Aufbau eines Atoms. Beachte dabei auch seinen neutralen Zustand.

34 Reibe einen Plastikstab an einem Tuch. Nähere dich mit dem Stab kleinen Papierschnipseln. Beobachte und erkläre. ▸ 7

7

35 Beschreibe, was passiert, wenn sich ein elektrisch negativ und ein elektrisch positiv geladener Körper berühren.

36 Erläutere den Begriff elektrischer Strom.

Elektrisches Feld – Modell Feldlinie

37 Übernimm die Abbildungen in dein Heft und zeichne das elektrische Feld ein. Kennzeichne die Bereiche, in denen das Feld am stärksten ist. ▸ 1

38 Nenne Merkmale eines homogenen elektrischen Feldes.

39 Recherchiere nach Möglichkeiten, sich vor elektrischen Feldern zu schützen.

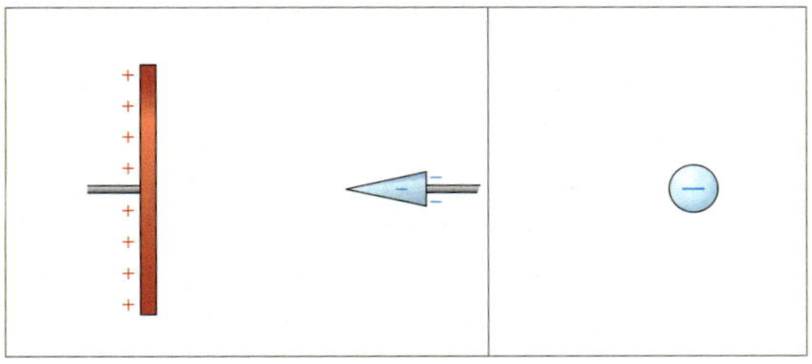

1

Leitungsvorgang in Metallen

40 Nenne die Voraussetzungen, die gegeben sein müssen, damit in Stoffen ein Strom fließen kann?

41 Informiere dich, ob die Temperatur einen Einfluss auf den Leitungsvorgang in einem Metall hat.

Überblick

Elektrische Energiequellen Batterien sind Spannungsquellen, die eine Gleichspannung liefern. Das bedeutet, an einem Anschluss liegt immer der Minus- und am anderen der Pluspol an.
An den Steckdosen in der Wohnung oder in der Schule liegt eine Wechselspannung an. Der Minus- und der Pluspol wechseln ständig zwischen den beiden Anschlüssen.

Stromkreise Ein einfacher elektrischer Stromkreis besteht aus einer Spannungsquelle, einem elektrischen Gerät, Leitungen und einem Schalter. Der elektrische Strom fließt nur in einem geschlossenen elektrischen Stromkreis. ▸ 2

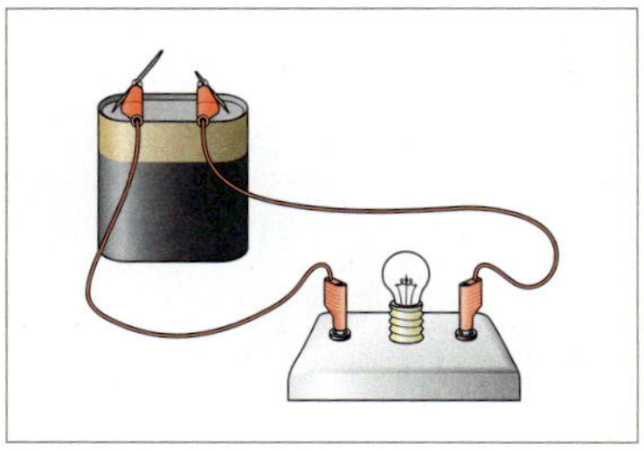

2

Reihen- und Parallelschaltung Elektrische Geräte kann man in Reihe zu einer Spannungsquelle schalten.
Es entsteht ein unverzweigter Stromkreis. ▸ 3

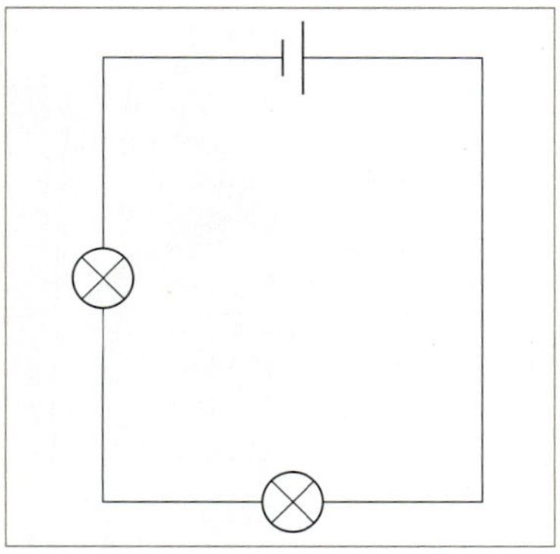

3

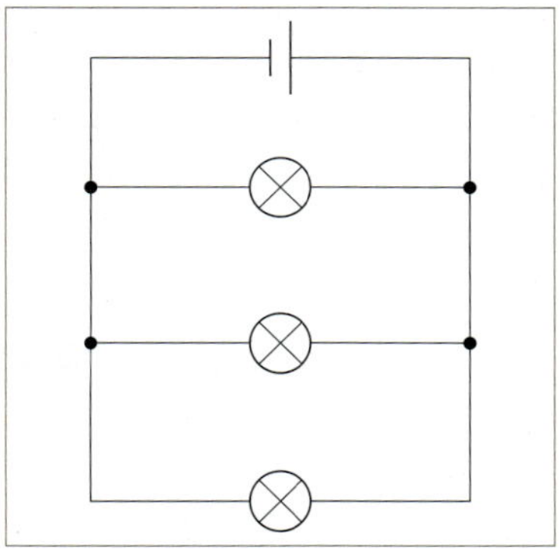

4

Elektrische Geräte kann man parallel zu einer Spannungsquelle schalten. Es entsteht ein verzweigter Stromkreis. ▸ 4

Wirkungen Licht-, Wärme-, magnetische und chemische Wirkung sind die Wirkungen des elektrischen Stroms. ▸ 5

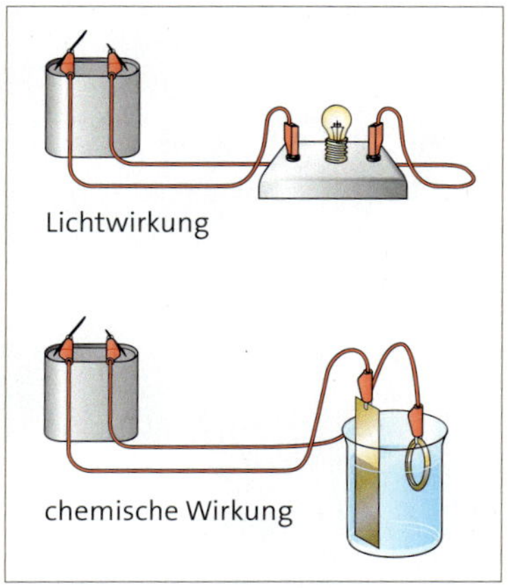

5

Gute Leiter und schlechte Leiter Stoffe, die den elektrischen Strom leiten, nennt man elektrische Leiter. Stoffe, die den elektrischen Strom nicht leiten, nennt man Isolatoren.
Wasser und Gase sind sehr schlechte elektrische Leiter. Unter bestimmen Bedingungen werden sie zu guten elektrischen Leitern.

Atom Ein neutrales Atom besteht aus Atomhülle und Atomkern. Im Kern befinden sich die Protonen (positiv geladen). In der Hülle halten sich die Elektronen (negativ geladen) auf. Die Anzahl von Elektronen und Protonen ist gleich.

Ladungstrennung Durch Reibung können Körper elektrisch aufgeladen werden. ▸ 6
Dabei entstehen durch Ladungstrennung:
- elektrisch positiv geladene Körper (Elektronenmangel)
- elektrisch negativ geladene Körper (Elektronenüberschuss)

Zwischen elektrischen Ladungen wirken Kräfte. ▸ 7, 8

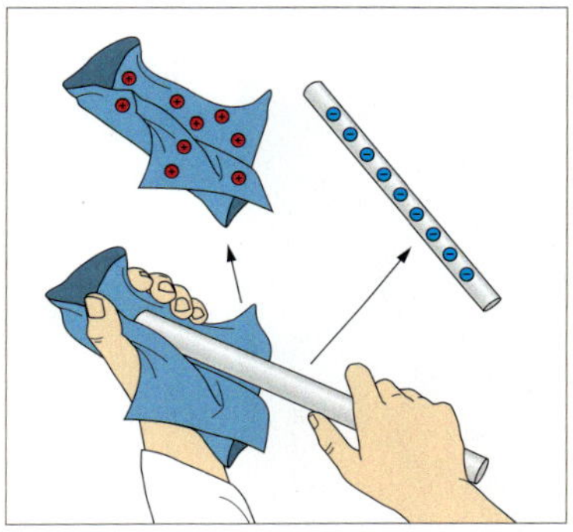

6

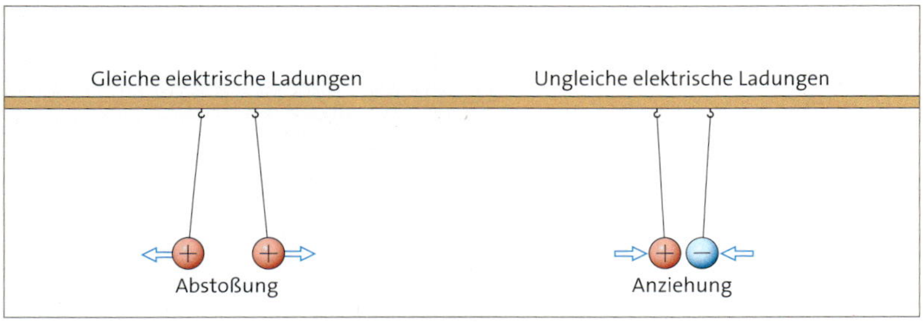

7 8

Elektrischer Strom Elektrische Leiter übertragen elektrische Ladungen. Dies stellt einen Ladungsausgleich dar. Die gerichtete Bewegung von Ladungsträgern wird als elektrischer Strom bezeichnet.

Elektrisches Feld Der Raum um eine elektrische Ladung, in dem Kräfte auf Ladungen ausgeübt werden, wird als elektrisches Feld bezeichnet. Er ist modellhaft durch Feldlinien darstellbar.
Die Feldlinien machen eine Aussage über den Verlauf und die Stärke des elektrischen Feldes.

Leitungsvorgang Metalle leiten den elektrischen Strom, weil sie freibewegliche Ladungsträger (Elektronen) besitzen.
Wird an das Metall ein elektrisches Feld angelegt, bewegen sich die Ladungsträger gerichtet. ▸ 9

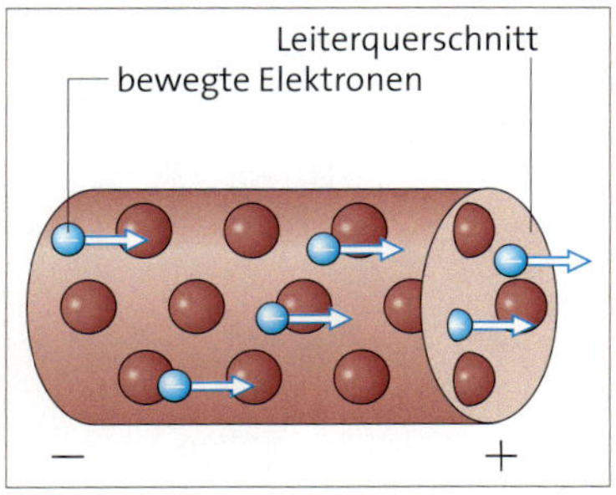

9

Elektrizität in Natur und Technik

Bei einem Gewitter kann man immer wieder beeindruckende Blitze beobachten. Befindet man sich dabei in einem sicheren Gebäude, kann man dieses Naturschauspiel auch genießen. Die bei einem Blitz auftretenden extrem hohen elektrischen Ströme können bei einem Einschlag aber auch große Schäden anrichten. ▸ 1

Zitterrochen nutzen den elektrischen Strom, um ihre Beute zu betäuben oder sich gegen Feinde zu verteidigen. Dazu besitzen sie „elektrische“ Organe, die ähnlich wie eine Batterie funktionieren. ▸ 2

Organische Leuchtdioden (OLED, *engl.* organic light emitting diode) werden auf dünnen, biegsamen Kunststofffolien aufgebracht. Sie eignen sich für die großflächige Raumbeleuchtung und große Bildschirme. ▸ 3, 4

Eine E-Gitarre oder ein E-Piano bzw. Keyboard kennt jeder. Aber auch andere Instrumente wie z. B. dieses Saxofon gibt es als elektrische Variante. Hier werden die Töne mithilfe des elektrischen Stroms erzeugt. ▸ 5

1

2

3

4

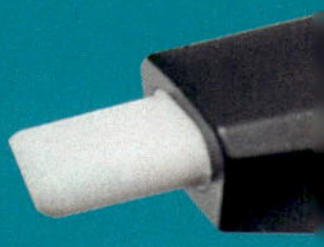

5

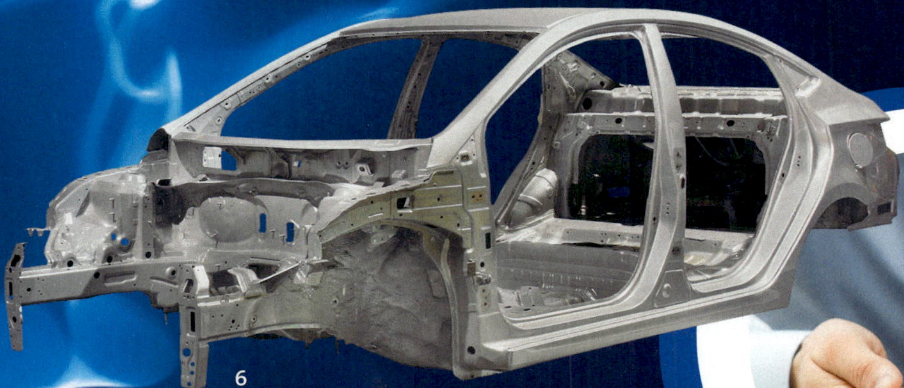

6

7

Karosserien von Pkws werden zum Schutz vor Korrosion häufig verzinkt. Dazu wird diese in eine mit Zink-Ionen angereicherte leitende Flüssigkeit getaucht. Dadurch bildet sich auf der Stahloberfläche eine sehr dünne und fest haftende Zinkschicht. ▸ 6

Handys werden in den meisten Fällen über einen Touchscreen bedient. Bei der Berührung des Bildschirms mit dem Finger oder einem speziellen Stift ändern sich die Bedingungen für den Stromfluss. Dadurch kann man Befehle zur Steuerung des Programms auslösen. ▸ 7

Beim Elektroschweißen werden Metallteile fest miteinander verbunden. Durch den elektrischen Strom entsteht ein Lichtbogen, der das Werkstück und die Elektrode an der Verbindungsstelle auf Temperaturen bis zu 4200 °C erhitzt und schmilzt. ▸ 8

In einem Laser wird mit elektrischem Strom Licht mit besonderen Eigenschaften erzeugt. In einer Lasershow kann man damit Illusionen von räumlichen Objekten erzeugen. ▸ 9

Forscher des Leibniz-Instituts für Festkörper- und Werkstoffforschung (IFW) in Dresden haben eine Supraleit-Schwebebahn entwickelt. Der elektrische Strom erzeugt ein Magnetfeld, das die Bahn berührungslos in der Spur hält, beschleunigt und abbremst. ▸ 10

8

9

10

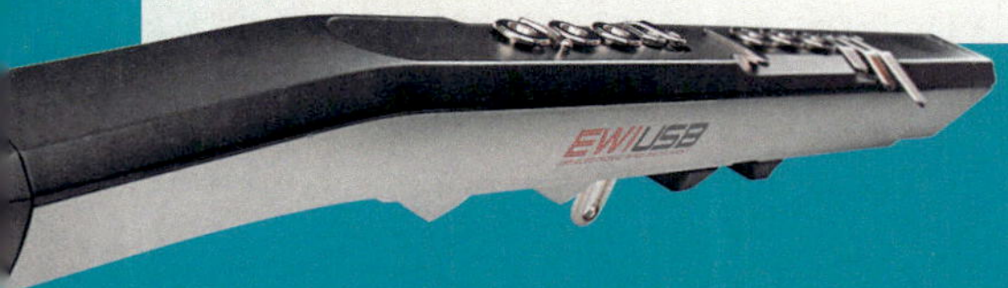

Selbst erforscht

Elektrische Energie aus Lebensmitteln

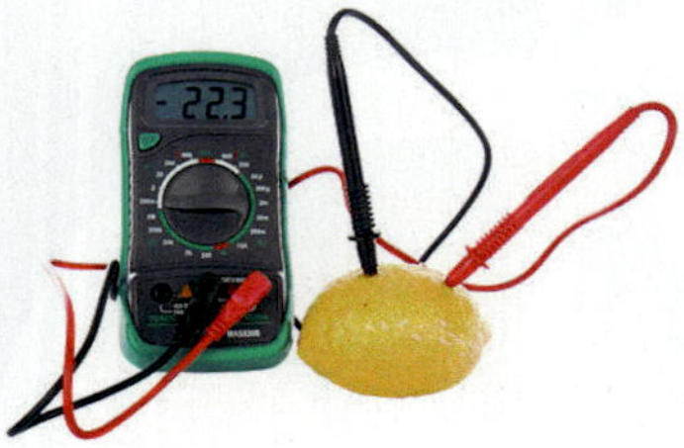

1

2

3

Aufträge

1 Zitronen

Material:
- frische Zitrone
- 2 verschiedene Metalle, z. B. Zink und Kupfer als Elektroden (verzinkte Nägel, 5-Cent-Stück)
- Kabel
- Krokodilklemmen
- Spannungsmesser/LED

Bauanleitung:
Schneide in die Zitrone zwei Schlitze. Stecke die beiden Metalle als Elektroden in die Schlitze. Befestige mit den Krokodilklemmen jeweils ein Kabel an den Metallen. Mit einem Spannungsmessgerät kannst du nun die Spannung messen, die dir die Zitronenbatterie liefert. Du kannst auch eine LED zum Leuchten bringen.
Verbessere dein Ergebnis, indem du mehrere Zitronen in Reihe schaltest. Achte immer darauf, dass verschiedene Metalle miteinander verbunden werden. Der Vorteil der Reihenschaltung ist, dass sich die Spannungen der einzelnen Batterien addieren.
Achtung: Die Zitrone darf nach dem Experiment nicht mehr gegessen werden! ▸ 1, 2

2 Äpfel, Birnen ...

Untersuche, ob dieses Phänomen auch bei weiteren Lebensmitteln auftritt. Finde heraus: Welche Lebensmittel sind besonders geeignet? Baue mit deinen neuen Batterien Reihen- und Parallelschaltungen auf und miss Spannungen und Stromstärken. ▸ 3

3 Essig

Material:
- Schale mit Essig
- Stück Kupfer
- Stück Zink
- Klebeband
- 2 Stück isolierter Draht
- LED

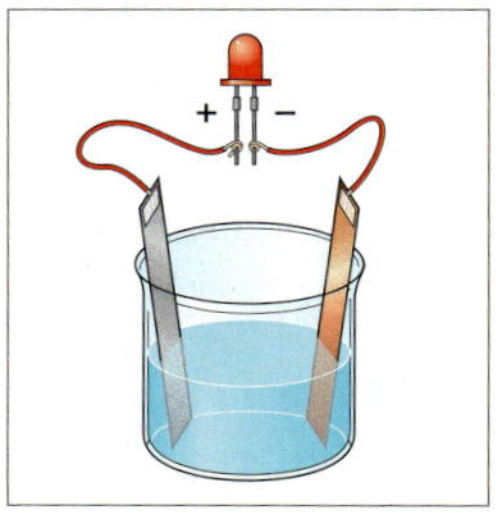

4

Bauanleitung:
Fülle den Essig in die Schale. Entferne an den Enden der Drähte die Isolierung. Befestige je einen Draht mit Klebeband an einem der beiden Metalle. Lege die Metalle in die Schale mit Essig. Verbinde die beiden Drahtenden mit der LED. ▸ 4

Was steckt dahinter?
Die Säure in den Lebensmitteln löst eine chemische Reaktion aus, bei der Elektronen freigesetzt werden. Dadurch entsteht eine elektrische Spannung. Diese bewirkt, dass sich Elektronen von einem Metall über die LED zum anderen Metall bewegen. Es fließt ein Strom und die LED leuchtet. Mit dieser Batterie könnte man auch den Taschenrechner betreiben.

Testaufgaben zu „Elektrischer Strom und elektrische Ladung“

1 Stell dir vor, du müsstest einen Tag ohne elektrischen Strom auskommen. Schreibe auf, was an einem solchen Tag für dich nicht möglich wäre.

2 Anne möchte in ihren Computer eine neue Festplatte einbauen. Auf der Rückseite des Geräts entdeckt sie das abgebildete Schild. ▸ 5 Warum sollte sie diese Warnung ernst nehmen?

3 Wie bezeichnet man Stoffe, die den elektrischen Strom nicht leiten? Nenne drei Beispiele.

4 Nenne jeweils eine Wirkung des elektrischen Stroms, die bei den folgenden Geräten genutzt wird: Toaster, Leuchtdiode, Elektromotor, Computermonitor, Lautsprecher, Wasserkocher, Föhn, Glühlampe.

5 Zeichne einen Schaltplan für einen einfachen Stromkreis.

6 Max hatte letztes Jahr zu Weihnachten den Balkon seines Zimmers besonders geschmückt. Die vielen Lichterketten schloss er dazu mit mehreren Verteilersteckdosen an eine Steckdose in seinem Kinderzimmer an. Als er die letzte Lichterkette einschaltete, gingen plötzlich alle aus. Auch die anderen elektrischen Geräte in seinem Zimmer funktionierten nicht mehr. Was war passiert? ▸ 6

6

7 Welche Arten von Stromkreisen sind hier dargestellt?

a

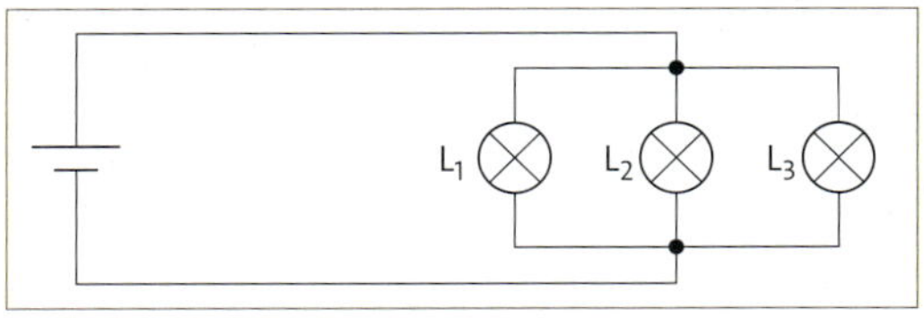

b

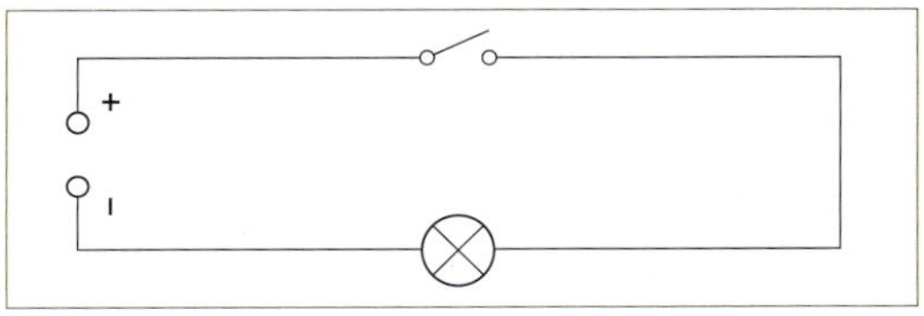

c

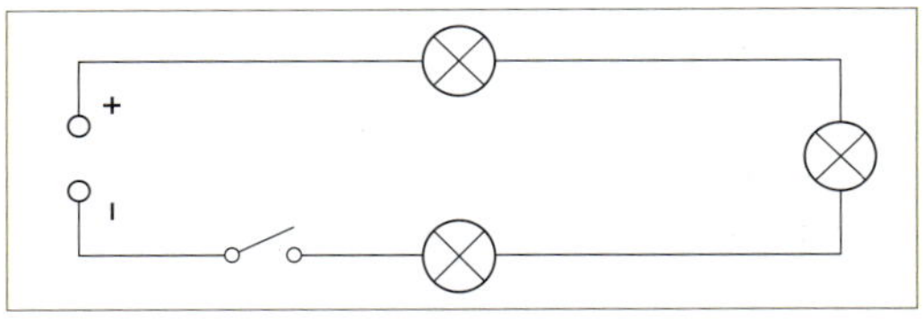

7

8 Erläutere, warum das Stromnetz eines Hauses als Parallelschaltung aufgebaut ist.

9 Beschreibe ein Experiment, mit dem man zeigen kann, dass ein Körper elektrisch geladen ist oder nicht.

Aufgabe	Fähigkeit	Hilfe auf Seite ...
1, 2, 4	Die Vorteile der Nutzung von Elektrizität beschreiben, Gefahren beim Umgang mit elektrischem Strom erkennen und Unfälle vermeiden	196 f., 198 f.
3	Elektrische Leiter und Isolatoren unterscheiden	200 f.
5, 7	Elektrische Stromkreise beschreiben	192 ff.
8	Gesetzmäßigkeiten in elektrischen Stromkreisen anwenden	194 f.
9	Elektrische Ladungen nachweisen	202 f.

▸ **Die Lösungen findest du auf Seite 267.**

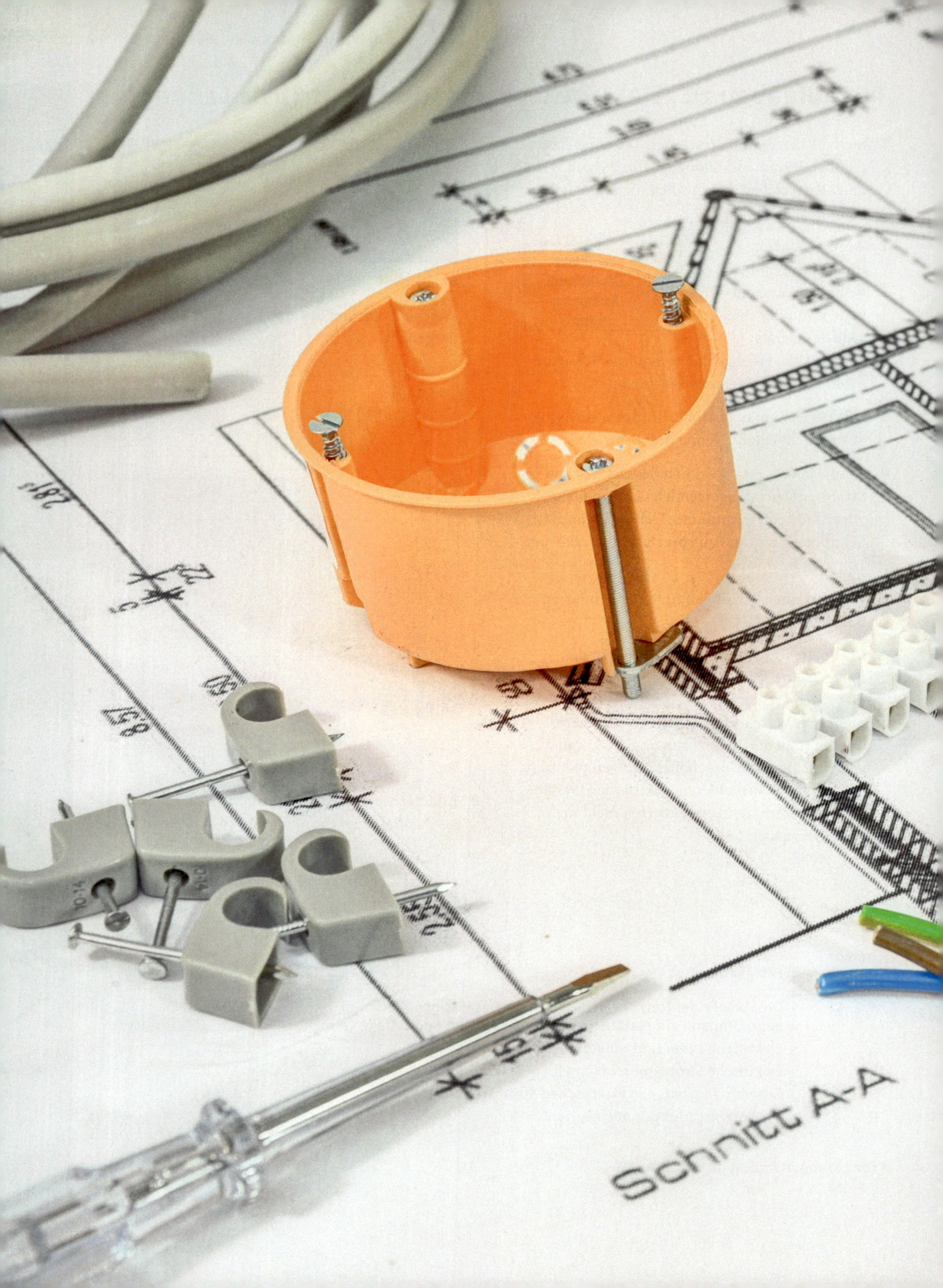
Schnitt A-A

Stromstärke, Spannung, Widerstand und Leistung

Täglich haben wir Umgang mit elektrischem Strom. Wir nutzen ganz selbstverständlich seine Wirkungen wie z. B. Licht und Wärme. Dabei kommen wir allerdings nicht direkt mit dem Strom in Berührung, denn das wäre oft lebensgefährlich.
Der elektrische Strom darf nur auf bestimmten Bahnen zu seinem Ziel geleitet werden. Dafür gibt es verschiedene Möglichkeiten.
Du wirst erfahren und selbst ausprobieren, wie der elektrische Strom geleitet wird und dass es physikalische Größen gibt, die man beim Umgang mit ihm beachten muss.

Der ICE wird im Original und im Modell mit Elektromotoren angetrieben. Dabei werden aber unterschiedliche Spannungen verwendet und unterschiedlich starke Ströme fließen durch die Elektromotoren.

Elektrische Stromstärke und Spannung

Die Motoren einer Elektrolokomotive der Deutschen Bahn werden mit einer Spannung von 15 000 Volt betrieben. Für die Modelleisenbahn reichen Batterien oder Spielzeugtransformatoren, die Spannungen bis zu 12 Volt liefern. Die Akkus eines Segways liefern eine Spannung von 73,6 V. ▸ 5

Elektrische Geräte, die man zu Hause oder in der Schule an eine Steckdose anschließt, benötigen alle dieselbe Spannung. Diese beträgt 230 Volt. In jedem Zimmer findet man immer mehrere Steckdosen, um gleichzeitig verschiedene Geräte nutzen zu können. Reicht die Anzahl der Steckdosen nicht aus, verwendet man zusätzlich Mehrfachverteiler. ▸ 2
Schaltet man dann alle Geräte gleichzeitig ein, kann es passieren, dass die Sicherung auslöst und den Stromkreis unterbricht.

Lichterketten bestehen aus vielen gleichen Lämpchen oder Leuchtdioden und werden auch an die Netzspannung von 230 Volt angeschlossen. Schließt man aber ein Lämpchen einzeln an die Steckdose an, würde es sofort durchbrennen. Fällt ein Lämpchen aus, bleibt meist die ganze Lichterkette dunkel. ▸ 3, 4
Kennst du die Gesetzmäßigkeiten in elektrischen Stromkreisen, kannst du auch das Verhalten von Sicherung und Lichterkette erklären.

2

3

4

5

Weißt du's?

Beantworte die folgenden Fragen. Zeichne als Hilfe ein magisches Quadrat in dein Heft. Hinter jeder Aufgabe steht ein Buchstabe und hinter jeder möglichen Lösung eine Zahl. Setze die Zahl der Lösung in das magische Quadrat beim zugehörigen Buchstaben ein. Die Summe der drei Zahlen in einer Zeile, einer Spalte und einer Diagonalen muss immer 15 ergeben.

1 Eine Kilowattstunde Elektroenergie kostet ungefähr: A

- A 0,30 € 6
- B 0,75 € 2
- C 1,20 € 9

2 Die Steckdosen in einer Verteilerdose sind … B

- A nicht miteinander verbunden. 8
- B in Reihe geschaltet. 5
- C parallel geschaltet. 7

3 In einer Parallelschaltung mit drei Glühlampen brennt eine Lampe durch. Welche Aussage ist richtig? C

- A Es leuchtet keine Lampe mehr. 1
- B Es leuchtet eine Lampe. 3
- C Es leuchten zwei Lampen. 2

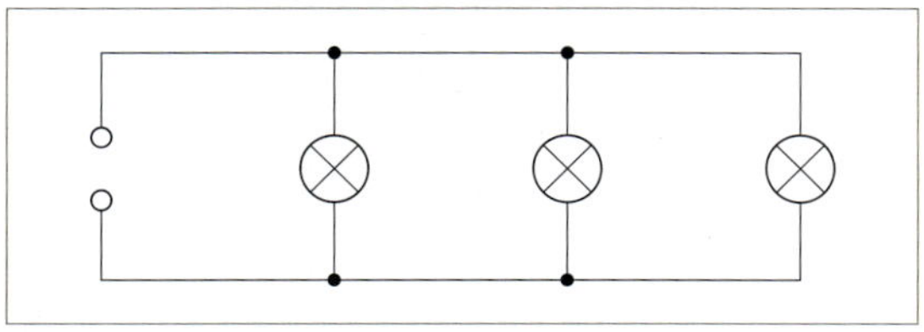

4 Eine Autobatterie liefert eine Spannung von: D

- A 4,5 V 8
- B 12 V 1
- C 230 V 4

Magisches Quadrat:

A	B	C
D	E	F
G	H	4

5 In eine Stabtaschenlampe werden zwei Batterien eingesetzt, die jeweils eine Spannung von 1,5 V liefern. Wie groß ist die an der Glühlampe anliegende Spannung? E

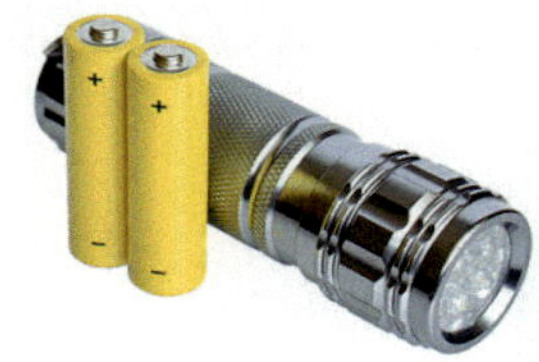

- A 0,5 V 3
- B 1,5 V 7
- C 3,0 V 5

6 Die elektrische Leistung eines Computers beträgt ungefähr: F

- A 150 Watt 9
- B 2 Kilowatt 6
- C 7,5 Megawatt 3

7 Batterien kann man sich auch selbst bauen. Welche Gegenstände sind dazu nicht geeignet? G

- A Kartoffeln 6
- B Pfannkuchen 8
- C Zitronen 7

8 In einer Reihenschaltung mit drei Glühlampen brennt eine Lampe durch. Welche Aussage ist richtig? H

- A Es leuchtet keine Lampe mehr. 3
- B Es leuchtet eine Lampe. 1
- C Es leuchten zwei Lampen. 2

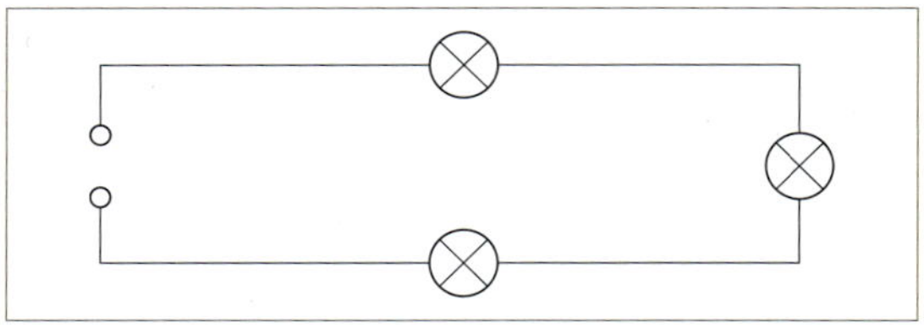

Elektrische Stromstärke

1

Aus der Talsperre Malter fließen im Normalbetrieb pro Sekunde maximal 10 m^3 Wasser durch die Ablassrohre in die Weißeritz. Beim Hochwasser im Juni 2013 flossen pro Sekunde 37 m^3 Wasser über den Überlauf ab.

Experiment

1 Modell Wasserströmung

a Halte eine leere Wasserflasche unter einen Wasserhahn. Drehe den Wasserhahn für 10 Sekunden nur ein kleines Stück auf. Kennzeichne mit einem Stift den Wasserstand in der Flasche und gieße danach das Wasser wieder aus der Flasche.

b Wiederhole das Füllen zweimal für jeweils 10 Sekunden bei unterschiedlich weit aufgedrehtem Wasserhahn.

c Vergleiche die Füllstände und formuliere ein Ergebnis.

Elektrische Stromstärke Die gerichtete Bewegung der Wasserteilchen bezeichnet man auch als Wasserstrom. Die Stärke des Wasserstroms ist durch die Wassermenge gekennzeichnet, die in einer bestimmten Zeit durch den Querschnitt des Wasserhahns fließt.
Der elektrische Strom ist die gerichtete Bewegung der elektrischen Ladungen in einem Leiter. Ähnlich wie beim Wasserstrom ist die Stärke des elektrischen Stroms umso größer, je mehr Elektronen in einer Sekunde durch den Draht hindurchfließen. ▸ 3

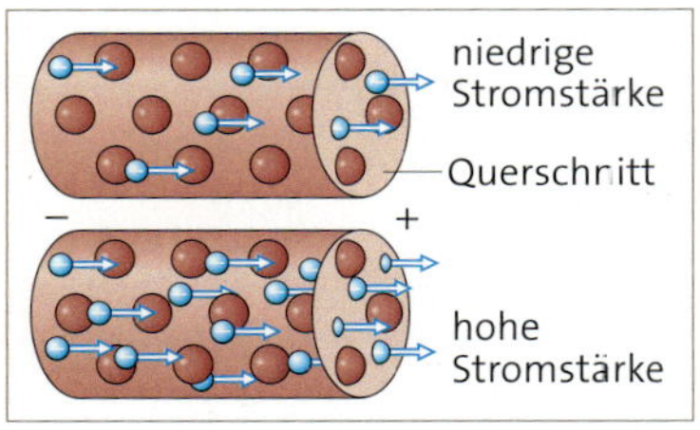

3

Die elektrische Stromstärke gibt an, wie viele elektrische Ladungen in einer Sekunde durch den Querschnitt des Leiters fließen.

Formelzeichen: I
Einheit: Ampere (A), Milliampere (mA)
1 A = 1000 mA
1 mA = 0,001 A

Gefahren beim Umgang mit elektrischem Strom Unser Körper ist ein elektrischer Leiter. Wie groß die Wirkung des elektrischen Stroms auf unseren Körper ist, hängt von der Stromstärke ab.
Stromstärken ab 30 mA sind lebensgefährlich!

Aufgaben

1 Beschreibe, wie man die Stärke von Fahrzeugströmen ermitteln kann.

2 Rechne die Stromstärken in mA um: 3 A; 1,2 A; 0,05 A; 0,9 A; 1,02 A; 14,6 A.

3 Rechne die Stromstärken in A um: 2000 mA; 600 mA; 1450 mA; 9 mA; 75 mA.

Experiment

2 Messen der Stromstärke

a Baue einen einfachen Stromkreis mit einer Spannungsquelle und einer Glühlampe auf.

b Baue in den Stromkreis einen Stromstärkemesser in Reihe zur Glühlampe ein.

c Stelle das Messgerät auf den von deinem Lehrer vorgegebenen Messbereich ein.

d Lies für verschiedene Einstellungen des Stromversorgungsgeräts jeweils die elektrische Stromstärke ab.

Vor der Stromstärkemessung sind folgende Hinweise zu beachten:

1. Wähle die richtige Stromart aus: AC/DC – Wechselstrom/ Gleichstrom. Beachte bei Gleichstrom die Polarität.
2. Stelle den richtigen Messbereich ein. Bei einem unbekannten Messwert muss der größte Messbereich eingestellt werden. Danach kann vorsichtig in den nächstkleineren Messbereich geschaltet werden.

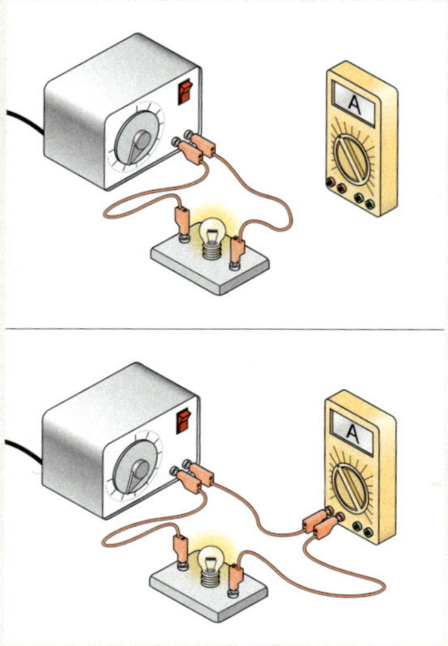

4

Das Messgerät für die Stromstärke ist der Stromstärkemesser. Er wird in Reihe zum Bauelement geschaltet. ▸ 6

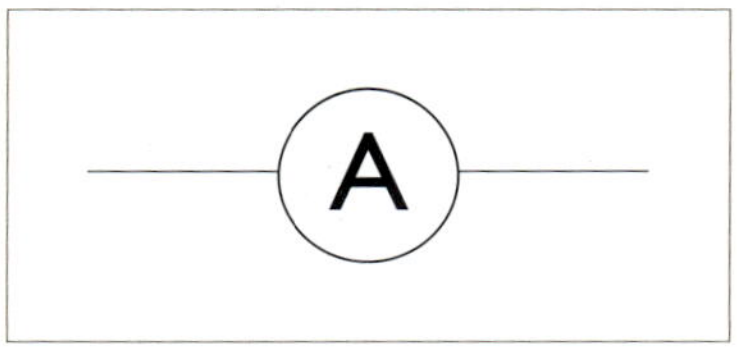

5 Schaltzeichen

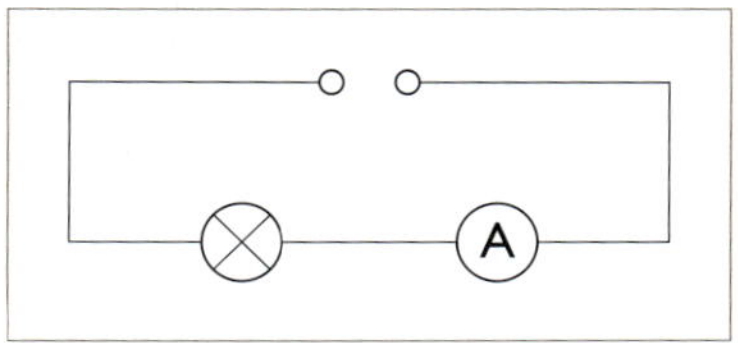

6 Schaltung

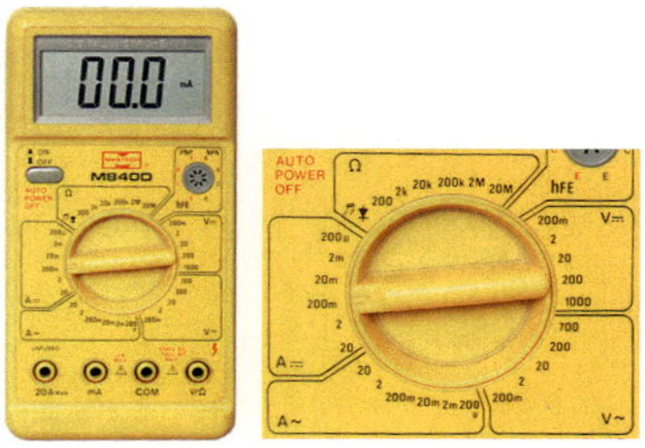

7 Messgerät

Wissenswertes: Stromstärken in elektrischen Geräten

Wie groß die Stromstärke in elektrischen Geräten wird, hängt vor allem von der gewünschten Wirkung des elektrischen Stroms ab. Nutzt man die Wärmewirkung (z. B. in einem Wasserkocher) oder die magnetische Wirkung (z. B. in Elektromotoren), dann beträgt die Stromstärke meist einige Ampere. In modernen LED-Lampen oder Kommunikationsgeräten wie Smartphones oder Tablets fließen dagegen oft nur Ströme von wenigen Milliampere.

LED	0,02 A
Smartphone	0,06 A
Wasserkocher	6,5 A
Heizlüfter	10 A
Motor einer E-Lok	150 A
Blitz	bis 100 000 A

Aufgaben

1 Bereite einen Schülervortrag zu Leben und Werk des französischen Physikers André-Marie Ampère vor.

2 Zeichne die Schaltskizze für das Messen der Stromstärke in einem Stromkreis mit einem Elektromotor.

Elektrische Spannung

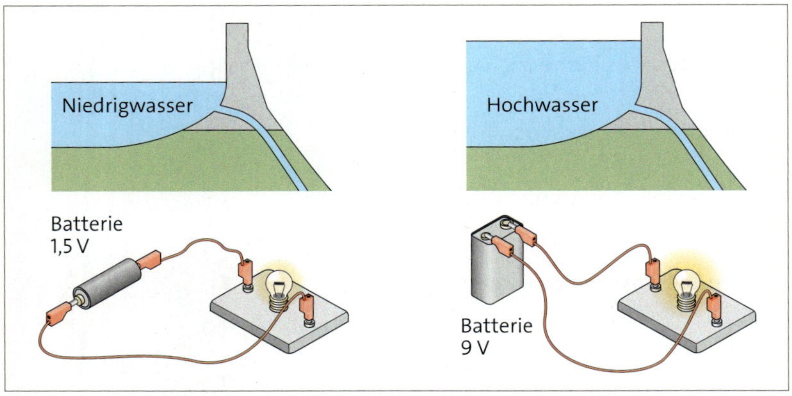

1

Je höher das Wasser in der Talsperre Malter steht, umso größer ist auch die Kraft auf das Wasser im Ablauf.

Experiment

1 Antrieb

Baue dir aus einem Joghurtbecher, einer langen Nadel und einem Korken ein kleines Wasserrad. Halte es der Reihe nach unter drei verschieden starke Wasserstrahlen. Beschreibe deine Beobachtung und versuche sie zu erklären.

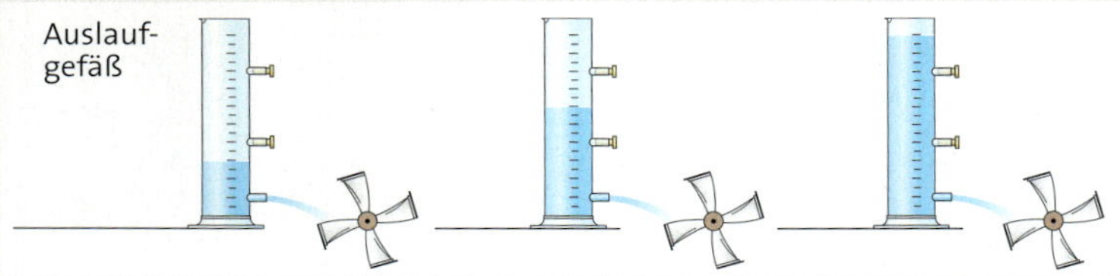

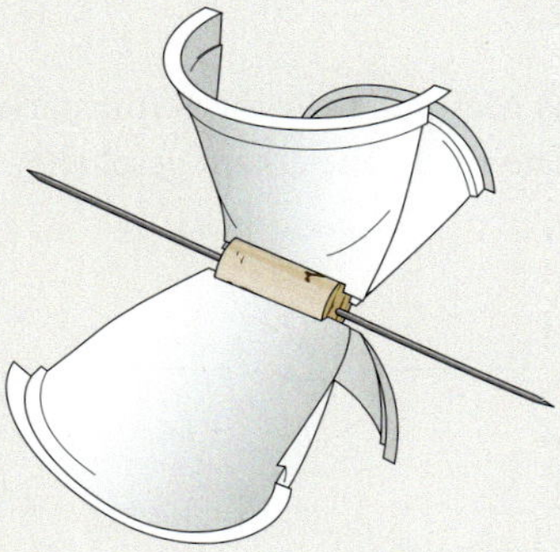

Elektrische Spannung Man stellt fest, dass sich das Wasserrad am schnellsten dreht, wenn der Flüssigkeitsstand im Gefäß am höchsten ist. Das Wasser fließt also mit mehr Antrieb heraus, wenn die Wassersäule über der Öffnung sehr hoch ist.
Ähnlich wie das Wasser benötigt auch der elektrische Strom einen Antrieb. Seine Stärke beschreibt man mithilfe der elektrischen Spannung.

Die elektrische Spannung gibt die Stärke des Antriebs der elektrischen Ladungen an.

Formelzeichen: U
Einheit: Volt (V)
Für größere Spannungen werden das Kilovolt (kV) und das Megavolt (MV) benutzt. Dabei gilt:
1 kV = 1000 V
1 MV = 1000 kV = 1 000 000 V
Kleinere Spannungen gibt man in Millivolt (mV) an.
1 V = 1000 mV

Aufgaben

1 Rechne in V um:
10 kV, 500 mV, 3 MV.

2 Rechne um:
a 20 000 V = … kV
b 500 000 V = … MV
c 0,12 V = … mV

3 Informiere dich zu Hause über anliegende Spannungen, z. B. bei der elektrischen Eisenbahn, dem PC, der Aquariumpumpe …

Experiment

2 Messen der Spannung

a Baue den abgebildeten Schaltplan auf. Bereite in deinem Heft eine Tabelle vor, in der du die Messwerte erfassen kannst.

b Miss die Spannung, die von der Spannungsquelle bereitgestellt wird.

c Miss die Spannungen, die an den Bauelementen anliegen.

Vor der Spannungsmessung sind folgende Hinweise zu beachten:

1. Wähle die richtige Spannungsart aus: AC/DC – Wechselspannung/Gleichspannung. Beachte bei Gleichspannung die Polarität.
2. Stelle den richtigen Messbereich ein. Bei einem unbekannten Messwert muss der größte Messbereich eingestellt werden. Danach kann vorsichtig in den nächstkleineren Messbereich geschaltet werden.

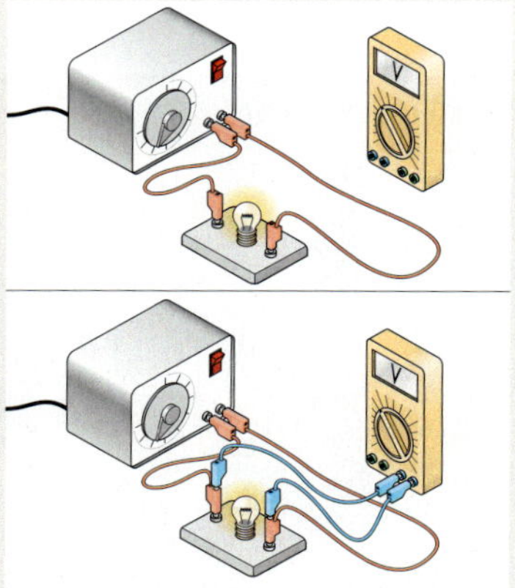

4

Das Messgerät für die Spannung ist der Spannungsmesser. Er wird parallel zur Spannungsquelle oder zum Bauelement geschaltet. ▸ 6

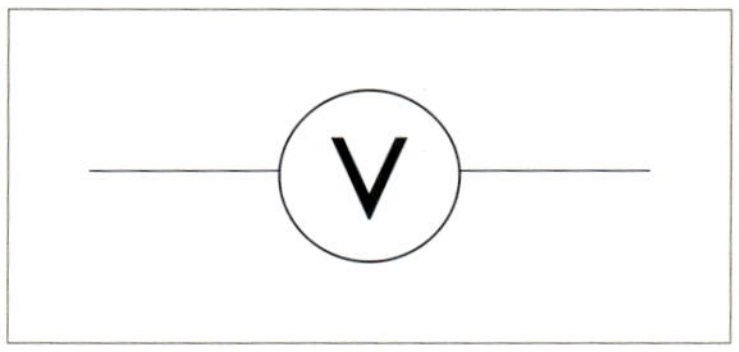

5 Schaltzeichen

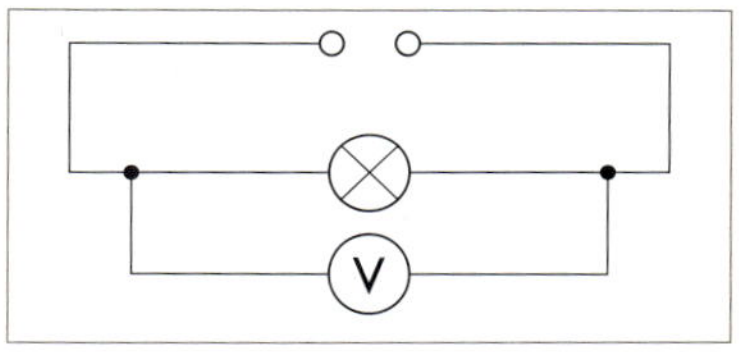

6 Schaltung

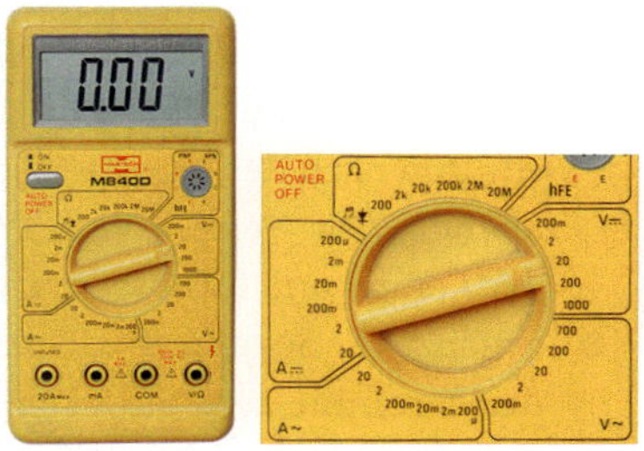

7 Messgerät

Wissenswertes: Spannungswerte in der Praxis

Damit die Ladungsträger in einer Gewitterwolke als Blitz zur Erde wandern, bedarf es eines starken Antriebs. Dazu sind dann 200 MV notwendig. Ähnlich verhält es sich, wenn der Strom vom Kraftwerk bis zu den Haushalten fließen soll. Für die großen Entfernungen, die Überlandleitungen überbrücken, muss die Spannung z. B. 110 kV oder 380 kV groß sein. Anders sieht es bei kleinen, empfindlichen Bauteilen in der Mikroelektronik aus. Dort reichen als Antrieb oft schon wenige Millivolt.

Aufgaben

1 Übernimm den Schaltplan in dein Heft und ergänze alle Spannungsmesser.

2 Recherchiere zum Thema Hochspannungsleitungen. Finde heraus,
- welche Arten es gibt.
- welche Aufgabe sie haben.
- wie es in Zukunft weitergehen soll.

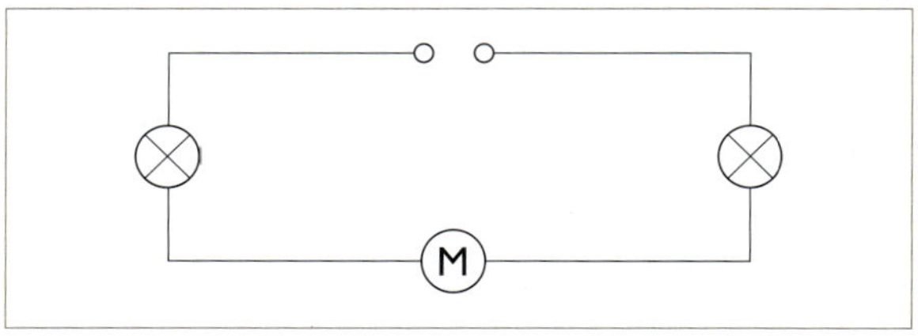

9

Reihenschaltung

1

Die einzelnen Lämpchen haben eine Betriebsspannung von 24 V. Die Lichterkette wird aber an eine Steckdose mit 230 V angeschlossen. Warum brennen die Lämpchen nicht durch?

Experiment

1 Stromstärke in der Reihenschaltung

a Baue die Schaltung nach der Schaltskizze auf. Miss die Stromstärke vor und nach der Lampe. Wiederhole die Messungen für andere Spannungen. Vergleiche die Werte der Stromstärken vor und nach der Lampe und formuliere ein Ergebnis.

b Ergänze die Schaltung entsprechend der Schaltskizze. Lies an allen drei Strommessern die Stromstärke ab. Wiederhole die Messungen für andere Spannungen. Vergleiche jeweils die Werte für die Stromstärken vor, zwischen und nach den beiden Lampen und formuliere ein Ergebnis.

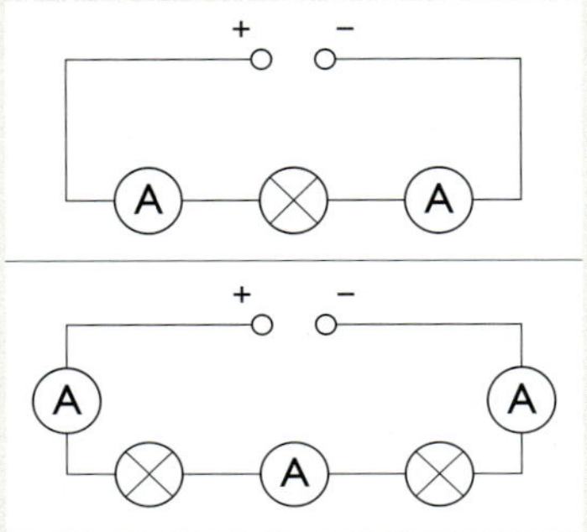

Einfacher Stromkreis Die Strommessgeräte vor und nach einer Glühlampe zeigen denselben Wert an. Elektrische Geräte sind keine Stromverbraucher. In ihnen wird die elektrische Energie nur in eine andere Energieform umgewandelt.

Die elektrische Stromstärke im einfachen Stromkreis ist nach einem Bauelement genauso groß wie vor diesem.

Dieses Ergebnis stimmt mit unserem Leitungsmodell überein. Die Elektronen bewegen sich vom Minuspol der Spannungsquelle aus durch den Stromkreis zum Pluspol. Dabei gehen keine Elektronen verloren, es kommen auch keine hinzu.

Reihenschaltung Die Stromstärken vor, zwischen und nach den beiden Glühlampen sind gleich groß. Im Schwibbogen ▸ 1 sind alle Glühlampen gleich gebaut und leuchten auch gleich hell. Das deutet darauf hin, dass die elektrische Stromstärke an allen Stellen des Stromkreises gleich groß ist.

In einer Reihenschaltung ist die Stromstärke überall gleich groß. Es gilt: $I = I_1 = I_2$.

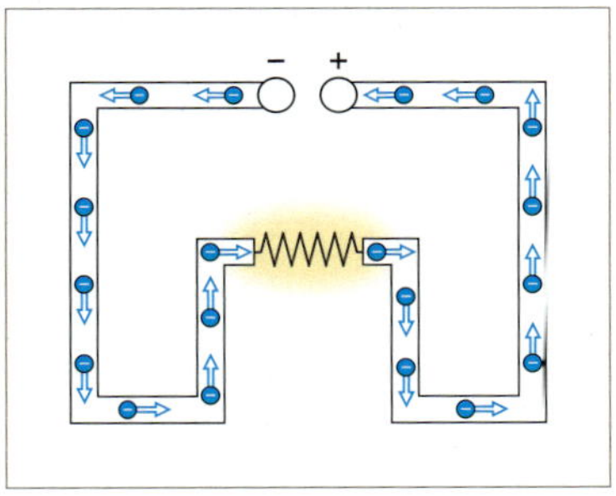

3

Aufgabe

1 Elektrische Geräte werden in der Umgangssprache häufig als Stromverbraucher bezeichnet. Begründe, warum diese Bezeichnung physikalisch falsch ist.

Experiment

2 Spannung in der Reihenschaltung

a Baue den Stromkreis auf.
Miss die Spannungen U, U_1 und U_2.

b Wiederhole die Messungen für andere Spannungen am Stromversorgungsgerät. Beachte die zulässige Höchstspannung.

c Vergleiche jeweils die Werte für die Spannungen an der Spannungsquelle und an den beiden Lampen. Formuliere ein Ergebnis.

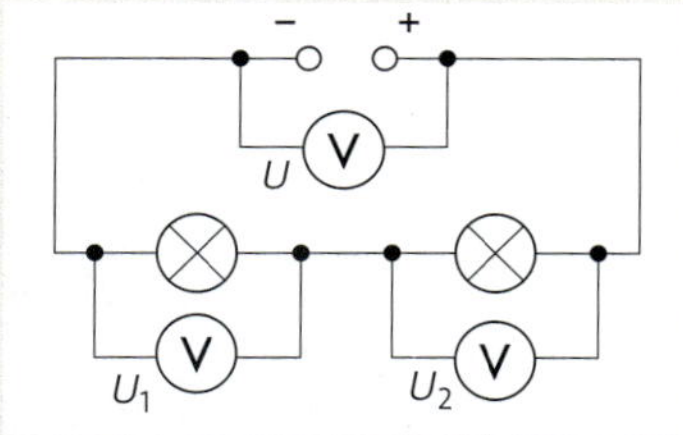

Spannung in der Reihenschaltung Die Spannung an der Spannungsquelle ist größer als die Spannung an jeder der beiden Lampen. Sie ist aber genauso groß wie die Spannungen an den beiden Lampen zusammen. Werden mehr als zwei Bauelemente in Reihe geschaltet, so verteilt sich die Spannung der Spannungsquelle auf alle angeschlossenen Geräte.

In einer Reihenschaltung ist die Spannung an der Spannungsquelle genauso groß wie die Summe der Teilspannungen an den in Reihe geschalteten Bauelementen.
Es gilt: $U = U_1 + U_2$.

Wissenswertes: Reihenschaltung von Batterien

Eine einzelne Batterie liefert eine Spannung von ca. 1,5 V. In Taschenlampen werden häufig mehrere Batterien benötigt. Durch die Reihenschaltung von zwei Batterien erhält man also 3 V.
Der Elektromotor eines Modellautos benötigt noch größere Spannungen. Hier verwendet man Akkupacks. Diese bestehen aus vier oder sechs in Reihe geschalteten Akkus und liefern Spannungen von 6 V bzw. 9 V.
Auch in der Batterie eines Pkw nutzt man dieses Prinzip. Eine einzelne Zelle der Autobatterie liefert eine Spannung von 2 V. Durch die Reihenschaltung von sechs Zellen erhält man die für das Bordnetz des Autos notwendigen 12 V.

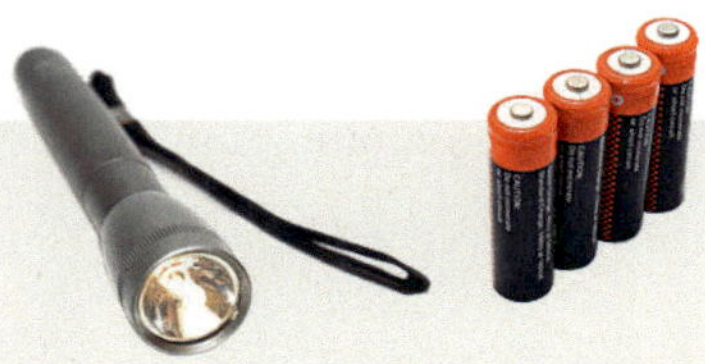

5

6

Aufgaben

1 Beantworte die Frage aus dem Einstiegstext auf Seite 224 für den Schwibbogen mit 10 Lämpchen.

2 Erkunde bei dir zu Hause, welche Geräte mit Batterien betrieben werden. Notiere, wie viele Batterien benötigt werden und welche Spannung bereitgestellt wird.

3 Welche Messwerte würde man an den gekennzeichneten Messgeräten ablesen? ▸ 7

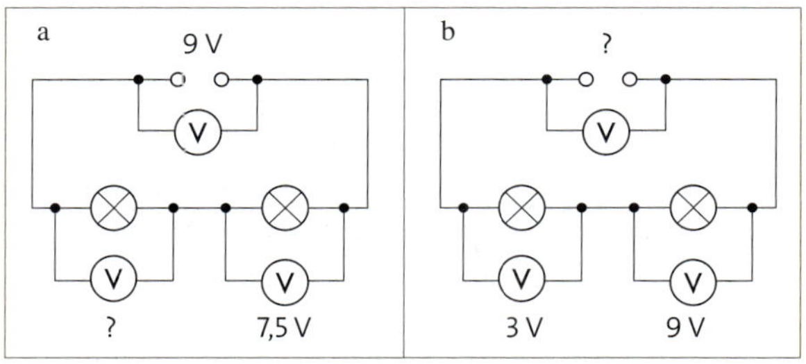

7

Parallelschaltung

1

Im Zimmer eines Teenagers sind viele Steckdosen nötig. Allein zum Betrieb von Fernseher, Computer, Spielekonsole und Musikanlage benötigt man eine Menge Anschlüsse. Damit alle Geräte funktionieren, muss die Elektroinstallation bestimmte Regeln befolgen.

Experiment

1 Aufbau eines Stromkreises

Schau dir das nebenstehende Bild genau an. Versuche zu diesem Aufbau einen Schaltplan zu zeichnen. Baue anschließend die Schaltung mit den dir zur Verfügung stehenden Geräten aus der Physiksammlung auf.

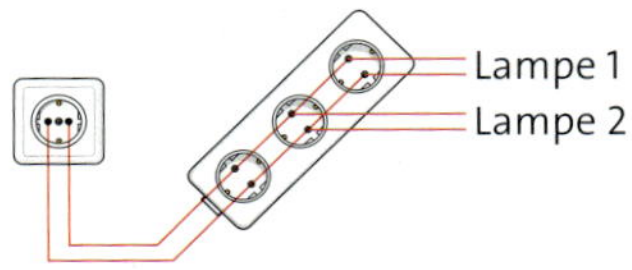

Parallelschaltung Betrachtet man die Elektroenergieversorgung eines Hauses genau, wird man feststellen, dass das im Haus ankommende Kabel auf einzelne weitere Kabel aufgeteilt wird. Dies geschieht meist im Hausanschlusskasten, wo auch die Sicherungen und der Energiezähler sind. Mehrfachsteckdosen in den Zimmern verteilen den Strom weiter. ▸ 3
Der große Vorteil dieses verzweigten Stromkreises ist, dass bei Ausfall eines Teilstromkreises der Strom in den anderen Kreisen weiterfließt. Somit wird ein totaler Stromausfall vermieden.

Der Begriff parallel kommt von den in dieser Schaltungsart parallel zueinander verlaufenden elektrische Leitern.

Da man sich den elektrischen Strom als Bewegung einzelner Teilchen (Elektronen) vorstellt, kann man für die Parallelschaltung eine Vermutung anstellen, wie sich Spannung und Stromstärke in den Teilstromkreisen verhalten werden. ▸ 4

3

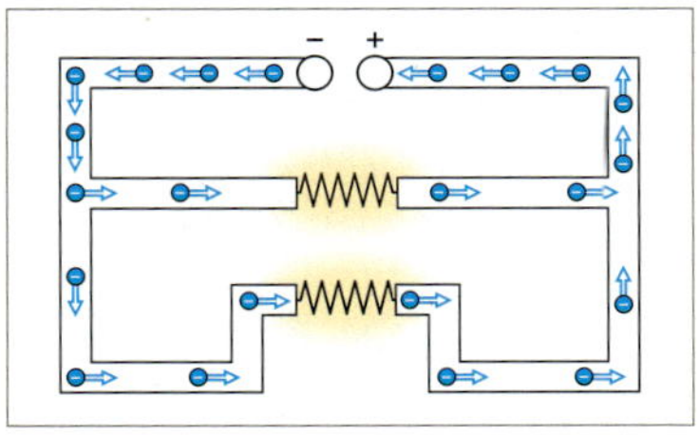

4

Aufgaben

1 Stelle eine Vermutung über Stromstärke und Spannung in einer Parallelschaltung auf.

2 Überlege dir Vor- und Nachteile einer parallelen Stromversorgung im Haus.

3 Wie viele Verlängerungskabel mit Mehrfachsteckdose sind bei dir zu Hause im Einsatz? Welche Gefahren entstehen dadurch?

Experiment

2 Messen von Stromstärke und Spannung

a Baue die abgebildete Schaltung auf. Miss die Stromstärken I, I_1 und I_2. Vergleiche und formuliere einen Zusammenhang.

b Baue die abgebildete Schaltung auf. Miss die Spannungen U, U_1 und U_2. Vergleiche und formuliere einen Zusammenhang.

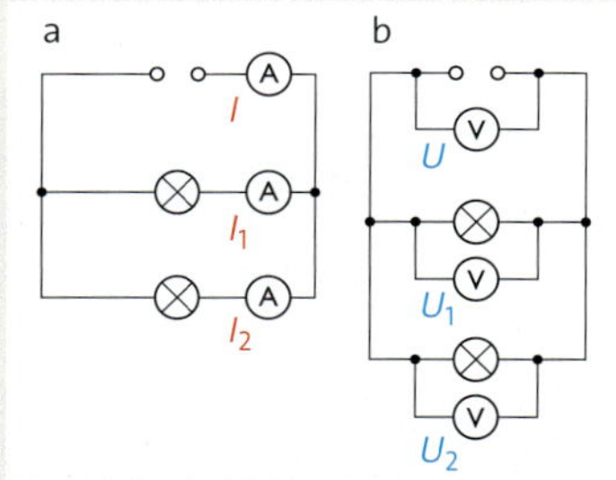

Parallelschaltung Für Stromstärke und Spannung in einem verzweigten Stromkreis lassen sich allgemeine Gesetzmäßigkeiten ableiten.

> **In einer Parallelschaltung ist die Gesamtstromstärke I gleich der Summe der Teilstromstärken I_1 und I_2. Es gilt: $I = I_1 + I_2$.**
>
> **In einer Parallelschaltung ist die Gesamtspannung U gleich den Teilspannungen U_1 und U_2. Es gilt: $U = U_1 = U_2$.**

Wissenswertes: Sicherungen

Das Wissen über die Gesetze von Stromstärke und Spannung in einer Parallelschaltung ist wichtig, wenn man mehrere Geräte in einem Stromkreis benutzen will. Zu Hause sind die Stromkreise meist mit 10 A oder 16 A abgesichert. Das heißt, wenn diese Stromstärke überschritten wird, löst die Sicherung aus. Auf diese Weise werden Schäden am Stromkreis wie verschmorte oder brennende Kabel vermieden.
Meist kann man über die Typenschilder elektrischer Geräte erfahren, wie stark der elektrische Strom ist, der beim Betrieb des Geräts fließt. Über die Gleichung $I = I_1 + I_2 + \ldots$ kann man berechnen, ob die Sicherung den gleichzeitigen Betrieb verschiedener Geräte in einem Stromkreis zulässt.
Beispiel: Sicherung 10 A; an eine Mehrfachsteckdose sind angeschlossen: Föhn 7 A; Waschmaschine 4 A; elektrische Zahnbürste 0,3 A.
Rechnung: $I = I_1 + I_2 + I_3 = 7\,\text{A} + 4\,\text{A} + 0{,}3\,\text{A} = 11{,}3\,\text{A}$
$10\,\text{A} < 11{,}3\,\text{A}$, d. h., die Sicherung löst aus. Der gleichzeitige Betrieb dieser Geräte ist nicht möglich.

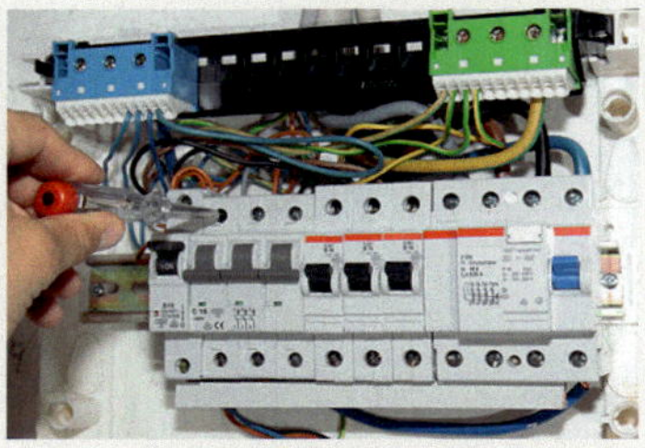

6 Sicherungsautomat

7 Typenschild

Aufgaben

1 Ermittle die fehlenden Werte in der Schaltung. ▸ 8

2 Schau dir unter Aufsicht deiner Eltern euren Sicherungskasten an. Finde heraus, welche Größe die Sicherung für die Steckdosen im Bad hat. Wäre der Betrieb der Geräte aus der Beispielaufgabe möglich?

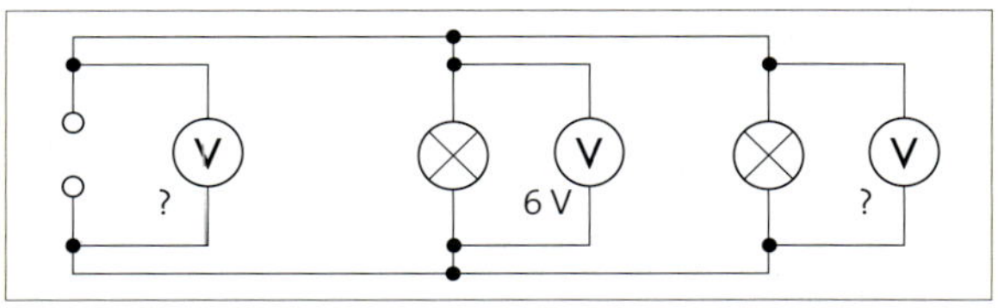

8

Elektrische Leistung

1

Die kleine 6-V-Lampe ist zum Ausleuchten eines Raums nicht geeignet – mit der großen Glühlampe ist das kein Problem.

Experiment

1 Erhitzen von Wasser

a Fülle in ein Becherglas und in einen Wasserkocher jeweils 250 mℓ Wasser. Miss die Anfangstemperaturen.

b Erhitze das Wasser im Becherglas auf der Heizplatte und das Wasser im Wasserkocher jeweils 30 Sekunden. Miss die Endtemperaturen.

c Berechne, um wie viel Grad sich das Wasser jeweils erwärmt hat.

d Erfrage die Werte der elektrischen Leistungen der beiden Geräte und vergleiche diese mit den erreichten Temperaturänderungen.

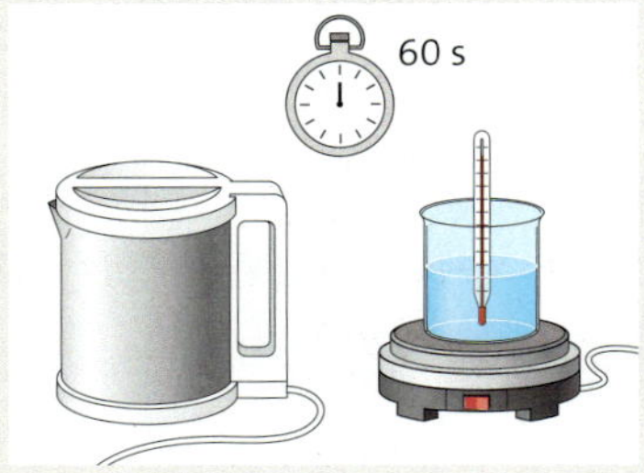

Elektrische Leistung Bei der Verwendung von Heizplatten und Wasserkochern mit unterschiedlichen elektrischen Leistungen wird das Wasser in verschiedenen Zeiten zum Sieden gebracht.
Die Temperatur des Wassers steigt in einer bestimmten Zeit umso stärker, je größer die elektrische Leistung des verwendeten Geräts ist.

Die elektrische Leistung eines Geräts gibt an, wie schnell elektrische Energie in andere Energieformen umgewandelt wird.

Formelzeichen: P
Einheit: Watt (W), Kilowatt (kW), Megawatt (MW)
Es gilt:
1 kW = 1000 W
1 MW = 1000 kW = 1 000 000 W

Haushaltsgeräte Die elektrischen Leistungen von Haushaltsgeräten sind sehr unterschiedlich. Geräte, in denen die elektrische Energie zu einem großen Teil in thermische Energie umgewandelt wird, haben eine große Leistung. Wird in dem Gerät vor allem die magnetische Wirkung des Stroms genutzt oder die Energie in Licht umgewandelt, dann ist seine elektrische Leistung wesentlich geringer.

Taschenrechner	0,03 W
Elektrische Zahnbürste	0,7 W
LCD-Fernseher	160 W
PC	240 W
Toaster	380 W
Föhn	1700 W
Waschmaschine	2300 W

Aufgabe

1 Erkunde, welche elektrische Leistung Geräte in eurer Wohnung besitzen. Angaben dazu findest du meist auf Typenschildern auf der Rückseite oder unter dem Gerät.

Experiment

2 Ermitteln der elektrischen Leistung
Ermittle die elektrische Leistung einer Glühlampe.

a Baue den Stromkreis nach der Schaltskizze auf.

b Miss für verschiedene Einstellungen am Stromversorgungsgerät jeweils die Spannung und die Stromstärke. Beobachte die Helligkeit der Lampe.

c Berechne das Produkt aus Spannung und Stromstärke.

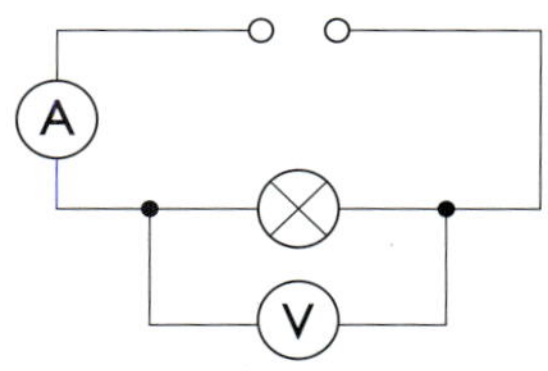

Leistung der Lampe Die Helligkeit der Lampe ist auch ein Maß für die elektrische Leistung des Geräts. Die Lampe leuchtet umso heller, je größer das Produkt aus Spannung und Stromstärke ist.

Die elektrische Leistung eines Geräts ist umso größer, je größer die anliegende Spannung und je größer die Stromstärke in dem Gerät sind. Sie wird aus dem Produkt von Spannung und Stromstärke berechnet. Es gilt: $P = U \cdot I$.

Musteraufgabe

An der Glühlampe einer Taschenlampe liegt eine Spannung von 4,5 V an und es wird eine Stromstärke von 600 mA gemessen. Wie groß ist die elektrische Leistung der Glühlampe?

Gesucht: P in W

Gegeben: $U = 4{,}5\,\text{V}$
$I = 600\,\text{mA} = 0{,}6\,\text{A}$

Lösung: $P = U \cdot I$
$P = 4{,}5\,\text{V} \cdot 0{,}6\,\text{A}$
$P = 2{,}7\,\text{W}$

Die Glühlampe hat eine elektrische Leistung von 2,7 W.

Wissenswertes: Glühlampenersatz

Nachdem in den Ländern der EU der Verkauf von Glühlampen verboten wurde, setzten sich LEDs als eine mögliche Alternative durch.
Bei deutlich geringerer elektrischer Leistung erreichen LEDs heute meist größere Helligkeiten als Glühlampen. Weitere Vorteile sind die wesentlich längere Nutzungsdauer, die geringe Eigenerwärmung von LED-Lampen und deren große Formenvielfalt.
Nachteile sind der im Vergleich zur Glühlampe oft noch sehr hohe Anschaffungspreis und die bei einigen LEDs als kalt empfundene Lichtfarbe.

Aufgaben

1 Stelle dir vor, du sollst experimentell die elektrische Leistung eines Spielzeugelektromotors ermitteln. Beschreibe, wie du vorgehen würdest.

2 Ein Wasserkocher wird mit einer Spannung von 230 V betrieben. Wie groß ist seine elektrische Leistung, wenn die Stromstärke 6,5 A beträgt?

Elektrische Energie

1

Jedes Jahr dieselbe Überraschung: Man bekommt vom Energieversorger eine Rechnung. Wofür bezahlt man eigentlich? Was bekomme ich für mein Geld?

Experiment

1 Energie
Wird beim Autofahren das Licht angeschaltet, erhöht sich der Benzinverbrauch. Beim Fahrrad muss man dann stärker in die Pedalen treten. Versuche mit der abgebildeten Experimentieranordnung, die Lampe bei verschiedenen Drehzahlen gleichmäßig zum Leuchten zu bringen.
Formuliere Aussagen zur verrichteten Arbeit und der Leistung.

Energieumwandlung Die elektrische Energie wird immer durch Umwandlung aus anderen Energieformen gewonnen. In einem Wasserkraftwerk wird die Energie des fließenden Wassers in elektrische Energie umgewandelt. Diese Energie stellt der Energieversorger den Haushalten und der Industrie zur Verfügung und in Rechnung.

Elektrische Energie ist die Fähigkeit des elektrischen Stroms, Maschinen anzutreiben, Wärme abzugeben oder Licht auszusenden.

Formelzeichen: E
Einheit: Joule (J), Wattsekunde (W · s), Kilowattstunde (kW · h)
Es gilt:
$1\,\text{W} \cdot \text{s} = 1\,\text{J}$
$1\,\text{kW} \cdot \text{h} = 1000\,\text{W} \cdot 3600\,\text{s} = 3\,600\,000\,\text{W} \cdot \text{s}$
$1\,\text{kW} \cdot \text{h} = 3\,600\,000\,\text{J} = 3{,}6\,\text{MJ}$

Wie viel Energie zu Hause benötigt wird, hängt von der Leistung des Geräts ab. Außerdem spielt es eine große Rolle, wie lange man das Elektrogerät benutzt.

Die elektrische Energie, die ein Gerät zum Betrieb benötigt, hängt ab von der Leistung P des Elektrogeräts und der Zeit t, die das Gerät in Betrieb ist. Es gilt: $E = P \cdot t$.

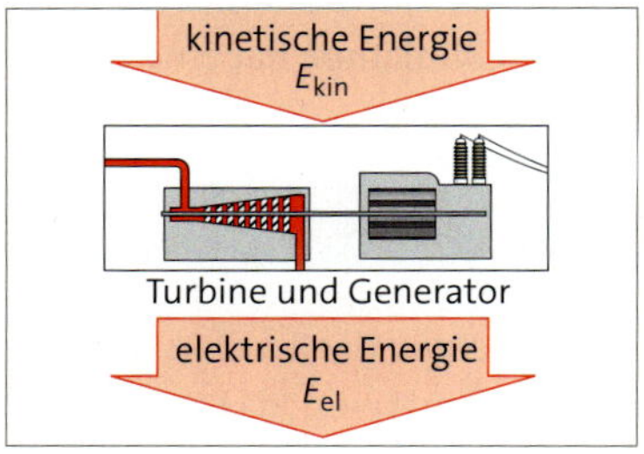

3

Aufgaben

1 Notiere Beispiele für Energieumwandlungen, bei denen das Ergebnis elektrische Energie ist.

2 Rechne um:
$25\,000\,\text{W} \cdot \text{s} = \ldots\,\text{kW} \cdot \text{h}$
$3{,}5\,\text{kW} \cdot \text{h} = \ldots\,\text{W} \cdot \text{s}$
$13\,\text{kW} \cdot \text{h} = \ldots\,\text{MJ}$
$0{,}5\,\text{MJ} = \ldots\,\text{kW} \cdot \text{h}$

Experiment

2 Ermitteln der elektrischen Energie

Wiederhole Experiment 1. Lege vorher eine Zeitspanne fest, in der du die Lampe gleichmäßig zum Leuchten bringen willst. (*Hinweis*: Steht kein Dynamo zur Verfügung, kannst du an dieser Stelle auch das Stromversorgungsgerät benutzen.) Notiere die Werte für Spannung, Stromstärke und Zeit in dein Heft. Versuche anschließend mithilfe der Beispielaufgabe die benötigte elektrische Energie zu berechnen.

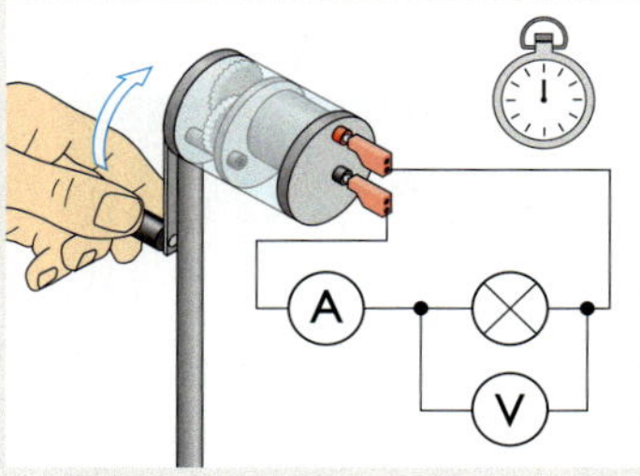

Elektrische Energie Über die physikalischen Größen Spannung, Stromstärke und Zeit lässt sich berechnen, wie viel elektrische Energie für den Betrieb eines Geräts benötigt wird.

Musteraufgabe

Ein Elektromotor mit einer anliegenden Spannung von 230 V ist 10 Stunden in Betrieb. In dieser Zeit fließt ein konstanter Strom von 5 A.

Gegeben: $U = 230\,\text{V}$
$I = 5\,\text{A}$
$t = 10\,\text{h} = 36\,000\,\text{s}$

Gesucht: E in J

Lösung:

elektrische Leistung
$P = U \cdot I$
$P = 230\,\text{V} \cdot 5\,\text{A}$
$P = 1150\,\text{W}$

elektrische Energie
$E = P \cdot t$
$E = 1150\,\text{W} \cdot 36\,000\,\text{s}$
$E = 41\,400\,000\,\text{W} \cdot \text{s}$
$E = 41\,400\,\text{kW} \cdot \text{s}$
$E = 11{,}5\,\text{kW} \cdot \text{h}$

Wissenswertes: Energie und Arbeit

Man kann sich die Menge an elektrischer Energie schwer vorstellen. Deshalb nutzt man zur Vereinfachung bekannte Vergleichswerte.
1 kW · h entspricht ca. 40 min Staubsaugen.
1 kW · h entspricht dem Toasten von 130 Scheiben Brot.
1 kW · h entspricht dem Wäschewaschen einer Maschine mit 60 °C.
1 kW · h entspricht ca. 5 Stunden Computerarbeit.
1 kW · h entspricht 145 Stunden Betrieb einer 7-W-Energiesparlampe.

Aufgaben

1 Ein Staubsauger mit einer Leistung von 1600 W wird 20 min am Tag benutzt. Wie groß ist die benötigte Energiemenge im Jahr?

2 Für eine Stunde Fernsehen benötigt man z. B. 0,2 kW · h. Wie viele Fahrradfahrer (Fahrraddynamo $U = 6\,\text{V}$, $I = 0{,}5\,\text{A}$) müssten eine Stunde in die Pedalen treten, um das Fernsehen zu ermöglichen?

Energiekosten

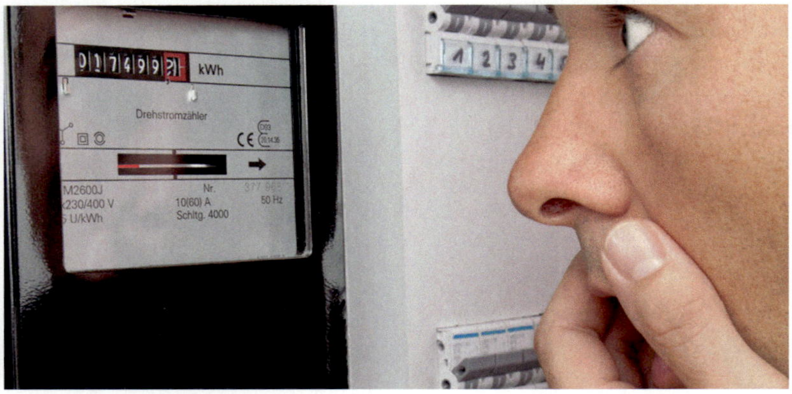

1

Die Elektroenergie, die wir in verschiedensten elektrischen Geräten nutzen, gibt es nicht umsonst. Ein durchschnittlicher Haushalt mit 4 Personen zahlt dafür im Jahr ca. 1200 €.

Experiment

1 Stromzähler und Energieverbrauch
Lass dir von deinen Eltern euren Stromzähler zeigen. Beobachte den Zähler zu einer Tageszeit, an der sehr wenige elektrische Geräte in eurer Wohnung eingeschaltet sind. Wiederhole die Beobachtung zu einer Tageszeit, an der möglichst viele elektrische Geräte genutzt werden. Notiere deine Beobachtungen.

Energiekosten Die umgesetzte elektrische Energie ist umso größer, je höher die elektrische Leistung des Geräts ist und je größer die Zeit ist, in der das Gerät genutzt wird. Die Kosten für die elektrische Energie ergeben sich aus dem Verbrauch und dem aktuellen Preis für eine Kilowattstunde.

Musteraufgabe
Bei Familie Schwarz wird der Fernseher täglich 4 Stunden genutzt. Berechne die jährlichen Energiekosten, wenn das Gerät eine Leistung von 150 W hat und eine Kilowattstunde 0,30 € kostet.

Gegeben: $P = 150\,\text{W} = 0{,}15\,\text{kW}$ *Gesucht:* Energiekosten
$t = 365 \cdot 4\,\text{h}$
$1\,\text{kW} \cdot \text{h}$ kostet 0,30 €

Lösung: $E = P \cdot t$
$E = 0{,}15\,\text{kW} \cdot 365 \cdot 4\,\text{h}$
$E = 219\,\text{kW} \cdot \text{h}$

Energiekosten $= 219\,\text{kW} \cdot \text{h} \cdot 0{,}30\,€/\text{kW} \cdot \text{h} = 65{,}70\,€$
Die Nutzung des Fernsehers kostet 65,70 € im Jahr.

Reduzierung der Energiekosten Die Bereitstellung elektrischer Energie verteuert sich ständig. Die Höhe der eigenen Energiekosten kann man mit der Wahl eines günstigen Anbieters, durch bewussten und sparsamen Umgang sowie durch Anschaffung und Einsatz von energieeffizienten Elektrogeräten beeinflussen.

Aufgabe

1 Berechne die jährlichen Energiekosten für die Nutzung deines Computers.

Experiment

2 Ermittlung und Vergleich von Energiekosten

Erhitze 300 mℓ Wasser mit verschiedenen Geräten bis zum Sieden. Verwende unterschiedliche Töpfe ohne bzw. mit Deckel auf verschieden großen Herdplatten, einen Wasserkocher und einen Tauchsieder. Miss jeweils die dazu benötigte Zeit und erfrage die elektrische Leistung der benutzten Geräte. Berechne für jedes Gerät die benötigte elektrische Energie. Vergleiche die entstandenen Kosten.

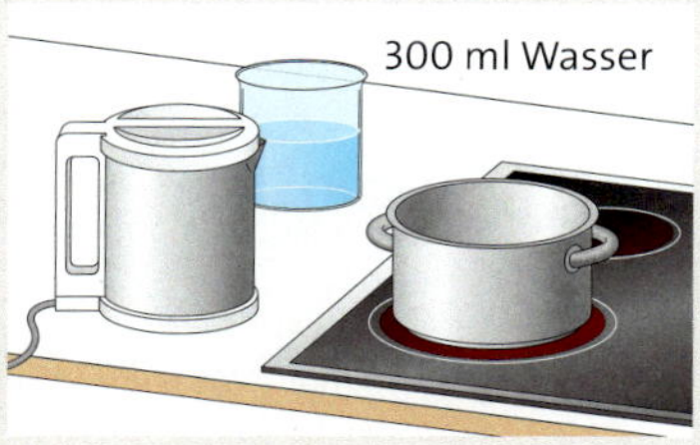

Energieabrechnung

Abrechnung ENSO-Strom-SWING

Verbrauchspreis

von	bis	Verbrauch	Einzelpreis	Betrag netto
31.10.2014	30.10.2015	4.095,1 kWh	19,95 ct/kWh	**816,97 €**

Grundpreis

von	bis	Anzahl	Einzelpreis	Betrag netto
31.10.2014	30.10.2015	366 Tage	77,59 €/Jahr	**77,80 €**

	Betrag netto	USt-Satz	Umsatzsteuer	Betrag brutto
Verbrauchspreis	**816,97 €**			
Grundpreis	**77,80 €**			
Entgelt ENSO-Strom-SWING	894,77 €	19 %	170,01	**1.064,78 €**

- Das Entgelt enthält 315,49 € für Netznutzung, 9,27 € für Messstellenbetrieb, 0,88 € für Messdienstleistung, 54,06 € für Konzessionsabgabe sowie 83,95 € Stromsteuer (alle Angaben netto).
- Im Verbrauchspreis ist die Stromsteuer in Höhe von zzt. 2,05 ct/kWh netto enthalten. Steuerbefreiungen nach dem Stromsteuergesetz sind gesondert zu beachten.

4

Die Abrechnung setzt sich aus dem Verbrauchspreis und den Grundkosten zusammen. Der Grundpreis wird vom Energieunternehmen festgelegt und umfasst die Kosten für den Zähler und das Messen des Energieverbrauchs. Der Rechnungsbetrag enthält auch Strom- und Mehrwertsteuer.

Wissenswertes: Smartmeter

Bis zum Jahr 2020 müssen laut einer Richtlinie der EU 80 % aller Haushalte in Deutschland mit den als Smartmeter bezeichneten intelligenten Zählern ausgestattet sein. Sie ermöglichen nicht nur ein Fernablesen des Verbrauchs, sondern lassen sich auch in die Haussteuerung einbinden. Dadurch könnten besonders energieintensive Haushaltsgeräte immer dann genutzt werden, wenn der Energiepreis durch hohe Einspeisung aus Solar- und Windkraftwerken besonders günstig ist.

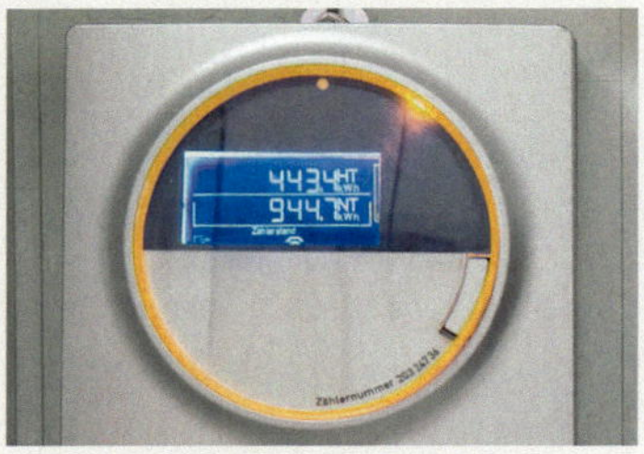

5 Smartmeter

Aufgabe

1 Lass dir von deinen Eltern eine Energiekostenabrechnung von eurer Wohnung geben. Beantworte folgende Fragen:

a Was kostete eine Kilowattstunde Elektroenergie?
b Wie hoch war die Grundgebühr?
c Wie hoch war die zu zahlende Stromsteuer?

Bewusster und rationeller Umgang mit Energie

1

Die Energiepreise steigen. Energieträger wie Öl und Gas werden Jahr für Jahr teurer. Gleichzeitig steigt der Verbrauch. Trotzdem haben noch lange nicht alle Menschen jederzeit einen Zugang zu Energie.

Experiment

1 Energiekosten

Übernimm die Tabelle in dein Heft. Stelle mit deinen Mitschülern eine Übersicht auf, in der alle täglich benutzten Geräte mit ihrer jeweiligen Energieform enthalten sind. Notiere zusätzlich, wie lange das Gerät am Tag benutzt wird.

Gerät	Energieform	Nutzungsdauer
?	?	?

2

Energieeinsatz Wir Mitteleuropäer benötigen praktisch den ganzen Tag Energie in unterschiedlichsten Formen und der weltweite Energiebedarf steigt stetig. Darauf könnte man natürlich entgegnen: „Was kann ich denn für das Verhalten der anderen Menschen?“ Leider denken die meisten so. Wir müssen aber im kleinen Rahmen bei uns selbst anfangen, den Gedanken des Energiesparens umzusetzen. Dabei ist es gar nicht schwer, Energie zu sparen und einen Beitrag zum Umwelt- und Klimaschutz zu leisten.

Einige Tipps:
- Stand-by-Betrieb vermeiden und Netzstecker ziehen.
- Einsatz von Energiesparlampen und LEDs spart bis zu 80 % Energie.
- Kühlschranktüren nur kurz öffnen, nicht offen stehen lassen.
- Moderne Maschinen verfügen über Sparprogramme.
- Wäsche möglichst auf der Leine trocknen.
- Dusche statt Vollbad – spart Wasser und Energie.
- Mit geschlossenen Vorhängen und Jalousien senkt man in kalten Nächten den Verlust von Energie über Fenster und Türen.
- Mit Deckel und Restwärme kochen, ohne Vorheizen backen.
- Wasserkocher statt Herd benutzen.
- Spart Wasser – die Klärung des Abwassers ist energieaufwendig.

3

Aufgaben

1 Informiere dich, welche Auswirkungen die Energieverschwendung auf unseren Planeten hat. Präsentiere die Ergebnisse deiner Recherche.

2 Überprüfe, ob einige der Energiespartipps bei dir zu Hause Anwendung finden.

Experiment

2 Bestimmen des Energieverbrauchs

Teilt euch zur Vorbereitung des Experiments in Gruppen auf. Jede Gruppe erhält einen bestimmten Bereich im Schulgebäude zugewiesen. Versucht mithilfe des Lehrers oder Hausmeisters den täglichen Energieverbrauch in diesem Bereich herauszubekommen. Macht euch danach gemeinsam Gedanken über Möglichkeiten der Energieeinsparung.

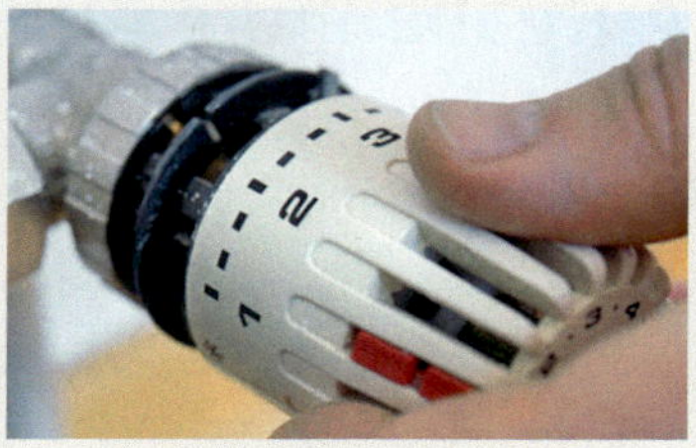

Intelligente Haussteuerung Der Begriff Smart Home ist in aller Munde. Was aber macht ein Haus klug, pfiffig oder elegant?
Es gibt viele technische Funktionen, die bei einer intelligenten Haussteuerung so miteinander vernetzt sind, dass sie bequem und zentral bedient werden können. Diese Haustechnik macht es möglich, Heizung, Rollläden, Alarmanlage, Multimediageräte und mehr über Knopfdruck oder Touchscreen zu steuern. ▸ 5
Auf Knopfdruck verändert man Beleuchtung oder Sonnenschutz, regelt die Temperatur in den einzelnen Zimmern, hört seine Lieblingsmusik im ganzen Haus oder lässt sich Gefahren wie Rauch, austretendes Gas oder einen Einbruch sofort melden. Mit einer Zeitsteuerung hat man die Möglichkeit, die verschiedenen Funktionen zu automatisieren und an den Alltag anzupassen.
Sind Heizung, Beleuchtung, Sonnenschutz und die Nutzung von Elektrogeräten genau an den Bedarf der Bewohner angepasst, hilft das, Energie zu sparen, umweltbewusst zu leben und dennoch einen hohen Wohnkomfort zu genießen.

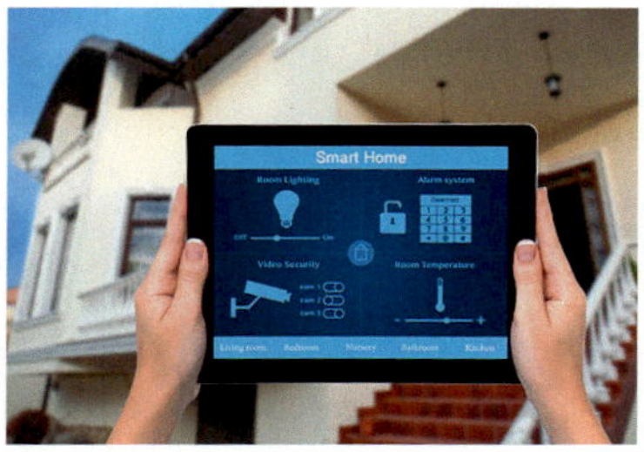

5

Wissenswertes: Blockheizkraftwerk

Ein Blockheizkraftwerk ist eine Anlage zur Gewinnung elektrischer Energie und Wärme. Mini-Blockheizkraftwerke sind die effizienteste Möglichkeit der eigenen Energieerzeugung: Ein Verbrennungsmotor treibt einen Generator an, der Strom produziert. Die dabei entstehende Wärme wird in die Heizungsanlage geführt.
Damit sich so ein Kraftwerk für zu Hause lohnt, muss es möglichst viele Stunden im Jahr in Betrieb sein. Als Richtwert gelten 3500 bis 5000 Stunden, also rund die Hälfte des Jahres.

6 Blockheizkraftwerk

Aufgaben

1 Ermittle mit deinen Eltern den täglichen Energieverbrauch bei euch zu Hause. Berechne die Energiekosten.

2 Mache konkrete Sparvorschläge und versuche auch die eingesparten Kosten zu ermitteln.

3 Bereite einen kleinen Vortrag vor, bei dem du die Zuhörer vom Energiesparen überzeugen willst.

Aufgaben und Aufträge

Elektrische Stromstärke

1 Von zwei Quellen soll die mit dem größeren Wasserstrom an die Wasserversorgung angeschlossen werden. Als Messergebnisse liegen folgende Werte vor:
Quelle 1: 636 Liter in 12 s
Quelle 2: 720 Liter in 15 s
Für welche Quelle wird man sich entscheiden? Begründe.

2 Erläutere den Begriff elektrische Stromstärke. Nenne Formelzeichen, Einheit und Messgerät.

3 Beschreibe, wie der Stromstärkemesser in einem Stromkreis geschaltet werden muss.

4 Zeichne die Schaltskizze für die Messung der Stromstärke in einem einfachen Stromkreis mit einer Glühlampe.

5 Nach welchem Physiker ist die Einheit der elektrischen Stromstärke benannt?

6 Rechne die Stromstärken in mA um:
4 A; 0,15 A; 2,7 A; 0,092 A; 1,035 A.

7 Rechne die Stromstärken in A um:
2000 mA; 600 mA; 42 mA; 105 mA.

8 Der menschliche Körper als elektrischer Leiter
a Halte die Anschlüsse einer Flachbatterie an deine Zunge. Beschreibe, was du spürst. Erkläre deine Beobachtung.
b Elektrischer Strom wird auch für medizinische Behandlungen eingesetzt. Informiere dich im Internet über mögliche Anwendungsbereiche, dabei genutzte Stromstärken und Wirkungen.

9 Eine Sicherung soll ein Gerät und die Leitungen vor Überlast schützen, wenn aus irgendeinem Grund die Stromstärke zu hoch ist. Wie müssen Sicherung und Gerät geschaltet sein?

Elektrische Spannung

10 Zeichne in deinem Heft einen Schaltplan aus Spannungsquelle, einer Glühlampe und den Spannungsmessern zum Messen der Spannung an der Spannungsquelle und der Lampe.

11 Erläutere den Begriff elektrische Spannung. Nenne Formelzeichen, Einheit und Messgerät.

12 Rechne um:
a 15 kV = … V
b 800 V = … kV
c 3,5 MV = … V
d 30 V = … mV
e 500 mV = … V
f 2 000 000 V = … MV
g 1,5 V = … mV

13 Auf elektrischen Geräten in eurem Haushalt findest du eine Beschriftung, mit welcher Spannung das jeweilige Gerät betrieben werden muss. ermittle für die in der Tabelle genannten Geräte die Betriebsspannungen.

Gerät	Betriebsspannung
Handy	
MP3-Player	
Digitalkamera	
Computer	
Laptop	
Fernseher	
Telefon	
Kühlschrank	
Mikrowelle	
Funkuhr	

14 Die Netzspannung in Deutschland beträgt 230 V. Bis 1987 betrug sie 220 V. Informiere dich darüber, welche Netzspannungen in anderen Ländern verwendet werden.

15 Beschreibe, welche Aufgabe eine elektrische Energiequelle in einem Stromkreis hat.

16 Warum muss man sich vor dem Betrieb eines elektrischen Gerätes darüber informieren, für welche Spannung es gebaut ist?

17 Was passiert, wenn du ein 3,7-V-Lämpchen
a an eine Mignon-Batterie (1,5 V)
b an einen 9-V-Block
anschließt?

Reihenschaltung

18 Welche Werte würde man an den gekennzeichneten Messgeräten ablesen?

a

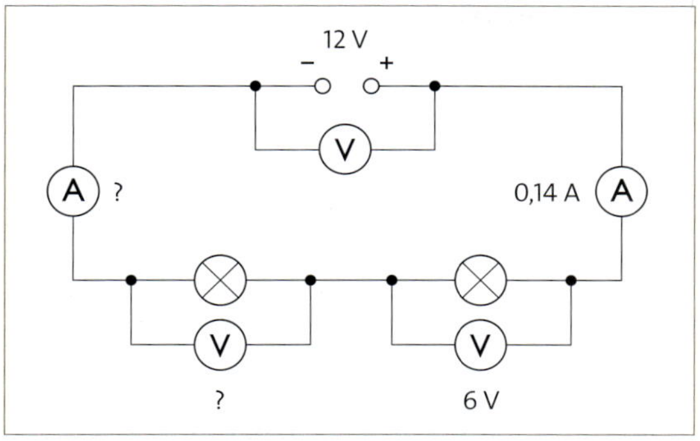

1

b

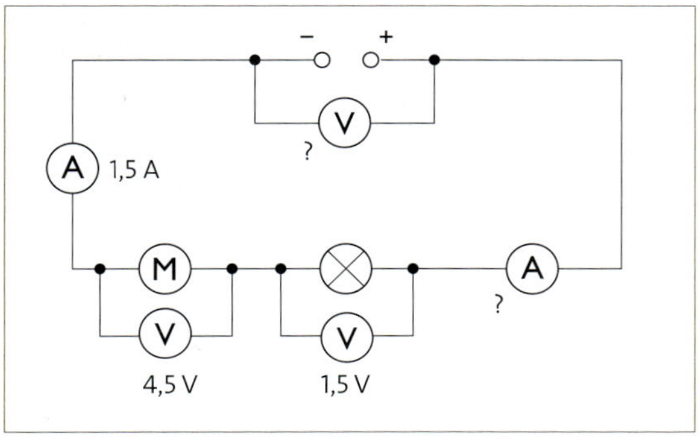

2

19 In das Batteriefach eines Taschenradios müssen 4 Monozellen eingesetzt werden. Wie groß ist die Betriebsspannung, wenn die Batterien in Reihe geschaltet sind?

20 Eine Lichterkette besteht aus 16 Lampen. Sie wird an die Steckdose mit 230 V angeschlossen. Welche Spannung erhält etwa jede Lampe?

21 Übernimm den Schaltplan in dein Heft und zeichne alle Messgeräte für die Spannungs- und Stromstärkemessung ein.

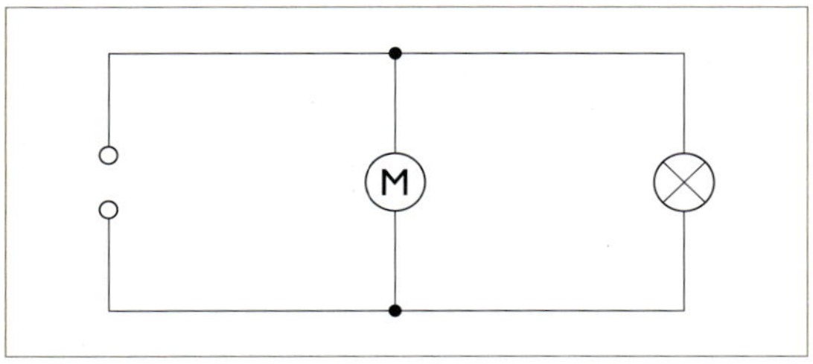

3

Parallelschaltung

22 Beschreibe, wie erreicht wird, dass zu Hause an jeder Steckdose eine Spannung von 230 V anliegt?

23 Ermittle die fehlenden Werte.

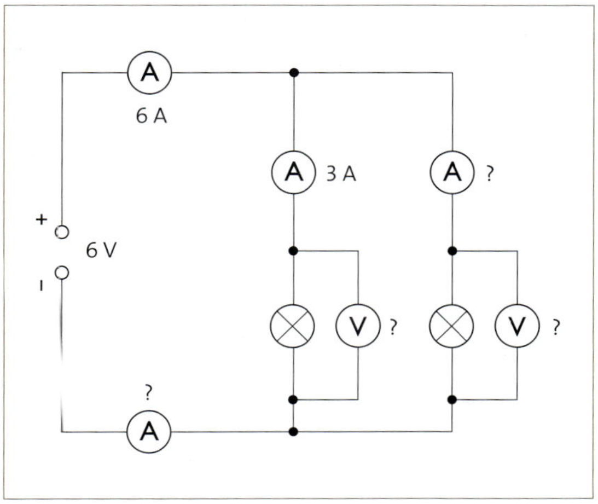

4

24 In einer Parallelschaltung misst du folgende Teilstromstärken: $I_1 = 130\,\text{mA}$, $I_2 = 50\,\text{mA}$. Gib die Stromstärke (Gesamtstromstärke) in der Zuleitung an.

25 Erkläre mit einem Modell, dass in der Parallelschaltung die Gleichung $I_{ges} = I_1 + I_2$ gilt.

Elektrische Leistung

26 Auf einer Glühlampe ist der Aufdruck mit der Leistungsangabe nicht mehr lesbar. Beschreibe, wie man experimentell die Leistung der Lampe ermitteln könnte.

27 Der Stromkreis einer Küche ist mit einer 16-A-Sicherung abgesichert. Überprüfe durch geeignete Berechnungen, ob folgende Geräte gleichzeitig benutzt werden können, ohne die Sicherung auszulösen:
Geschirrspüler (1800 W), Wasserkocher (1500 W), Toaster (450 W), Lampe (35 W) und Radio (20 W).

28 Vor ungefähr 40 Jahren waren für Wohnräume Sicherungen von 6 A ausreichend. Heute werden meist 16-A-Sicherungen eingesetzt. Überlege anhand der Leistungsangaben der von dir genutzten elektrischen Geräte, ob in deinem Zimmer 6 A noch ausreichen würden.

29 Wie groß ist die elektrische Stromstärke in einem Spielzeugmotor mit einer Leistung von 15 W, der an 12 V angeschlossen wird?

30 Ein Mikrowellenherd (230 V, 800 W) und ein Wasserkocher (230 V, 1750 W) sollen an eine Doppelsteckdose angeschlossen werden. Für welche Stromstärke müssen die Zuleitungen und die Sicherung ausgelegt sein?

Elektrische Energie

31 Nenne drei elektrische Energiequellen und ihre Spannung.

32 Beschreibe kurz die Energieumwandlungen in einem Windrad.

33 Recherchiere, wofür in deutschen Haushalten die meiste Elektroenergie benötigt wird. Mache Sparvorschläge.

Energiekosten

34 Die Heizung des Aquariums im Biologiezimmer hat eine elektrische Leistung von 220 W. Berechne die entstehenden jährlichen Energiekosten, wenn die Heizung täglich 3 Stunden in Betrieb ist und eine Kilowattstunde 0,30 € kostet.

35 Herr Kluge hat in seiner Wohnung 8 Glühlampen mit einer Leistung von je 60 W durch LED-Lampen mit einer Leistung von je 4,5 W ersetzt. Wie hoch ist die Einsparung bei den jährlichen Energiekosten, wenn jede Lampe durchschnittlich 5 Stunden am Tag eingeschaltet wird und eine Kilowattstunde 0,30 € kostet?

Rationeller Umgang mit Energie

36 Versuche herauszubekommen, wie viel Energie beim Einsatz einer LED-Lampe gegenüber einer herkömmlichen 40-Watt-Glühlampe eingespart wird.

37 Ein Fernseher (120 W) hat im Stand-by-Betrieb nur noch etwa 1 % der Leistung. Berechne die elektrische Energie für einen Stand-by-Betrieb von 24 Stunden. Vergleich mit der notwendigen elektrischen Energie im Betrieb für einen Spielfilm von 90 Minuten Dauer.

Überblick

Elektrische Stromstärke Die elektrische Stromstärke gibt an, wie viele elektrische Ladungen in einer Sekunde durch den Querschnitt des Leiters fließen.
Formelzeichen: I
Einheit: Ampere (A)
Messgerät: Stromstärkemesser

Elektrische Spannung Die elektrische Spannung gibt die Stärke des Antriebs der elektrischen Ladungen an.
Formelzeichen: U
Einheit: Volt (V)
Messgerät: Spannungsmesser

Reihenschaltung In einem unverzweigten Stromkreis ist die Stromstärke überall gleich groß.
Es gilt: $I = I_1 = I_2$.

In einem unverzweigten Stromkreis ist die Spannung an der Spannungsquelle U genauso groß wie die Summe der Teilspannungen U_1 und U_2 an den in Reihe geschalteten Bauelementen.

Es gilt: $U = U_1 + U_2$.

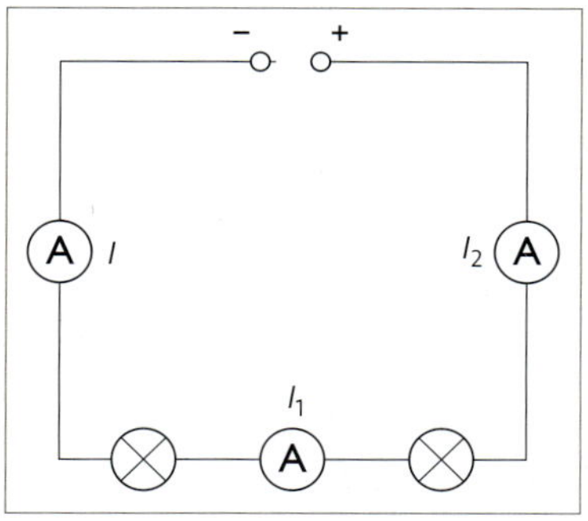

1

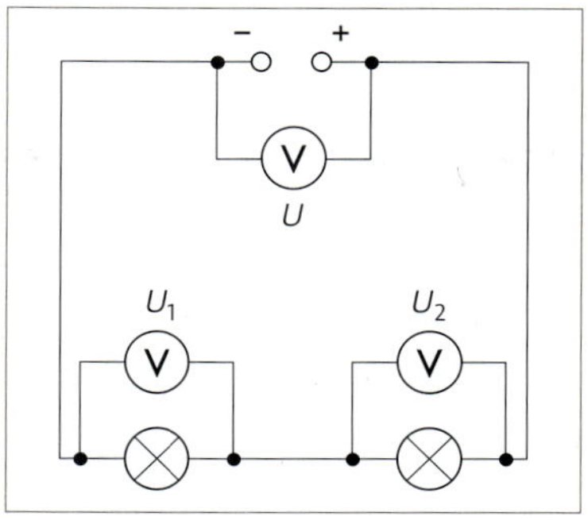

2

Parallelschaltung In einem verzweigten Stromkreis ist die Gesamtstromstärke I gleich der Summe der Teilstromstärken I_1 und I_2.
Es gilt: $I = I_1 + I_2$.

In einem verzweigten Stromkreis ist die Gesamtspannung U gleich den Teilspannungen U_1 und U_2.
Es gilt: $U = U_1 = U_2$.

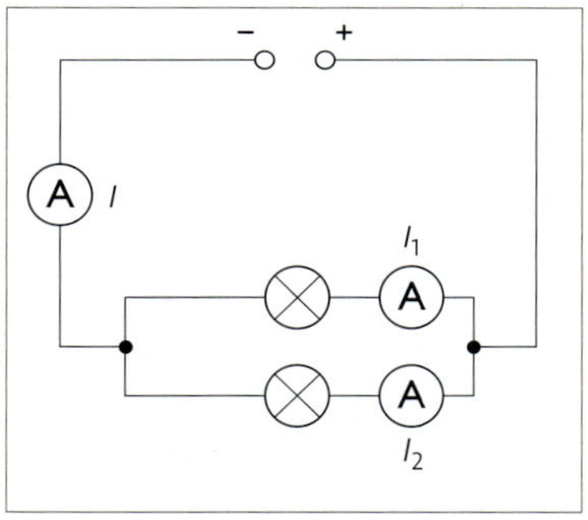

3

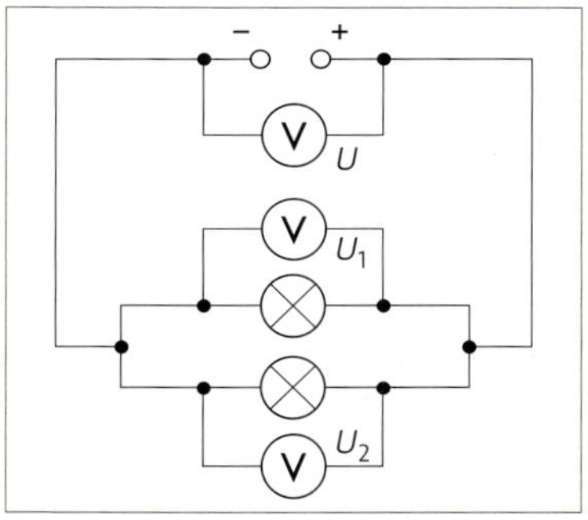

4

Elektrische Leistung Die elektrische Leistung gibt an, wie viel elektrische Arbeit der elektrische Strom in jeder Sekunde verrichtet bzw. wie viel elektrische Energie in andere Energieformen umgewandelt wird.
Formelzeichen: P
Einheit: W (Watt)

Die elektrische Leistung eines Geräts ist umso größer, je größer die anliegende Spannung und je größer die Stromstärke in dem Gerät sind.
Sie wird als das Produkt aus Spannung und Stromstärke berechnet.
Es gilt: $P = U \cdot I$.

Elektrische Energie Elektrische Energie ist die Fähigkeit des elektrischen Stroms, Maschinen anzutreiben, Wärme abzugeben oder Licht auszusenden.
Formelzeichen: E
Einheit: Joule (J), Wattsekunde (W · s), Kilowattstunde (kW · h)
Es gilt: $E = P \cdot t = U \cdot I \cdot t$.

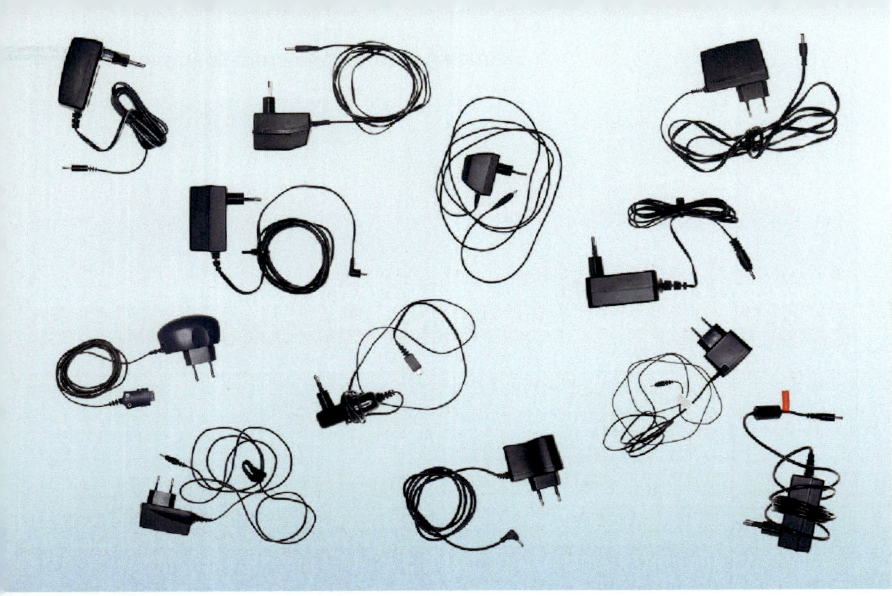

Früher benötigte man für jedes Handy ein spezielles Ladegerät. Diesem Wirrwarr hat man ein Ende gesetzt. Moderne Mobilsysteme werden mit einheitlichen Steckverbindungen und Akkus ausgerüstet und die neuen Ladestationen liefern passende Werte für die Spannung und die Stromstärke.

Spannung und Stromstärke regeln

Ferngesteuerte Spielzeugautos auf einer Rennbahn oder die Modelleisenbahn auf den Schienen beziehen ihre elektrische Energie aus Akkus oder aus der Steckdose. Mit einem Regler ändert man die Stromstärke. Je größer der Stromfluss durch die Verbindungsleiter zu den Geräten ist, desto stärker kann der Antrieb der Fahrzeuge werden. ▸ 2, 3

2 Spielzeugeisenbahn mit Regler

3 Autorennbahn

Im Alltag sieht man zunehmend mehr Elektroautos. Der Akku liefert hier die Spannung, damit ein Strom fließen kann. Die Elektromotoren nutzen für ihren Antrieb auch den Zusammenhang zwischen Spannung und Stromstärke. Dadurch wird der Motor des Fahrzeugs jederzeit mit der richtigen Menge Energie versorgt. ▸ 4, 5

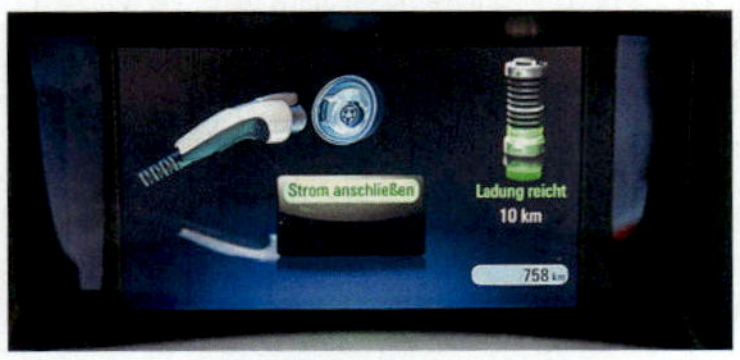

4 Anzeige im Elektroauto

5 Ladestation

Weißt du's?

Deine Antworten kannst du wie folgt überprüfen: Notiere die Position des ersten Buchstabens „e" in der Zeile der Antwort.
Bilde dann die Summe aller notierten Zahlen. Wenn du alle Fragen fehlerfrei gelöst hast, erhältst du als Summe 28.

1 Werkzeuge eines Elektrikers müssen isoliert sein, weil …

A sie dadurch besser aussehen.
B sie bei Berührung den elektrischen Strom nicht leiten sollen.
C metallisches Material eingespart werden kann.

2 Im Kino wird das Licht vor Filmbeginn gedimmt. Dazu …
A werden Tücher über Lampen gelegt.
B schraubt der Eisverkäufer die Lampen heraus.
C wird ein Schalter im Stromkreis betätigt.

3 Die elektrische Spannung gibt an, wie …
A viele Ladungsträger in einer bestimmten Zeit durch den Querschnitt eines Leiters fließen.
B stark der Antrieb des elektrischen Stroms ist.
C spannend ein Film im Kino ist.

4 Die elektrische Stromstärke hat die Einheit:
A Sekunde
B Ampere
C Amperesekunde

5 Vögel sitzen gefahrlos auf einer Hochspannungsleitung, weil …

A kein geschlossener Stromkreis vorhanden ist.
B die Drähte außen eine Isolationsschicht besitzen.
C die anliegende Spannung zu klein ist.

6 Welche Aussage ist richtig? Die elektrische Spannung, die an der Steckdose anliegt, …
A ist eine Gleichspannung.
B beträgt in der Regel 230 V.
C ist in allen Ländern stets gleich groß.

7 Welcher Stoff leitet den elektrischen Strom besonders gut?

A Aluminium
B Kupfer
C Blei

Der Zusammenhang von Spannung und Stromstärke

1

Das abgebildete Messgerät kann Multitasking: Gleichzeitig Spannung und Stromstärke messen, die Leistung und den Verbrauch an elektrischer Energie ermitteln. Was steckt dahinter?

Experiment

1 Stromstärke und Spannung messen

Miss in einem einfachen Stromkreis mit einer 12-V-Glühlampe gleichzeitig Spannung und Stromstärke. Verwende dazu die Schaltung in Bild ► 2. Stelle 5 verschiedene Werte für die Spannung ein und miss die dazugehörige Stromstärke. Beobachte, ob die Lampe hell leuchtet. Notiere die Messwerte und Beobachtungen in einer Tabelle.
Berechne zusätzlich das Produkt aus Spannung und Stromstärke.

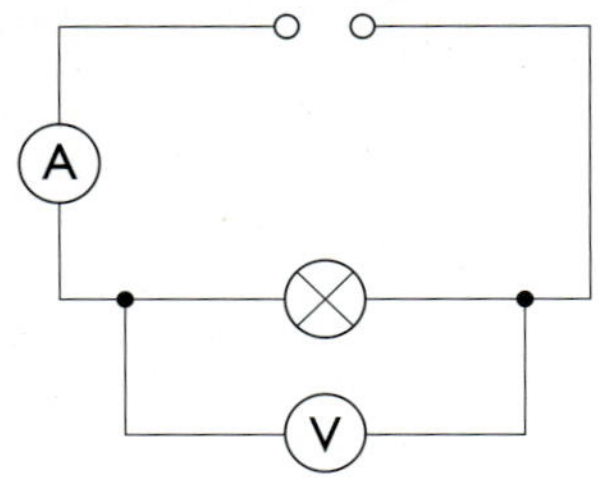

Will man gleichzeitig Spannung und Stromstärke in einem Stromkreis messen, schaltet man ein Messgerät parallel (Spannungsmesser) und ein Messgerät in Reihe (Strommesser) zum Bauelement.
Da eine Glühlampe bei kleinen Spannungen noch nicht leuchtet, kann man ihre Helligkeit nicht immer zum Abschätzen der Stromstärke verwenden. Erst der Strommesser liefert den Beweis für das Fließen eines elektrischen Stroms. Mit größerer Spannung wächst auch die Stromstärke und die Lampe leuchtet heller.
Je heller die Lampe leuchtet, desto größer ist die elektrische Leistung $P = U \cdot I$. Mit dem Messgerät aus Bild ► 1 können die Werte für die Leistung überprüft werden.

Musteraufgabe

Ein Leistungsmesser misst die Leistung einer Lampe mit 13,5 W. Der Netzadapter liefert eine Spannung von 12 V. Berechne den durch die Lampe fließenden Strom.

Gegeben: $P = 13{,}5\,\text{W} = 13{,}5\,\text{V} \cdot \text{A}$ *Gesucht:* I in A
$U = 12\,\text{V}$

Lösung: $P = U \cdot I \Rightarrow I = P/U = 13{,}5\,\text{W} / 12\,\text{V}$
$I = 1{,}1\,\text{A}$

Durch die Lampe fließt ein Strom von 1,1 A.

Aufgabe

1 Im Fahrradladen gibt es Lampen mit unterschiedlichen Werten:
Lampe A: 6 V; 0,6 W; 0,1 A
Lampe B: 6 V; 1,2 W; 0,2 A
Lampe C: 6 V; 3 W; 0,5 A
Welche Lampe wird am hellsten leuchten? Begründe.

Experiment

2 *I-U*-Diagramm einer Glühlampe (Kennlinie)

Untersuche den Zusammenhang zwischen Spannung und Stromstärke an einer Glühlampe.

Geräte und Hilfsmittel

Spannungsquelle, Strom- und Spannungsmesser, Glühlampe, Kabel

Durchführung

1. Zeichne den Schaltplan.
2. Baue die Versuchsanordnung auf. Lass die Schaltung vom Lehrer überprüfen.
3. Stelle 6 verschiedene Spannungswerte ein und miss die dazugehörige Stromstärke. Beobachte die Helligkeit der Glühlampe. *Hinweis:* Schalte nach jeder Messung die Lampe sofort aus und ändere erst dann den Wert für die Spannung.

Messwerttabelle

U in V	0	?	?	?	?	?	?
I in A	0	?	?	?	?	?	?

Auswertung

1. Fertige ein *I-U*-Diagramm wie in Bild ▸ 3 an. Trage auf der waagerechten Achse die Werte für die Spannung und auf der senkrechten Achse die Werte für die Stromstärke ab.
2. Trage die Messwertepaare ein und verbinde diese miteinander.
3. Entscheide, welche Aussagen auf deine Messungen zutreffen, und übertrage diese in dein Heft.
   a) Immer wenn eine Spannung anliegt, fließt Strom durch eine Glühlampe und diese leuchtet.
   b) Bei angelegter Spannung fließt nur dann ein Strom durch eine Glühlampe, wenn diese leuchtet.
   c) Bei angelegter Spannung fließt bereits ein Strom, auch wenn die Lampe noch nicht leuchtet.
   d) Die Glühlampe leuchtet mit zunehmender Spannung immer heller.
   e) Die Messkurve (Kennlinie) wird mit wachsender Spannung immer flacher und die Stromstärke steigt nur noch langsam an.
4. Vervollständige folgende Sätze in deinem Heft, sodass richtige Aussagen entstehen.
   Bei der Glühlampe stellen wir fest: Je größer die angelegte Spannung ist, desto ______ (heller, dunkler, unverändert) leuchtet die Lampe. Der Graph im *I-U*-Diagramm verläuft durch den Koordinatenursprung und steigt ______ (nicht gleichmäßig / gleichmäßig) an.

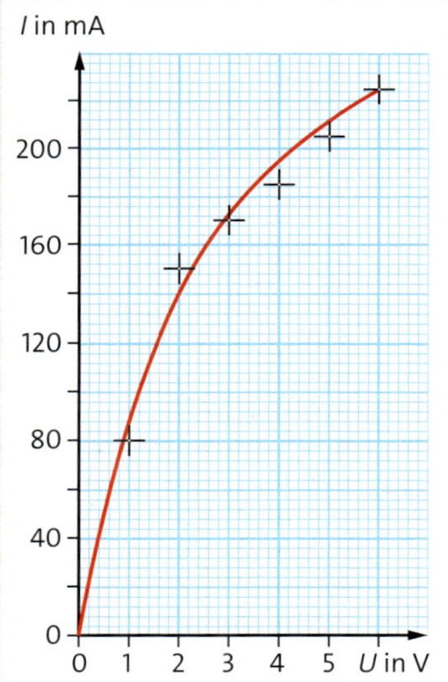

3 Kennlinie: *I-U*-Diagramm

Experiment

3 *I-U*-Diagramm eines Konstantandrahts

Untersuche den Zusammenhang zwischen Spannung und Stromstärke an einem Konstantandraht.

Geräte und Hilfsmittel

Spannungsquelle, Strom- und Spannungsmesser, Konstantandraht, Kabel

Durchführung

1. Zeichne den Schaltplan.
2. Baue die Versuchsanordnung auf. Lass die Schaltung vom Lehrer überprüfen.
3. Stelle 6 verschiedene Spannungswerte ein und miss die dazugehörige Stromstärke. Trage die Messwerte in eine Tabelle ein.

Auswertung

1. Fertige ein *I-U*-Diagramm wie in Bild ▸ 1 an. Trage auf der waagerechten Achse die Werte für die Spannung und auf der senkrechten Achse die Werte für die Stromstärke ab.
2. Trage die Messwertepaare ein und verbinde diese miteinander.
3. Entscheide, welche Aussagen auf deine Messungen zutreffen, und übertrage diese richtig ergänzt in dein Heft:
   a) Beim Konstantandraht wachsen die angelegte Spannung und die gemessene Stromstärke jeweils in gleichem Maße.
   b) Verdoppelt sich die Spannung, so _____ (verdoppelt/halbiert) sich auch die Stromstärke.
   c) Vervierfacht sich die Spannung, so _____ (vervierfacht/viertelt) sich die gemessene Stromstärke.
   d) Es liegt _____ (keine/eine) Proportionalität vor. Das erkennt man am _____ (steigenden/fallenden) Verlauf des Graphen durch den Koordinatenursprung.

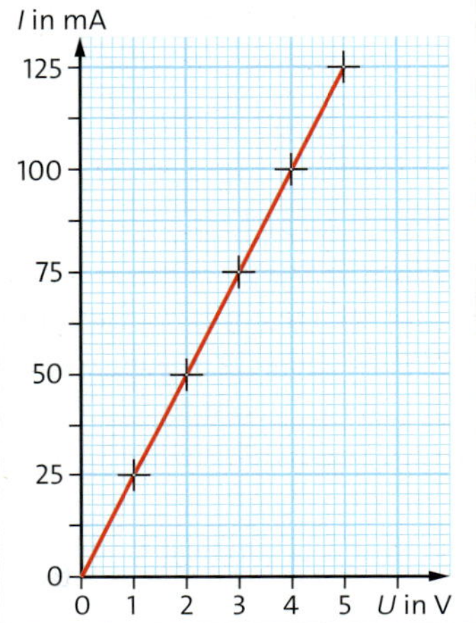

1 *I-U*-Diagramm

Aufgabe

1 Für verschiedene Bauelemente wurden die Werte von Spannung und Stromstärke gemessen. ▸ Tabelle

Welches Bauelement könnte die Lampe, welches der Konstantandraht sein? Begründe deine Entscheidung.

Spannung *U* in V	Stromstärke *I* in A		
	Bauelement 1	Bauelement 2	Bauelement 3
0	0	0	0
2	0,14	0,2	0,64
3	0,18	0,3	0,51
4	0,22	0,4	0,23
5	0,26	0,5	0,20
6	0,31	0,6	0,11

Experiment

4 Ohmsches Gesetz

Untersuche den Zusammenhang zwischen Stromstärke und Spannung im einfachen Stromkreis an einem Widerstand. Plane dazu selbstständig das Experiment. Nutze zwei unterschiedliche Bauelemente: Widerstand mit 51 Ohm, Widerstand mit 100 Ohm.
Hinweis: Achte darauf, dass der Stromkreis nach jeder Messung ausgeschaltet wird.

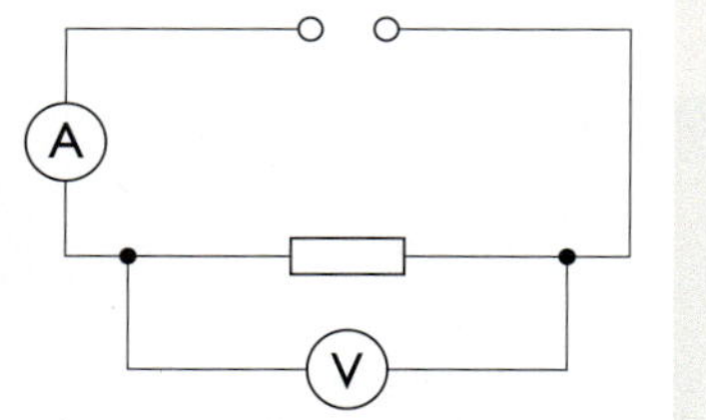

Das I-U-Diagramm in Bild ▸3 zeigt die beiden Graphen (Kennlinien) der Festwiderstände. Für jedes Bauelement liegen die Messwertepaare auf einer Geraden, die durch den Ursprung des Koordinatensystems verläuft. Spannung und Stromstärke sind zueinander proportional.
Je größer die an den Bauelementen angelegte Spannung ist, desto größer ist auch die Stromstärke. Das bedeutet, bei doppelter, dreifacher … Spannung ist auch die Stromstärke doppelt, dreifach … so groß.

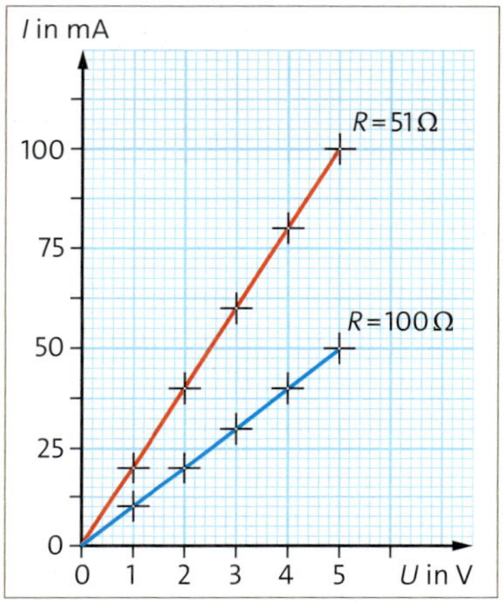

3 I-U-Diagramm

Dieser Zusammenhang gilt jedoch nur unter der Bedingung, dass die Temperatur konstant bleibt. Im Vergleich zum Experiment mit der Glühlampe unterscheidet sich der Verlauf der Kennlinie. Bei einer Glühlampe wächst mit Erhöhung der Spannung die Stromstärke nur langsam an. Mit Zunahme der Helligkeit glüht der Lampendraht stärker, seine Temperatur nimmt zu. Diese Temperaturänderung verursacht kein direkt proportionales Wachsen von Stromstärke und Spannung. Die Kennlinie der Glühlampe verläuft daher gekrümmt.

Ohmsches Gesetz: Bei konstanter Temperatur gilt für ein und denselben Leiter: Die Stromstärke ist der Spannung direkt proportional: $I \sim U$, wenn $\vartheta = \text{konstant}$.

Wissenswertes: Georg Simon Ohm

In jahrelangen Experimenten untersuchte Ohm u. a. die Leitfähigkeit verschiedener Metalle. Dabei machte er eine Entdeckung, die für die weitere Entwicklung der Elektrotechnik, z. B. für die Erfindung von Toaster und Elektroherd entscheidend war. Er erkannte, nicht jedes Metall leitet den Strom gleich gut, und schlussfolgerte: Zwischen der angelegten Spannung und der Stärke des elektrischen Stroms besteht bei elektrischen Leitern ein Zusammenhang.

4 Ohms Messgeräte

Aufgabe

1 Berechne aus den Messwerten der Experimente mit Glühlampe, Konstantandraht und Festwiderständen jeweils die Quotienten U/I. Vergleiche für jedes Bauelement die Quotienten. Begründe mit deinen Kenntnissen aus der Mathematik, wie man mithilfe dieser Quotienten eine direkte Proportionalität nachweisen kann.

Der elektrische Widerstand

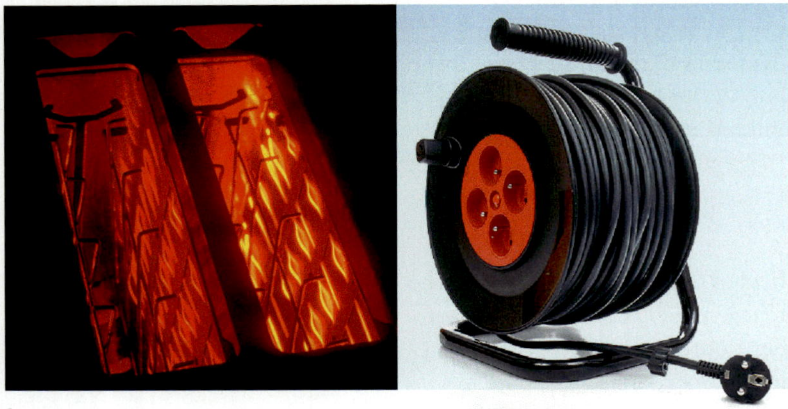

1

In allen elektrischen Geräten finden wir elektrische Leiter. Je nach Verwendungszweck oder Aufgabe muss man geeignetes Material auswählen.
So soll der Draht in einem Toaster glühen und das Brot knusprig rösten. Drähte im Verlängerungskabel einer Kabeltrommel dürfen sich nicht überhitzen, denn sonst entstehen Kabelbrände.

Experiment

1 Reihenschaltung von Glühlampen
Untersuche die Stärke des Stromflusses in Abhängigkeit von der Anzahl der verwendeten Glühlampen. Baue zunächst eine Reihenschaltung auf. Beobachte die Helligkeit der Glühlampen. Schalte dann weitere Glühlampen in Reihe. Beschreibe deine Beobachtung.
Hinweis: Halte die Spannung konstant.

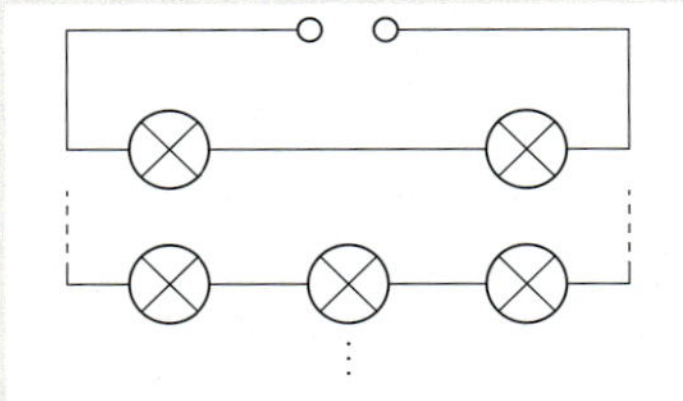

Bei konstanter Spannung deutet eine sinkende Stromstärke darauf hin, dass die Elektronen immer mehr an ihrer gerichteten Bewegung gehindert werden. Jeder metallische Leiter und jedes Bauelement besitzt die Eigenschaft, den Elektronenstrom zu hemmen. In der Physik beschreibt man diese Eigenschaft mit einer neuen physikalischen Größe und nennt diese den *elektrischen Widerstand.*
Verursacht wird der elektrische Widerstand durch Wechselwirkungen zwischen den wanderungsfähigen Elektronen und den Metallionen.

Der elektrische Widerstand gibt an, wie stark der Elektronenstrom von einem Bauelement gehemmt wird.

Formelzeichen: R
Einheit: Ohm (Ω), Kiloohm (kΩ), Megaohm (MΩ)
Es gilt: $1\,\text{k}\Omega = 1000\,\Omega$, $1\,\text{M}\Omega = 1000\,\text{k}\Omega = 1\,000\,000\,\Omega$.

Ein Draht hat einen Widerstand von 1 Ω, wenn bei einer angelegten Spannung von 1 V ein Strom mit einer Stärke von 1 A fließt.
Der Quotient aus Spannung und Stromstärke (U/I) eignet sich, um die Größe des elektrischen Widerstands zu beschreiben.

Es gilt: $\text{Widerstand} = \dfrac{\text{Spannung}}{\text{Stromstärke}}$, $R = \dfrac{U}{I}$ **und** $1\,\Omega = \dfrac{1\,\text{V}}{1\,\text{A}}$.

Aufgaben

1 An drei verschiedenen Bauelementen liegt eine Spannung von 10 V an. Die gemessenen Stromstärken betragen:
a) 0,5 A, b) 1 A und c) 2 A.
Welcher Widerstand ist am größten? Begründe, ohne zu berechnen.

2 Rechne um:
a $1{,}4\,\text{k}\Omega = \ldots\,\Omega$
b $500\,\Omega = \ldots\,\text{k}\Omega$
c $7\,\text{M}\Omega = \ldots\,\Omega$

Experiment

2 Temperaturabhängigkeit des elektrischen Widerstands

Untersuche den Zusammenhang zwischen U und I an einem Eisendraht. Miss jeweils Spannungen und Stromstärken unter zwei Versuchsbedingungen:

a Während der Messungen befindet sich der Eisendraht in einem mit kaltem destilliertem Wasser gefüllten Becherglas. *Hinweis:* Tauche nur die Drahtwicklungen ins Wasser, nicht das gesamte Bauelement.

b Der Eisendraht befindet sich auf dem Tisch.

Stelle beide Kennlinien im I-U-Diagramm dar. Bilde für jedes Wertepaar den Quotienten U/I. Vergleiche die Kennlinien und für jede Messreihe die Quotienten. Formuliere ein Ergebnis.

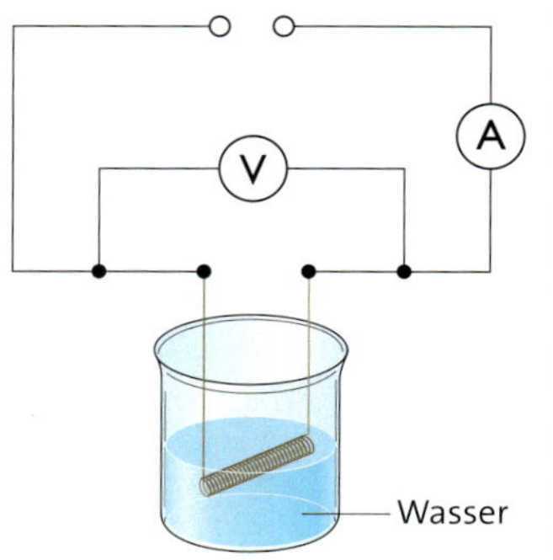

Bei gleicher Spannung kann man beim Eisendraht in Luft eine kleinere Stromstärke messen als beim Eisendraht im Wasserbad. Die unterschiedlichen Temperaturen haben Einfluss auf die Stärke des Stromflusses. Die berechneten Werte ($R = U/I$) belegen: Bei kleinerer Temperatur ist auch der elektrische Widerstand kleiner.

Der elektrische Widerstand eines metallischen Leiters ist temperaturabhängig. Mit Zunahme der Temperatur vergrößert sich auch der Widerstand des Metalldrahts.

Im Metalldraht bewegen sich Elektronen und wechselwirken dabei ständig mit den Metallionen. Das hemmt ihre Bewegung. Mit Zunahme der Temperatur schwingen die Metallionen noch heftiger. Die Elektronen wechselwirken nun häufiger mit den Metallionen und werden dadurch noch stärker gehemmt. Der Widerstand steigt, als Folge sinkt die elektrische Stromstärke. Berechnet man aus Messwerten den Quotienten U/I, stellt man fest, dass dieser Wert zunimmt. ▸ 4

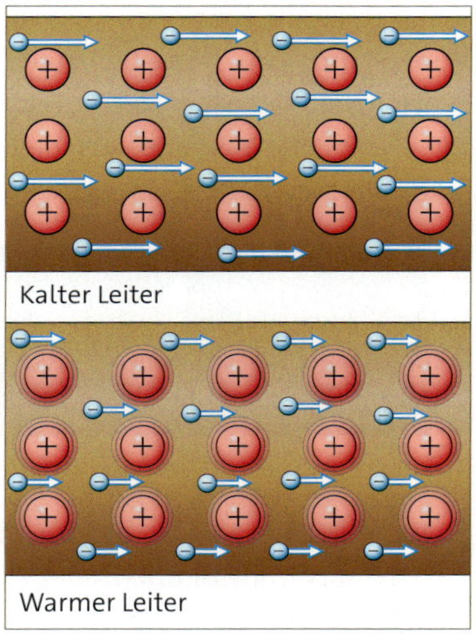

4 Widerstand im Modell

Wissenswertes: Kabeltrommeln

Eine Kabeltrommel sollte man immer nur komplett abwickeln, bevor man ein elektrisches Gerät in Betrieb nimmt. Der Kupferdraht im Kabel besitzt auch einen elektrischen Widerstand. Und jeder elektrische Widerstand wandelt auch elektrische Energie in thermische Energie um. Was beim Toaster erwünscht ist, sollte bei der Kabeltrommel nie eintreten. Ist das Kabel nicht abgerollt, kann es sich bei Betrieb so stark erhitzen, dass der Kunststoffmantel schmilzt oder zu brennen beginnt. Gute Kabeltrommeln haben deshalb immer einen temperaturabhängigen Schalter, der bei zu hoher Temperatur den Stromkreis unterbricht.

Aufgaben

1 Beschreibe das Zustandekommen des Widerstands eines Metalldrahts mit einem Modell.

2 Nenne eine Folge der Wechselwirkungen zwischen Elektronen und Metallionen.

Experiment

3 Kaltleiter

Bestimme den elektrischen Widerstand einer 6-V-Glühlampe im kalten Zustand und im Betriebszustand durch geeignete Messungen. Zeichne den Schaltplan und baue den Versuch auf. Miss Spannung und Stromstärke an der Glühlampe, wenn an der Spannungsquelle folgende Werte für die Spannung anliegen: $U_1 = 1\,V$ und $U_2 = 6\,V$. Berechne jeweils den elektrischen Widerstand und vergleiche die Werte miteinander. Erläutere deine Ergebnisse.

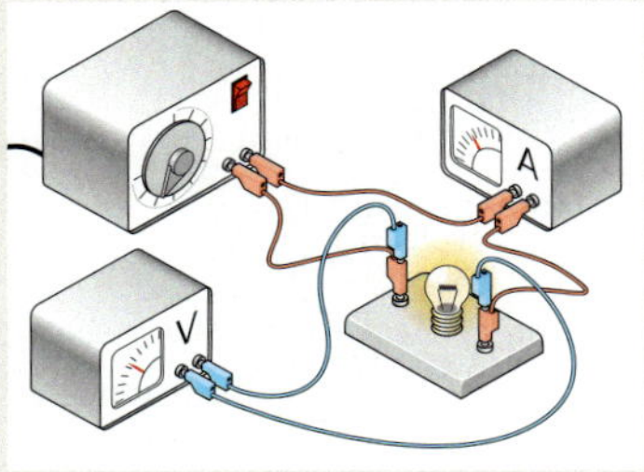

Liegt an einer Glühlampe eine kleine Spannung an, fließt auch ein geringer elektrischer Strom. Die Lampe leuchtet jedoch noch nicht. Dieser Sachverhalt entspricht dem kalten Zustand. Bei Erhöhung der Spannung, erwärmt sich der Draht sehr stark und glüht. Gleichzeitig wächst die Größe des Widerstands. Im Betriebszustand, nämlich dann, wenn die Lampe am hellsten leuchtet, ist auch der Widerstand am größten.
Bei allen Bauelementen, die beim Betrieb warm werden, unterscheidet man zwischen kaltem Zustand und Betriebszustand. ▸ 2

2 Kalter Zustand und Betriebszustand der Glühlampe

Bei Glühlampen ist der elektrische Widerstand nicht konstant. Er wird umso größer, je höher die Temperatur ist. Bauelemente, deren elektrischer Widerstand mit der Temperatur zunimmt, nennt man Kaltleiter.

Musteraufgabe

Berechnen des Widerstands

Wie groß ist der elektrische Widerstand eines Bauelements, wenn bei einer angelegten Spannung von 9 V ein Strom von 300 mA fließt?

Gegeben: $I = 300\,mA = 0{,}3\,A$ *Gesucht:* R in Ω

$U = 9\,V$

Lösung: $R = U/I = 9\,V/0{,}3\,A$

$R = 30\,\Omega$

Der elektrische Widerstand des Bauelements beträgt 30 Ω.

Übrigens

Die Kurzbezeichnung Widerstand hat unterschiedliche Bedeutungen. Man verwendet sie sowohl für die physikalische Größe als auch für das Bauelement technischer Widerstand.

Schaltzeichen: —▭—

Aufgaben

1 Formuliere eine Aussage, die den Zusammenhang von Temperatur und Widerstand bei einem Kaltleiter (Glühlampe) beschreibt.

2 Erläutere das unterschiedliche Widerstandsverhalten einer Glühlampe bei verschiedenen Temperaturen. Nutze dazu die Modellvorstellungen zum elektrischen Leitungsvorgang.

3 Begründe, warum Glühlampen meist beim Einschalten kaputtgehen.

Früher war es gar nicht so einfach, eine Hi-Fi-Anlage oder Studiotechnik aus einzelnen hochwertigen Komponenten zusammenzustellen. Alle Bauteile mussten exakt aufeinander abgestimmt sein: Mikrofon, Kopfhörer, Mischpult, Lautsprecher und CD-Player. Zu große elektrische Stromstärken oder zu kleine Spannungen sorgten dann dafür, dass die Technik zerstört wurde oder die Informationen nicht zum Lautsprecher gelangten. ▸ 3
Heute sind die im Handel erhältlichen Komponenten so ausgelegt, dass sie miteinander kompatibel sind. Mit einfachen Rechnungen kann man sich ein Bild davon machen, in welchen Größenordnungen Spannung, Stromstärke und Widerstand bei der Unterhaltungselektronik liegen.

3 Hi-Fi-Anlage

Durch Umstellen der Gleichung $R = U/I$ erhält man Gleichungen zur Berechnung:
- **der Spannung: $U = R \cdot I$**
- **der Stromstärke: $I = U/R$**

Musteraufgabe
Berechnen der Spannung
Der Fachhandel bietet unterschiedlichste Modelle von Kopfhörern an. Auf der Verpackung stehen die technischen Daten: $R = 64\,\Omega$ und $I = 88\,\text{mA}$. Mit welcher maximalen Spannung dürfen sie betrieben werden?

Gegeben: $R = 64\,\Omega$ *Gesucht:* U in V
$I = 88\,\text{mA} = 0{,}088\,\text{A}$
Lösung: $U = R \cdot I$
$U = 64\,\text{V/A} \cdot 0{,}088\,\text{A}$
$U = 5{,}6\,\text{V}$
Die Kopfhörer dürfen höchstens mit 5,6 V betrieben werden.

4 Kopfhörer

Musteraufgabe
Berechnung der Stromstärke
Ein Lautsprecher hat die Aufschrift $R = 4\,\Omega$ und $U = 20\,\text{V}$. Berechne die Stromstärke, die durch den Lautsprecher fließt.

Gegeben: $R = 4\,\Omega$ *Gesucht:* I in A
$U = 20\,\text{V}$
Lösung: $I = U/R$
$I = 20\,\text{V} / 4\,\text{V/A}$
$I = 5\,\text{A}$
Durch die Lautsprecher fließt ein Strom von 5 A.

5 Lautsprecher

Aufgaben

1 Berechne den Widerstand einer 6-V-Lampe mit einer Stromstärke von 0,83 A.

2 Der Widerstand des menschlichen Körpers von der Hand zum Fuß kann mit etwa $2\,\text{k}\Omega$ angenommen werden. 30 mA können bereits lebensgefährlich sein. Was folgt aus diesen Zahlenangaben für die zulässige Berührungsspannung?

3 Eine Energiesparlampe ($P = 5\,\text{W}$) wird an 230 V angeschlossen. Berechne die Stromstärke und den Widerstand der Lampe.

4 Berechne den Widerstand einer Autolampe ($P = 5\,\text{W}$), die an eine 12-V-Batterie angeschlossen wird.

Das Widerstandsgesetz

1

In elektrischen Schaltungen werden meist Kabel aus Kupfer in unterschiedlichen Durchmessern und Längen verwendet. Wovon hängt es ab, wie groß der elektrische Widerstand dieser Kabel ist?

Experiment

1 Widerstand und Länge des Leiters

Der elektrische Widerstand eines Leiters könnte von seiner Länge, seiner Querschnittsfläche und dem Material, aus dem er besteht, abhängen. Um herauszufinden, welchen Einfluss die einzelnen Größen auf den Widerstand haben, verändert man eine Größe gezielt. Die anderen Größen müssen konstant bleiben.

Untersuche die Abhängigkeit des elektrischen Widerstands von der Länge des Leiters. Material und Querschnittsfläche bleiben unverändert.
Baue den Stromkreis nach der Schaltskizze auf und lege eine Messwerttabelle an.
Miss für verschiedene Drahtlängen die Spannung und die Stromstärke. Berechne jeweils den elektrischen Widerstand.

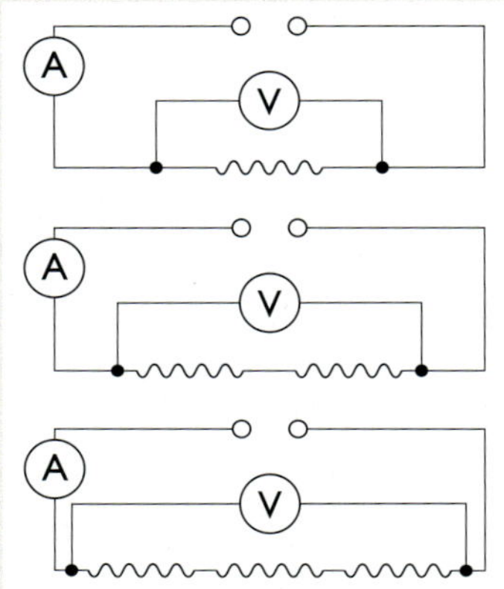

2

Je länger ein Draht ist, umso größer ist auch sein elektrischer Widerstand. Bei einer Verdopplung der Länge wird der Widerstand doppelt so groß, bei dreifacher Länge dreimal so groß.

Der elektrische Widerstand eines Leiters ist direkt proportional zu seiner Länge.
Es gilt: $R \sim l$, wenn Material und Querschnittsfläche konstant sind.

Je länger ein Draht ist, desto mehr Wechselwirkungen gibt es zwischen Elektronen und Metallionen. Umso größer ist die Behinderung des Stromflusses und damit der Widerstand.
Jeder Leiter hat einen elektrischen Widerstand. Dadurch wird ein Teil der elektrischen Energie in thermische Energie umgewandelt. Die Leiter erwärmen sich unterschiedlich stark. Um diese unerwünschte Energieumwandlung gering zu halten, sollte man elektrische Leitungen immer auf möglichst kurzem Weg verlegen. ▸ 3

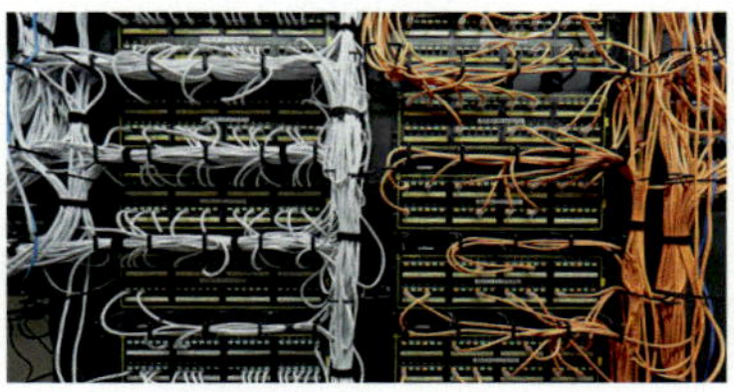

3 Verkabelung eines Servers

Aufgabe

1 Ein 200 m langer Kupferdraht hat einen Widerstand von 4 Ω. Wie groß ist der Widerstand eines 50 m langen Teilstücks dieses Drahts?

Experiment

2 Widerstand und Querschnittsfläche des Leiters

Untersuche die Abhängigkeit des elektrischen Widerstands von der Querschnittsfläche des Leiters. Material und Länge bleiben unverändert. Baue den Stromkreis nach der Schaltskizze auf und lege eine Messwerttabelle an.
Miss für verschiedene Querschnittsflächen die Spannung und die Stromstärke. Berechne jeweils den elektrischen Widerstand.

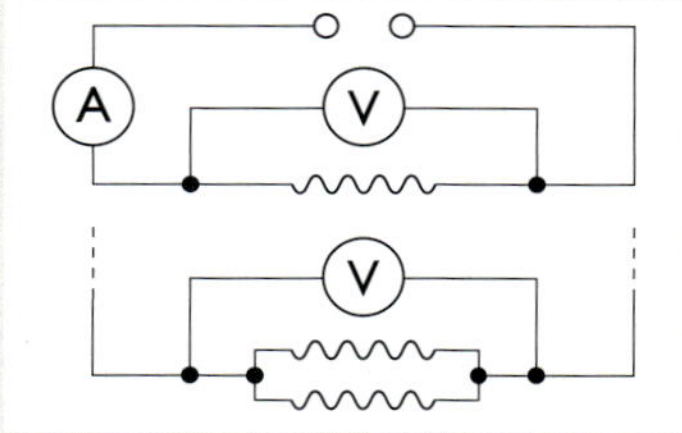

Der elektrische Widerstand des Drahts ist umso kleiner, je größer seine Querschnittsfläche ist. Bei einer Verdopplung der Querschnittsfläche ist der Widerstand nur noch halb so groß, bei dreifacher Querschnittsfläche nur noch ein Drittel.

Der elektrische Widerstand eines Leiters ist umgekehrt proportional zu seiner Querschnittsfläche.

Es gilt: $R \sim \frac{1}{A}$, wenn Material und Länge konstant sind.

Wissenswertes: Querschnitt und Stromstärke

Um große Stromstärken zu ermöglichen, benötigt man Kabel mit großem Leiterquerschnitt. Für Elektroinstallationen muss man deshalb Kabel mit der richtigen Querschnittsfläche verwenden. Für die in unseren Wohnungen üblichen 16 A verlegt man Kupferkabel mit einer Mindestquerschnittsfläche von 1,94 mm^2.

Kupferleiter			Aluminiumleiter		
Querschnittsfläche in mm^2	Stromstärke im Leiter in A		Querschnittsfläche in mm^2	Stromstärke im Leiter in A	
	normal	maximal		normal	maximal
0,38	5	7	14,2	50	75
0,61	7,5	11	21,3	70	110
0,97	10	16	34,1	100	150
1,22	13	22	53,9	135	200
1,94	17	32	69,3	150	220

Aufgaben

1 Ein Kupferdraht mit einer Querschnittsfläche von 1,2 mm^2 hat einen elektrischen Widerstand von 5 Ω. Wie groß ist der Widerstand eines gleich langen Kupferdrahts mit einem Querschnitt von 0,4 mm^2?

2 Warum wird der Widerstand eines Drahts mit zunehmender Querschnittsfläche immer kleiner? Nutze zur Erklärung das Modell zum elektrischen Leitungsvorgang.

Experiment

3 Widerstand und Material

Untersuche die Abhängigkeit des elektrischen Widerstands vom Material, aus dem der Leiter besteht. Querschnittsfläche und Länge bleiben unverändert. Baue den Stromkreis nach der Schaltskizze auf und lege eine Messwerttabelle an.
Miss für die verschiedenen Materialien die Spannung und die Stromstärke. Beachte die von deinem Lehrer vorgegebene maximale Spannung. Berechne jeweils den elektrischen Widerstand.

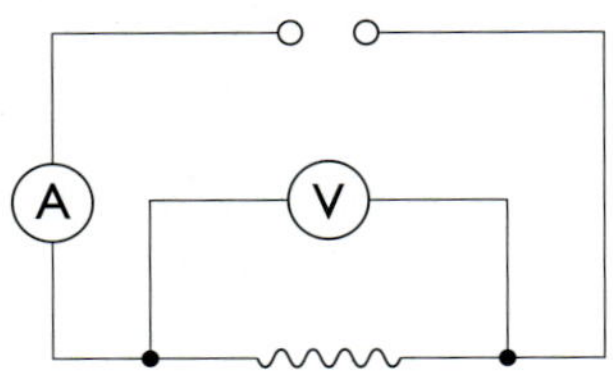

1

Der Kupferdraht hat den kleinsten elektrischen Widerstand, der Konstantandraht den größten. Der elektrische Widerstand eines Leiters ist abhängig vom Stoff, aus dem er besteht. Diese Abhängigkeit wird durch den spezifischen elektrischen Widerstand beschrieben.

Der spezifische elektrische Widerstand eines Stoffs gibt an, wie groß der elektrische Widerstand eines Leiters aus diesem Material bei einer Länge von 1 m und einer Querschnittsfläche von 1 mm² ist.

Formelzeichen: ρ (Rho)

Einheit: $\frac{\Omega \cdot \text{mm}^2}{\text{m}}$

Beispiel: Kupfer hat einen spezifischen elektrischen Widerstand von $\rho_{\text{Cu}} = 0{,}017 \frac{\Omega \cdot \text{mm}^2}{\text{m}}$.

Diese Angabe bedeutet: Ein 1 m langer Kupferdraht mit einer Querschnittsfläche von 1 mm² hat einen elektrischen Widerstand von 0,017 Ω. ▸ 2
Der spezifische elektrische Widerstand ist von der Temperatur abhängig. In Tabellen oder Formelsammlungen sind die Werte für eine bestimmte Temperatur (z. B. 20 °C) angegeben.

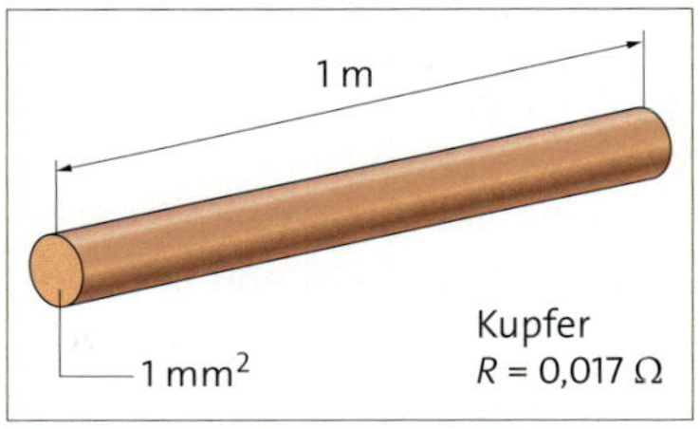

2

Material	ρ in $\frac{\Omega \cdot \text{mm}^2}{\text{m}}$	Material	ρ in $\frac{\Omega \cdot \text{mm}^2}{\text{m}}$
Aluminium	0,03	Konstantan	0,5
Bronze	0,02–0,05	Kupfer	0,017
Chrom-Nickel	0,71–1,11	Mangan	0,43
Eisen	0,14	Messing	0,06–0,083
Gold	0,02	Nickel	0,06–0,1
Kohle	10–60	Platin	0,1
Silber	0,016	Wolfram	0,055

Aufgaben

1 Aluminium hat einen spezifischen elektrischen Widerstand von $0{,}03 \frac{\Omega \cdot \text{mm}^2}{\text{m}}$.
Was bedeutet diese Angabe?

2 Für die Elektroinstallation in Gebäuden werden Leitungen aus Kupfer verwendet. Aus Kostengründen erwägt ein Bauherr, billigere Aluminiumkabel einbauen zu lassen. Was meinst du dazu?

Widerstandsgesetz Der elektrische Widerstand eines Leiters hängt von seiner Länge, seiner Querschnittsfläche und dem Material ab, aus dem er besteht.

R ist abhängig vom Material (spezifischer elektrischer Widerstand ρ).

l und A konstant

Beispiel:
Für Kupfer mit $\rho_{Cu} = 0{,}017 \frac{\Omega \cdot mm^2}{m}$ ergibt sich:

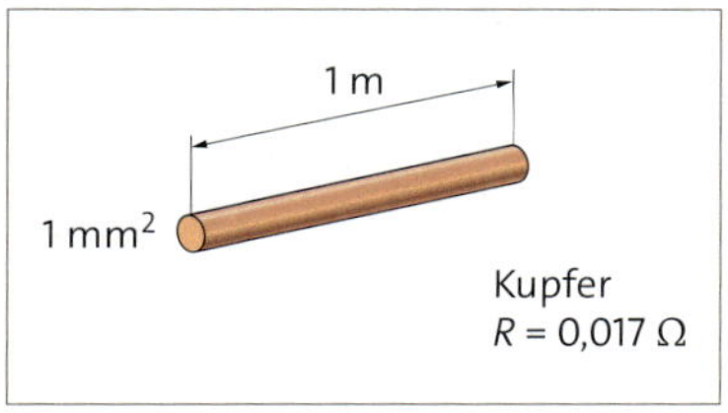

mit

$l = 1\,m$
$A = 1\,mm^2$

$R = 0{,}017\,\Omega$

Ein 1 m langer Kupferdraht mit einer Querschnittsfläche von 1 mm² hat einen Widerstand von 0,017 Ω.

$R \sim \frac{1}{A}$

ρ und l konstant

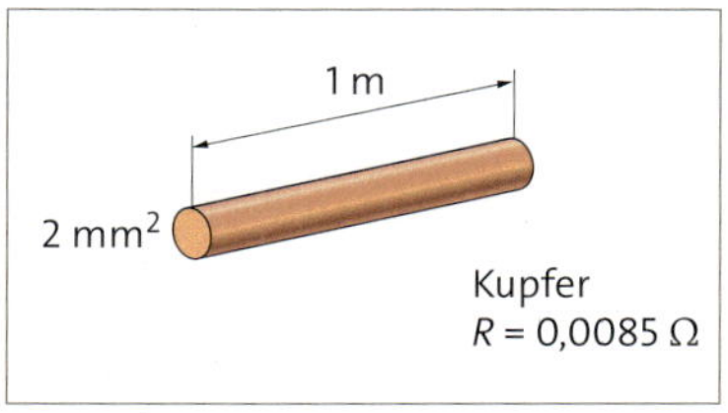

Die Querschnittsfläche wird verdoppelt:
$l = 1\,m$
$A = 2\,mm^2$

$R = 0{,}017\,\Omega : 2$

Ein 1 m langer Kupferdraht mit einer Querschnittsfläche von 2 mm² hat einen halb so großen Widerstand ($R = 0{,}0085\,\Omega$).

$R \sim l$

ρ und A konstant

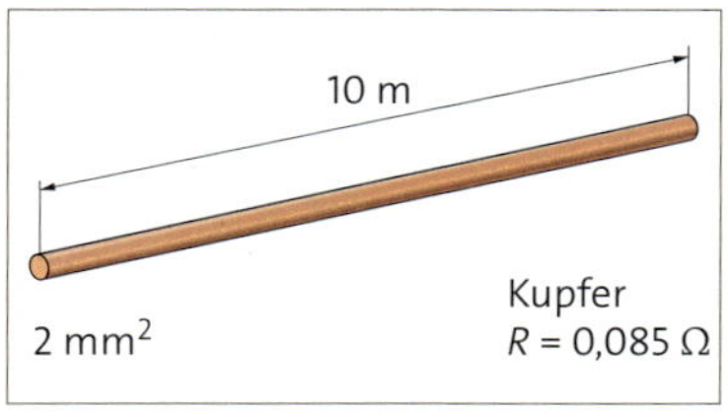

Zusätzlich wird die Länge verzehnfacht:
$l = 10\,m$
$A = 2\,mm^2$

$R = 0{,}017\,\Omega \cdot 10 : 2$

Ein 10 m langer Kupferdraht mit einer Querschnittsfläche von 2 mm² hat dann einen 10-fachen Widerstand ($R = 0{,}085\,\Omega$).

Mithilfe dieser Zusammenhänge kann man den Widerstand eines Drahts berechnen.

Für den elektrischen Widerstand eines Leiters mit der Länge l und dem Querschnitt A gilt: $R = \rho \cdot \frac{l}{A}$ (Widerstandsgesetz).

Musteraufgabe

In einer Spule ist ein 50 m langer Kupferdraht mit einer Querschnittsfläche von 1,4 mm² aufgewickelt. Wie groß ist der elektrische Widerstand der Spule? ▸ 6

Gegeben: $\rho = 0{,}017 \frac{\Omega \cdot mm^2}{m}$
$l = 50\,m$
$A = 1{,}4\,mm^2$

Gesucht: R in Ω

Lösung: $R = \rho \cdot \frac{l}{A}$

$R = 0{,}017 \frac{\Omega \cdot mm^2}{m} \cdot \frac{50\,m}{1{,}4\,mm^2}$

$R = 0{,}61\,\Omega$

Die Spule hat einen Widerstand von 0,61 Ω.

6 Kupferspulen

Aufgabe

1 Ein Lautsprecher wird mit einem zweiadrigen Kupferkabel angeschlossen, das 10 m lang ist und eine Querschnittsfläche von 0,4 mm² hat. Berechne den Widerstand des Kabels.

Technische Widerstände

1

Der Begriff Widerstand wird nicht nur für die physikalische Größe, sondern auch als Bezeichnung für elektrische Bauteile verwendet. Diese gibt es in verschiedenen Bauformen – als Festwiderstände und als verstellbare Widerstände.

Experiment

1 Vorwiderstand

Leuchtdioden (LEDs) benötigen eine Betriebsspannung von ca. 2 V. Um sie mit einer Spannungsquelle zu betreiben, die eine höhere Spannung hat (9-V-Batterie), schaltet man zur LED einen Widerstand in Reihe. Nach dem Gesetz für die Spannungen im unverzweigten Stromkreis teilt sich die Spannung der Spannungsquelle auf die LED und den Widerstand auf. Einen in Reihe geschalteten Widerstand bezeichnet man als Vorwiderstand.

Baue den Stromkreis nach der Schaltskizze auf. Miss die Spannungen an der Spannungsquelle, an der LED und am Vorwiderstand. Miss die Stromstärke im Stromkreis. Berechne den Vorwiderstand und vergleiche mit dem Wert des Bauelements.

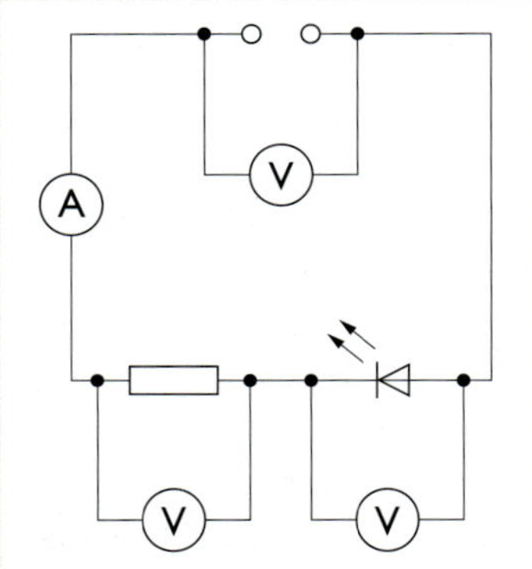

2

Vorwiderstände verwendet man meist nur, wenn in der Schaltung kleine Ströme (im mA-Bereich) fließen. Bei großen Stromstärken würde im Widerstand ein zu großer Teil der elektrischen Energie in thermische Energie umgewandelt werden.

3 Schichtwiderstand

Musteraufgabe

Eine LED (1,8 V/0,16 A) soll an eine 9-V-Batterie angeschlossen werden. Berechne den dazu erforderlichen Vorwiderstand.

Gegeben: $I = 0{,}16\,\text{A}$, $U = 9\,\text{V}$, $U_{\text{LED}} = 1{,}8\,\text{V}$ *Gesucht:* R_{vor} in Ω

Lösung: $U_{\text{vor}} = 9\,\text{V} - 1{,}8\,\text{V} = 7{,}2\,\text{V}$

$$R_{\text{vor}} = \frac{U_{\text{vor}}}{I} = \frac{7{,}2\,\text{V}}{0{,}16\,\text{A}}$$

$$R_{\text{vor}} = 45\,\Omega$$

Der Vorwiderstand muss $45\,\Omega$ betragen.

Aufgabe

1 Eine rote LED (2,25 V/20 mA) soll an eine Batterie (4,5 V) angeschlossen werden. Berechne den notwendigen Vorwiderstand.

Experiment

2 Verstellbare Widerstände

Baue den Stromkreis nach der Schaltskizze auf.
Drehe den Regler am verstellbaren Widerstand und beobachte die Helligkeit der Lampe.
Erkläre die Helligkeitsänderung an der Lampe.

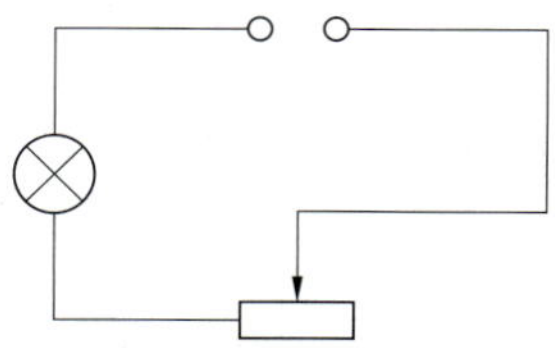

Widerstandsbauelemente, deren Widerstandswert sich nicht verändern lässt, bezeichnet man als Festwiderstände. Diese gibt es als Draht- und Schichtwiderstand.

Bei einem Drahtwiderstand ist auf einen Isolierkörper Draht aufgewickelt. Die Länge des Drahts bestimmt den Widerstandswert.

Bei einem Schichtwiderstand ist eine dünne Schicht aus einem leitfähigen Material auf ein Keramikröhrchen aufgedampft. Der spezifische elektrische Widerstand des Materials bestimmt den Widerstandswert.

Bei verstellbaren Widerständen (Dreh- oder Schiebewiderstände) wird die Länge des im Stromkreis wirksamen Drahts durch einen Dreh- oder Schiebekontakt verändert. Dadurch lässt sich der elektrische Widerstand verstellen. ▸ 5, 6
Verstellbare Widerstände können auch als Schichtwiderstand aufgebaut werden. Hier wird der Widerstand nicht durch die Länge eines Drahts erzeugt, sondern durch eine auf einem Isoliermaterial aufgebrachte Schicht Kohlenstoff. Durch Drehen oder Verschieben des Schleifkontakts wird die Länge der als Widerstand wirksamen Kohlenstoffbahn verändert.

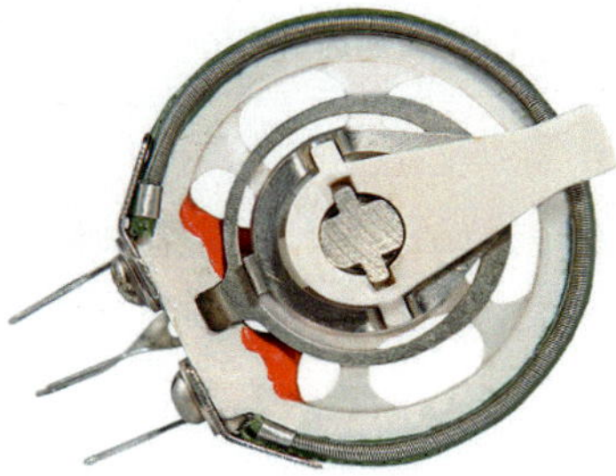

5 Drehwiderstand

6 Schieberegler

Wissenswertes: Strompedal

In einem Elektroauto tritt der Fahrer zum Beschleunigen auch auf ein Pedal. Dieses ist meist mit einem Dreh- oder Schiebewiderstand verbunden. Je nach Stellung des Pedals ändert sich dessen Widerstandswert und es wird ein entsprechendes Spannungssignal an die Steuerung des Elektromotors gegeben. Die regelt damit die Drehzahl des Elektromotors.

Aufgaben

1 Erkunde zu Hause, an welchen elektrischen Geräten verstellbare Widerstände genutzt werden. Beschreibe deren Funktion.

2 Zeichne eine einfache Schaltung, mit der die Helligkeit einer Lampe stufenlos verändert werden kann.

Kurzschluss und Sicherungen

1

Kurzschluss: Brand zerstört Pkw
Ein Auto ist am Sonntag Opfer eines Schwelbrands geworden. Laut Polizei hatte der Fahrzeughalter angegeben, dass es durch das undichte Dach in den Wagen geregnet hat. Dadurch sei wohl ein Kurzschluss entstanden.

Experiment

1 Kurzschluss

Ziehe ein Bündel Stahlwolle etwas auseinander und lege es auf eine feuerfeste Unterlage. Schließe an die Kontakte einer Flachbatterie oder einer 9-V-Blockbatterie zwei Kabel an.
Halte die Enden der beiden Kabel in die Stahlwolle.
Beschreibe deine Beobachtungen.

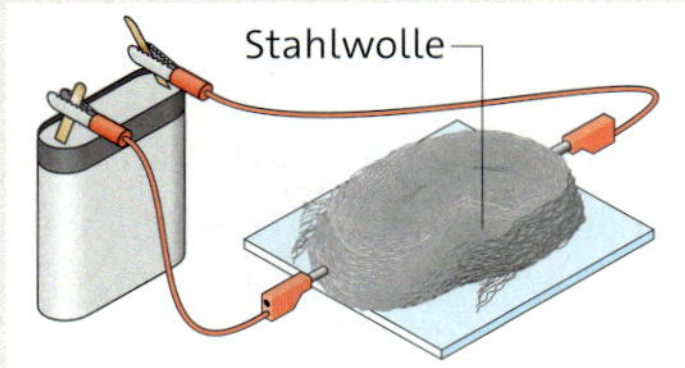

Verbindet man die Anschlüsse einer Spannungsquelle direkt, d. h., ohne einen Widerstand (Bauelement) dazwischenzuschalten, entsteht ein Kurzschluss. Da der Strom nur noch durch den geringen Widerstand der Leitungen behindert wird, kann die Stromstärke extrem ansteigen. Das führt zur starken Erwärmung und kann Brände auslösen. ▸ 3, 4
Kurzschlüsse entstehen meist unbeabsichtigt. Schadhafte Isolationen an Kabeln oder elektrischen Bauteilen, leitende Fremdkörper oder der Kontakt mit leitenden Flüssigkeiten sind die häufigsten Ursachen. Geräte mit schadhaftem Anschlusskabel sollte man niemals benutzen. ▸ 5

Schutzleiter Damit der Nutzer eines Geräts im Kurzschlussfall durch die hohe Stromstärke nicht geschädigt wird, besitzen Geräte mit Metallgehäuse einen Schutzleiter. Über diesen fließen Kurzschlussströme und lösen im Stromkreis eingebaute Sicherungen aus. Die Stromkreise in einem Gebäude sind über Schutzleiter geerdet. In Deutschland erkennst du diese an der grün-gelben Isolation und den beiden Metallklammern in einer Steckdose. Geräte mit Metallgehäusen müssen mit Schutzkontaktsteckern angeschlossen werden.

3

4

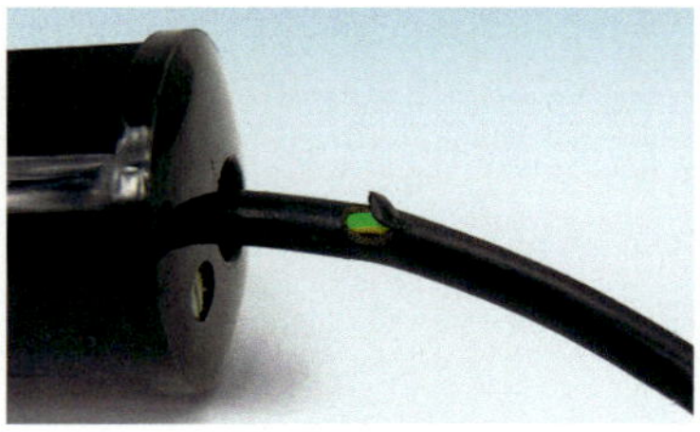

5

Aufgabe

1 Recherchiere in der Tageszeitung oder im Internet nach Meldungen zu Bränden als Folge von Kurzschlüssen. Welche Ursachen für den Kurzschluss werden genannt?

Experiment

2 Sicherungen

Baue den Stromkreis nach der Schaltskizze auf. An einer Stelle baust du einen sehr dünnen, blanken Metalldraht ein. Überbrücke die Glühlampe mit einem Verbindungskabel. Schalte das Stromversorgungsgerät ein.
Beschreibe deine Beobachtungen.

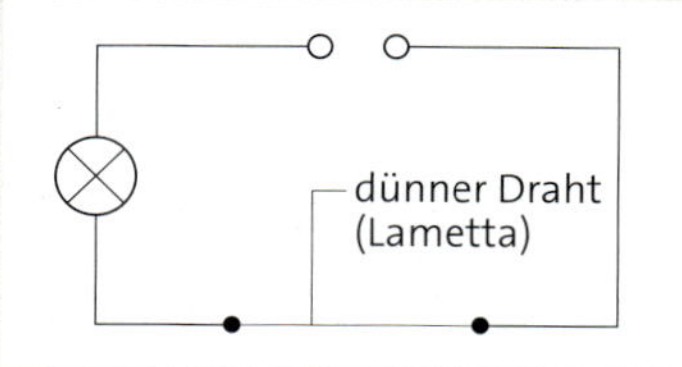

Der dünne Draht erwärmt sich durch den hohen Kurzschlussstrom stark und brennt schließlich durch. Damit unterbricht er den Stromkreis. Sicherungen übernehmen diese Schutzfunktion in Stromkreisen in Gebäuden oder Geräten. Sie werden im Stromkreis in Reihe zu den angeschlossenen Geräten geschaltet.

7 Stecksicherung

8 Feinsicherung

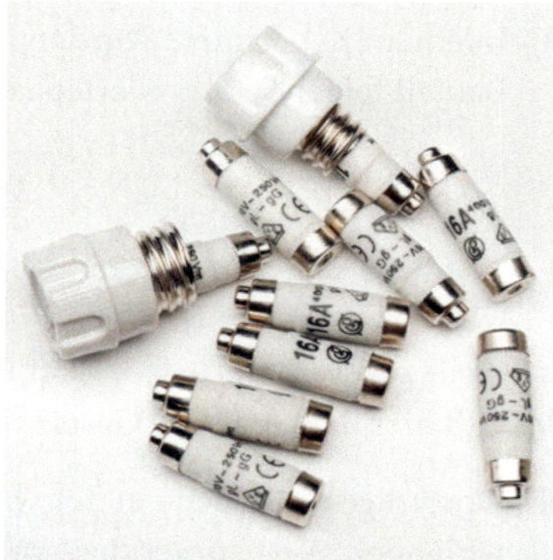

9 Keramiksicherung

Schmelzsicherungen enthalten einen Metalldraht mit geringer Querschnittsfläche. Durch den großen Widerstand erwärmt sich der Sicherungsdraht bei zu großen Stromstärken stark und brennt durch.
Damit wird verhindert, dass in dem Stromkreis zu große Ströme fließen. Schmelzsicherungen werden als Feinsicherungen für elektrische Geräte, Stecksicherungen für die Fahrzeugelektrik und Keramiksicherungen für Stromkreise in Gebäuden hergestellt. ▸ 7–9
Eine durchgebrannte Schmelzsicherung muss durch eine neue ersetzt werden.

Leitungsschutzschalter (Sicherungsautomaten) können, nachdem sie den Stromkreis unterbrochen haben und die Ursache dafür beseitigt wurde, wieder eingeschaltet werden. ▸ 10

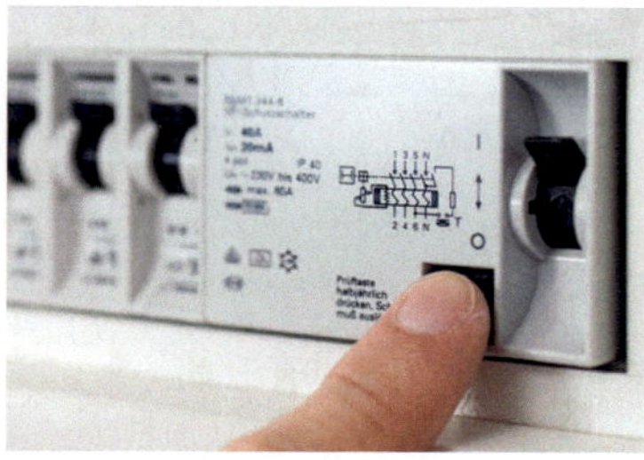

10 Sicherungsautomat

Wissenswertes: Spannungsprüfer

Mit einem Spannungsprüfer kann man testen, ob an einer Steckdose eine Spannung anliegt. Dazu berührt man mit der Klinge einen Anschluss der Steckdose und mit einem Finger den metallischen Kontakt am Ende. Im Innern des Prüfers sind eine Glimmlampe und ein Widerstand (ungefähr 1 MΩ) in Reihe geschaltet. Liegt an der Steckdose eine Spannung an, fließt über den Spannungsprüfer und den Menschen ein sehr kleiner, ungefährlicher Strom. Er reicht aus, um die Glimmlampe zum Leuchten zu bringen.

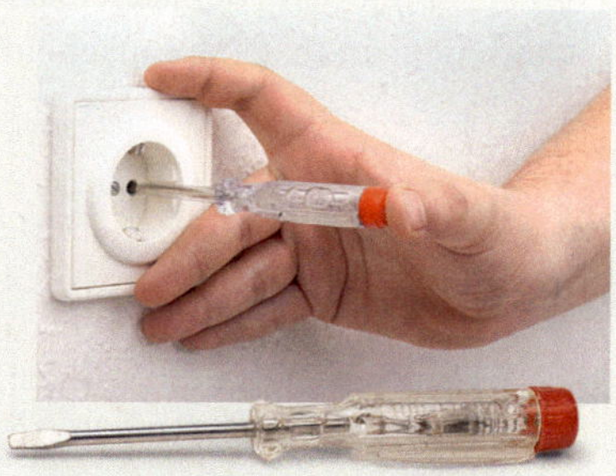

Aufgabe

1 Lass dir von deinen Eltern zeigen, wo sich in eurer Wohnung der Sicherungskasten befindet. Wie viele Stromkreise gibt es und wie sind diese abgesichert? Welche Art der Sicherung wird verwendet?

Aufgaben und Aufträge

Ohmsches Gesetz

1 Formuliere das ohmsche Gesetz.

2 Erläutere, warum das ohmsche Gesetz für einen Draht aus Konstantan gilt, für eine Glühlampe aber nicht.

3 In einem Experiment wurden für ein elektrisches Bauteil folgende Messwertepaare ermittelt:

U in V	0	1	2	3	4	5
I in A	0	0,14	0,21	0,29	0,33	0,37

a Stelle die Messwerte in einem *I*-*U*-Diagramm dar.
b Gilt hier das ohmsche Gesetz? Begründe.

4 Übertrage die Tabelle in dein Heft und ergänze die fehlenden Werte unter der Voraussetzung, dass das ohmsche Gesetz gilt:

U in V	0	4	12	?	?
I in mA	0	100	?	500	1000

Elektrischer Widerstand

5 Was gibt der elektrische Widerstand an?

6 Beschreibe mit einem Modell, wie der elektrische Widerstand in einem metallischen Leiter entsteht.

7 Ermittle aus dem Diagramm das Bauelement mit dem größten bzw. kleinsten elektrischen Widerstand. Begründe deine Entscheidung.

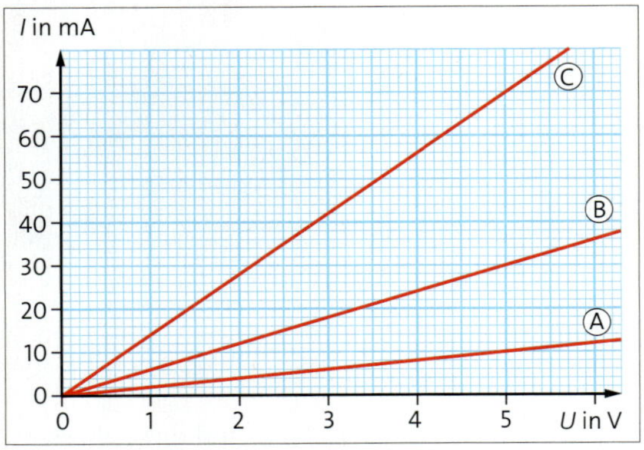

1

8 In einer Taschenlampe befindet sich eine Glühlampe mit den Angaben 6 V/1,2 W/0,2 A.
a Nenne die physikalischen Größen, die sich hinter diesen Angaben verbergen.
b Berechne den elektrischen Widerstand.

9 Eine Fahrradglühlampe mit dem Aufdruck 6 V hat einen Widerstand von 12 Ω. Welche Stromstärke fließt für diesen Fall durch die Lampe?

10 In einem Stromkreis befindet sich ein Widerstand von 20 Ω. Das Messgerät für die Stromstärke zeigt 800 mA an. Berechne die Spannung.

Widerstandsgesetz

11 Der spezifische elektrische Widerstand von Konstantan beträgt $0{,}5\,\frac{\Omega \cdot \text{mm}^2}{\text{m}}$.
Was bedeutet diese Angabe?

12 Erläutere, warum der Widerstand eines Drahts mit zunehmender Länge immer größer wird. Nutze das elektrische Leitungsmodell.

13 Ein Metalldraht hat einen Widerstand von 3,5 Ω. Wie groß ist der Widerstand eines Drahts aus demselben Material, …
a der 3-mal so lang ist.
b der die vierfache Querschnittsfläche hat.

14 Warum nutzt man für Stromkreise in Gebäuden fast ausschließlich Kupferkabel?

15 In der Mikroelektronik verwendet man zum Anschließen integrierter Schaltkreise feine Golddrähte. Erkläre.

16 Zum Anschluss seines Elektrorasenmähers verwendet Herr Lehmann eine 50 m lange, zweiadrige Verlängerungsschnur. Wie groß ist deren elektrischer Widerstand, wenn die Leitungen aus Kupferkabel mit einer Querschnittsfläche von 1,25 mm^2 bestehen?

17 Wie muss die Länge eines Drahts oder seine Querschnittsfläche verändert werden, damit sein elektrischer Widerstand verdoppelt, verzehnfacht oder halbiert wird?

Technische Widerstände

18 Eine LED soll mit einem Vorwiderstand an eine Spannungsquelle angeschlossen werden. Begründe, warum der Widerstand in Reihe zur LED geschaltet werden muss.

19 Eine Leuchtdiode (2,2 V/95 mA) soll an ein Netzteil (6 V) angeschlossen werden. Wie groß muss der dafür notwendige Vorwiderstand sein?

20 Für ein elektrisches Gerät wird ein Festwiderstand von 2,4 MΩ benötigt. Würdest du einen Draht- oder einen Schichtwiderstand verwenden? Begründe deine Entscheidung.

21 Erläutere die im Bild ▸ 2 dargestellte Helligkeitsregelung der Glühlampe.

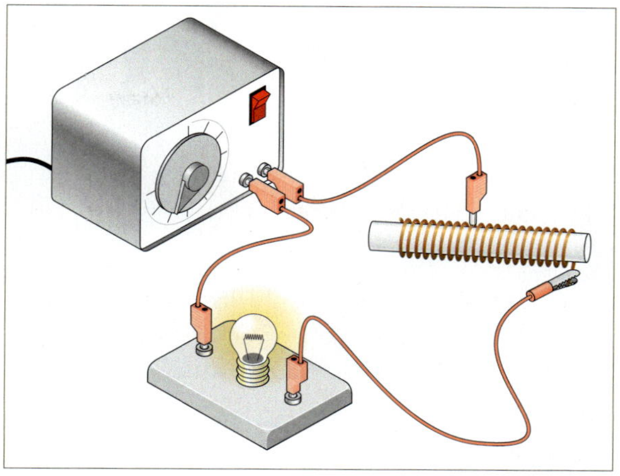

2

Überblick

Ohmsches Gesetz Bei konstanter Temperatur gilt für ein und denselben Leiter: Die Stromstärke ist der Spannung direkt proportional ($I \sim U$, wenn $\vartheta = \text{konstant}$).
Dass für einen Leiter das ohmsche Gesetz gilt, ist gleichbedeutend damit, dass sein Widerstand konstant ist.

Der elektrische Widerstand Der elektrische Widerstand gibt an, wie stark der Elektronenstrom von einem Bauelement gehemmt wird.

Formelzeichen: R

Einheit: Ohm (Ω), Kiloohm (kΩ), Megaohm (MΩ)

Widerstandsgesetz Der spezifische elektrische Widerstand eines Stoffs gibt an, wie groß der elektrische Widerstand eines Leiters aus diesem Material bei einer Länge von 1 m und einer Querschnittsfläche von 1 mm^2 ist. Die Konstante ρ hängt nur vom Material des Leiters ab.

Formelzeichen: ρ (Rho)

Einheit: $\frac{\Omega \cdot mm^2}{m}$

Für den elektrischen Widerstand eines Leiters mit der Länge l und der Querschnittsfläche A gilt: $R = \rho \cdot \frac{l}{A}$.

Widerstand R und Länge l sind einander direkt proportional: $R \sim l$, wenn Querschnittsfläche und Material konstant sind.
Widerstand R und Querschnittsfläche A sind umgekehrt proportional:

$R \sim \frac{1}{A}$, wenn Länge und Material konstant sind.

Leitungsvorgänge

1 Lebensgefahr!

Flüssigkeiten Bei einem Gewitter sollte man im Schwimmbad nicht mehr ins Wasser gehen. In der Badewanne ist es nicht ratsam, sich schon die Haare zu föhnen. Hintergrund dieser Warnungen ist die Tatsache, dass auch Flüssigkeiten unter bestimmten Bedingungen den elektrischen Strom leiten. Im Wasser gelöste Stoffe bilden positiv oder negativ geladene Ionen, die als Ladungsträger für den Leitungsvorgang zur Verfügung stehen.

Die Leitfähigkeit des salzhaltigen Meerwassers wird für die Übertragung elektrischer Energie genutzt. Bei der Hochspannungs-Gleichstrom-Übertragung verwendet man häufig nur einpolige Kabel. Die Rückleitung erfolgt über das Meerwasser. Solche Stromtrassen gibt es z. B. zwischen Dänemark und Norwegen und zwischen Deutschland und Schweden. Fließt der Strom durch das Salzwasser, bildet sich durch chemische Prozesse giftiges Chlorgas. Um das zu verhindern, verwendet man bei der im Bau befindlichen Hochspannungsleitung „Nordlink“ zwischen Deutschland und Norwegen zwei Kabel (Hin- und Rückleitung).

2 Starkstromleitung „Nordlink“

3 Modernes Seekabel

4 Seekabel in der Ostsee

5 Seekabel wird verlegt.

6 Leuchtreklame

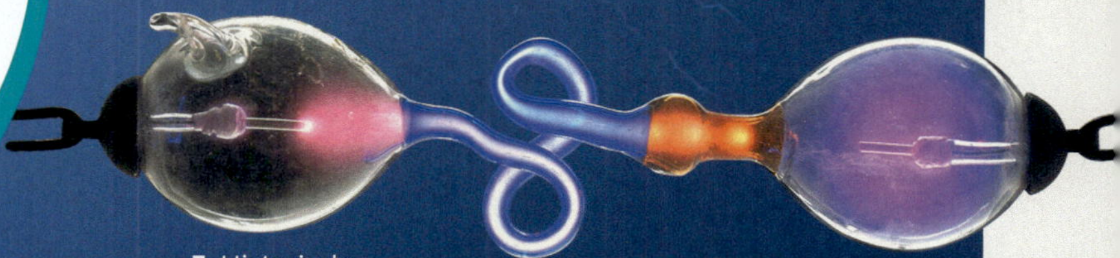

7 Historische Gasentladungsröhre

8 Leuchtstofflampe

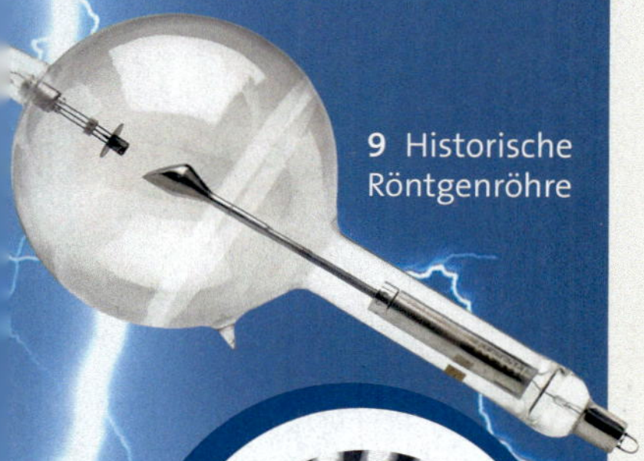

9 Historische Röntgenröhre

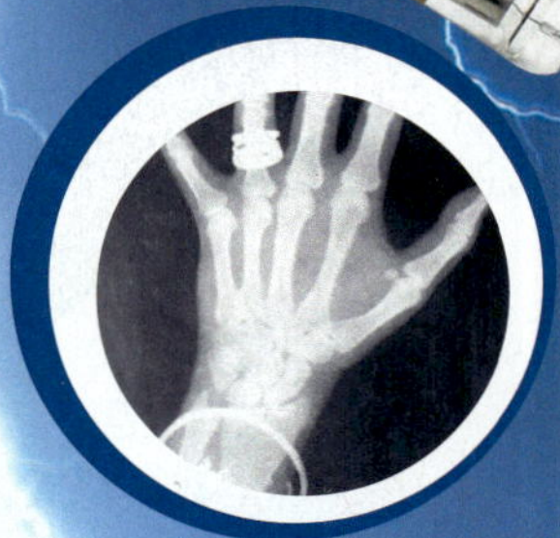

Gase Sie bestehen aus elektrisch neutralen Atomen oder Molekülen. Für einen Stromfluss fehlen die frei beweglichen Ladungsträger. Durch Zufuhr von Energie (Wärme, Licht oder radioaktive Strahlung) kann ein Gas ionisiert werden. Dann stehen positive Ionen und freie Elektronen für den Leitungsvorgang zur Verfügung. Liegt dann eine hohe Spannung an, bewegen sich die Ladungsträger durch das Gas und stoßen dabei mit den Gasatomen oder Molekülen zusammen. Diese werden dadurch ebenfalls ionisiert und geben dabei Energie in Form von Licht ab. In der Natur kann man diesen Vorgang bei einem Gewitter als Blitz beobachten.

Vakuum Einen stoffleeren Raum bezeichnet man als Vakuum. In ihm sind keine Ladungsträger vorhanden. Damit kann auch kein Strom fließen. Die Ladungsträger müssen erst in das Vakuum hineingebracht werden.
Glühende Metallelektroden geben Elektronen ab. In Röntgen-, Elektronen- oder Elektronenstrahlröhren wird dieser Effekt genutzt, um Ladungsträger ins Vakuum zu bringen. Bei angelegter Spannung können sich die Elektronen dort ungehindert bewegen. In Röhrenradios und in den Bildröhren von alten Fernsehgeräten oder Monitoren wurden solche Röhren eingesetzt.

10 Fernsehbildröhre

11 Röhrenradio

12 Röhre

Münzprüfer

In einem Automaten werden die eingeworfenen Münzen mehrfach geprüft. Dabei wird meist als Erstes ihre elektrische Leitfähigkeit ermittelt: Bei der angelegten Spannung muss ein bestimmter Strom fließen. Ist das nicht der Fall, wird die Münze wieder ausgeworfen. ▸ 2

1

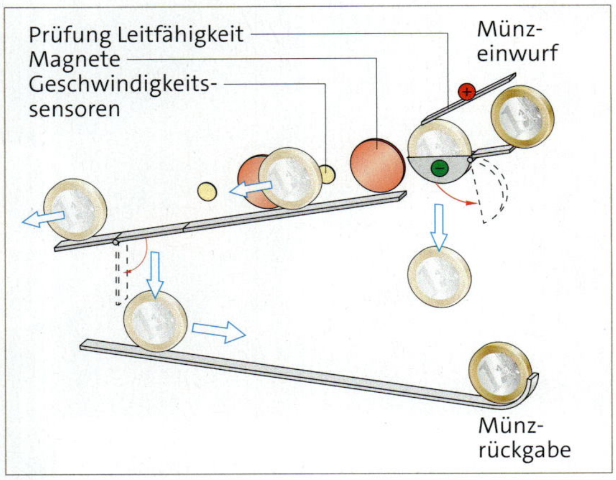

2

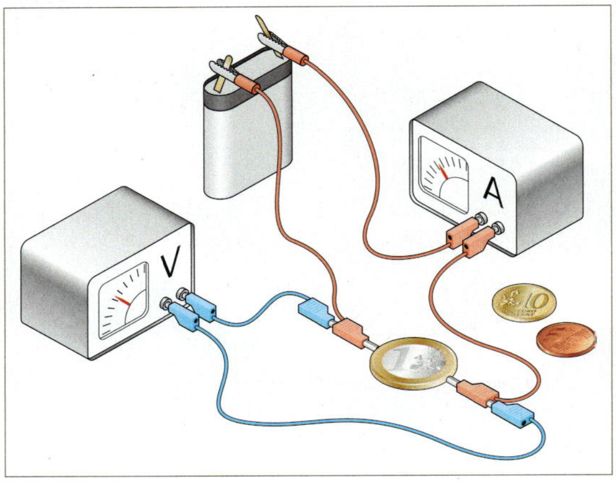

3

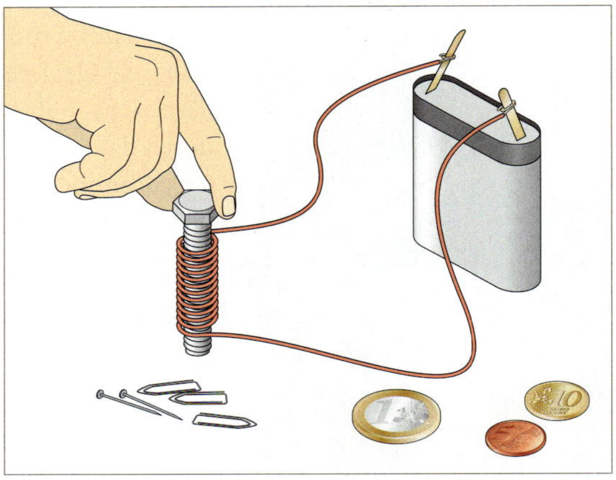

4

Aufträge

Leitfähigkeit

1 Die elektrische Leitfähigkeit ist der Kehrwert des elektrischen Widerstands. Sie ist also umso größer, je kleiner der elektrische Widerstand ist. Ermittle die elektrischen Widerstände und die Leitfähigkeit der einzelnen Münzen. ▸ 3

Die Leitfähigkeit der Münzen unterscheiden sich teilweise nur geringfügig. Deswegen durchläuft die eingeworfene Münze noch weitere Prüfverfahren.

Magnetische Wirkung

2 In dem Automaten rollen die Münzen dann an einem Elektromagneten vorbei. Sensoren erfassen, ob die Münzen vom Magneten abgebremst werden.

Baue einen einfachen Elektromagneten. Wickle dazu einen isolierten Kupferdraht auf einen ca. 8 cm langen Nagel oder eine Schraube. Entferne die Isolation an den Drahtenden und schließe diese an eine Flachbatterie (4,5 V) an. Teste deinen Magneten mit einer Büroklammer.

Überprüfe für die verschiedenen Münzen, ob diese vom Magneten angezogen werden. Beschreibe die Stärke der Wirkung des Magneten auf die jeweilige Münze. ▸ 4

In den meisten Automaten werden noch weitere Eigenschaften der Münzen wie Masse, Durchmesser oder Dicke geprüft. Stimmen die ermittelten Werte in einem Test nicht mit den Sollwerten überein, wird die Münze nicht angenommen.

Testaufgaben
zu „Stromstärke, Spannung, Widerstand und Leistung“

1 Erkläre mithilfe des Modells der Elektronenleitung die Größe elektrische Stromstärke.

2 Erläutere, warum das Stromnetz eines Hauses als Parallelschaltung aufgebaut ist.

3 Bei einem Experiment mit einem elektrischen Bauteil werden folgende Werte gemessen:
$U = 24\,V$, $I = 50\,mA$.
Wie groß ist die Leistung des Bauteils?
Berechne auch die benötigte elektrische Energie im Laufe eines Jahres.

4 Welche Messwerte würde man an den gekennzeichneten Messgeräten ablesen?

a

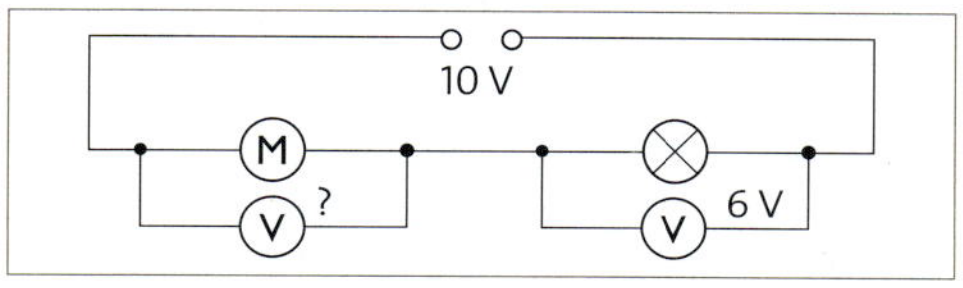

b

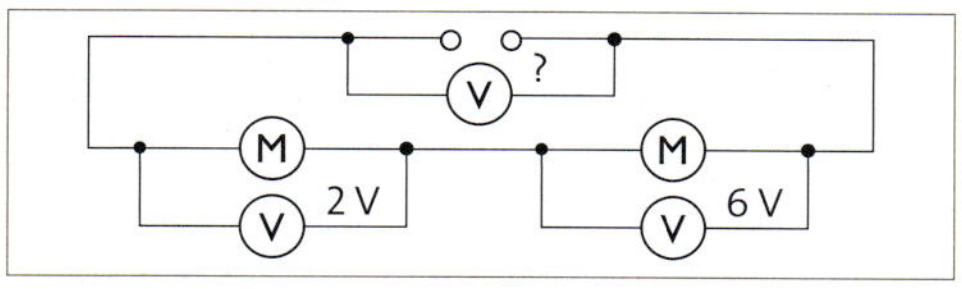

c

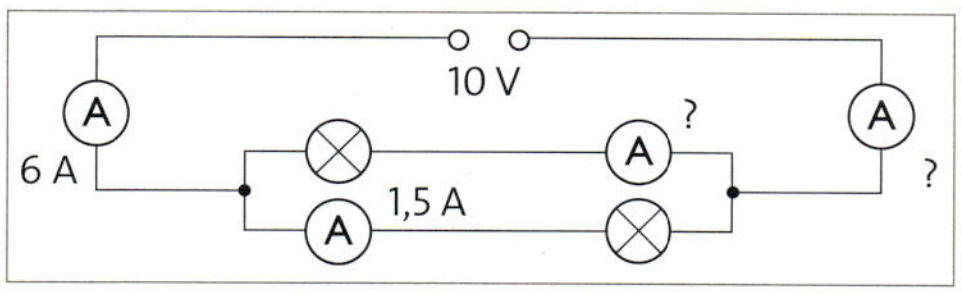

5 Wenn sich Elektronen durch ein Metall bewegen, wechselwirken sie mit Metallionen und geben Energie ab. Welche Folge hat das für den Leiter?

6 Das *I*-*U*-Diagramm einer Glühlampe sieht wie folgt aus:

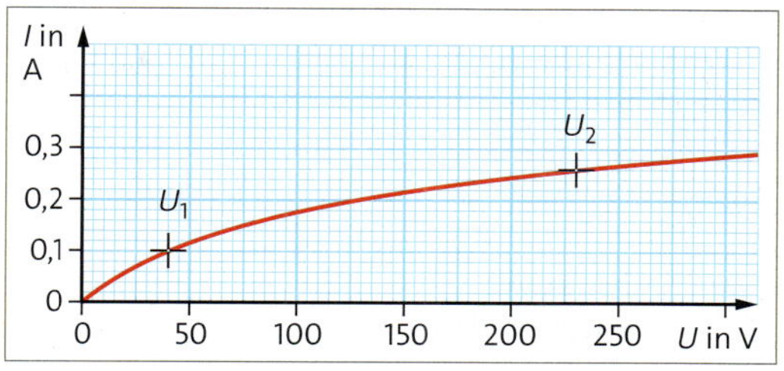

a Gilt hier das ohmsche Gesetz? Begründe deine Antwort.

b Bestimme Widerstand und Leistung bei $U_1 = 40\,V$ und bei $U_2 = 230\,V$.

7 An verschiedene Metalldrähte wurde eine Spannung angelegt und die zugehörige Stromstärke gemessen. Berechne die Widerstände.

	Draht 1	Draht 2	Draht 3
U in V	3,0	5,0	6,0
I in A	1,20	0,20	0,27

8 Ein 25 m langes Verlängerungskabel besteht aus zweiadrigem Kupferdraht mit einem Querschnitt von jeweils $1{,}2\,mm^2$. Berechne den elektrischen Widerstand des Kabels.

9 Die Stromkreise einer Wohnung oder eines Hauses sind alle einzeln mit einer Sicherung versehen. Warum genügt es nicht, alle Stromkreise gemeinsam mit einer Sicherung im Hausanschluss abzusichern?

Aufgabe	Fähigkeit	Hilfe auf Seite ...
1	Die Größe elektrische Stromstärke in einem Modell erläutern.	220
2, 4, 9	Gesetzmäßigkeiten in Stromkreisen anwenden	222 ff.
3	Elektrische Leistung und Energie berechnen	226 ff.
5	Den elektrischen Widerstand im Modell beschreiben und erklären.	244 ff.
6	Das ohmsche Gesetz erläutern und anwenden	240 ff.
7, 8	Elektrische Widerstände berechnen	244 ff., 248 ff.

▸ Die Lösungen findest du auf Seite 267.

Anhang

Lösungen der Testaufgaben

Thermisches Verhalten von Körpern (Seite 69)

1 Die Temperatur gibt an wie warm oder kalt ein Körper ist.
Formelzeichen: ϑ
Einheit: °C
Messgerät: Thermometer

2

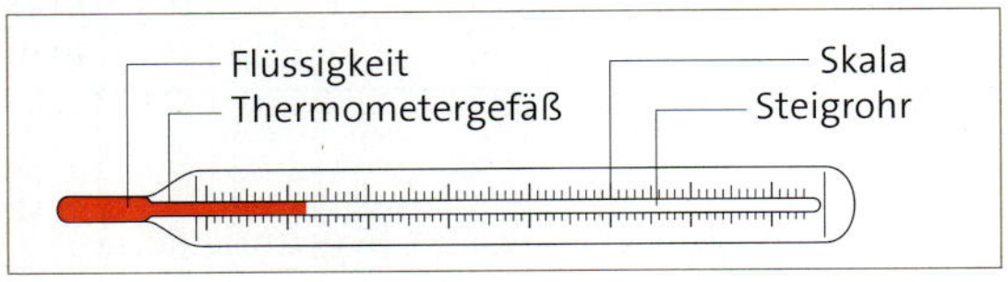

3 Der absolute Nullpunkt ist die tiefste mögliche Temperatur. Sie beträgt –273,15 °C. Auf der Kelvinskala werden absolute Temperaturen angegeben.

4

ϑ in °C	10	–30	100	*–258*	*–73*
T in K	*283*	*243*	*373*	15	200

5

ϑ_{Anf}	15 °C	50 K	–5 °C	150 K
ϑ_{End}	37 °C	180 K	25 °C	–90 °C
ΔT	*22 K*	*130 K*	*30 K*	*33 K*

6 Wird ein Körper erwärmt, vergrößert sich sein Volumen. Bei festen Körpern hängt die Volumenvergrößerung nicht nur von der Temperaturerhöhung und der Größe des Anfangsvolumens ab, sondern auch vom Stoff, aus dem der Körper besteht. Die meisten Flüssigkeiten verhalten sich auch so: Die Volumenvergrößerung ist von der Temperaturerhöhung, vom Anfangsvolumen und dem Stoff abhängig. Alle Gase verhalten sich bei gleicher Temperaturerhöhung gleich. Der Stoff spielt keine Rolle.

7 Brücken und alle Straßen vergrößern ihr Volumen bei Erwärmung und ziehen sich bei Abkühlung wieder zusammen.

8 In Warmwasserheizungen vergrößert sich das Volumen der Flüssigkeit bei Erwärmung. Durch Ausgleichsgefäße wird dafür der notwendige Raum bereitgestellt.
Thermometer sind auch mit Flüssigkeiten gefüllt. Diese vergrößern ihr Volumen beim Erwärmen, die Flüssigkeit steigt im Anzeigeröhrchen nach oben. Man kann nicht jedes Flüssigkeitsthermometer für alle Messungen nehmen, sondern muss den Temperaturbereich beachten. Z. B. kann man mit einem Fieberthermometer keine Temperaturen im Kühlschrank messen. Es eignet sich aber auch nicht, um die Siedetemperatur des Wassers zu bestimmen.

9 Man zieht einen Luftballon über eine leere Glasflasche und verschließt sie dadurch. Dann erwärmt man die Glasflasche im Wasserbad oder auf dem Heizkörper. Beim Erwärmen dehnt sich die Luft in der Flasche aus und der Luftballon verändert seine Form. Ursache ist die Vergrößerung des Luftvolumens beim Erwärmen.
Man legt eine Münze auf den feuchten Rand einer leeren Glasflasche. Erwärmt man die Flasche mit den Händen, vergrößert sich das Luftvolumen. Die Luft entweicht aus der Flasche. Dabei bewegt sich die Münze.

10 Unter Anomalie des Wassers versteht man das sonderbare Verhalten des Wassers. Bei 4 °C hat Wasser sein kleinstes Volumen. Bei Temperaturen oberhalb von 4 °C ist das Volumen größer. Auch bei Temperaturen unterhalb von 4 °C nimmt das Volumen wieder zu.

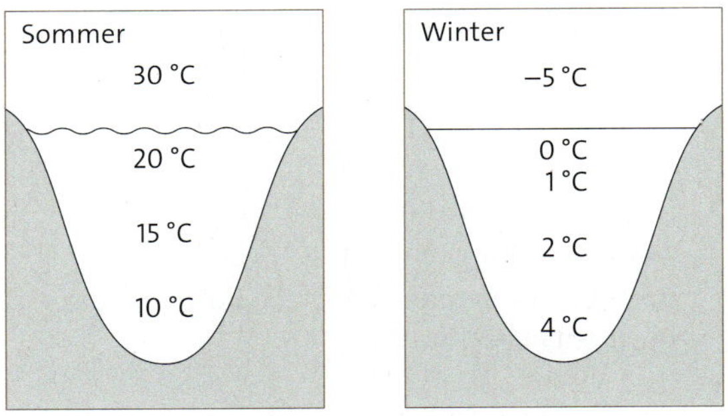

11 Der Fahrdraht aus Metall ändert je nach Außentemperatur seine Länge. Die Betonscheiben heben oder senken sich, damit der Draht immer straff gespannt ist. Dehnt der Draht sich im Sommer bei hohen Temperaturen aus, werden die Betonscheiben nach unten abgesenkt. Bei niedrigen Temperaturen im Winter heben sich die Scheiben nach oben, da der Draht dann kürzer ist.

Wechselwirkung und Kraft (Seite 99)

1 a Beispiele: Tennis, Volleyball
Sobald der Ball auf den Schläger trifft, wechselwirken Ball und Schläger so, dass sich beim Ball die Geschwindigkeit und/oder die Richtung ändern.
b Beispiele: Töpfern, Kneten
Hier wechselwirken die Hand und der Ton bzw. die Knete. Diese Kraft bewirkt eine Formänderung.
c Beispiele: Tennisball auf Tennisschläger, Stabhochsprung
Wechselwirken der Ball und der Schläger, ändert sich sowohl die Form der gespannten Sehne auf der Schlägerfläche als auch die Form des Balls, gleichzeitig ändert sich auch die Bewegung von Ball und Schläger.
Beim Stabhochsprung wechselwirken Sportler und Stab miteinander. Der Stab ändert seine Form und der Sportler seine Bewegung.

2 Federkraftmesser 1: 0,2 N
Federkraftmesser 2: 0,2 N

3
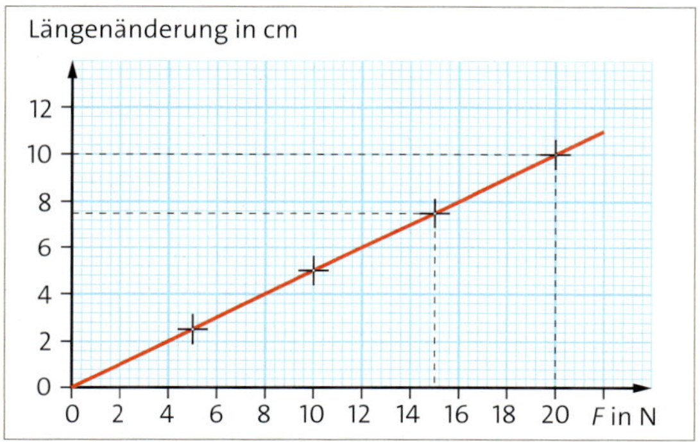

F in N	0	5	10	15	20
Längenänderung in cm	0	2,5	5,0	7,5	10

4 a 0,01 N
b 2,5 N
c 10 N
d 25 N
e 200 N
f 75 000 N = 75 kN
g 2 750 000 N

5 Eine Änderung der Bewegung liegt vor, wenn sich die Geschwindigkeit oder die Bewegungsrichtung ändert.
a keine Änderung der Bewegung
b Änderung der Bewegung

6 a Kräftegleichgewicht, da sich das Buch in Ruhe befindet und sich dieser Zustand nicht ändert
b kein Kräftegleichgewicht, da sich die Geschwindigkeit verändert
c Kräftegleichgewicht, da keine Änderung der Bewegung erfolgt

7 Am Anfang ist die Geschwindigkeit niedrig. Damit ist auch die Luftreibung klein. Mit zunehmender Geschwindigkeit wird auch die Luftreibung größer. Die Geschwindigkeit wird so lange größer, bis sich ein Kräftegleichgewicht zwischen Gewichtskraft und Reibungskraft eingestellt hat. Wenn sich der Fallschirm entfaltet, wird die Luftreibungskraft schlagartig größer und der Fallschirm wird gebremst. Der Fallschirm wird so lange abgebremst, bis sich ein neues Kräftegleichgewicht zwischen Luftreibung und Gewichtskraft eingestellt hat.

8 a Die geringste Verlängerung gehört zur härtesten Feder, also zu der Feder, die bis 100 N misst. Die größte Verlängerung (10 cm) gehört zur weichsten Feder, also zu der, die bis 1 N misst. Die Verlängerung von 1 cm gehört also zur Feder, die bis 10 N misst.
b Der Kraftmesser mit dem Messbereich 0 N bis 100 N hat die härteste Feder.

Mechanische Energie und Arbeit (Seite 157)

1 Jeder Körper, der mechanische Arbeit verrichten kann, Licht oder Wärme abgibt, besitzt Energie.

2

Beispiel	Energieform
fliegender Pfeil	kinetische Energie
Bergsteiger auf dem Gipfel	potenzielle Energie
glühendes Stück Eisen	thermische Energie
Grünfutter im Trog	chemische Energie

3 Fossile Energieträger haben sich über einen sehr großen Zeitraum durch Ablagerung organischer Stoffe gebildet. Ihr Vorrat ist begrenzt. Regenerative Energieträger sind immer wieder erneuerbar. Sie stehen zeitlich unbegrenzt zur Verfügung.
fossile Energieträger: Erdöl, Erdgas, Kohle
regenerative Energieträger: Wasser, Wind

4 Der Vorrat an fossilen Energieträgern ist zeitlich begrenzt. Um den wachsenden Energiebedarf der Menschen zu decken, muss man neue, regenerative Energieträger erschließen und nutzen.

5 a elektrische Energie in thermische Energie
b mechanische Energie in thermische Energie
c chemische Energie in Licht und thermische Energie

6 chemische Energie (Muskeln) → kinetische Energie (Fahrrad und Dynamo) → elektrische Energie → Lichtenergie
Die Lichtenergie wird an die Umwelt abgegeben.

7

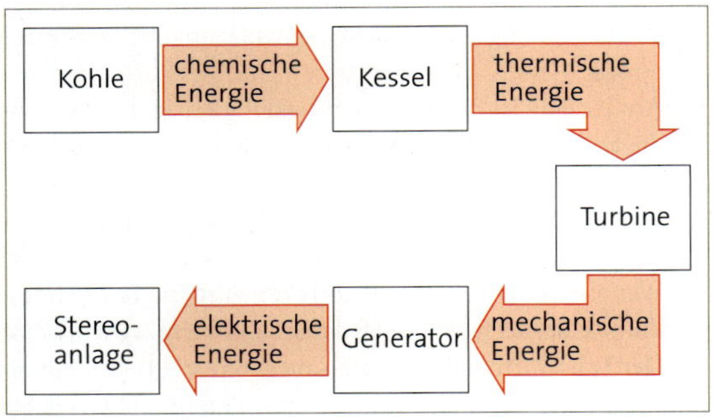

8 Energie kann weder neu geschaffen noch vernichtet werden. Sie kann sich nur in andere Energieformen umwandeln oder von einem Körper auf einen anderen übertragen werden.

9 Mechanische Arbeit wird verrichtet, wenn ein Körper durch eine Kraft entlang eines Wegs bewegt oder verformt wird.

10 Mit kraftumformenden Einrichtungen kann man die Richtung und/oder den Betrag einer Kraft sowie den Angriffspunkt der Kraft verändern.

11 Man muss mit einer Kraft von 450 N ziehen.

12 Paul muss sich auf den Platz mit 2 m Abstand und Ronja auf den Platz mit 2,5 m Abstand setzen.

13 Die Last darf maximal 70 kg (700 N) betragen.

14 **a** Man bringt die Getränke zuerst in den 2. Stock und dann vom 2. in den 4. Stock. Für beide Teilaktionen ist gleich viel Energie nötig. Für den gesamten Transport ist also doppelt so viel Energie nötig, wie für das Heben in den 2. Stock.
b Man benötigt das Dreifache an Energie.
c Die in 3 Kästen im 1. Stock gespeicherte Energie ist genauso groß wie die in einem Kasten im 3. Stock.
Für 2 Kästen im 3. Stock braucht man also doppelt so viel Energie wie für drei Kästen im 1. Stock.
d Beispiele: 6 Kisten im 1. Stock, 2 Kisten im 3. Stock
e Lageenergie: $E_{pot} = 3600\,N \cdot 10{,}50\,m = 37\,800\,J = 37{,}8\,kJ$

Thermische Energie und Wärme (Seite 185)

1 Natürliche Wärmequellen: Geysire, Vulkane, Sonne, Holzfeuer
Künstliche Wärmequellen: Heizplatte, Kerzenflamme, Öllampe

2 Thermische Energie ist die Fähigkeit eines Körpers, Wärme an die kältere Umgebung abzugeben.
Formelzeichen: E_{therm}, Einheit: J
Die Wärme gibt an, wie viel thermische Energie von einem Körper auf einen anderen übertragen wird.
Formelzeichen: Q, Einheit: J

3 Wärmeleitung, Wärmeströmung, Wärmestrahlung
Erwünscht: Wärmeübertragung von der Heizplatte auf den Kochtopf und auf die Speisen; Wärmeübertragung vom Heizkörper an die Zimmerluft
Unerwünscht: Wärmeabgabe eines Hauses an die Umgebung; Erwärmen der Topfgriffe, Wärmeabgabe des menschlichen Körpers im Winter an die umgebende Luft

4 **a** Die Behinderung der Wärmeübertragung heißt Wärmedämmung.
b Wolle, Federn, Mineralwolle, Luft, Styropor

5 Glatte, metallisch glänzende Oberflächen reflektieren Wärmestrahlung sehr gut. Durch diese Reflektion werden die Feuerwehrmänner vor zu hohen Temperaturen geschützt.

6 fest, flüssig, gasförmig

7 **a** Schmelzen
b Verdampfen
c Erstarren
d Kondensieren

8 Verdampfen erfolgt bei der Siedetemperatur, Verdunsten passiert unterhalb der Siedetemperatur.

9 Beim Mischen von warmem und kaltem Wasser werden schnelle und langsame Teilchen zusammengebracht. Durch gegenseitige Stöße tauschen sie kinetische Energie aus und nähern sich einer mittleren Geschwindigkeit, die einer Temperatur entspricht, die zwischen den Ausgangstemperaturen liegt.

10 **a** In den ersten fünf Minuten wird die Temperatur des Wassers und der Kartoffeln erhöht, bis sie 100 °C erreicht haben. Dann steigt die Temperatur nicht mehr an.
Es erfolgt die Aggregatzustandsänderung des Wassers vom flüssigen in den gasförmigen Aggregatzustand.
b Man kann die Gasflamme kleiner stellen, weil es zu keiner Temperaturerhöhung mehr kommen kann. Es muss nur noch die Temperatur gehalten werden. Das geht mit weniger Wärmezufuhr.

11 Im festen Körper bestehen zwischen den Teilchen feste Bindungen. Um diese Bindungen zu lösen („aufzubrechen“) ist Energie erforderlich.

12 Kondensieren: In einer Cappuccino-Maschine wird Milch erwärmt und aufgeschäumt, indem heißer Dampf hindurchgeleitet wird.
Erstarren: Blüten von Obstbäumen werden eingesprüht, damit sie nicht einfrieren.

Elektrischer Strom und elektrische Ladung (Seite 215)

1 offene Aufgabenstellung

2 Bei Nichtbeachtung kann es zu einem Elektrounfall kommen.

3 Stoffe, die den elektrischen Strom nicht leiten, bezeichnet man als Isolatoren.
Beispiele: Glas, Kunststoffe; Luft, trockenes Holz

4

Toaster	Wärmewirkung
Leuchtdiode	Lichtwirkung
Elektromotor	magnetische Wirkung
Computermonitor	Lichtwirkung
Lautsprecher	magnetische Wirkung
Wasserkocher	Wärmewirkung
Föhn	Wärmewirkung
Glühlampe	Lichtwirkung

5

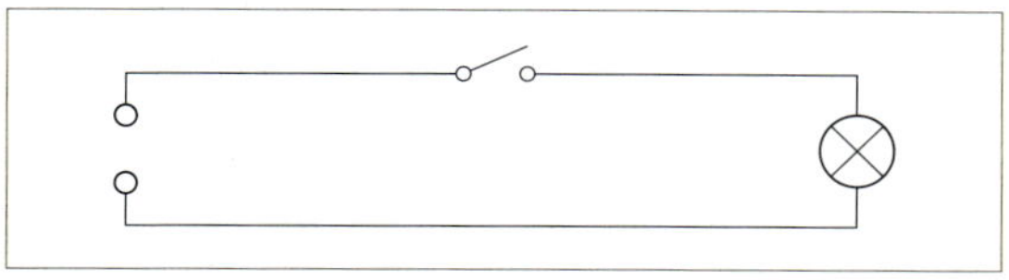

6 Durch die Überlastung des Stromkreises des Kinderzimmers wurde die Sicherung ausgelöst und damit der Stromkreis unterbrochen.

7 **a** Parallelschaltung (verzweigter Stromkreis)
b einfacher Stromkreis
c Reihenschaltung (unverzweigter Stromkreis)

8 Durch die Parallelschaltung können elektrische Geräte unabhängig voneinander betrieben werden.

9 Der Körper wird mit einer Glimmlampe berührt. Sind elektrische Ladungen vorhanden, erfolgt ein Ladungsaustausch zwischen Hand und Körper. Die Glimmlampe leuchtet kurz auf. Sind keine Ladungen vorhanden, leuchtet die Lampe nicht.
Man führt den Körper an ein Elektroskop. Ist der Körper elektrisch geladen, werden diese Ladungen auf das Zeigersystem übertragen und der Zeiger schlägt aus.

Stromstärke, Spannung, widerstand und Leistung (Seite 263)

1 Die elektrische Stromstärke gibt an, wie viele Elektronen pro Sekunde durch den Querschnitt eines Leiters fließen.

2 Durch die Parallelschaltung liegt an jeder Steckdose im Haushalt die gleiche Spannung (230 V) an.

3 $P = 24\,\text{V} \cdot 0{,}05\,\text{A} = 1{,}2\,\text{W}$
$E = P \cdot t = 1{,}2\,\text{W} \cdot 365 \cdot 24 \cdot 3600\,\text{s} = 37{,}84\,\text{MJ}$

4 **a** $U = 4\,\text{V}$
b $U = 8\,\text{V}$
c $I_1 = 4{,}5\,\text{A}$; $I = 6\,\text{A}$

5 Die Bewegungsenergie der Elektronen wird kleiner, sie wird in thermische Energie umgewandelt. Der elektrische Leiter erwärmt sich.
Die Anzahl der Elektronen, die pro Zeiteinheit durch den Querschnitt des Leiters transportiert wird und somit die elektrische Stromstärke, wird begrenzt.

6 **a** Das ohmsche Gesetz gilt für eine Glühlampe nicht.
Die Spannung U und die Stromstärke I sind nicht direkt proportional zueinander. Der Graph im I-U-Diagramm ist keine Gerade durch den Koordinatenursprung.
b $U_1 = 40\,\text{V}$ und $I_1 = 0{,}1\,\text{A}$
$U_2 = 230\,\text{V}$ und $I_2 = 0{,}26\,\text{A}$
$R = U/I$; $R_1 = 400\,\Omega$; $R_2 = 885\,\Omega$
$P = U \cdot I$; $P_1 = 4\,\text{W}$; $P_2 = 60\,\text{W}$

7 $R_1 = 2{,}5\,\Omega$; $R_2 = 25\,\Omega$; $R_3 = 22{,}2\,\Omega$

8 Länge $l = 2 \cdot 25\,\text{m} = 50\,\text{m}$

$$\rho_{Cu} = 0{,}0017\,\frac{\Omega \cdot \text{mm}^2}{\text{m}}$$

$$R = \rho \cdot \frac{l}{A} = 0{,}07\,\Omega$$

9 Die Stromkreise in einem Haushalt sind parallel zueinander geschaltet. Eine einzige Sicherung am Hausanschluss würde beim Überschreiten der zulässigen Stromstärke alle Verbraucher gleichzeitig ausschalten. Damit aber nur der Stromkreis mit den defekten Gerät unterbrochen wird, muss jeder Teilstromkreis extra abgesichert werden.

Auswahl physikalischer Größen und ihrer Einheiten

Größe	Formelzeichen	Einheit		Weitere Einheiten		Beziehung	
Temperatur	ϑ T	Grad Celsius Kelvin	°C K				0 °C = 273 K 100 °C = 373 K
Länge Weg	l s	Meter	m	Seemeile Zoll	sm	1 sm 1 Zoll	= 1852 m = 2,54 cm
Volumen	V	Kubikmeter	m^3	Liter	ℓ	1 ℓ	$= 1\,dm^3 = 0{,}001\,m^3$
Masse	m	Kilogramm	kg	Tonne	t	1 t	= 1000 kg
Dichte	ρ	Kilogramm durch (pro) Kubikmeter	$\frac{kg}{m^3}$	Gramm durch Kubikzentimeter	$\frac{g}{cm^3}$	$1\frac{g}{cm^3}$	$= 1000\frac{kg}{m^3}$
Zeit	t	Sekunde	s	Minute Stunde Tag Jahr	min h d a	1 min 1 h 1 d 1 a	= 60 s = 60 min = 3600 s = 24 h = 86 400 s = 365 d
Geschwindigkeit	v	Meter je Sekunde	$\frac{m}{s}$	Kilometer je Stunde	$\frac{km}{h}$	$1\frac{km}{h}$	$= \frac{1}{3{,}6}\frac{m}{s}$
Kraft	F	Newton	N	Kilonewton	kN	1 kN	= 1000 N
Arbeit	W	Joule	J	Newtonmeter Kilojoule	Nm kJ	1 N·m 1 kJ	= 1 J = 1000 J
Leistung	P	Watt	W	 Kilowatt Megawatt Pferdestärke	 kW MW PS	1 W 1 kW 1 MW 1 PS	$= 1\frac{J}{s} = 1\frac{N \cdot m}{s}$ = 1000 W = 1 000 000 W = 735,5 W
Spannung	U	Volt	V	Kilovolt Millivolt	kV mV	1 kV 1 mV	= 1000 V = 0,001 V
Stromstärke	I	Ampere	A	Milliampere	mA	1 mA	= 0,001 A
Energie	E	Joule	J	Wattsekunde Kilowattstunde Kilokalorie	W·s kW·h kcal	1 W·s 1 kW·h 1 kcal	= 1 J = 3,6 MJ = 4186,6 J
Elektrischer Widerstand	R	Ohm	Ω	 Kiloohm Megaohm	Ω kΩ MΩ	1 Ω 1 kΩ 1 MΩ	$1\,\Omega = \frac{1\,V}{1\,A}$ = 1000 Ω = 1 000 000 Ω
Druck	p	Pascal	Pa	 Kilopascal Hektopascal Megapascal Bar	 kPa hPa MPa bar	1 Pa 1 kPa 1 hPa 1 MPa 1 bar	$= 1\frac{N}{m^2}$ = 1000 Pa = 100 Pa = 1 000 000 Pa $= 10\frac{N}{cm^2}$
Wärme	Q	Joule	J	Kilojoule Megajoule	kJ MJ	1 kJ 1 MJ	= 1000 J = 1 000 000 J
thermische Energie	E_{therm}	Joule	J	Kilojoule Megajoule	kJ MJ	1 kJ 1 MJ	= 1000 J = 1 000 000 J

Größe	Begriffserklärung	Messgerät
Temperatur	Die Temperatur gibt an, wie warm oder wie kalt ein Körper ist.	Thermometer
Länge Weg	Die Länge gibt die Entfernung zwischen zwei Punkten an.	Lineal
Volumen	Das Volumen gibt an, wie groß der Raum ist, den ein Körper einnimmt.	Messzylinder für Flüssigkeiten
Masse	Die Masse gibt an, wie schwer ein Körper ist.	Waage
Dichte	Der Quotient aus Masse und Volumen eines Körpers ist die Dichte. Die Dichte gibt an, welche Masse $1 m^3$ eines Stoffes hat.	
Zeit	Die Zeit gibt an, wie lange ein Vorgang dauert.	Uhr
Geschwindigkeit	Die Geschwindigkeit gibt an, wie schnell oder langsam sich ein Körper bewegt.	Tachometer
Kraft	Die Kraft gibt an, wie stark zwei Körper aufeinander einwirken.	Federkraftmesser
Arbeit	Mechanische Arbeit wird verrichtet, wenn ein Körper durch eine Kraft entlang eines Weges bewegt oder verformt wird.	
Leistung	Die mechanische Leistung gibt an, wie schnell die mechanische Arbeit verrichtet wird. Die elektrische Leistung gibt an, wie viel Arbeit der elektrische Strom in einer Sekunde verrichtet bzw. wie viel elektrische Energie in andere Energieformen umgewandelt wird.	
Spannung	Die elektrische Spannung gibt die Stärke des Antriebs der elektrischen Ladungen an.	Spannungsmesser
Stromstärke	Die elektrische Stromstärke gibt an, wie viele Ladungen in einer Sekunde durch den Querschnitt eines Leiters fließen.	Stromstärkemesser
Energie	Energie ist die Fähigkeit eine Maschine anzutreiben, Wärme abzugeben oder Licht auszusenden.	
Elektrischer Widerstand	Der elektrische Widerstand gibt an, wie stark der elektrische Strom von einem Bauelement gehemmt wird.	
Druck	Der Druck ist ein Zustand, der das Gepresstsein eines Gases oder einer Flüssigkeit kennzeichnet. Der Auflagedruck gibt an, wie groß die Kraft ist, die senkrecht auf eine bestimmte Fläche wirkt.	Manometer Barometer
Wärme	Die Wärme gibt an, wie viel thermische Energie von einem Körper auf einen anderen übertragen wird.	
thermische Energie	Thermische Energie ist die Fähigkeit eines Körpers, Wärme an die kältere Umgebung abzugeben.	

Farbcode für Festwiderstände

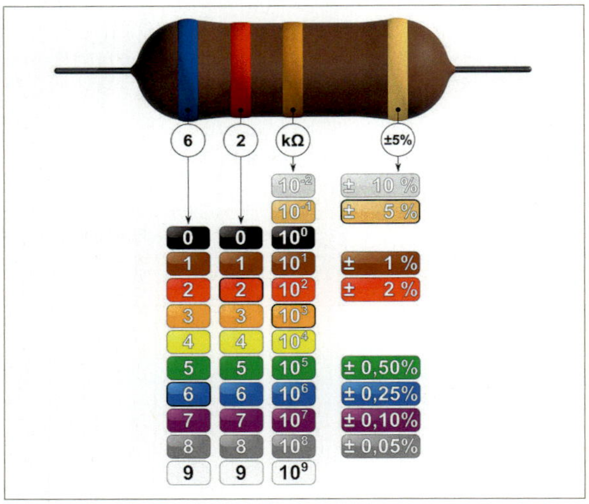

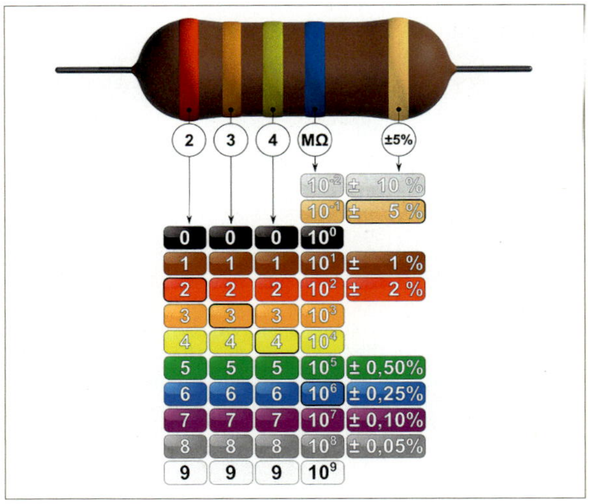

Spezifischer Widerstand ρ (bei 20 °C)

Material	ρ in $\frac{\Omega \cdot mm^2}{m}$	Material	ρ in $\frac{\Omega \cdot mm^2}{m}$
Silber	0,016	Zinn	0,12
Kupfer	0,017	Blei	0,21
Gold	0,020	Konstantan	0,50
Aluminium	0,027	Quecksilber	0,96
Wolfram	0,055	Graphit	8,0
Platin	0,11	Kohle	50–100

Dichte von Stoffen

Stoff	ρ in $\frac{g}{cm^3}$	Stoff	ρ in $\frac{g}{cm^3}$
Styropor	0,015	Eisen, Stahl	7,8–7,9
Balsaholz	0,1	Kupfer	8,96
Kork	0,2–0,4	Messing	8,1–8,6
Holz	0,4–0,8	Silber	10,5
Eis (0 °C)	0,9	Blei	11,3
Sand	ca. 1,5	Gold	19,3
Kohlenstoff		Benzin	ca. 0,7
Graphit	2,25	Ethanol	0,79
Diamant	3,52	Wasser (4 °C)	1,00
Glas	ca. 2,6	Salzwasser	1,03
Aluminium	2,70	Quecksilber	13,55

Protokoll für das Fach Physik (Muster)

<table>
<tr><td rowspan="2">Experiment</td><td colspan="3">Thema:</td><td colspan="2">Datum:</td></tr>
<tr><td colspan="3">Name:</td><td colspan="2">Klasse:</td></tr>
<tr><td>Aufgabe:</td><td colspan="5"></td></tr>
<tr><td>Vorbetrachtung:</td><td colspan="5"></td></tr>
<tr><td>Geräte und Hilfsmittel:</td><td colspan="5"></td></tr>
<tr><td>Experimentier-aufbau:</td><td colspan="5"></td></tr>
<tr><td>Durchführung:</td><td colspan="5"></td></tr>
<tr><td>Messwerte:</td><td colspan="5"></td></tr>
<tr><td></td><td></td><td></td><td></td><td></td><td></td></tr>
<tr><td></td><td></td><td></td><td></td><td></td><td></td></tr>
<tr><td></td><td></td><td></td><td></td><td></td><td></td></tr>
<tr><td colspan="6">Auswertung:</td></tr>
</table>

Periodensystem der Elemente

- Metall (blau)
- Halbmetall (grün)
- Nichtmetall (gelb)

schwarz = Feststoff
weiß = Flüssigkeit
rot = Gas
hellblau = künstliches Element
* = radioaktives Element

[1] = Gruppennummerierung IUPAC (1989): Gruppennummern 1 bis 18
[2] = vorläufiges IUPAC-Symbol

Periode	1[1] I. Hauptgruppe	2 II. Hauptgruppe	3 III. Nebengruppe	4 IV. Nebengruppe	5 V. Nebengruppe	6 VI. Nebengruppe	7 VII. Nebengruppe	8 VIII. Nebengruppe	9 VIII. Nebengruppe
1	1 H 1,008 Wasserstoff								
2	3 Li 6,94 Lithium	4 Be 9,01 Beryllium							
3	11 Na 22,99 Natrium	12 Mg 24,31 Magnesium							
4	19 K 39,10 Kalium	20 Ca 40,08 Calcium	21 Sc 44,96 Scandium	22 Ti 47,88 Titan	23 V 50,94 Vanadium	24 Cr 51,996 Chrom	25 Mn 54,94 Mangan	26 Fe 55,85 Eisen	27 Co 58,93 Cobalt
5	37 Rb 85,47 Rubidium	38 Sr 87,62 Strontium	39 Y 88,91 Yttrium	40 Zr 91,22 Zirconium	41 Nb 92,91 Niob	42 Mo 95,94 Molybdän	43 Tc* [98] Technetium	44 Ru 101,07 Ruthenium	45 Rh 102,91 Rhodium
6	55 Cs 132,91 Caesium	56 Ba 137,33 Barium	57 La ● 138,91 Lanthan	72 Hf 178,49 Hafnium	73 Ta 180,95 Tantal	74 W 183,84 Wolfram	75 Re 186,21 Rhenium	76 Os 190,23 Osmium	77 Ir 192,22 Iridium
7	87 Fr* [223] Francium	88 Ra* 226,03 Radium	89 Ac* ●● 227,03 Actinium	104 Rf* [261] Rutherfordium	105 Db* [262] Dubnium	106 Sg* [266] Seaborgium	107 Bh* [264] Bohrium	108 Hs* [277] Hassium	109 Mt* [268] Meitnerium

Ordnungszahl — 7 — Atommasse in u — 14,007
Name — Stickstoff — Symbol — N

Die Atommassen in eckigen Klammern beziehen sich auf das längstlebige gegenwärtig bekannte Isotop des betreffenden Elements.

● Elemente der Lanthanreihe (Lanthanoide)

Periode					
6	58 Ce 140,12 Cer	59 Pr 140,91 Praseodym	60 Nd 144,24 Neodym	61 Pm* [145] Promethium	62 Sm 150,36 Samarium

●● Elemente der Actiniumreihe (Actinoide)

Periode					
7	90 Th* 232,04 Thorium	91 Pa* 231,04 Protactinium	92 U* 238,03 Uran	93 Np* [237] Neptunium	94 Pu* [244] Plutonium

								18 VIII. Hauptgruppe
			13 III. Hauptgruppe	14 IV. Hauptgruppe	15 V. Hauptgruppe	16 VI. Hauptgruppe	17 VII. Hauptgruppe	2 4,003 He Helium
			5 10,81 B Bor	6 12,01 C Kohlenstoff	7 14,007 N Stickstoff	8 15,999 O Sauerstoff	9 18,998 F Fluor	10 20,18 Ne Neon
10 VIII. Nebengruppe	11 I. Nebengruppe	12 II. Nebengruppe	13 26,98 Al Aluminium	14 28,09 Si Silicium	15 30,97 P Phosphor	16 32,07 S Schwefel	17 35,45 Cl Chlor	18 39,95 Ar Argon
28 58,69 Ni Nickel	29 63,55 Cu Kupfer	30 65,39 Zn Zink	31 69,72 Ga Gallium	32 72,61 Ge Germanium	33 74,92 As Arsen	34 78,96 Se Selen	35 79,90 Br Brom	36 83,80 Kr Krypton
46 106,42 Pd Palladium	47 107,87 Ag Silber	48 112,41 Cd Cadmium	49 114,82 In Indium	50 118,71 Sn Zinn	51 121,76 Sb Antimon	52 127,60 Te Tellur	53 126,90 I Iod	54 131,29 Xe Xenon
78 195,08 Pt Platin	79 196,97 Au Gold	80 200,59 Hg Quecksilber	81 204,38 Tl Thallium	82 207,2 Pb Blei	83 208,98 Bi Bismut	84 [209] Po* Polonium	85 [210] At* Astat	86 [222] Rn* Radon
110 [271] Ds* Darmstadtium	111 [272] Rg* Roentgenium	112 [272] Cn* Copernicium	113 [284] Uut^{2}* Ununtrium	114 [289] Fl* Flerovium	115 [288] Uup^{2}* Ununpentium	116 [293] Lv* Livermorium	117 Uus^{2}* Ununseptium	118 [294] Uuo^{2}* Ununoctium

63 151,97 Eu Europium	64 157,25 Gd Gadolinium	65 158,93 Tb Terbium	66 162,50 Dy Dysprosium	67 164,93 Ho Holmium	68 167,26 Er Erbium	69 168,93 Tm Thulium	70 173,04 Yb Ytterbium	71 174,97 Lu Lutetium
95 [243] Am* Americium	96 [247] Cm* Curium	97 [247] Bk* Berkelium	98 [251] Cf* Californium	99 [252] Es* Einsteinium	100 [257] Fm* Fermium	101 [258] Md* Mendelevium	102 [259] No* Nobelium	103 [262] Lr* Lawrencium

Liebe Schülerin, lieber Schüler,
hier einige Hinweise zum Umgang mit deinem neuen Physikbuch. Es soll dich neugierig machen und dich zur Auseinandersetzung mit Naturphänomenen anregen.

WEISST DU'S?

Hier erhältst du einen Überblick über die spannenden Themen, mit denen sich das Unterkapitel beschäftigt. Du kannst dein Wissen über physikalische Sachverhalte schon einmal testen.

EINSTIEG

Jedes Kapitel beginnt mit einem Bild und einem kurzen Text. Hierbei geht es um eine einfache physikalische Frage, die du dir vielleicht schon einmal gestellt hast.

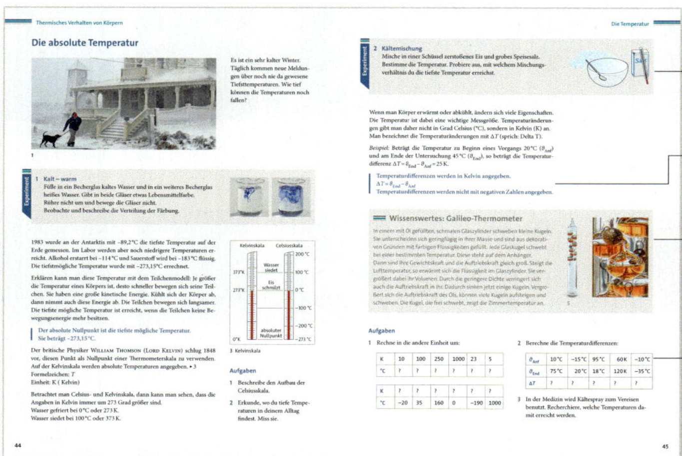

GRUNDWISSEN

Experiment – Die meisten Experimente kannst du selbst in der Schule durchführen.

Merkstoff – Die wichtigsten Ergebnisse und Gesetze werden hier dargestellt.

Wissenswertes – Hier wird über den Tellerrand geschaut, denn der Physik begegnest du nicht nur im Physikraum.

Aufgaben – Sie dienen zur Wiederholung und Übung.

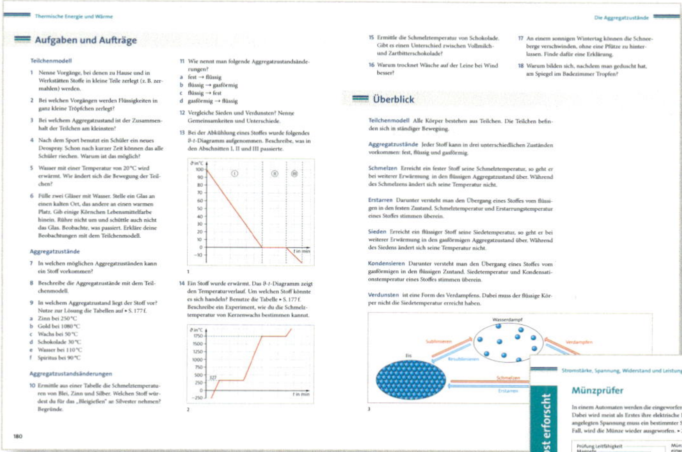

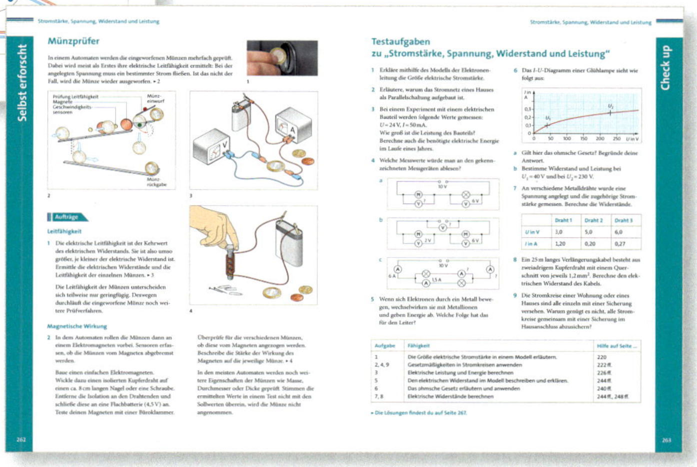

AUFGABEN UND AUFTRÄGE
ÜBERBLICK

Am Ende eines Unterkapitels findest du viele Aufgaben und Übungen sowie eine Zusammenfassung. Hier wird das Wichtigste noch einmal auf den Punkt gebracht.

SELBST ERFORSCHT

Auf dieser Seite findest du Tipps und Anregungen, um selbst etwas zu machen, das sich am Ende sehen lassen kann.

CHECK-UP

Hier kannst du selbstständig deine fachlichen Kenntnisse, Fähigkeiten und Kompetenzen überprüfen.

PHYSIK ERLEBT

Auf einer Doppelseite wird ein besonderes Thema aus unterschiedlichen Blickwinkeln betrachtet.

Register

R

S

T

U

V

W

Z

Bildnachweis

Titelbild: Shutterstock/J. Schultes
123RF/Inmagine GmbH: 29/5a, Paul Vasarhelyi: 66/3
A1PIX - YOUR PHOTO TODAY: 102/1, 149/7, Frank Ihlow: 140/1, PM: 145/8
action press/SCHLESINGER,ROBERT: 122/4, WENZEL-ORF, HARALD WEIMAR-LEGEFE: 94/2
Adobe Stock/Mark Webster Photography Ltd/Image Source 72/1
Agentur Focus/SCIENCE PHOTO LIBRARY: 21/4a
akg-images: 31/6, 171/6, Bildarchiv Monheim: 27/4
Bernd Sterzl/pixelio.de: 49/4
Bridgeman: 139/6
ClipDealer/Convisum: 234/2, Deyan Georgiev: 20/3b, Edgar Löhr: 144/1a, Erwin Wodicka: 256/3, fuzzbones: 38/2, Hans Juergen Ginter: 226/1b, Rob Stark: 144/1c
Colourbox: 16/2-3, 17/5, 18/1, 93/6, 101/2, 127/5-6, 213/6,
Colourbox: 255/5, Erwin Wodicka: 234/1, Mikhail Abramov: 206/1c,
Corbis: 88/5, 142/4, 2/VisionsofAmerica/Joe Sohm/Ocean: 225/6, Alan Schein Photography: 92/1, Caspar Benson/fstop/Corbis: 240/2, Chris Newbert/Minden Pictures: 97/8, Dreet Production/ Corbis: 20/1, George Hall/Corbis: 185/5, Hiya Images: 66/4, MM Productions: 78/1, Robert Llewellyn: 218/2, Roger Ressmeyer/CORBIS: 35/7, Skip O'Rourke/ZUMA Press/ Corbis: 70/1, Stefano Bianchetti: 136/4, Steven Greaves: 186/1, Tom Sibley/Corbis: 250/3, Tyrone Turner/National Geographic Society: 229/4
Cornelsen Experimenta Berlin: 21/6, 53/4
Cornelsen Schulverlage GmbH Berlin: 25/8, 29/5b, 30/2, 39/8, 39/9-10, 40/3b, 40/3d, 54/3, 55/6-7, 55/8, 114/1, 128/2-3, 175/10, 194/1a, 195/3, 199/6,
Cornelsen Schulverlage GmbH Berlin: 201/4-5, 205/4-7, 215/5, 227/7
Culture-images: 120/5
ddp images/Nigel Treblin: 206/1b
Detlef Niemann, Ettersburg: 142/1
DLR/NASA: 81/3
doc-stock GmbH/G - Image Source: 38/4
Döring, V., Hohen Neuendorf: 10/5-6, 22/1-2, 29/4, 33/5-9, 34/1a-b, 40/2, 42/2, 48/3, 58/3, 59/6, 61/4, 63/3, 76/1, 82/2, 85/7, 116/1a-b, 150/1, 175/7, 179/5, 196/3-5, 198/1, 221/7, 223/7, 228/1a-b
ESA/ESA-CNES-ARIANESPACE/Optique vidéo du CSG: 10/2
F1 online: 4/2, 10/7, 240/1, 240/3, Bernd Mellmann: 105/6, Claudia Rehm Westend61: 219/6, Creativ Heinemann Image-broker RF: 151/7d, Horizon: 48/2, Jamie Grill Tetra Images: 218/3, Joe Fox/AGE: 95/5
Fotolia: 190/1c, 226/1a, Abe Mossop: 257/7, Africa Studio: 51/3, Aleksandr Markin: 25/6, Alexey Zarodov: 86/2, AlShadsky: 225/5, Andrea Cionti: 200/1c, Andreas Ernst: 36/4, ANDREAS SCHULZE: 84/1, Andrey IURLOV: 74/3, Fotolia/ Andrey Popov: 262/1, antishock: 217/2, arska n: 253/6, Artyom Belozyorov: 114/4, Banana Republic: 67/6, bartnitzek: 140/3, Bernd Leitner: 89/7, BeTa-Artworks: 202/1a, Bettina Glaser: 190/1a, boguslaw: 188/1, brozova: 38/3, C.Pugno: 201/7, Cla78: 121/7, Cobalt: 200/1a, crimson: 212/, D. Ott: 257/11a, dedi: 97/11, Delphimages: 92/2, Delphotostock: 66/1, demarco: 209/6, dima_pics: 7/2, dk-fotowelt: 257/9, Dmytro Potapchuk: 190/1e, Edler von Rabenstein: 76/2, Eisenhans: 114/3, Erwin Wodicka-wodicka: 48/1, fedorovalena: 74/4, fefufoto: 256/5, fineart-collection: 155/9, fotomaster: 174/3, fotorince: 170/2, Fotoschlick: 254/3, Frank B.: 175/8, Frank Roeder: 168/1, Frank Seifert: 192/1, Gabriele Rohde: 231/5d, GioRez: 45/5b, Gordan Jankulov: 38/1, Gpoint Studio: 120/2, Günter Menzl: 73/8, Helder Almeida: 90/1b, herrerojorcas: 11/15, humbak: 161/4, Iakov Filimonov: 188/2, Imagenatural: 188/6, Ingo Bartussek: 170/3, 171/5, Irina No: 97/10, Irina Tischenko: 50/1b, iTake Images: 80/1a, Ivan Sedlak: 25/7, ivansmuk: 177/6, Ivelle: 159/2, J.Oehm: 227/6, Joerg Krumm: 93/9, Jürgen Fälchle: 80/1b, Jürgen Fälchle: 167/4, Karin Jähne: 107/8, Kati Neudert: 155/15, kojin_nikon: 20/3a, Kzenon: 89/9, LianeM: 188/4, light_work/Karl Holzhauser: 94/1, Lottchen: 110/1,M S: 151/7c, Marc Rossmann Photography: 260/, marcus_hofmann: 257/10, Marius Graf: 189/7, Marco2811: 216/1, Markus Bormann: 232/1, Michaela Rofeld: 124/1, mouse_md: 13/6, muellek ©2009: 116/4, nasared: 14/3, nderworld: 85/5, nikkytok: 40/3c, Nils Bornemann: 257/11b, notkoo2008: 13/4, Oleg Begunenko OAO IndigoLotos: 37/6, Oleksandr Delyk: 200/1b, 231/5c, Oleksandr Tkachenko: 10/4, Oli_ok: 93/7, ova: 24/2, Pakhnyushchyy: 11/16, Peter Atkins: 25/9, 89/6, PrettyVectors: 13/5, puckillustrations: 175/9, Purple Queue: 24/1, Rainer Albiez: 10/, Ralf K. Röttjer: 177/7, Rozaliya: 25/11, Sanguis: 257/8, Schlierner: 155/11, Schulz Foto Gbr: 255/6, SeanPavonePhoto: 39/5, seqoya: 67/5, Sergey Nivens: 42/1, Serghei Platonov: 32/2, Serghei Starus: 196/1, Serghei Velusceac: 9/2, Sigtrix: 92/3, skatzenberger: 103/7, Sven Vietense: 213/8, Taffi: 137/7, Thomas Francois: 155/13, Thongsee Muellek: 177/4, tonlammerts: 161/5, tournee: 20/2, Trischberger Rupert: 234/3, UMA: 144/1d, underdogstudios: 14/2a, Vlad Ivantcov: 219/8, Werner Münzker: 107/6, Wilm Ihlenfeld: 96/1, WITOLD_KRASOWSKI: 45/5a, wmitrmatr: 261/12, WoGi: 15/5, wolfgang glöckl: 178/1, www.schurr-fotografie.de: 135/1, Yelo34 Photography: 129/6
Gaa, Markus, Fotodesign, Heidelberg: 44/2a-b
Genscher, Jan, Waldheim: 147/4
GlowImages: 122/5, 131/4, 148/1b, 154/3, 167/5, 261/6, AllCanadaPhotos.com: 174/4, B. BOISSONNET/BSIP: 154/2, Corbis RF: 14/1, Cultura: 61/6, CulturaRF: 24/4, Dave and Les Jacobs/Blend Images LLC: 94/3, imagebroker.com: 12/1-2, 95/4, 155/8, 226/3, Steve Vidler/age fotostock: 175/6, StockbrokerXtra/Leah-Anne Thompson: 103/5, SuperStock: 88/2, 102/2
Göbel, Elke, Magdala: 34/2, 137/9, 152/1a-c
Greiner-Well, Ralf, Erfurt: 31/7, 37/7, 104/1a, 104/1c-d, 117/5
Hönicke, Sven - StudioS: 220/1a
Höpfner, Tom, Laucha: 204/1,
Image Source/Claire Keeley: 162/1, Petra Weitz: 260/1
imago sportfotodienst/imago stock&people: 15/4, 21/5, 86/1, 241/8, 250/1, 260/4, biky: 235/6, Caro: 136/1, Eibner: 56/1, Geisser: 149/5, Horst Rudel: 218/1a, imagebroker: 24/5, 96/3, INSADCO:

88/4, Jochen Tack: 240/4, Niehoff: 120/1a, Ralph Peters: 32/1, ZUMA Press: 123/12
Indoor Skydiving Bottrop; T. Seifinger: 82/1
inMusic Brands: 212/5
Interfoto/Archiv Friedrich: 73/7, Bildarchiv Hansmann: 136/3, Christian Bäck: 149/6,
Interfoto/Science & Society: 214/3, 245/4
Laif/Frieder Blickle: 129/7, James Hill: 75/6, Karsten Schoene: 233/5, Markus Hintzen: 78/2, Paul Langrock/Zenit: 111/4, Polaris: 143/6, Stephane LAGOUTTE/Challenges-REA: 203/8
LD Systeme AG & Co. KG: 206/2
Look/Konrad Wothe: 104/1b, 107/7
Mahler, H., Fotograf, Berlin: 61/7
Mauritius images/age: 111/6, 261/8, Alamy: 83/6,
Mauritius images/Andreas Rose: 102/3,
Mauritius images/Alamy//Andrey Kekyalyaynen 106/3, Alamy/Bernd Mellmann: 126/1, Alamy/David J. Green - Lifestyle: 154/1, Alamy/Dorling Kindersley ltd: 209/7, Alamy/gbimages: 40/3a, Alamy/Golden Pixels LLC: 122/1, Alamy/John Boud: 214/2, Alamy/Julian Crumly: 241/6, Alamy/Kuttig-People-2: 88/1, Alamy/Len Collection: 111/7, Alamy/Miguel A. Muñoz Pellicer 52/3, Alamy/Paula Solloway: 132/1, Alamy/Peter Usbeck: 120/1b, Alamy/Philip Lewis: 246/1a, Alamy/Sergio Azenha: 16/1, BAO 97/7, euroluftbild.de: 112/1, Florian Kopp/misereor: 155/14, Hans-Peter Merten: 154/7, imagebroker.com: 52/1, imagebroker.com: 242/1, imagebroker.com: 254/1, imagebroker.com: 261/11, imagebroker.com/Creativ Studio Heinemann: 137/8, imagebroker.com/Fabrizio Ruggeri: 72/2, imagebroker.com/Jochen Tack: 54/1, imagebroker.com/olf: 100/1, Photo New Zealand: 120/4, Pixtal: 138/1, SuperStock: 27/5, United Archives: 96/2, 136/2, Westend61: 72/4, 122/3
Müller, Maik, Dresden/HUNN-Media: 130/1
NASA: 10/3, 97/6, 106/1, 117/6
NOAA - National Oceanic and Atmospheric Administration: 10/1
Noris-Blattgold GmbH (Vordergrund): 51/7
Okapia/Manfred Bail: 97/9, NAS/GIPhotostock/: 207/3
omicron (Hintergrund): 51/7
Panthermedia/Olaf Friedrich: 62/1, Chris DeSilver: 109/7
Photoshot/Andalucia Plus Image Bank: 145/7
picture-alliance/ANN/Samsung Electronics: 212/4, Arco Images: 88/3, ASSOCIATED PRESS: 212/3, Bildagentur-online/Tet-13: 57/4, dpa: 29/6, 48/2a, 59/5, 89/10, 93/8, 97/12, 112/2, 112/5, 129/8, 130/3, dpa: 201/8, 203/7, 260/2, dpa/Themendie: 235/4, dpa/richterfoto.de: 105/7, euroluftbild.de/Gerhard Launer: 113/7, Hajo Dietz: 113/9, ts3/ZUMApress: 112/6, ZB: 224/1, 260/3, 260/5
Project Photos: 188/3
PTB Braunschweig: 32/3
Reuters: 120/3, mecom: 44/1
Rogach, A., Ludwig-Maximilians-Universität, München: 10/8
Roßner, Matthias, Rabenau: 213/10, 218/5
Schedel, Ronny, Hoyerswerda: 220/1b
Shutterstock: 121/8, 141/5, 231/5e, Aaron Amat: 74/2, Adem Demir: 191/5a, Adrian Matthiassen: 188/5, Aleksandar Mijatovic: 102/4, AlenKadr: 25/10, Alexandr79: 164/1, Alpha Zynism: 41/5, Amy Johansson: 85/4, Ander Dylan: 148/1a, Andrew Koturanov: 158/1, auremar: 147/5, Babich Alexander: 174/2, Bacho: 256/4, Balefire: 58/1, Barna Tanko: 89/8, byggarn.se: 151/7f, CandyBox Images: 75/7, Carole Castelli: 103/6, cherezoff: 198/3, Chones: 248/2, Claus Mikosch: 72/5, CreativeNature.nl: 189/8, czdast: 199/7, D. Kucharski, K. Kucharska: 21/4b, Dario Sabljak: 167/6, dencg: 231/5b, Denis Kuvaev: 83/5, Denys Prykhodov: 235/5, dewcover: 39/7, Ditty_about_summer: 72/3, djmilic: 249/5, Dmitry Kalinovsky: 154/6, dolomite-summits: 146/1, 155/10, dotshock: 108/1, Dream79: 197/9, ekipaj: 191/5b, Elena Itsenko: 174/1, Evgenia Bolyukh: 247/5, Evgeny Tomeev: 47/4, Evlakhov Valeriy: 39/6, Feel Photo: 191/7, fotozick: 106/4, fredredhat: 12/3, Galina Barskaya: 130/2, Garry L.: 249/4, geniusksy: 191/6, Gitanna: 73/6, gopixa: 230/1, gresei: 60/2, gubgib: 206/1a, Hannamariah: 218/4, hjschneider: 220/2, holbox: 133/4, HomeArt: 261/10, hramovnick: 190/3, hshii: 26/1, Ilya Andriyanov: 121/6, indigolotos: 91/6, 151/7b, iofoto: 17/4, irin-k: 104/3, Jack Aiello: 215/6, JNP: 109/5, Kandelaki: 213/9, Karel Gallas: 37/5, Karen Wunderman: 160/1, Kichigin: 50/1a, 175/5, LitDenis: 71/2, Ljupco Smokovski: 6/1, lrafael: 256/1, manzrussali: 97/5, Mar.K: 116/2-3, Marcin Balcerzak: 122/2, 152/3, Marek Szumlas: 151/7e, Maridav: 155/12, MariusdeGraf: 28/1, Mariusz Szczygiel: 92/4, Matej Kastelic: 240/5, Matt Apps: 74/1, Mayovskyy Andrew: 66/, Meister Photos: 176/1, Mihai Blanaru: 90/1a, Mihai Simonia: 212/1, Miroslav Trifonov: 66/2, Mike Flippo: 20/3c, mikeledray: 214/1, Mircea BEZERGHEANU: 96/, Mr Twister: 241/7, My Good Images: 91/5, Nagy-Bagoly Arpad: 170/1, nicobatista: 152/2, nikkytok: 40/3e, Nir Levy: 202/1b, Odua Images: 137/5, Oleksandr Kostiuchenko: 197/8, Olena Zaskochenko: 14/2b, Olga Popova: 3/1, Pavel L Photo and Video: 105/5, pedrosala: 111/5, Peter Gudella: 201/6, Photobank gallery: 179/6, pryzmat: 145/6, 246/1b, racorn: 154/5, Rainer Plendl: 131/5, Ralf Maassen (DTEurope): 60/1, rangizzz: 213/7, Roland IJdema: 187/2, Roy Pedersen: 63/4, rtbilder: 145/9, RTimages: 24/3, Sarin Kunthong: 251/5-6, Sashkin: 231/5a, Sean Pavone: 30/1b, 96/4, Sergey Nivens: 154/4, sevenke: 199/8, Slavoljub Pantelic: 151/7a, Smoczyslaw: 164/2, Steve Collender: 194/1b, Stock image 76/4, svetlana55: 97/13, Take Photo: 255/7, Tatiana Popova: 4/1, Tree of Life: 8/1, Valeriy Velikov: 15/6, VIP Design Inc: 137/6, Vittorio Bruno: 212/2, vkrosh: 200/1d, Vladimir Gjorgiev: 229/4, Vladnik: 144/1e, Volodymyr Krasyuk: 190/1d, Wichy: 203/9, Wolfgang Staib: 144/1b, Xseon: 5/3, Yiargo: 196/6, Zadiraka Evgenii: 161/6, Zeljko Radojko: 103/8, zhu difeng: 190/1b
Siemens AG: 112/3, Marine Current Turbines: 112/4
Süddeutsche-Zeitung-DIZ/imagebroker: 30/1a, Jörg Buschmann: 249/3,
Süddeutsche-Zeitung-DIZ/Science Museum/SSPL: 261/7, 261/9a, 261/9b
Superbild/Bildagentur Geduldig: 218/1b
Topic Media: 232/2, imagebroker/Walter G. Allgöwer: 109/4
VISUM/Eva Z. Genthe: 223/8
Werner, Pulsnitz: 56/2a-b